FLUGZEUGE JAGEN UBOOTE

ALFRED PRICE

FLUGZEUGE JAGEN UBOOTE

DIE ENTWICKLUNG DER UBOOTABWEHR-
FLUGZEUGE 1912 BIS HEUTE

MOTORBUCH VERLAG STUTTGART

Schutzumschlagzeichnung: Carlo Demand
Einband und Umschlagkonzeption: Siegfried Horn

Die Umschlagzeichnung von Carlo Demand zeigt den Angriff einer viermotorigen Liberator mit Squadron Leader Terrence Bulloch am Steuer auf U 597 am 12. Oktober 1942. Bulloch, einer der fähigsten und erfolgreichsten Ujagd-Piloten hatte ein eigenes Angriffsverfahren entwickelt. Im Gegensatz zu anderen Flugzeugführern, die die Uboote von der Seite her anflogen und die Bombenreihe quer zum Ubootkurs warfen, flog Bulloch das Boot fast in Längsrichtung an und warf die Bomben in sehr kurzem Abstand. Das erforderte hohes fliegerisches Können, hatte aber bei präzisem Anflug den Effekt, daß mehrere Bomben dicht am Boot lagen und es mit größerer Sicherheit vernichtete.

Copyright © 1973 by Alfred Price.
Die englische Originalausgabe »Aircraft versus Submarine« erschien im Verlag William Kimber, London.
Deutsche Übersetzung von

Hans und Hanne Meckel.

ISBN 3-87943-400-X

1. Auflage 1976
Copyright © by Motorbuch Verlag, 7 Stuttgart 1, Postfach 1370
Eine Abteilung des Buch- und Verlagshauses Paul Pietsch GmbH & Co. KG
Sämtliche Rechte der Verbreitung in deutscher Sprache – in jeglicher Form und Technik – sind vorbehalten.
Satz und Druck: Süddeutsche Verlagsanstalt und Druckerei GmbH, 7140 Ludwigsburg
Bindung: Verlagsbuchbinderei Karl Müller & Sohn, 7 Stuttgart-Möhringen.
Printed in Germany.

Inhaltsverzeichnis

KARTEN UND DIAGRAMME

Vorwort von Großadmiral a. D. Karl Dönitz

Dieses Buch ist im wesentlichen die Geschichte des Coastal Command und seines Kampfes gegen die deutschen Uboote. Für diejenigen, die an diesem Ringen irgendwo auf deutscher Seite teilnahmen und es überlebten, ist aufschlußreich zu lesen, wie einer unserer härtesten und erfolgreichsten Gegner diesen Kampf sah und erlebte. Denn da die Schilderung sich naturgemäß vornehmlich auf britische Quellen stützt, ist das Geschehen auch in erster Linie aus dieser Sicht dargestellt.

Der Verfasser hat sich jedoch sichtlich bemüht, auch deutsche Quellen in erheblichem Umfang heranzuziehen und zu verarbeiten. Die Auswahl und Wertung dieses Quellenmaterials, für die die Kenntnis der Personen und der zeitbedingten Atmosphäre sehr wichtig ist, mußte für ihn sehr schwierig sein, da ihm diese Voraussetzungen fehlten. So ist es an manchen Stellen zu einer scheinbar logischen aber doch sachlich nicht ganz zutreffenden Darstellung der Umstände und Beweggründe für das Handeln auf deutscher Seite gekommen. Das Bestreben des Verfassers, fair zu sein, ist jedoch offensichtlich und ich erkenne das sehr an.

Zu der Darstellung eines Aspektes der Atlantikschlacht, des Kampfes Flugzeug gegen Uboot, möchte ich ergänzend ein Wort über die strategischen Grundzüge der gesamten Atlantikschlacht sagen. Zweifellos waren im letzten Krieg die angloamerikanischen Seemächte unsere stärksten Gegner. Wir konnten sie entscheidend nur im Seekrieg bekämpfen. Denn das Leben, die Ernährung der englischen Bevölkerung und Englands Industrie und Rüstung hängen von den Seewegen, den Zufuhrwegen im Atlantik ab. Die Beherrschung des Atlantik war für Großbritannien auch die Voraussetzung dafür, daß Rüstungsmaterial aus den noch neutralen Vereinigten Staaten den Engländern zufließen konnte. Und als die

Vereinigten Staaten in den Krieg eingetreten waren, konnten sich deren Kräfte nur über den Atlantik gegen uns auf dem europäischen Kontinent entfalten. So waren für die Anglo-Amerikaner der militärische Schutz dieser Seewege die wichtigste Aufgabe und die Angreifer dieser Wege nannten sie daher auch »den Feind Nr. 1«.

Entsprechend hätte also für uns der Angriff auf diese Wege die wichtigste strategische Aufgabe sein müssen. Das war sie aber nicht. Wir besaßen bei Kriegsausbruch, Herbst 1939, keine ausreichenden Kampfmittel, mit denen wir im Nordatlantik gegen England kämpfen konnten. Bei dieser Lage mußte politisch auf jeden Fall ein Krieg mit England vermieden werden. Gab es also auch nur 1 Prozent Wahrscheinlichkeit, daß die beabsichtigte Auseinandersetzung mit Polen zum Eingreifen Englands führen würde, dann mußte unsere politische Führung diese Handlung gegen Polen unterlassen.

Als dann der Krieg mit England doch gekommen war, mußten wir mit allen Mitteln unseres Staates und unserer Industrie das wirkungsvollste Kampfmittel gegen England, das Uboot, so schnell und zahlreich wie möglich bauen. Denn auch das Zeitproblem war in der Atlantikschlacht bedeutungsvoll. Beim Kampf im Atlantik handelte es sich darum, daß wir mehr Handelsschiffstransportraum versenkten, als nachgebaut werden konnte. Da die Steigerung der Schiffbaurate Zeit erfordert, mußten wir möglichst schnell möglichst viel versenken, um so eine für den Gegner ganz und gar untragbare Verminderung des lebensnotwendigen Transportraumes zu erreichen.

Aber der deutsche Uboot-Bau hatte bis Frühjahr 1943 nicht den erforderlichen rüstungsmäßigen und strategischen Vorrang. Dann aber war es zu spät. Ab Juli 1943 überwog der anglo-amerikanische Handelsschiffneubau die Verluste. Der andere wesentliche Grund war: der Aufbau von Ubootabwehrstreitkräften, das zeigt auch dieses Buch sehr deutlich, braucht seine Zeit; sie so auszurüsten, daß sie den Ubooten gewachsen und schließlich überlegen waren, das gelang erst nach 3½ jähriger Kriegsdauer im Jahre 1943. So trat die Wende im Ubootkrieg ein. In den ersten Jahren des Krieges konnten wir die erheblichen Erfolgsmöglichkeiten nicht nutzen, weil zahlenmäßig nicht über die dafür notwendigen Uboote verfügt wurde. Ich hatte bereits vor dem Krieg die Zahl von 300

8

Front-Ubooten gefordert. Diese Zahl war aber noch nicht einmal nach 3½ Jahren des Krieges erreicht.

So hatte die zu kleine deutsche Ubootwaffe einen schweren Kampf zu führen und mußte ihn auch nach der Wende im Frühjahr 1943 fortsetzen, um die gewaltigen anglo-amerikanischen Abwehrkräfte, Kriegsschiffe und Flugzeuge, weiter im Atlantik zu binden und so die deutsche Heimat im Vorfeld des Atlantik zu verteidigen.

Dies wollte ich ergänzend zur vorliegenden Darstellung der Atlantikschlacht sagen.

Ich wünsche dem Buch einen guten Erfolg!

Karl Dönitz
Großadmiral a. D.

Vorwort von Marshal of the Royal Air Force Sir John Slessor GCB, DSO, MC

BEFEHLSHABER DES COASTAL COMMAND VON FEBRUAR 1943 BIS JANUAR 1944.

Der Autor des ausgezeichneten Buches »Instruments of Darkness«[1] hat jetzt über den Kampf der Flugzeuge gegen Uboote ein ebenso gutes Buch geschrieben wie seinerzeit über die Bomber gegen Deutschland im Hitlerkrieg. Wie sein früheres Buch, so ist auch dieses sachlich und gründlich und beruht auf sorgfältigen Nachforschungen auf alliierter und deutscher Seite. Der Kampf gegen die Uboote war – ebenso wie die Bomberoffensive – stark durch die elektronische Technik beeinflußt. Es waren heftige und wechselvolle Kämpfe nicht nur zwischen den Fliegern und ihren Gegnern, sondern auch zwischen den Wissenschaftlern beider Seiten, die darum kämpften, einen Schritt voraus zu sein und zu bleiben.

Der deutsche Admiral Dönitz hat einmal gesagt, daß das Flugzeug ebenso wenig in der Lage sei, das Uboot auszuschalten, wie eine Krähe einen Maulwurf bekämpfen könne.[2] Während der Atlantik-Schlacht hackte die Krähe schließlich den Maulwurf zu Tode, obwohl niemand – am allerwenigsten die Flieger – behaupten würden, daß sie dies alleine taten oder hätten tun können; ohne die Standhaftigkeit und Tapferkeit sowie das Können der Seeleute auf den Geleitfahrzeugen und den hartbedrängten Handelsschiffen wäre das unmöglich gewesen. Dabei wäre es nicht anständig, der Tapferkeit der Ubootbesatzungen, die auch angesichts schrecklicher Verluste den Kampf fortsetzten, die Anerkennung zu versagen.

[1] Deutscher Titel: »Herrschaft über die Nacht«
[2] Siehe Anhang Seite 362

10

Dies ist ein Buch über Technik und Taktik der Ubootbekämpfung aus der Luft, wobei die Taktik von der Technik entscheidend beeinflußt wurde –, wenn auch der erhebliche Einfluß der Ausbildung nicht übersehen werden darf. Die Atlantik-Schlacht kostete die Fliegerei glücklicherweise weniger Verluste als die Bomberoffensive. Einer der Hauptfeinde war die Langeweile, die endlose Eintönigkeit, über anscheinend leere Wasserwüsten zu fliegen, ohne jemals ein Uboot zu sichten und es vernichten zu können. Darin liegt die Lehre, die Alfred Price sehr richtig betont, daß nämlich Versenkungen nicht der einzige Maßstab für den Erfolg der Ubootabwehr sind: der Zweck der Übung war, unsere Schiffe davor zu bewahren, versenkt zu werden, die »sichere und zeitgerechte Ankunft« der Geleitzüge sicherzustellen. Allein die Anwesenheit von Flugzeugen, die um die Geleitzüge kreisten und die An- und Abmarschwege der Uboote überwachten, rettete ungezählte alliierte Schiffe. Wie gut das Flugzeug, seine Waffen oder sein Radar auch immer waren, letzten Endes war es (wie gewöhnlich im Kriege) der menschliche Faktor, die Ausbildung, die den Ausschlag gab – die Fähigkeit, eine Sichtung nicht nur in ein paar Wassersäulen, sondern in eine sichere Versenkung zu verwandeln.

Ist dies alles heute nur noch Geschichte? Es ist schwierig, sich der Schlußfolgerung zu entziehen, daß vieles, ja vielleicht alles durch das Atom-Uboot überholt ist, was an Technik und Taktik unter hohem Aufwand an Blut, Plage, Schweiß und Tränen zwischen 1939 und 45 entwickelt wurde. Tatsächlich standen wir ja, wie Price uns erinnert, in diesem Krieg nicht dem wahren Unterseeboot, sondern dem Tauchboot gegenüber, das häufig auftauchen mußte, um seine Batterien aufzuladen. Bei Kriegsende stand das Ubootabwehrflugzeug mit der Forderung nach einer geeigneten Methode, getauchte Uboote auf größere Entfernung zu entdecken, fast wieder da, wo es als wirkungslose Waffe 1939 begann. Dieser Wechsel wurde verursacht durch die deutsche Entwicklung des schnellen Schnorchel-Ubootes gegen Ende des Krieges. »Die geplanten Produktionsziffern des Typ-XXI-Bootes waren derartig, daß, hätten sie zeitgerecht verwirklicht und die Uboote in großen Zahlen eingesetzt werden, sie wohl die alliierten Geleitstreitkräfte überrennen und die Handelsschiffe hätten niedermetzeln können.« Dies ist in der Tat ernüchternder Gedanke – aber wahr. Zur See endete Hitlers Krieg für uns gerade zur rechten Zeit. Und es ist ein schwacher Trost sogar für diejenigen von uns, die ständig die Bomberoffensive unterstützt haben, daß es zu einem beträchtlichen Teil den Leistungen der alliierten Strategischen Bomberverbände zuzuschreiben war, daß das Typ-XXI-Uboot niemals einen Torpedo im Einsatz löste. Ich erinnere mich noch lebhaft an einen Flug über Deutschland bald nach dem Waffenstillstandstage, bei dem ich im trocken gefallenen Bett des Dortmund-Ems-Kanals eine Menge orangefarbener Objekte erblickte. Als ich tiefer ging, um mir das genauer anzusehen, stellte ich fest, daß es sich um die rostigen Sektionen dieser vorgefertigten Uboote handelte.

Ich bin zu alt, um mir vorstellen zu können, wie ein zukünftiger totaler Krieg zwischen den Großmächten unter dem Einsatz von Atomwaffen aussehen würde – wenn sowas überhaupt vorstellbar ist. Darüber auch nur eine Vermutung anzustellen ist nicht Sache eines Mannes, der noch aus einer Zeit stammt, als der Flieger mit einem Karabiner und einem winzigen Flugzeug aus Holz und Draht in den Krieg zog. Das Wichtigste vielleicht, was man für die Zukunft aus einem Buch über den Zweiten Weltkrieg lernen kann, ist, daß man die Prioritäten richtig setzt – und sie richtig setzt, ehe es kracht, denn dann wird es zu spät sein. Das ist nicht immer leicht. Lagen wir zum Beispiel in den ersten Phasen richtig, als wir das Bomber Command nur um die 17 Squadrons reduzierten, die wir für den Einsatz über See abstellten – selbst wenn diese Flugzeuge nicht die richtige Reichweite oder Ausrüstung zum Jagen von Ubooten hatten? Mußte ein Jahr und mehr vergehen, um die in Amerika gebauten Geleitträger umzubauen, um sie den britischen Normen anzupassen? Das führte dazu, daß wir (abgesehen von der armen alten *Audacity*, die einen kurzen Augenblick des Ruhmes auf der Gibraltar-Route im Jahre 1941 erlebte), bis zum Frühjahr 1943 nicht einen einzigen Träger bei den Sicherungsstreitkräften im Nordatlantik hatten. Zu dieser Zeit jedoch war das Atlantic Gap praktisch bereits durch die Langstreckenflugzeuge von den Landstützpunkten aus geschlossen. Hätten wir nicht den Bombenangriffen auf die Ubootbunker eine höhere Priorität geben müssen, *ehe* sie fertiggestellt waren, anstatt zu warten, bis der Beton gegossen und es zu spät war? Es ist leicht, hinterher klug zu sein, und all dies ist jetzt »Schnee von gestern«, aber es sind Beispiele, aus denen man nützliche Lehren ziehen kann.

Was sollen wir für die Zukunft überlegen, studieren, planen? Sollen wir eine große Lagerkapazität für Dinge wie Öl und Grundnahrungsmittel bereitstellen? Eine gigantische Luftbrücke für die lebenswichtigen Versorgungsgüter? Einen Präventiv-Atomschlag oder einen vorbeugenden Schlag gegen die Bauwerften und Stützpunkte feindlicher Unterseeboote? Vielleicht liegt unsere beste Chance darin, das zu finden, was Price ein Super-Ortungsgerät nennt ... um dem Uboot den Schutz der Unsichtbarkeit zu entreißen, es verwundbar und damit als Kriegswaffe nutzlos zu machen – eine schwere Aufgabe, aber heutzutage für die moderne Wissenschaft sicherlich nicht unlösbar. Aber möglicherweise wird dafür nichts getan in einem Lande, in dem zum dritten Mal in meinem Leben ein geistloser Widerstand gegen jeden Versuch, angemessene Verteidigungsvorbereitungen zu treffen, zu finden ist. Es gibt andere so wichtige Dinge, für die wir unser Geld ausgeben – Farbfernseher, Waschmaschinen, unnötige Universitäten – sogar Sozialleistungen für Streikende – obgleich es vielleicht manchem in den Sinn kommen mag, daß keine dieser modernen »Lebensnotwendigkeiten« viel nützen, wenn wir den Weg von Ninive und Tyrus gehen sollten.

Sei dem wie ihm wolle, man kann immer aus der Geschichte lernen, und dies ist ein wertvolles und sehr interessantes Buch.

Vorwort des Autors

In diesem Buch will ich berichten, wie sich das Flugzeug als Ubootbekämpfungswaffe von 1912 bis zum heutigen Tage entwikkelte. In dieser Zeit sind mehr als 400 Unterseeboote aus der Luft vernichtet worden und viele weitere hundert erlitten Beschädigungen verschiedenen Grades. Jedes einzelne Gefecht zu beschreiben, würde den Bericht in die Länge gezogen und zu vielen Wiederholungen geführt haben. Ich habe mich darauf konzentriert, die Entwicklung des Flugzeuges für diese Aufgabe aufzuzeigen, und habe diese Beschreibung mit den Aktionen illustriert, die ich als technische oder taktische Marksteine oder aus anderen Gründen für interessant hielt.

Bei der Arbeit an »Aircraft versus Submarine« bin ich erheblich unterstützt und ermutigt worden durch viele Historiker und ehemalige Offiziere, die mich geduldig durch das Geschehen und gelegentlich um Fallen herumführten, die auf einen Chronisten dieses komplexen Themas lauern: in Großbritannien Marshall der Royal Air Force Sir John Slessor, Air Chief Marshal Sir Edward Chilton, Air Vice Marshal Sir Geoffrey Bromet, Air Commodore Greswell, Group Captain Richardson, Wing Commander de Verde Leigh und Squadron Leader Bulloch; in Deutschland Großadmiral Karl Dönitz, Kapitän zur See Hans Meckel, Kapitän zur See Helmuth Giessler, Professor Dr. Jürgen Rohwer, Bibliothek für Zeitgeschichte, Herr Franz Selinger und Herr Fritz Trenkle; in den USA Captain E. Wagner und Captain W. Howell; und in Japan Yasuho Izawa. Für die Einsicht in amtliche Akten danke ich Mr. L. A. Jackets und Group Captain T. Haslam und dem Stab der Air Historical Branch, sowie Rear Admiral P. Buckley und dem Stab der Naval Historical Branch in London und ebenfalls dem Stab der US Naval Historical Branch in Washington. Viele halfen mir auf andere Weise, vor allem die Angehörigen der heutigen Royal Air Force und der Ujagd-Verbände der Royal Navy, die meine vielen Fragen beantworteten. Allen möchte ich meinen ausdrücklichen Dank sagen. Mein guter Freund David Irving gab mir viele gute Ratschläge für die schwierige Aufgabe, die große Menge des Materials zu einer zusammenhängenden Erzählung zu formen und Bob Scott zeichnete die meisten der Diagramme. Die Herren, die ich oben aufgeführt habe, stellten mir wertvollen Rat und vieles an Material zur Verfügung. Ich muß aber betonen, daß ich allein für die Meinungen in diesem Buch verantwortlich bin.

Zum Schluß möchte ich meiner Frau Jane für ihre unermüdliche Hilfe und zahllose Tassen Tee danken. Völlig vorurteilsfrei gegenüber der Fliegerei oder ähnlichen technischen Dingen war sie gewöhnlich die erste, die sich durch die ersten Entwürfe der schwierigeren technischen Passagen durcharbeiten mußte. Wenn diese heute dem Laien verständlich sind, ist dies in großem Maße ihrer weiblichen Unvoreingenommenheit zu verdanken.

Uppingham, Rutland
Dezember 1972

Alfred Price

Viel ist darüber geschrieben worden und auch die Erfahrung zeigt, wie wichtig Geschichtskenntnisse für alle Menschen sind, besonders aber für Fürsten und andere, die hoch im Range stehen oder Macht ausüben . . . Denn indem man Vergangenes mit Gegenwärtigem vergleicht, kann man leicht folgern, was man tun und was man meiden muß . . . Und auf diese Weise lernend erhalten wir Kenntnisse ohne sie selbst zu erfahren . . . Es gibt nichts unter der Sonne . . . und nichts kann geschehen im Kriege oder in der täglichen Politik, das nicht gleichermaßen in vergangenen Zeiten sich ereignet hat . . .

John Brende, geschrieben 1553

Einleitung

Flugzeuge zum Jagen und Bekämpfen von Unterseebooten – lange vor dem Ersten Weltkrieg kam dieser Gedanke auf. Zu einer Zeit immer schneller fortschreitender technischer Entwicklung war dies jedoch nur eine aus einer wahren Lawine von Ideen über die Frage, welche Formen ein zukünftiger Krieg wohl annehmen würde. Die Notwendigkeit aber für eine solche Neuerung war bis dahin noch keineswegs klar. Nur wenige von denen, die Einfluß auf den Gang der Ereignisse hatten, glaubten daran, daß das Flugzeug oder das Unterseeboot eine wesentliche Rolle in irgendeiner bevorstehenden Auseinandersetzung spielen könne. Aber als der Krieg dann tatsächlich kam, wurde die Bedeutung dieser beiden neuen Kriegsmittel über jeden Zweifel hinaus klar. Innerhalb weniger Wochen nach Ausbruch der Feindseligkeiten hatte das Unterseeboot eindrucksvollen Beweis für seine Fähigkeit geliefert, das bisherige Machtverhältnis zur See zu ändern und auch einen Eindruck davon gegeben, welche großen Möglichkeiten als Handelsstörer in ihm steckten. Das erste Auftreten von Flugzeugen als Kampfmittel gegen diese Boote war weit weniger beeindruckend. Doch von Anfang an zeigten die zur Aufklärung über See eingesetzten Luftschiffe und Flugzeuge – wenn auch nur selten – die wertvolle Fähigkeit, Unterseeboote zu entdecken und so deren Operationen gefährlicher und damit weniger erfolgreich zu machen. Später waren Flugzeuge mit kleinen Bomben ausgerüstet, mit denen sie Unterseeboote, die sie aufgespürt hatten, angreifen konnten und gelegentlich richteten sie damit auch Schaden an. Doch es war die Hälfte dieses Krieges bereits verstrichen, ehe es einem Flugzeug gelang, ohne weitere Unterstützung ein Unterseeboot in freier See vernichtend zu treffen. Diese erste Versenkung war ein Markstein in der Entwicklung des Ujagd-Flugzeuges und verdient deshalb sicher eingehendere Betrachtung.

16

Am Morgen des 15. September 1916 sichtete ein Flugzeugführer der Kaiserlich Österreichisch-Ungarischen Marine-Luftwaffe, der von einem Bombenangriff zurückkehrte, ein unbekanntes, aufgetauchtes Uboot in der Nähe des österreichischen Marinehafens Cattaro (jetzt Kotor in Jugoslawien) in der südlichen Adria. Er meldete die Sichtung, und da kein eigenes Fahrzeug sich in dieser Position befinden konnte, begann eine großangelegte Jagd auf den Marodeur. Eine Rotte Lohner-Flugboote startete, aber als sie in dem betreffenden Seegebiet eintrafen, war von dem Boot nichts mehr zu sehen; offensichtlich war es getaucht. Doch unbeirrt schwärmten die Flieger aus und begannen das Gebiet aus 650 m Höhe systematisch abzusuchen. Nach 40 Minuten wurde ihre Beharrlichkeit belohnt: Fregattenleutnant Baron von Klimburg, der Beobachter in einem der Flugzeuge, stieß plötzlich seinen Flugzeugführer an und zeigte auf die unverkennbare Zigarrenform eines Unterseebootes drunten in dem glasklaren Wasser. Fregattenleutnant Zelezny nahm das Gas weg und kurvte das kleine Flugboot zum Sturzflug ein. Die Spanndrähte pfiffen schrill, als es aus dem Himmel stürzte. Linienschiffsleutnant Konjovic, der die andere Lohner steuerte, folgte ihm. Die beiden Flugboote fingen auf 200 m Höhe ab, kreuzten nacheinander den dunklen Schatten und warfen dabei vier Bomben.

Das angegriffene Unterseeboot war die französische *Foucault*. Eine der Bomben war ein Blindgänger, aber die anderen drei verursachten erheblichen Schaden. Die zerschlagenen Batterien gaben keinen Strom mehr ab und die Elektromotoren des Ubootes blieben stehen; das Boot machte Wasser, geriet aus dem Trimm und sank tiefer. Die überraschten und entsetzten Seeleute der *Foucault* glaubten an einen Minentreffer. Was sonst hätte eine solche Explosion hervorrufen können, ohne daß man vorher irgend einen Hinweis auf eine Gefahr gehabt hätte. Die Besatzung mühte sich verzweifelt, die Tauchzellen anzublasen, um das Absinken des Bootes auf eine Tiefe zu verhindern, die seinen Rumpf zerdrückt hätte, und nach einer halben Stunde gelang es ihnen, an die Oberfläche zu kommen. Mit einem Seufzer der Erleichterung öffnete der Kommandant der *Foucault* das Luk und kletterte heraus, aber da hatte er das erschreckende Bild zweier Flugboote vor sich, die zum Angriff auf ihn stürzten. Vier weitere Bomben gingen ungemütlich nah bei dem Uboot hoch, die Dieselmotoren widersetzten sich danach allen Versuchen, sie zu starten. Mit leckem Boot, ohne jede Antriebskraft, und unter den Angriffen des Gegners, sah der französische Kommandant seine Lage als hoffnungslos an. Er befahl seinen Männern, das Boot zu verlassen, und versenkte es.

Als die frohlockenden Österreicher das Boot untergehen und seine Besatzung im Wasser strampeln sahen, warfen sie ihre restlichen Bomben in sicherem Abstand ab, setzten dann auf das Wasser auf und rollten zu den paddelnden Franzosen hinüber. Nun war der Krieg vergessen und das Wichtigste war, den Männern im Wasser das Leben zu retten. Bis zur Ankunft der Kriegsschiffe, die auf dem Weg in das Gebiet waren, konnten sich die Seeleute an Rumpf und Schwimmern der Flugzeuge festhalten. In einem Krieg, der schon Blutbäder in einem bisher nicht dagewesenen Ausmaß gesehen hatte, gab es also doch noch Raum für Menschlichkeit. Nach einigen 20 Minuten traf ein österreichisches Torpedoboot ein und nahm die französischen Matrosen an Bord. In diesem historischen Gefecht war nicht ein einziger Mann umgekommen. Als sie sahen, daß die Rettungsaktion abgeschlossen war, starteten Zelezny und Konjovic heimwärts, wobei jedes ihrer Flugzeuge einen der Unterseeboots-Offiziere als »Trophäe« mitnahm.

Zum ersten Mal in der Geschichte hatte ein angreifendes Flugzeug ein Uboot auf freier See vernichtend getroffen. Von nun an gehörte die Vorstellung von einem Flugzeug zum Jagen und Bekämpfen von Unterseebooten nicht mehr in den Bereich theoretischer Möglichkeiten, es war eine vollendete Tatsache.

Die Anfänge

1912–1918

Auf die junge Erfindung der Fliegerei wirkte der Krieg wie ein Treibhaus mit tropischer Kraft. Vorangetrieben von unbeschränkten Zustrom von Menschen, finanzieller Mittel und technischer Erkenntnisse in jedem kriegführenden Lande, machte sie in den vier Kriegsjahren weit größere Fortschritte, als sie es in zwei Dezennien des Friedens hätte tun können.

Kriegserinnerungen von David Lloyd George

Im zwanzigsten Jahrhundert erlebte der Krieg zur See eine Umwälzung, eine Revolution, die zum Teil durch zwei Transportmittel zustande kam, das Unterseeboot und das Flugzeug. Sie unterscheiden sich sehr wesentlich voneinander. Das Uboot langsam, lautlos, unsichtbar, pirscht sich heimlich an seine Beute heran und wartet auf den Moment, in dem es sein Opfer schlagen kann, um dann wieder in die Tiefe zu verschwinden. Das Flugzeug schnell, geräuschvoll, draufgängerisch, alles sehend und von allen gesehen, verwundbar und gefährlich zugleich.

Um die Jahrhundertwende hatte Wissen und Können den Menschen so weit gebracht, daß er sich frei durch die Luft und ebenso unter der Wasseroberfläche bewegen konnte. Trotz aller Unterschiede hatten die Entwicklungswege des Unterseebootes und des Flugzeuges doch manches gemeinsam. Von beiden hatte man Hunderte von Jahren gesprochen, bis die Wissenschaft das Traumbild wahr machte, und es zur praktischen technischen Möglichkeit wurde. Zu Beginn des Ersten Weltkrieges wurden beide in geringen Zahlen als Kampfmittel gebaut. Beide paßten nicht in das herkömmliche Heeres- und Marinedenken. Viele hielten sie zwar für

19

interessant, aber mehr oder weniger doch für Spielzeuge – und das sogar nicht ganz ohne Grund, denn bis dahin waren beide schlecht bewaffnet, von geringer Reichweite und häufig Unfällen ausgesetzt, die sich als tödlich für die erwiesen, die »gegen die Natur verstießen« und mit ihnen herumspielten.

Der größte Vorteil des Ubootes ist seine Unsichtbarkeit, die Fähigkeit, sich seiner Beute ungesehen zu nähern und sie anzugreifen. Und bis zum Aufkommen des nuklearen Unterseebootes war die größte Schwäche dieses Fahrzeuges der Zwang, von Zeit zu Zeit an die Oberfläche zu kommen, und einen Teil oder die gesamten Aufbauten über Wasser zu zeigen, um die Batterien aufzuladen, und das Boot zu durchlüften. Das Flugzeug ist von Natur aus ein Seeaufklärer ersten Ranges. Alles an der Meeresoberfläche kann von seiner Besatzung gesichtet werden. In der Rückschau war es deshalb unausweichlich, daß das Flugzeug eines Tages dazu benutzt wurde, das Uboot zu suchen und zu vernichten.

Wir werden wahrscheinlich niemals wissen, wer zuerst die Idee hatte, mit einem Flugzeug Uboote zu jagen. Aber bestimmt waren solche Gedanken bereits 1911 Gegenstand von Diskussionen. Im Oktober dieses Jahres erschien im »Journal of the Royal United Services Institution« ein Bericht, der sagte:

»In Cherbourg wurden jetzt einige sehr interessante Versuche durchgeführt, um die Fähigkeiten eines Aeroplans zum Aufspüren und Feststellen eines Unterwasserfahrzeuges zu erproben. Der Aviator, der die Maschine bei diesen Tests flog, war Aubrun, der bekannte Meister, der sich freiwillig in den Dienst der Sache stellte ... Die Maschine war eine Deperdussin ... Alle Versuche wurden an einem Tage bei schwachem Wind und ruhiger See durchgeführt ... Aubrun hatte nicht die geringsten Schwierigkeiten, das erste Unterseeboot, das teilweise über Wasser war, aufzufinden. Bei der Annäherung des Aeroplans tauchte es und verschwand. Der Aviator ging dann auf die Suche nach dem zweiten Unterseeboot und fand es unter Wasser, ungefähr zwei Meilen von dem ersten entfernt. (Obwohl der Bericht nicht davon spricht, ist es ziemlich sicher, daß das Boot zu dieser Zeit sein Periskop ausgefahren hatte.) Während dieser Versuche, die drei Meilen vor der Küste stattfanden, stieg Aubrun zuerst auf 150 m und flog dann in Höhen zwischen 300 und 400 m.«

Zu dieser Zeit machte die Unzuverlässigkeit der Verbrennungsmotoren auch den kürzesten Aufklärungsflug über See zu einem gewissen Risiko. Gerade zwei Jahre früher hatte man den 25-Meilen-Flug von Louis Bleriot über den Englischen Kanal eines Preises von 4000 Pfund für wert gehalten.

Während Aubrun seine Versuche durchführte, nahm ein junger Offizier der Royal Navy Flugunterricht bei der Bristol Aviation Company in Larkhill und zwar auf eigene Kosten und während seiner Freizeit, Lieutenant Hugh Williamson, der Kommandant des britischen Unterseebootes B 3. Im November 1911 erhielt Williamson sein Flugzeugführerpatent als 160. Mann im britischen Empire.

Anfang 1912 berief die britische Admiralität, beunruhigt über Meldungen vom Anwachsen der Unterseebootflotten in anderen Marinen, einen Ausschuß zur Untersuchung von Abwehrmitteln gegen diese neue Bedrohung. Der Ausschuß forderte Beiträge unter anderem auch von britischen Unterseebootoffizieren. Einer von denen die antworteten, war Hugh Williamson.

Zu dieser Zeit verstand Williamson gleich viel sowohl vom Ubootfahren als auch vom Fliegen, so daß er nahezu einzigartig in die Rolle des zum Wilderer gewordenen Wildhüters paßte. Nur ein einziger weiterer Ubootoffizier in der Royal Navy besaß den Flugzeugführerschein, und auch in anderen Marinen können es nur ganz wenige gewesen sein, die über beide dieser noch ungewöhnlichen Fertigkeit verfügten. Wie Williamson sich später erinnerte »war zu dieser Zeit der Gedanke, Flugzeuge gegen Uboote einzusetzen, nicht mehr ganz neu; aber man hatte darüber bisher immer nur ganz allgemein gesprochen.« Im März 1912 reichte Williamson seine Arbeit »*Der Einsatz von Aeroplane gegen Uboote*« (*The Aeroplane in use against Submarines*) ein. Da es wahrscheinlich die erste taktische Abhandlung war, die je über dieses Thema geschrieben wurde, lohnt es sich, sie sich etwas genauer anzusehen.

Der Aufsatz begann mit einer Beschreibung des Flugzeugtyps, der für die Ubootbekämpfung erforderlich war. Williamson sprach von einem Eindecker mit einer Spannweite von etwa 13 m, der in der Lage war, sowohl den Flugzeugführer und einen »Passagier« – der Ausdruck Beobachter war noch nicht allgemein gebräuchlich – als auch Brennstoff für fünf Stunden und 150 kg militärische Zuladung zu tragen. Wenn das Flugzeug mehrere Stunden über See patrouillieren sollte, würde es einen zuverlässigen Motor brauchen:

»Noch sind die derzeitigen Motoren nicht gut genug. Verbesserungen sind jedoch in Arbeit und die Maschinenbauer bemühen sich sehr um dieses Problem, so daß wir bald etwas Zuverlässigeres haben dürften. Die endgültige Lösung wird wahrscheinlich ein Sechzehnzylinder- oder ein doppelt wirkender Achtzylinder-Motor sein mit getrennter Brennstoffzufuhr und Zündung für die verschiedenen Zylindergruppen. Eine verstopfte Brennstoffleitung oder Zündversager sind heutzutage die häufigsten Störungsursachen . . .«

Der Aufsatz unterstrich auch die Notwendigkeit guter Sicht für den zweiten Mann. Er konnte wenig ausrichten, wenn er eingepfercht zwischen den oberen und unteren Tragflächen eines Doppeldeckers saß. Williamson fuhr dann fort, die Taktik darzulegen, die er sich für die fliegenden Ubootjäger vorstellte. Sie sollten in etwa 1300 m Höhe patrouillieren, wo »die Sichtweite, in der sie ein Boot auffassen würden, ein Kreis mit einem Radius von ungefähr 18 Kilometer sei, und innerhalb kurzer Zeit würden sie das ganze Gebiet, in dem Uboote zu erwarten seien, wirksam abgesucht haben. In dieser Höhe ist ein Flugzeug . . . für einen Beobachter auf der Erde nur ein Tüpfelchen am Himmel und schwer auszumachen. Andererseits ist ein Uboot (an der Oberfläche) für den Flieger ein scharf umrissenes Objekt. Laßt uns aber annehmen, daß das Unterseeboot das Flugzeug ebenso schnell oder sogar früher sieht, als es selbst erkannt wird. Was kann es tun? Tauchen? Ja, aber sie wissen ja gar nicht, weshalb das Flugzeug unterwegs ist, und wenn sie tatsächlich tauchen, wie lange sollen sie unten bleiben und ihre Batteriekapazität verbrauchen? Dann – wie sollen sie entscheiden, wann sie wieder auftauchen sollen? Ein Flugzeug ist durch ein Periskop sehr schwer auszumachen und auf jeden Fall völlig unsichtbar, wenn es höher als 500 m fliegt (Uboote hatten später ein besonderes Luftziel-Sehrohr, das dem Kommandanten erlaubte, den Himmel nach Flugzeugen abzusuchen, aber das war 1912 noch nicht der Fall). Wenn das Boot bei geringer Wassertiefe, sagen wir etwa 20 m, auf dem Grund liegt, kann es seine Aufgaben als Blockadeschiff nicht erfüllen.«

In diesem Abschnitt beschreibt Williamson genau, wie das Flugzeug während der beiden folgenden Weltkriege seinen größten Druck auf das Uboot ausübte: indem es das Boot zwang zu tauchen, mit anderen Worten, indem es ihm die Überwasserfahrt unmöglich machte, konnte es das Uboot zeitweilig ausschalten.

Williamson legte seiner Ausarbeitung den Gedanken an ein »Mutterschiff« zugrunde. Er schlug einen umgebauten Kreuzer der *Monmouth*-Klasse vor, der die Flugzeuge von einer besonders konstruierten Plattform auf dem Achterschiff katapultieren und dort auch wieder aufnehmen sollte. Der daraus sich ergebende Entwurf war in vieler Hinsicht ähnlich dem heutigen Ujagd-Helikopter-Kreuzer »*Blake*« der Royal Navy. Während der Jagd selbst sollte das Schiff mit seinen Schützlingen zusammenarbeiten:

»Laßt uns nun betrachten, was mit einem gesichteten Unterseeboot geschieht. Angenommen, eine der hochfliegenden Maschinen sichtet ein Boot an der Oberfläche . . . Wenn das Boot weiter an der Oberfläche bleibt, hält sich das Flugzeug außerhalb der Reichweite von Geschützen, die sich möglicherweise auf dem Uboot befinden, und umkreist es, bis das Schiff herankommt. Wenn das Boot immer noch an der Oberfläche bleibt, versenkt das Schiff es mit Artilleriefeuer. Sollte das Boot tauchen, geht das Flugzeug sofort zum Angriff über. Es hat nun kein Artilleriefeuer mehr zu befürchten und geht herunter, dicht über die Wasseroberfläche, und fliegt rund um die Stelle, an der das Boot taucht . . . Verglichen mit seinen 75 Stundenkilometern (Geschwindigkeit des Flugzeuges) ist ein Boot ein beinahe feststehendes Ziel. Im Überflug, nur wenige Meter über der Wasseroberfläche, kann das Flugzeug nun Spezialbomben werfen, die unter Wasser explodieren und den Rumpf des Bootes zerstören . . .«

Ein weitverbreiteter Glaube, so sagt Williamson, sei, daß es sehr schwierig wäre, Bomben von Flugzeugen mit einiger Genauigkeit abzuwerfen, und er räumt ein, daß das für »Heeresflieger« so ist, die »aus Angst vor Artilleriefeuer in mehr als 600 m Höhe« fliegen müssen. Aber von einem Flugzeug, das nur wenige Meter über Wasser fliegt, ist es – wie er behauptet, eine ganz andere Sache. Jedes seiner Flugzeuge sollte drei oder vier besondere Anti-Uboot-Bomben tragen.

»Zur Detonation sollte die Bombe einen doppelt wirkenden Zünder haben und, solange sie im Flugzeug ist, müsse sie absolut sicher sein. Beim Aufschlag auf das Wasser sollte sie scharf werden und einen Zeitzünder-Mechanismus in Gang setzen, der die Bombe zur Detonation bringt, wenn sie auf sieben Meter gesunken ist.« Wie so vieles in diesem Aufsatz zeigt dies eine bemerkenswerte Voraussicht. Man muß daran erinnern, daß im Jahre 1912 auch die einfachsten Gedanken über das Scharfmachen und Zünden von Fliegerbomben neu und unerprobt waren.

Williamsons Arbeit fand ein gutes Echo, und im darauffolgenden Monat erhielt er einen Brief der Lord's Commissioners of the Admirality, mit dem sie ihre Anerkennung aussprachen. Als Sonderfall wurde Williamson später gestattet, sowohl als Ubootfahrer als auch als Marineflieger Dienst zu tun.

Im Juni 1912 unternahm die Royal Navy eine eigene Versuchsreihe, um festzustellen, ob ein getauchtes Boot tatsächlich aus der Luft entdeckt werden konnte. Die Flugzeugbeobachter stellten fest, daß die flachen Gezeitengewässer vor Englands Ostküste sehr trübe und vollständig getauchte Boote unsichtbar waren. Doch klares Wetter und ruhige See vorausgesetzt, konnte der durch ein Sehrohr verursachte Schaumstreifen auf beträchtliche Entfernung gesichtet werden. Wenn das Unterseeboot bei schlechter Sicht aufgetaucht überrascht wurde, bestand gute Aussicht für einen Bombenangriff ehe das Boot tauchen konnte.

Zur gleichen Zeit liefen ähnliche Erprobungen in Deutschland verbunden mit dem Versuch, eine geeignete Anstrichfarbe für Unterseeboote zu finden, damit sie aus der Luft schwieriger entdeckt werden konnten. Doch diese Versuche waren nicht von großem Nutzen.

Im Sommer 1913 zog die Kriegsgefahr am europäischen Horizont herauf. Bis dahin hatten nur die britische und die deutsche Marine ernsthafte Anstrengungen unternommen, Marine-Luftstreitkräfte aufzustellen, die für ihre Flotten Aufklärung fliegen sollten. Die Royal Navy hatte 52 Wasserflugzeuge und sieben unstarre Luftschiffe, von denen drei für Flüge über See geeignet waren. Die deutsche Kaiserliche Marine hatte 36 Wasserflugzeuge und ein Starrluftschiff. Beide Marinen benutzten Wasserflugzeuge für die Aufklärung über See, denn die damals häufigen Motorpannen zwangen die Flugzeuge oft, niederzugehen. In solchen Fällen war

ein Landflugzeug verloren, aber die Besatzung eines Wasserflugzeuges konnte gewöhnlich kleinere Reparaturen auf dem Wasser
ausführen oder auch ein vorbeifahrendes Schiff bitten, es in Schlepp
zu nehmen. Die deutschen Marine-Luftstreitkräfte hatten bei
Kriegsbeginn nur ein Luftschiff im Dienst, dazu kamen noch drei
zivile Luftschiffe, die für sofortige Beschlagnahme zur Verfügung
standen und drei weitere Marine-Luftschiffe waren im Bau.
Außerdem hatte das deutsche Heer acht eigene Luftschiffe, die für
Aufklärung über See zur Verfügung standen, wenn die Marine sie
anforderte. Hier sollte erwähnt werden, daß alle britischen Luftschiffe zum unstarren Typ gehörten, während alle deutschen bis auf
eines von starrer Bauweise waren. Das Starrluftschiff hatte ein
Metallgerüst und eine äußere Hülle aus Stoff; der Wasserstoff, der
ihm Auftrieb gab, war in mehreren (normalerweise zwölf) getrenn-
ten Luftkammern innerhalb des Gerüstes untergebracht. Die
kleineren unstarren Luftschiffe dagegen hatten kein Metallgerüst
und erhielten ihre Gestalt durch den Gasüberdruck innerhalb der
Haupthülle. Die Starrluftschiffe konnten weit schwerere Ladung
über weit größere Entfernungen tragen. Im Gegensatz zu den
kleinen Flugmaschinen der damaligen Zeit, – die nur genügend
Treibstoff hatten, um sich in einem Dreistundenflug 75 Meilen vom
Flugplatz zu entfernen und keine nennenswerte Bombenladung
tragen konnten, – hatten die großen deutschen Starrluftschiffe
bereits gezeigt, daß sie Unternehmungen bis zu 24 Stunden Dauer
fliegen und dabei eine Bombenlast von einigen hundert Kilo tragen
konnten.
Im Sommer 1914 war das Uboot schon fester Bestandteil der
Marinen all der Großmächte, die bald miteinander im Kriege liegen
sollten. Großbritannien hatte 75, Deutschland 30, Frankreich 67,
Rußland 36, Österreich-Ungarn 11 und Italien 14 Uboote. Typisch
für die modernen Unterseeboote von 1914 waren die Boote der
Klasse U 23 bis U 41, des wichtigsten Hochsee-Unterseeboottyps
der Kaiserlichen Marine. Diese Boote hatten eine Überwasserver-
drängung von 675 t, waren 70 m lang und hatten eine Besatzung
von 39 Mann. Die Hauptbewaffnung bestand aus zwei Bug- und
zwei Heck-Torpedorohren, mit Torpedos vom Kaliber 450 mm.
Diese hatten einen Gefechtskopf von 100 kg und liefen mit einer
Geschwindigkeit von 35 Knoten über eine Strecke von 1000 m.

Außerdem hatten diese Boote ein oder zwei Oberdecksgeschütze von 88 oder 105 mm. Aufgetaucht fuhren die Boote mit Dieselmotoren, und ihre 56 t Brennstoff reichten für eine Fahrstrecke von 3000 Seemeilen bei zwölf Knoten. Die Überwasser-Höchstgeschwindigkeit betrug 16 Knoten. Diese Bootsklasse, zwei Jahre vor dem Krieg und noch ohne den Gedanken an eine Bedrohung aus der Luft entworfen, brauchte zweieinhalb Minuten zum Tauchen. Die größte zulässige Tauchtiefe war 50 Meter. Die Unterwasser-Höchstgeschwindigkeit betrug fast zehn Knoten, aber das würde die Batterien innerhalb einer Stunde erschöpft haben. Mit einer Unterwasser-Marschfahrt von vier Knoten konnte das Boot etwa 60 Seemeilen fahren, ehe die leeren Batterien es aufzutauchen zwangen, um mit den Dieselmotoren wieder aufzuladen. Abgesehen von der geringen Unterwassergeschwindigkeit und -ausdauer zwang auch die geringe Sichtweite durch das Periskop die Ubootkommandanten, die meiste Zeit aufgetaucht zu fahren. Tatsächlich tauchten sie nur entweder zum Angriff oder wenn sie selbst angegriffen wurden oder um der Sichtung durch den Gegner zu entgehen. Das Wort »Unterseeboot« war damals eine falsche Bezeichnung, denn diese Fahrzeuge verbrachten bei weitem nicht die ganze Zeit unter Wasser; »Tauchboot« wäre vielleicht zutreffender, und bei Überwasserfahrt waren die Unterseeboote natürlich plötzlichen Angriffen und der Vernichtung aus der Luft ausgesetzt. Am 4. August 1914 erklärte Großbritannien Deutschland den Krieg und es vergingen keine zwei Monate bis das Unterseeboot beweisen konnte, daß es in der Tat eine ernsthafte Bedrohung für Überwasserschiffe darstellte. Am 5. September versenkte Oberleutnant J. S. Hersing mit *U 21* den leichten Kreuzer »*Pathfinder*« vor St. Abb's Head. Es war das erste Mal seit dem amerikanischen Bürgerkrieg, daß ein Uboot ein Schiff im Kampf versenkte, und das erste Mal überhaupt, daß es ein Schiff in Fahrt versenkte. Zwei Wochen später, am 22. erzielte Kapitänleutnant Weddigen mit dem älteren *U 9* einen bemerkenswerten Dreifacherfolg, als er innerhalb eines Zeitraumes von weniger als einer Stunde die britischen Kreuzer »*Aboukir*«, »*Cressy*« und »*Hogue*« vor der holländischen Küste versenkte. Am Neujahrstag 1915 versenkte *U 24* (Schneider) das alte Schlachtschiff »*Formidable*« im Englischen Kanal. In der Zwischenzeit hatten britische Unterseeboote den deutschen Kreu-

zer »*Hela*«, den Zerstörer *S 116* und das türkische Schlachtschiff
»*Messoudieh*« versenkt.

Schon bald sahen sich die Unterseeboote Angriffen aus der Luft
ausgesetzt. Von Kriegsbeginn an hatte die deutsche Marine ihre
schnell wachsende Flotte von Zeppelinluftschiffen über der Nordsee eingesetzt. Am Weihnachtstag 1914 flog der Zeppelin *L 5* in
Höhe der Insel Norderney, als er plötzlich auf das britische
Unterseeboot *E 11* (Nasmith) stieß. Das Boot konnte tauchen, ehe
der Angriff richtig angesetzt war, und die beiden vom Luftschiff
geworfenen Bomben explodierten an der Wasseroberfläche ohne
Schaden anzurichten: zum ersten Male hatte ein Luftfahrzeug ein
Unterseeboot angegriffen.

Am 15. Mai 1915 griff der berühmte Zeppelinkommandant, Kapitänleutnant Heinrich Mathy, mit *L 9* drei britische Unterseeboote
innerhalb eines Zeitraums von drei Stunden an. Das erste und dritte
Boot konnten entkommen, auf das zweite Uboot stießen die
Deutschen, als es eine halbe Meile entfernt an Steuerbord auftauchte, und Mathy berichtete später:

»*L 9* drehte daraufhin mit Hartruder und griff das Boot, als es an die
Oberfläche kam, mit fünf Bomben mit Aufschlagzündern an. Das
Uboot wurde zweifellos getroffen und verschwand sofort ohne eine
Spur zu hinterlassen.«

Mathy behauptete die sichere Vernichtung des Unterseebootes. Es
war das britische *D 4* (Moncrieffe), das in Wirklichkeit mit einer
schweren Erschütterung und dem Verlust einiger Nieten aus der
Turmverkleidung entkam. Es war bestimmt nicht das letzte Mal,
daß ein Angreifer aus der Luft die Wirkung seines Treffers
überschätzen sollte. Wenn ein Unterseeboot angegriffen wurde und
es versinkt, ist es dann gesunken oder getaucht?

Ein phantastisches Verfahren, mit einem Flugzeug die lästigen
britischen Uboote zu bekämpfen, wurde von den Deutschen im
Jahre 1915 erprobt. Der Plan sah vor, ein Wasserflugzeug in einem
Gebiet, wo feindliche Uboote lauerten, auf dem Wasser niedergehen zu lassen, so, als ob es Maschinenschaden habe. Wenn das
feindliche Unterseeboot auftauchte, um dem scheinbar hilflosen
Wasserflugzeug den Gnadenstoß zu versetzen, sollte ein eigenes, in
der Nähe aufgestelltes Unterseeboot, das das Ganze auf Sehrohrtiefe beobachtete, den Angreifer mit Torpedos in die Luft jagen. Diese

»Lockvogel«-Taktik wurde am 25. Juni vor Borkum ausprobiert, und ein britisches Unterseeboot, wieder *D 4*, manövrierte wie vorgesehen auf den Köder. Als sich das Boot dem Wasserflugzeug getaucht näherte, entstand auf dem britischen Boot eine lebhafte Diskussion darüber, ob es nicht besser sei, unter Wasser zu bleiben, mit Höchstfahrt darauf zuzulaufen, und im letzten Moment aufzutauchen, um das Wasserflugzeug zu rammen (eine noch phantastischere Methode, mit einem Uboot ein Flugzeug zu vernichten!). Die Besatzung verwarf jedoch diesen Gedanken, weil sie befürchtete, daß die Bomben des Wasserflugzeuges beim Rammstoß explodieren könnten.

So brachte Moncrieffe sein Boot an die Oberfläche, ganz wie der deutsche Plan es verlangte, und seine Geschützbedienung eröffnete das Feuer mit der Deckskanone. Der Köder hatte die Maus aus ihrem Loch gelockt. Aber zum Unglück für die deutschen Flieger hatte sich die Katze – das im Hinterhalt liegende Uboot – verspätet und war noch weit weg. Unter dem ungemütlich genau liegenden Geschützfeuer startete die Besatzung des Wasserflugzeuges wieder ihren Motor und es gelang ihr, abzuheben. Die deutsche Marine machte daraufhin mit dieser Taktik keine weiteren Versuche mehr.

Gegen ein Kriegsschiff war der Überraschungsangriff eines getauchten Ubootes eine legitime Kriegshandlung. Anders aber waren 1915 die Bestimmungen des Internationalen Seerechtes gegenüber einem Handelsschiff. Diese Regeln – entworfen viele Jahre bevor das Unterseeboot als ernsthafte Kriegswaffe in Erscheinung trat – schränkten seine Wirksamkeit als Handelsstörer ganz erheblich ein. Damit waren Großbritannien und die anderen seefahrenden Nationen natürlich sehr einverstanden. Nach dem Gesetz durfte ein Ubootkommandant ein Handelsschiff nicht versenken, ehe er ein Prisenkommando an Bord geschickt hatte, um zu prüfen, ob das Schiff für den Feind bestimmte, verbotene Ladung hatte. Auch danach war der Ubootkommandant immer noch verantwortlich für die Sicherheit der Schiffsbesatzung.

Wie zu erwarten, sahen die Deutschen diese Regeln in einem anderen Licht. Während die britische Marine eine mächtige Seeblockade aufbaute, um den deutschen Handel abzuwürgen – was zu einschneidenden Kürzungen von Nahrungsmitteln und

Rohmaterialien führte – wurden die Deutschen durch einseitige Regeln daran gehindert, in der Weise zurückzuschlagen, die ihnen allein übrig blieb. Im Februar 1915 gab der Kaiser starkem öffentlichen Druck nach und erließ eine Proklamation, die seinen Ubootkommandanten erlaubte, jedes Schiff, das im Kriegsgebiet rund um die britischen Inseln angetroffen würde, ohne Warnung zu versenken. Der neue, totale Ubootkrieg kam nur langsam in Gang, doch von Mai 1915 an verloren die Alliierten in der Regel mehr als 100 000 t Handelsschiffsraum pro Monat. Es lag auf der Hand, daß die Lage ernst werden würde, wenn nicht etwas geschah, um den Ubooten Einhalt zu gebieten.

Zu dieser Zeit erkannte die Royal Navy den Wert von Überwachungsflügen als Uboot-Bekämpfungsmaßnahme: könnte das Flugzeug die Uboote auch nur unter Wasser halten, so würde ihre Wirksamkeit stark beeinträchtigt sein. Das war eine sehr gute Theorie, aber diese Theorie hatte eine sehr wesentliche Schwäche; es gab kaum irgendein Luftfahrzeug, das für die Ubootüberwachungsaufgabe geeignet war. Anfang 1915 hatte die Royal Navy nur drei Luftschiffe, die zur Ubootüberwachung eingesetzt werden konnten. Ihre Wasserflugzeuge waren klein, zu wenig leistungsfähig und unzuverlässig.

Die deutschen Zeppelin-Luftschiffe hatten schon ihren Wert als Seeaufklärer unter Beweis gestellt. Der Erste Seelord, Lord Fisher, stellte eine dringende Forderung nach einigen kleinen, unstarren Luftschiffen auf, um die Uboote zu stören. Die Luftschiffe sollten eine Geschwindigkeit von rund 100 Stundenkilometern bei einer Flugdauer von etwa acht Stunden haben, eine Besatzung von zwei Mann, einen Funksender und -empfänger und eine Bombenladung von 75 kg tragen. Die Royal Navy ist immer dann in Höchstform, wenn sie vor eine besonders schwierige Aufgabe gestellt wird. Nach der bemerkenswert kurzen Zeit von drei Wochen verließ im März 1915 der erste Prototyp die Halle. Eine 17 000 Kubikmeter fassende Gaszelle eines alten Luftschiffes diente als Auftriebskörper, der Rumpf eines BE 2-Flugzeuges war als Gondel umgebaut und angetrieben wurde das Ganze von einem 70-PS-Renault-Motor. Es war das erste für Uboot-Abwehrzwecke gebaute Luftfahrzeug.

Das improvisierte Luftschiff erfüllte Admiral Fishers Forderung und erhielt die Bezeichnung *SS* (Submarine Scout), das heißt

Uboot-Aufklärer. Es ging sofort in die Produktion, ein Regenmantelfabrikant fertigte die Hüllen, und eine Möbelfabrik baute die Gondeln. Im Verlauf des Sommers 1915 errichtete die Royal Navy fünf Stützpunkte, von denen aus die neuen Luftfahrzeuge operieren sollten: Folkestone in Kent und Poligate in Sussex, Anglesey, Lucebay und Marquise bei Calais. Gegen Ende des Jahres 1915 erhielten die Luftschiffe den Spitznamen »Blimp«, ein Ausdruck der heute für alle unstarren Luftschiffe benutzt wird; angeblich stammt das Wort von dem *»blimp«* Ton der entsteht, wenn man den Daumen gegen die pralle Hülle schnippt. Ende 1915 waren insgesamt 29 SS Blimps im Dienst, die den Schiffen in den Gewässern rund um Großbritannien ein Mindestmaß an Luftsicherung geben konnten. Doch inzwischen waren die Deutschen gezwungen worden, ihre warnungslosen Angriffe auf die Handelsschiffahrt einzustellen. Der deutsche Kaiser hatte bei seinem Erlaß die Meinung der Neutralen zur warnungslosen Versenkung nicht genügend in Rechnung gestellt; im September erreichte die Entrüstung einen Punkt, an dem er es für besser hielt, die warnungslosen Angriffe einzustellen. Für die Alliierten war das eine höchst willkommene Atempause, denn während dieser acht Monate hatten die Uboote fast dreiviertel Millionen Tonnen Handelsschiffraum versenkt. Das ist um so bemerkenswerter wenn man bedenkt, daß die deutsche Marine selten mehr als 20 Uboote in der Blockade eingesetzt hatte und von diesen im Durchschnitt nur vier im Operationsgebiet südlich und westlich von England standen. Die Deutschen hatten ihre Offensive zweifellos zu früh und mit nicht genügender Stärke eröffnet; es konnte kein Zweifel darüber bestehen, was dem britischen Handel geschehen wäre, wenn eine vernünftige Zahl von Booten zur Verfügung gestanden hätte. Das nächste Mal – wenn es ein nächstes Mal gab – würden die Briten nicht so gut davonkommen.

Während des ersten Kriegsjahres hatten sogar die damaligen leicht bewaffneten Flugzeuge gezeigt, daß sie den Ubooten durch Überraschungsangriffe gefährlich werden konnten, obwohl noch keiner dieser Angriffe zu einem Verlust geführt hatte.

Am 26. August 1915 zum Beispiel, war Squadron Commander A. Bigswirth in einem Henri Farman-Doppeldecker auf Feindflug, um Zeebrügge zu bombardieren, als er, etwa sechs Meilen vor

Ostende, auf ein aufgetauchtes Uboot stieß. Bigsworth kurvte zum Angriff ein, löste seine Bomben und beobachtete zwei direkte Treffer seiner 30-kg-Bomben. Durch die Explosionswelle verlor er zeitweise die Kontrolle über das Flugzeug und als er es wieder in der Hand hatte, sah er das Boot über das Heck auf Tiefe gehen.

Während der folgenden Wochen griffen mehrmals Flugzeuge deutsche Uboote an, die von belgischen Stützpunkten aus operierten. Wie Mathy behaupteten auch die britischen Flieger, die Boote vernichtet zu haben, aber in allen Fällen ergab die spätere Überprüfung der deutschen Berichte keine Bestätigung. Einige der Uboote wurden jedoch beschädigt und ein Historiker der deutschen Ubootwaffe schrieb:

»Ende September setzten in Flandern Luftangriffe größerer Härte auf ein- und auslaufende Uboote ein. *UB 6* und *UC 1* wurden dadurch beschädigt.«

Man hatte sich mittlerweile darauf eingestellt, daß man Uboote mit Flugzeugen jagen konnte. Die Jäger in der Luft hatten nur ihre Augen und Doppelgläser, um ihre Beute zu finden. Ubootjagd aus der Luft, das war – wie es ein alter Mitstreiter formulierte – »ein ernsthafter Sport, bei dem die Fische keineswegs darauf erpicht waren, sich an die Oberfläche locken zu lassen.«

Nach der Statistik begann sich folgendes Bild abzuzeichnen: vier Fünftel der gesichteten Uboote waren zur Zeit der Sichtung an der Wasseroberfläche, das restliche Fünftel auf Sehrohrtiefe. Drei Viertel der gesichteten Uboote konnten tauchen und verschwinden, ehe das Flugzeug in Angriffsposition kommen konnte. Die durchschnittliche Sichtungsentfernung gegen ein aufgetauchtes Uboot war fünf Seemeilen, aber ein wachsamer Ubootausguck konnte unter normalen Sichtverhältnissen ein Flugzeug als Silhouette gegen den Horizont auf etwas größere Entfernung ausmachen und ein Luftschiff auf die doppelte Entfernung. So sahen die Ubootausgucks gewöhnlich das Flugzeug zuerst, und die Boote tauchten ungesehen.

Die ersten deutschen Hochsee-Uboote benötigten mehr als zwei Minuten, um zu tauchen, aber die verbesserten, 1915 in Dienst gestellten Uboote brauchten nur noch die halbe Zeit, und einige der kleineren Küsten-Uboote konnten in weniger als 25 Sekunden tauchen. Ein Flugzeug mit 110 Stundenkilometern legte in zwei

Minuten zwei Seemeilen zurück; in der gleichen Zeit legte ein Luftschiff mit 75 Stundenkilometern anderthalb Meilen zurück. Wenn die Ubootausgucks nicht gerade sehr sorglos waren oder das Flugzeug das Glück hatte, bei einer Sichtweite von weniger als drei Meilen zufällig auf ein Uboot zu stoßen, war der Vorteil immer auf Seiten des Ubootes; es konnte tauchen, ehe das Flugzeug zum Angriff heran war.

Ein getauchtes Uboot war bei klarem Wasser, wie es manchmal im Mittelmeer und auch in der Ostsee vorkam, aus der Luft bis zu einer Tiefe von etwa 25 Metern zu sehen. Aber diese Bedingungen waren in den Gewässern rund um Großbritannien außerordentlich selten.

Wurde das Uboot an der Wasseroberfläche überrascht und der Angriff energisch durchgeführt, wie groß waren dann die Aussichten, es zu versenken? Zu dieser Zeit bestanden die Druckkörper der deutschen Uboote aus Stahlplatten zwischen 11 und 16 mm Dicke, an Stahlschotten und Spanten genietet oder geschweißt. Mit den 1915 gebräuchlichen kleinen Bomben konnte eine solche Struktur nur durch einen direkten Treffer aufgerissen werden.

Es gab jedoch noch andere Beschädigungen, die zum Verlust eines Ubootes führen konnten. Für die sichere Handhabung eines getauchten Bootes mußten die Manometer, die Tiefenruder, und das Hochdruckluft-System in Ordnung sein. Wenn ein Boot unter Sehrohrtiefe getaucht war, hatte die Besatzung nur noch die Manometer, die ihr die Tiefe anzeigten. Eine nahe gelegene Explosion konnte diese Manometer leicht zerstören. Ein Boot, das mit ausgefallenen Manometern schnell auf Tiefe ging, konnte sehr schnell die Belastungsgrenze seines Druckkörpers überschreiten und wie eine Eierschale zerbrechen, oder es wurde beschädigt, weil es auf den Meeresboden aufstieß. Nahe gelegene Explosionen blockierten unter Umständen auch die Tiefenruder. Wenn dies geschah, bestand die Gefahr, daß das Boot außer Kontrolle geriet und ebenfalls in gefährliche Tiefe tauchte. Die Besatzung eines getauchten Bootes war auf die Preßluft angewiesen, um die Tauchtanks auszublasen und dadurch wieder an die Oberfläche zu kommen. Dicke Rohre führten diese Luft durch das Boot, aber bei einem schweren Schock konnten diese Rohre reißen und die Preßluft in das Boot strömen lassen. Ganz abgesehen davon, daß das für die Besatzung sehr unangenehm war, konnte das im Extremfall verhindern, daß das Boot wieder auftauchen konnte. Außerdem mußte man immer gewärtig sein, daß Seewasser in das Boot und in die Batterien gelangte. Das Salz des Seewassers bildete mit der verdünnten Schwefelsäure in den Zellen dann giftiges Chlorgas, das in das Boot strömte.

Die Unterseebootkommandanten waren sich darüber im klaren, daß Luftangriffe für sie tödlich sein könnten, und hüteten sich, Schiffe anzugreifen, wenn Flugzeuge in der Nähe waren. Der Erfolg der damaligen Ubootsicherung durch Flugzeuge sollte deshalb eher an der Zahl der Schiffe gemessen werden, deren Verlust sie verhinderten, als an der Zahl feindlicher Uboote, die sie vernichteten.

In den Jahren 1915 und 1916 schritt die Flugzeugtechnik schnell voran. Das große, zuverlässige Langstrecken-Seeaufklärungs-Flugzeug, das eine ausreichende Bombenladung tragen konnte, wurde nach und nach technische Wirklichkeit. 1914 hatten die amerikanischen Curtiss Company ein zweimotoriges Flugboot, die *America* für einen Transatlantikflug gebaut. Der Krieg verhinderte diesen Plan jedoch und die Royal Navy kaufte sowohl die *America* als auch ihr Schwesterflugzeug. Der Typ kam Anfang 1915 als die Curtiss H 4 in Dienst, aber gewöhnlich sprach man immer noch von der *America*. Mit zwei Motoren von je 90 PS hatte dieses Flugboot eine viel zu geringe Antriebsleistung. Darüber hinaus ließen seine Flugeigenschaften viel zu wünschen übrig. Einer der Piloten, der sie geflogen hatte, meinte, sie seien »komische Maschinen, die weniger als zwei Tonnen wiegen, mit zwei komischen Motoren, die, wenn sie funktionierten, 180 PS hergeben, und komischer Steuerung, bei der das Flugzeug bei laufenden Motoren vorlastig und im Geleitflug schwanzlastig sei«. Es war deshalb vielleicht gut, daß dieser Typ niemals den Versuch des gefährlichen Transatlantikfluges unternahm. Aber für seine Zeit war die H 4 das beste große Flugboot, das verfügbar war, und die Royal Navy bestellte weitere zwölf davon, von denen einige in Großbritannien in Lizenz gebaut wurden. Später erhielten einige der H 4 zwei neue 100-PS-Motoren und ihre Leistungen besserten sich etwas: voll beladen mit einem Gewicht von etwas unter 2250 kg erreichten sie 140 Stundenkilometer und trugen eine kleine Bombenlast und zwei Maschinengewehre. Im

Einsatz zeigte die H 4, daß das große Flugboot im Grunde eine sehr brauchbare Waffe war, wenn auch seine Zuverlässigkeit und seine Seeigenschaften noch hinter den Forderungen zurückblieben.

Aufgrund der Erfahrungen mit der H 4 baute die Curtiss Company die H 8, *Large America*, mit größerer Reichweite und Tragfähigkeit. Mit einem Gesamtgewicht von über 4500 kg war sie zweimal so schwer wie der frühere Typ und mit zwei 160-PS-Motoren fast zweimal so stark. Die H 8 hatte eine Höchstgeschwindigkeit von 170 Stundenkilometern. Beeindruckt von diesen technischen Spezifikationen bestellte die Royal Navy 50 *Large Americas*. Als jedoch die ersten *Large America*-Flugboote im Juli 1916 im Fliegerhorst Felixstowe eintrafen, stellte sich heraus, daß dieser Typ ebenso wie seine Vorgänger eine viel zu geringe Antriebsleistung hatte. Um das abzustellen, ließ Wing Commander John Porte, der Fliegerhorst-Kommandant, eins der Flugboote mit zwei 250-PS-Rolls-Royce-Eagle-Motoren ausrüsten und vergrößerte damit die Antriebsleistung um mehr als 50 Prozent. Damit war das Problem gelöst, und der Typ wurde als H 12 *Large America* eingeführt. Aber die wichtigen Rolls-Royce-Motoren waren knapp und so dauerte es eine ganze Zeit, bis die H 12 in nennenswerten Zahlen zur Verfügung stand. In der Zwischenzeit trug das Short-184-Wasserflugzeug, das kleiner war und geringere Reichweite hatte, die Hauptlast der britischen Flugzeugaufklärung.

Großbritannien unternahm als einzige Großmacht, die ernstlich durch das Unterseeboot bedroht war, größte Anstrengungen, dieser Gefahr zu begegnen. Damit soll aber nicht gesagt sein, daß andere auf diesem Gebiet untätig waren. Die Deutschen setzten ihre Zeppeline und kleinen Friedrichshafen-Wasserflugzeuge gegen alliierte Uboote ein und die Österreicher benutzten das Lohner-Flugboot, einen Zweisitzer-Doppeldecker, der eine Bombenladung von 150 kg tragen konnte.

Den Ruhm, als erste ein Unterseeboot aus der Luft versenkt zu haben, konnte die österreichische Marineluftwaffe für sich beanspruchen. Am 16. August 1916 lag das britische Boot *B 10* an seinem Liegeplatz in Venedig, als österreichische Flugzeuge den Hafen angriffen. Eine der Bomben traf *B 10* und versenkte es. Ein aufgetauchtes Uboot, vertäut am Pier liegend, ist natürlich etwas anderes als ein wendiges Fahrzeug im freien Gewässer. Aber die

Österreicher sollten etwa fünf Wochen später beweisen, daß sie ein Uboot auch dort versenken konnten.

Am 15. September orteten, wie bereits berichtet, die beiden österreichischen Lohner-Flugboote das französische Unterseeboot *Foucault*, das auf elf Meter Tiefe in der ruhigen Adria dahinfuhr. Sie warfen vier Bomben auf den dunklen Umriß unter ihnen. Die unerwarteten Explosionen erschütterten das französische Unterseeboot schwer, es kam aus dem Trimm, irgendwo war ein Wassereinbruch, und die beschädigten Batterien gaben nicht mehr genügend Strom, um die Elektromotoren anzutreiben. Als die *Foucault* nicht mehr zu halten war, glaubte die Besatzung an einen Minentreffer. Der Kommandant befahl, die Tauchtanks auszublasen, und das Uboot schoß an die Oberfläche, wo es sofort von den beiden Flugbooten erneut angegriffen wurde. Als der französische Kommandant feststellte, daß die Diesel nicht ansprangen, war ihm klar, daß die lecke *Foucault* in einer hoffnungslosen Situation war. Er befahl seiner Besatzung, die Flutventile zu öffnen und dann das Boot zu verlassen.

Nun endlich hatte ein Flugzeug bewiesen, daß es ein Uboot in freier See finden und es tödlich treffen konnte. Daß die *Foucault* sowohl bei der ersten Sichtung als auch beim Angriff getaucht war, macht dieses Ereignis besonders bemerkenswert.

Im März 1916 war die Atempause für die Handelsschiffe in den Gewässern rund um die britischen Inseln zu Ende. In diesem Monat steigerte die deutsche Marine ihre Uboot-Offensive gegen den alliierten Handel, obwohl die Ubootkommandanten unbewaffnete Handelsschiffe nicht ohne vorherige Warnung versenken durften. Nun standen etwa 50 Uboote für Operationen zur Verfügung, und im Sommer 1916 versenkten sie 130 000 t Handelsschiffraum im Monatsdurchschnitt.

In der zweiten Hälfte des Jahres 1916 wuchs die deutsche Unterseebootflotte schnell, und am Ende des Jahres waren mehr als 100 Uboote im Einsatz. Jetzt, so schien es der deutschen Führung, war die Zeit reif, die hinderlichen Einschränkungen des Ubootkrieges zu lockern. Wenn sie mit bestem Wirkungsgrad eingesetzt würden, könnte mit dieser Ubootwaffe die See von alliierten Handelsschiffen leergefegt werden. Diese Gelegenheit durfte man nicht vorübergehen lassen, und ab 1. Februar 1917 durften die

Uboote wieder jedes Handelsschiff im Kriegsgebiet ohne Warnung versenken. Im Laufe des Februars, dem ersten Monat dieser neuen Kampagne, versenkten die Uboote mehr als 450 000 t, im folgenden Monat erreichten die Versenkungen die 500 000-t-Marke, und im April beliefen sich die Verluste an Handelsschiffraum auf fast 850 000 t. Im April traten die Vereinigten Staaten in den Krieg gegen Deutschland ein, aber noch hatten die Deutschen wenig Grund, daran zu zweifeln, daß ihre Uboot-Blockade die Briten ausgehungert haben würde, ehe der neue Verbündete irgendetwas in Europa tun konnte. Im April wurde ein Viertel aller Handelsschiffe, die von Großbritannien ausliefen, versenkt, ehe sie ihre Rückreise beendet hatten. Wenn die Dinge so weiterliefen, so rechneten sich einige der Offiziere der Royal Navy aus, würden die Alliierten gezwungen sein, noch vor November um Frieden zu bitten.

Im Mai 1917 führte die Royal Navy in einem verzweifelten Versuch, irgendetwas zu tun, mit dem möglicherweise die riesigen Verluste der Handelsschiffahrt etwas reduziert werden konnten, ein Verfahren ein, das dann eine tiefgreifende Wirkung auf den Ubooteinsatz haben sollte: sie begann Handelsschiffe nicht mehr einzeln sondern in gesicherten Geleitzügen laufen zu lassen. Der Gedanke, Schiffe in Geleitzügen fahren zu lassen, war natürlich keineswegs neu. In den Jahren nach der Entdeckung Amerikas durch Kolumbus erlitten die spanischen Schiffe auf dem Wege nach und von den westindischen Inseln erhebliche Verluste durch marodierende französische Seeräuber. 1543 faßten die Spanier ihre Schiffe in Geleitzüge zusammen und fuhren in den nächsten 60 Jahren unbehelligt über See.

Für die deutschen Uboote wirkte sich das Geleitzugsystem erst einmal so aus, daß die einst so belebten Seewege mehr und mehr vom Schiffsverkehr entblößt zu werden schienen. Das lag daran, daß rein rechnerisch die Aussichten für einen Geleitzug, von einem Uboot gesichtet zu werden, nur um weniges größer waren, als für ein einzelnes, unabhängig fahrendes Schiff. Bei halbwegs guter Sicht konnte ein Schiff von einem aufgetauchten Uboot auf eine Entfernung von etwa *zehn* Seemeilen gesichtet werden. Ein Geleitzug aus etwa 20 Schiffen dagegen war etwa zwei Meilen lang und bei gleicher Sicht und unter gleichen Umständen konnte er von einem Uboot auf eine Entfernung von etwa *elf* Meilen von seinem Mittelpunkt aus gesichtet werden. So würden zehn verschiedene Geleitzüge, aus je 20 Schiffen bestehend, mit kaum größerer Wahrscheinlichkeit gesichtet, als zehn einzeln fahrende Schiffe. Wenn man aber dagegen die Alternative betrachtet, nämlich die Wahrscheinlichkeit, daß das Uboot einen sehr viel größeren Teil von 200 einzeln fahrenden Schiffen sichtet, dann wird der Vorteil des Geleitzugsystems klar. Darüberhinaus konnten die Uboote bei einzeln fahrenden Schiffen, das heißt einer langen Folge von Zielen, immer wieder in Ruhe zum Angriff ansetzen und hatten auch zwischen den Angriffen Zeit, ihre Rohre neu zu beladen. Da normalerweise auch nicht mit Gegenwehr zu rechnen war, konnten die Deutschen oft ihre Beute billiger mit Granaten versenken. Bei einem Geleitzug war alles anders. Bei den seltenen Gelegenheiten, bei denen ein Geleitzug in die Torpedoreichweite eines Uboots kam, gab es plötzlich ein Überangebot an Zielen, doch kaum Zeit, mehr als ein Schiff anzugreifen. Und selbst schwache Geleitstreitkräfte genügten, um einen Angriff mit Artillerie auszuschließen. Außerdem konnte die stets zu geringe Anzahl an Ubootabwehr-Schiffen und -Flugzeugen viel wirkungsvoller am Geleitzug eingesetzt werden, als bei dem Versuch, den gesamten Seeweg zu sichern.

Der erste der neuen Geleitzüge bestand aus 16 Handelsschiffen und fünf Geleitfahrzeugen und lief am 10. Mai aus Gibraltar aus. Acht Tage später kamen die Schiffe ohne Verluste vor der Südküste Irlands an. Dort stießen sechs weitere Zerstörer zu dem Geleitzug und mit einer *Large America*, die über der See vor dem Geleitzug kreuzte, fuhren die Schiffe unbehelligt durch die am meisten gefährdeten Gewässer. In der Höhe der Südwestspitze von Wales wurde der Geleitzug aufgelöst, und die Schiffe fuhren einzeln zu ihren Bestimmungshäfen weiter.

Während der folgenden Monate fuhr ein ständig wachsender Teil der alliierten Handelsschiffe in Geleitzügen, und gleichzeitig gingen die Verluste durch Ubootangriffe zurück. Von der Rekordhöhe von 834 000 t im April sanken die Verluste auf durchschnittlich 590 000 t im Mai und Juni und 430 000 t im Juli, August und September. Die Verluste waren immer noch ernst, aber die Alliierten hatten offensichtlich das Schlimmste überstanden.

Um die Ubootgefahr zu bannen, hatte die Royal Navy unter anderem auch ihre Luftstreitkräfte erheblich vergrößert. Luftschiffe der größeren »Coastal«-Klasse[1] gingen als Ergänzung zu den früheren Submarine Scouts in Serie. Ende 1917 waren mehr als 100 Blimps in Dienst. Die *Large America* Flugboote kamen ebenfalls im Jahre 1917 in brauchbaren Zahlen an die Front. Bei ihren Einsätzen trugen die Luftschiffe und Flugzeuge nun gewöhnlich 50-kg- oder 200-kg-Bomben mit Aufschlagzünder. Gegen getauchte Ziele dagegen wurde die 100-kg-Bombe mit einem Verzögerungszünder von zwei Sekunden eingesetzt, der die Ladung auf einer Tiefe von etwa 23 m detonieren ließ.

Der bloße Anblick eines Blimp über einem Geleitzug genügte gewöhnlich, die Uboote zu veranlassen, sich davon fernzuhalten. Infolgedessen sahen die Besatzungen der Luftschiffe selten ein greifbares Ergebnis ihrer langen Einsätze. Einer von ihnen erinnerte sich später:

»Die Flüge waren immer stumpfsinnig, wir hatten jede Hoffnung aufgegeben, jemals ein feindliches Uboot zu sichten und angreifen zu können. Und wenn man wirklich das Glück gehabt hätte, ein Uboot an einem nebeligen Tag aufgetaucht zu sichten, dann war die Annäherungsgeschwindigkeit des Luftschiffes so gering, daß der Feind eine Menge Zeit hatte, zu tauchen. Ich habe bei Hunderten von Flugstunden niemals eins gesehen.«

In ihren schnelleren Flugbooten waren die Besatzungen der *Large America* besser dran. Von Mitte April 1917 an flogen sie die *Spider Web* (Spinnennetz)-Einsätze über den Hauptan- und -abmarschwegen der Uboote am Osteingang des Englischen Kanals. Dieser Name bezeichnete treffend das Einsatzgebiet, ein Achteck von 60 Meilen im Durchmesser mit dem Mittelpunkt auf Nordhinder Feuerschiff. Acht radiale Arme, jeder 30 Meilen lang, liefen von den Ecken des Achtecks zur Mitte, dazu unterteilten Sehnen das Gebiet im Abstand von zehn und 20 Meilen vom Mittelpunkt aus. Die *Large Americas* konnten, indem sie diesen gedachten Linien entlang flogen, ein Gebiet von einigen 4000 Quadratmeilen, das von dem Achteck umschlossen war oder auch Teile davon, systematisch absuchen. Während der ersten beiden Wochen dieser *Spider*

---

[1] Diese Klasse zweimotoriger Luftschiffe hatte eine Hülle von 5000 cbm, war 65 m lang, mit einem Durchmesser von 12 m und einer Besatzung von fünf Mann.

Web-Einsätze sichteten die Flugzeuge acht Uboote und griffen drei von ihnen an.

Am 20. Mai flog Flight Sub Lieutenant C. Morrish eine *Large America* in dem Gebiet ostwärts von Nordhinder Feuerschiff, als einer seiner Besatzung ein aufgetauchtes Uboot sah. Morrish griff an und warf zwei 100-kg-Bomben, die anscheinend genau vor dem Kommandoturm detonierten. Das Uboot verschwand und hinterließ einige Ölflecke an der Oberfläche. Aus deutschen Berichten wissen wir jetzt, daß das Boot nicht versenkt wurde, obwohl viele Quellen den Vorfall seither falsch berichtet haben. In der Official British History »Der Krieg in der Luft« schrieb zum Beispiel H. A. Johnes im Jahr 1934 über diesen Angriff:

»Ein Nachkriegsvergleich mit deutschen Berichten jedoch hat ergeben, daß es wahrscheinlich *U C 36* war, das niemals zu seinem Stützpunkt zurückkehrte, dies scheint die erste direkte Versenkung eines Ubootes durch ein Flugzeug während des Krieges gewesen zu sein.«

Andere ersetzten das *scheint gewesen zu sein* durch *war*, als sie diese Geschichte wiedergaben und erklärten, daß *U C 36* das erste Unterseeboot war, das *jemals* durch einen Luftangriff versenkt wurde. Sie wußten offenbar nichts von der Versenkung von *B 10* und von *Foucault*. Tatsächlich lief *U C 36* am 16. Mai aus Zeebrügge aus, um bei Nab Feuerschiff und westlich der Isle of Wight Minen zu legen. Aus dem abschließenden deutschen Geschichtswerk »Der Handelskrieg mit Ubooten« von Spindler, das herauskam nachdem Johnes sein Werk geschrieben hatte, wissen wir jetzt, daß *U C 36* durch das *Spider Web*-Gebiet marschierte und die Nab-Minen legte. Aber das Minenfeld westlich der Isle of Wight wurde offensichtlich nicht gelegt. Es gibt mehrere Fälle, in denen von deutschen Uboot-Minenlegern berichtet wurde, die zu dieser Zeit auf ihre eigenen Minen liefen, und wenn man alles abwägt, dann führen diese wenigen Hinweise zu dem Schluß, daß *U C 36* aus dem gleichen Grunde verloren ging.

Höchstwahrscheinlich erfolgte die erste Versenkung im *Spider Web*-Gebiet am 22. September. In der Frühe dieses Tages flog Flight Sub Lieutenant N. Magor mit einer *Large America* im Südteil dieses Gebietes, als er ein aufgetauchtes Uboot sichtete. Als er angriff, versuchten die Deutschen sich durch Tauchen dem Angriff

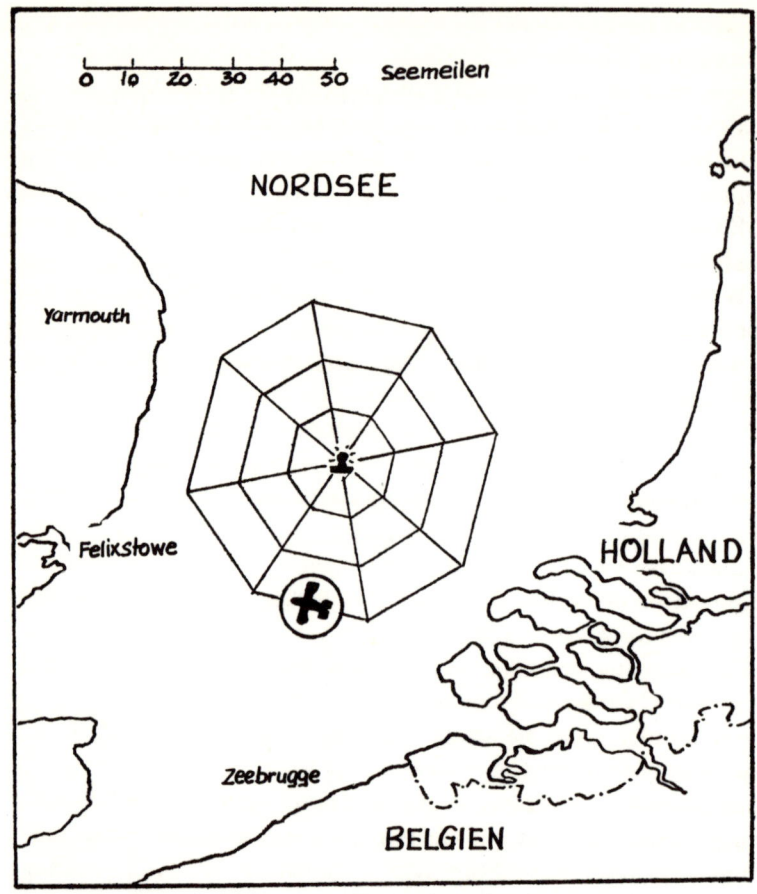

Das Schema der *Spider Web*-Einsätze. Der Kreis um das Flugzeug stellt den Bereich dar, der bei einer Sicht von fünf Meilen abgedeckt wird.

zu entziehen, aber zwei 100-kg-Bomben fielen sehr dicht bei dem Uboot ins Wasser. Nach den Explosionen sahen die Flieger, wie sich das Uboot auf die Seite legte und sank und bald danach schwammen Öl und Wrackstücke auf. Es spricht sehr vieles dafür, daß dies das Ende von *U B 32* (Ditfurth) war, das am 10. aus Zeebrügge ausgelaufen war und nie zurückkehrte. Jedenfalls war es bestimmt nicht *U C 72*, das in der Official British History unter diesem Datum Magor zugeschrieben wurde, denn dieses Uboot war schon im Gefecht mit der Ubootfalle *Acton* zwei Tage vorher versenkt worden.

Während des Sommers 1917 wurden – soweit es das Wetter zuließ – regelmäßig Ubootsicherungsflüge entlang der meisten Schiffahrtswege rund um die britischen Inseln geflogen. Eine Lücke gab es jedoch im Gebiet südlich Irland, wo viele Schiffe verlorengingen. Die Seeluftstreitkräfte hatten Wasserflugzeug-Horste in *Queenstown* bei *Cork* und *Berehaven* vorgeschlagen, aber der sture Marinebefehlshaber in *Queenstown*, Viceadmiral *Bayly*, sträubte sich dagegen.

»Wenn die Wachboote sich um sie kümmern, sie retten oder bemuttern müssen, dann werden diese Wasserflugzeuge eine ernsthafte Behinderung und Plage darstellen. Der Geleitverkehr wird gestört und die Uboote werden während der Abwesenheit der Wachboote reiche Ernte einbringen können. Wenn die Wasserflugzeuge nicht an anderer Stelle gebraucht werden und für sich selbst sorgen können, dann sind sie von Nutzen. Wenn nicht, sind sie nur eine Last.«

Alles das wäre wesentlich überzeugender gewesen, wenn die Queenstown-Wachboote bei der Versenkung von Ubooten und bei der Verhütung von Handelsschiff-Verlusten erfolgreicher gewesen wäre. Es hatte sich bereits gezeigt, daß Flugzeuge Verluste durch Uboote so wirksam verhindern konnten, daß gelegentlicher Abzug von Booten – um sie »retten oder zu bemuttern«, wenn sie in Schwierigkeiten gerieten – durchaus zu vertreten war.

Im Jahre 1917 hatte die deutsche Ubootswaffe den Höhepunkt ihrer Erfolge erreicht und überschritten. Im Oktober, November und Dezember wurden im Schnitt monatlich 340 000 t versenkt und damit der Abwärtstrend weiter fortgesetzt. Wegen der erfolgreichen alliierten Geleitzugtaktik begannen die Uboote die früher so ertragreichen Jagdgründe vor den Westküsten Großbritanniens zu verlassen. Sie konzentrierten sich nun auf die Küstengewässer, wo viele Schiffe zwischen den Auflösungs- und Sammelpunkten der Geleitzüge und den Häfen einzeln fuhren. Während des letzten Quartals 1917 befanden sich zwei Drittel der verlorenen Schiffe innerhalb von zehn Meilen vor der Küste, wenn sie den Treffer erhielten. Dabei waren die gefährlichsten Gewässer die vor der Küste von Devon und Cornwall und zwischen Tyne und Humber.

Um diese neue Bedrohung abzuwehren, forderte der Chef der

Hochseeflotte, Admiral Beatty, zusätzliche Flugzeuge zur Sicherung der Küstengewässer an. Daraufhin schlug Captain R. Groves, der stellvertretende Leiter der Technischen Abteilung des Luftfahrtministeriums, ein System »geschützter Wege« durch die Gefahrenzone vor. Das System von Groves beruhte auf der Prämisse, daß die Ubootkommandanten es nicht wagen würden, bei Tage in Gebieten aufgetaucht zu bleiben, wo sie unter ständiger Luftüberwachung standen. Er ging davon aus, daß, wenn jeder Punkt auf den »geschützten Wegen« alle 20 Minuten angeflogen würde, die Uboote jedesmal tauchen müßten und dadurch nicht wirkungsvoll operieren könnten. Der Captain meinte dann weiter, daß die Abneigung der Ubootbesatzungen gegen Flugzeuge so groß sei, daß sie auch auf einen Bluff hereinfallen würden. Jedes Flugzeug, auch Typen ohne jede Bewaffnung, wäre in der Lage, Uboote unter Wasser zu drücken. Er schloß, daß kein Ubootkommandant aufgetaucht bleiben würde, wenn er von einem Flugzeug angeflogen würde, nur um festzustellen, ob es Bomben hätte oder nicht. Im Endeffekt zielte das Groves'sche System nicht so sehr darauf ab, Uboote zu vernichten, sondern mehr ihnen das Leben in den Gebieten, die er schützen wollte, unerträglich zu machen.

Groves' Vorgesetzte gingen auf seinen Vorschlag ein und die Suche nach Flugzeugen für diese »Scarecrow« (Vogelscheuche)-Patrouille begann. Man mußte nicht lange suchen, in den Flugzeugparks befanden sich einige 300 De Havilland 6-Zweisitzer, Flugzeuge, die kürzlich wegen schlechter Manöverierfähigkeit als Ausbildungsflugzeuge ausgemustert worden waren. Der Typ war einfach zu fliegen und – ein wichtiger Faktor, denn die *Curtiss*-Motoren waren nicht sehr zuverlässig – er schwamm ausgezeichnet. Als die DH 6 in der »Scarecrow« Patrouille eingesetzt war, kam es mehrfach vor, daß die Motoren aussetzten und die Maschine »baden« ging; und manchmal schwammen diese Flugzeuge auf besonders entwickelten Schwimmsäcken sogar zehn Stunden.

Die Aufstellung der »Scarecrow« De Havilland 6-Verbände begann im Mai 1918; bald waren über 200 Flugzeuge im Einsatz, gegliedert in 34 Flights. Die Flugzeuge operierten von Flugplätzen, die im ganzen Küstengebiet rund um Großbritannien verstreut lagen. Da sie eine sehr geringe Priorität für Mannschaften und Ausrüstung hatten, wurden die »Scarecrow«-Flights die Aschenputtel der neu gebildeten Royal Air Force[1]. Bodenpersonal war ständig knapp und die improvisierten Anlagen auf den Fliegerhorsten waren oft kümmerlich. Die Flugzeuge operierten gewöhnlich als Einsitzer, aber für den Geleitschutz war ein Beobachter erforderlich – deshalb mußten Bomben und Funkgeräte zurückgelassen werden. Einige der Flights hatten nicht genügend ausgebildete Beobachter; deshalb sandte man Offiziere aus, die Häfen durchzukämmen, Fischdampfermatrosen »auszuleihen«, die mit der Morselampe umgehen konnten.

Trotz all dieser Schwierigkeiten konnten die »Scarecrow« Flights das Ihre tun, um die Uboote verstärkt zu bedrängen; zwischen dem 1. Mai 1918 und dem Waffenstillstand im November sichteten Besatzungen der DH 6 16mal ein Uboot und griffen elf Mal an. Keiner der Angriffe führte jedoch zu ernsthaften Schäden.

Während der letzten Kriegsmonate war durch die starke alliierte See- und Luftüberwachung und die Zusammenfassung des größten Teiles der Schiffahrt in Geleitzüge für die Uboote der Aufenthalt in den Gewässern rund um Großbritannien schwierig und frustrierend. Zwischen dem 1. Mai und 12. November standen für diese Aufgabe im Schnitt 190 Landflugzeuge, 216 Wasserflugzeuge, 85 große Flugboote und 75 Luftschiffe zur Verfügung. In diesem Zeitraum von sechs Monaten kamen durch diese Luftfahrzeuge annähernd 90 000 Flugstunden bei Ubootsicherungsflügen zusammen. Hinzu kamen die Ujagd-Streitkräfte der Alliierten Marinen mit mehr als 300 Zerstörern und Geleitbooten, 35 Ubooten und fast 4000 Hilfsschiffen. Und all das wurde aufgeboten, um eine Ubootflotte zu bekämpfen, die auf ihrem Höhepunkt niemals mehr als 150 operationelle Uboote aufbieten konnte. Diese Bindung von Alliierten Streitkräften war in der Tat die wesentlichste Auswirkung des Ubootkrieges im letzten Kriegsjahr.

Die Stärke der Ubootabwehrkräfte hatte zur Folge, daß vom Frühjahr 1918 an die deutschen Uboote beim Anmarsch in und Rückmarsch aus ihren Operationsgebieten unter ständigem Druck standen. Die Unternehmung von *U 98* im Mai und Juni 1918 gibt ein sehr anschauliches Bild davon, wie schwierig es geworden war, auf Schiffe zum Angriff zu kommen.

[1] Die RAF war im April 1918 aus der Königlichen Marineluftwaffe und dem Königlichen Fliegercorps gebildet worden.

U 98 lief am 14. Mai aus Emden aus. Das Boot brauchte zehn Tage, um sein Operationsgebiet in der Irischen See zu erreichen, und wurde in dieser Zeit zweimal von britischen Ubooten angegriffen, konnte aber ihren Torpedos ausweichen. Am 24. schoß es im St. Georgskanal einen Torpedo auf ein Schiff, das von drei Zerstörern gesichert wurde. Der Torpedo ging vorbei, *U 98* geriet in einen Wasserbombenangriff und verlor die Fühlung. Den 12. Tag verbrachte die Besatzung unter Wasser und versuchte angestrengt aber erfolglos, geeignete Ziele mit Hilfe des Sehrohrs zu finden. Aufgetaucht jedoch fand *U 98* am Abend das kleine norwegische Schiff *Janvold*, das ohne Geleit durch das Warngebiet lief, und versenkte es. Einen weiteren Angriffsversuch am nächsten Morgen mußte das Uboot aufgeben, als ein Blimp über dem Horizont auftauchte. In der Nacht des 27. tauchte *U 98* auf und lief auf der Suche nach Zielen in die Cardigan-Bucht, wurde jedoch von einer britischen Flottille mit Horchgeräten entdeckt. Ein darauf folgender Wasserbombenangriff zwang das Boot auf Tiefe zu gehen und das Gebiet mit leeren Händen zu verlassen. In der Frühe des folgenden Tages tauchte das Uboot auf, mußte aber in aller Hast wieder tauchen, um dem Torpedoangriff eines britischen Unterseebootes zu entgehen. Am Mittag des 28. erhielt *U 98* Fühlung an einem großen Geleitzug, der von Zerstörern (einige mit Fesselballons[1]) und Flugzeugen gesichert wurde. Als das Boot sich in Angriffsposition zu setzen versuchte, wurde es von den Ausgucks entdeckt und als zwei Zerstörer auf das Boot zuliefen, drehte es ab und verlor die Fühlung. Am 30. Mai verließ *U 98* das Gebiet, trat den Rückmarsch an und lief am 7. Juni wieder in Emden ein. Während seiner 23tägigen Unternehmung war es fünfmal angegriffen worden und hatte nur ein einziges Schiff von 1300 t versenkt.

Andere deutsche Ubootkommandanten waren waghalsiger – und oft auch glücklicher – aber der Abwärtstrend bei den Handelsschiffverlusten setzte sich im Laufe des Jahres 1918 fort. Und die Alliierten wußten, daß sie das Schlimmste überstanden hatten. Im Juni versenkten die deutschen Uboote 240 000 t, die niedrigste Monatsrate seit zwei Jahren. Im September fielen die Verluste auf 187 000 t ab.

[1] Fesselballons von ähnlichem Aussehen, wie die Sperrballons des 2. Weltkrieges. Sie hatten einen Korb mit einem Beobachter und einem Telefon und dienten als erhöhte Krähennester, um die Sichtweite der Ausguckposten zu vergrößern.

Die deutschen Unterseeboote waren nicht die einzigen, die sich der Aufmerksamkeiten von Flugzeugen während der letzten Kriegsmonate erfreuen konnten. Die schnellen deutschen Brandenburg-Wasserflugzeuge, die von Stützpunkten in Belgien und den friesischen Inseln aus operierten, zeigten sich ebenso unfreundlich britischen Seeleuten gegenüber. So überraschte zum Beispiel am 6. Juli eine Gruppe von fünf Brandenburgs das aufgetauchte britische Unterseeboot *C 25* bei Harwich. Die Wasserflugzeuge, geführt von dem berühmten Ass, Oberleutnant Christiansen, griffen aus der Sonne her mit Bomben und Maschinengewehren an. Die Seeleute erwiderten das Feuer, aber schon während der ersten Schüsse wurde ihr Kommandant, Lieutenant Bell, und mit ihm zwei Männer auf dem Turm getötet, andere verwundet. Die Verwundeten krabbelten in das Boot oder wurden hineingezogen, aber das Bein eines der Toten baumelte hartnäckig durch das Turmluk. Ehe *C 25* tauchen konnte, mußte das Luk geschlossen werden. Versuche, den Toten vom Luk wegzuschieben, während die im Tiefflug angreifenden Wasserflugzeuge über die Köpfe brummten, führten zu keinem Erfolg und wurden abgebrochen, nachdem zwei weitere Seeleute schwer verwundet worden waren. Schließlich tat der erste Wachoffizier das einzig mögliche: er nahm ein großes Küchenmesser und hackte das Bein seines toten Kameraden ab. Doch selbst als diese grausige Operation vorbei und das Luk geschlossen war, konnte *C 25* immer noch nicht tauchen. Ihre Elektromotoren waren durch die detonierenden Bomben beschädigt und sprangen nicht an. Schließlich, als sie keine Bomben und keine Munition mehr hatten, brachen die deutschen Wasserflugzeuge das Gefecht ab. Britische Kriegsschiffe erschienen auf der Bildfläche, übernahmen die Verwundeten und schleppten das durchsiebte *C 25* nach Harwich ein. Da das Boot so beschädigt war, daß sich eine Reparatur nicht mehr lohnte, wurde es bald danach verschrottet.

Während des letzten Kriegsjahres erhielten die britischen Flieger einige interessante neue Ausrüstungsstücke. Durch Starts und Landungen auf unruhiger See in den britischen Gewässern zeigten die H 12 *Large Americas* an ihren Rümpfen bald Verschleißerscheinungen. Um dieses Problem zu lösen, entwarf Wing Commander Porte einen seetüchtigen Rumpf für das Flugzeug. Mit verbesserten Leitwerkflächen und zwei 350-PS-Rolls-Royce-Motoren ging das neue Flugboot als die »Felixstowe F-2 A« in Produktion. Mit zwei 100-kg-Bomben und Brennstoff für acht Flugstunden hatte dieser Typ eine Höchstgeschwindigkeit von 175 Stundenkilometern. Als sie im Winter 1917 an die Front kam, war die F-2 A eins der teuersten Flugzeuge der Welt. Sie kostete mit einem Landungswagen aber ohne Instrumente und Bewaffnung £ 9983 ab Werk.

Ein bedeutsamer Schritt in die Zukunft war die zweimotorige Blackburn Kangaroo, das erste Landflugzeug im regelmäßigen Ubootabwehr-Einsatz. Landflugzeuge konnten mehr Ladung als Wasserflugzeuge tragen, denn bei gleichem Gewicht mußte das Landflugzeug nicht auch noch die Zuschläge für die Festigkeit des Bootskörpers in Kauf nehmen. Mit vier Tonnen Abfluggewicht wog die Kangaroo ein Viertel weniger als die F 2 A, doch sie konnte die doppelte Bombenlast tragen, 420 kg. Obgleich die Kangaroo nur zwei Drittel der Antriebsleistung des Flugbootes hatte, war sie ein wenig schneller und hatte eine etwas bessere Flugausdauer. Der neue Bomber wurde bei der 246. Squadron in Seaton Carew bei Hartlepool im Mai 1918 in Dienst gestellt; keine andere Squadron bekam vor Kriegsende diesen Typ und nur selten waren mehr als acht Kangaroos einsatzbereit. Doch während der sechs Monate bis zum Waffenstillstand sichteten diese Flugzeuge zwölf Uboote, griffen elf davon an und waren an der Vernichtung von einem beteiligt: *U C 70* (Doberstein).

Britische Versuche, größere Blimps und auch Starrluftschiffe, ähnlich den deutschen Zeppelinen, zu bauen, endeten enttäuschend. Die größten Blimps des Ersten Weltkrieges waren die der 100 000 Kubikmeter großen »Northsea« Klasse mit geschlossener Gondel und für eine Einsatzdauer von bis zu 20 Stunden ausgelegt. Aber sie erwiesen sich in der Praxis als unzuverlässig und nur wenige wurden gebaut. Die neu während des Krieges gebauten britischen Starrluftschiffe hatten alle derart schlechte Auftriebseigenschaften, daß sie für Langstreckenflüge ungeeignet waren.

Eins war während der ersten drei Kriegsjahre absolut klar geworden, daß nämlich das Flugzeug niemals eine wirklich überzeugende Waffe gegen Uboote werden würde, solange man die Boote nur mit den Augen, gelegentlich durch Doppelgläser verstärkt, finden mußte. Schon 1915 hatten britische Wissenschaftler Versuche mit Unterwasser-Horchgeräten gemacht, um Schraubengeräusche getauchter Uboote aufzunehmen und zu verstärken. Nach erfolgreichen Versuchen wurde das Gerät in großem Umfang bei der Royal Navy eingeführt. Sowohl Schiffe als auch Küstenstationen benutzten Unterwasser-Horchgeräte, um in der näheren Umgebung fahrende Uboote zu entdecken. So kam man bald auf den Gedanken, auch ein Wasserflugzeug oder ein Flugboot mit einem Unterwasser-Horchgerät auszurüsten. Das Flugzeug könnte auf das Wasser niedergehen und nach Ubooten horchen, die unter ihm fuhren. Im Frühjahr 1917 führte die Royal Navy praktische Erprobungen mit kleinen Wasserflugzeugen im Mittelmeer durch. Die Unterwasser-Horchgeräte waren ungerichtet, deshalb waren die Ergebnisse schlecht. Im folgenden Jahre wurden Erprobungen mit Richt-Horchgeräten durchgeführt, danach waren die Ergebnisse sehr viel besser.

Als Nächstes brachte man nun ein Richthorchgerät an einem der großen Flugboote an. Das 12 kg schwere Horchgerät war am Ende einer drei Meter langen Spiere befestigt, die mit dem anderen Ende drehbar am Flugzeug gelagert war, so daß das Horchgerät unter das Flugzeug in Position geschwenkt werden konnte, wenn es auf dem Wasser war. Während des Fluges war die Spiere in horizontaler Position längs des Rumpfes beigefangen.

Mehrere *Large America* und Felixstowe-Flugboote hatten während der letzten Phase des Krieges Unterwasser-Horchgeräte, aber in der Praxis brachte das Gerät nicht viel. Der Flugzeugführer mußte seine Motoren stoppen, ehe er horchen konnte, und es war durchaus möglich, daß er sie nachher nicht wieder starten konnte. Deshalb scheuten sich die Besatzungen, das Gerät auf freier See zu benutzen. So wurde das Horchgerät nur selten und in großen zeitlichen Abständen eingesetzt und immer ohne Erfolg. Wenn nicht der Ubootkommandant außerordentlich unvorsichtig war und eine Menge Geräusche machte, hatte das Gerät selten eine Reichweite von mehr als einigen 100 Metern.

Bei anderen Versuchen im Herbst 1917 zeigte sich der Blimp als wesentlich bessere Plattform für den Einsatz von Unterwasser-Horchgeräten. Die Luftschiffe brauchten zum Horchen nicht auf das Wasser herunter zu gehen, sie mußten jedoch ebenfalls ihre Motoren drosseln. Ein besonders entwickeltes Horchgerät arbeitete zufriedenstellend, auch wenn der Blimp mit dem Wind mit

Geschwindigkeiten bis zu acht Knoten trieb. Kurz vor Kriegsende wurden Unterwasser-Horchanlagen für alle britischen Blimps, die zur Ubootjagd eingesetzt waren, bestellt; doch der Waffenstillstand kam, ehe sie ausgeliefert wurden.

Der Einsatz von Unterwasser-Horchgeräten durch Luftfahrzeuge während des Ersten Weltkrieges war an sich operationell nicht von Belang: es gibt keinen Bericht darüber, daß ein Uboot jemals damit entdeckt wurde. Wichtig war aber, daß Wissenschaftler zum ersten Mal versucht hatten, dem Flieger ein Gerät zu geben, um Uboote zu entdecken, die man nicht sichten konnte.

Im Jahre 1918 wurde kein Uboot nur durch ein Luftfahrzeug versenkt, obgleich ein Uboot so schwer beschädigt wurde, daß sein Kommandant sich in Spanien internieren lassen mußte – *U 39* (Metzger) – das von französischen Wasserflugzeugen im westlichen Mittelmeer angegriffen wurde – sowie das britische *C 25*, das verschrottet werden mußte. Britische Flugzeuge konnten aber Überwasserstreitkräfte bei der Vernichtung von vier Ubooten unterstützen: *U B 31, U B 103, U B 115* und *U C 70* – in den ersten drei Fällen waren Luftschiffe beteiligt, im vierten war es die schon erwähnte Blackburn Kangaroo.

Während des Ersten Weltkrieges brachten die Deutschen insgesamt 373 Uboote an die Front, die 5708 Schiffe mit insgesamt über 11 Millionen t versenkten, rund ein Viertel der gesamten Welttonnage. Mehr als die Hälfte der versenkten Schiffe waren britisch, zweidrittel aller Schiffe gingen in der Nähe der britischen Inseln unter. Die vereinigten alliierten Ubootabwehrstreitkräfte vernichteten 140 deutsche Uboote, weitere 19 gingen aus unbekannten Gründen und noch einmal 19 weitere durch Unfälle verloren.

Das Amtliche Britische Geschichtswerk *The War in the Air* (Der Krieg in der Luft) zählt sechs deutsche Uboote, die nur durch Luftfahrzeuge vernichtet wurden, aber aufgrund von Informationen, die man hinterher erhielt, weiß man nun, daß diese Zahl viel zu hoch ist. Nur ein deutsches Unterseeboot, *U B 32*, wurde wahrscheinlich durch ein Flugzeug alleine versenkt, die übrigen fünf jedoch mit anderen Mitteln. Vier deutsche Uboote wurden durch Flugzeuge in Zusammenarbeit mit Schiffen versenkt.

Keine andere Nation hatte in dem Umfange und so nachhaltig Luftstreitkräfte gegen Uboote eingesetzt, wie die britische, doch hatten auch andere einige Erfolge zu verzeichnen: Österreichische Flugzeuge versenkten zwei feindliche Unterseeboote – eines davon vor Anker – und beschädigten mehrere andere; die Deutschen beschädigten mehrere Boote, eines davon so schwer, daß es verschrottet werden mußte.

Sechs Lehren ergeben sich aus den Ubootjagd-Operationen des Ersten Weltkrieges.

Die erste, daß jede Art von Luftsicherung, auch mit nur schwach bewaffneten Maschinen, für die Schiffahrt viel besser war als gar keine. Aber um die Schiffahrt wirklich wirksam zu schützen, war eine große Anzahl von Flugzeugen erforderlich.

Zweitens, nur bei sehr ruhiger See und unter ausgezeichneten Wetterbedingungen konnte man – und dann auch nur mit einer großen Portion Glück – getauchte Uboote vielleicht aus der Luft erkennen. Uboote auf Sehrohrtiefe konnten durch den Schaumstreifen des Periskops unter günstigen Bedingungen ausgemacht werden. Aufgetauchte Uboote wurden im allgemeinen auf eine Entfernung von fünf Meilen gesichtet, doch bei grober See wurden diese kleinen Fahrzeuge leicht übersehen. Bei normalen Sichtverhältnissen sahen aufmerksame Ausguckposten der Uboote ein Flugzeug im allgemeinen ehe das eigene Fahrzeug gesichtet wurde.

Drittens, wenn Uboot und Flugzeug sich gegenseitig gesichtet hatten, kam es zu einem Wettlauf zwischen dem auf Tiefe gehenden Uboot und dem die Bombenabwurfposition anstrebenden Flugzeug. Deshalb hatte unter sonst gleichen Voraussetzungen ein schnelles Ujagd-Flugzeug größere Erfolgsaussichten beim Angriff als ein langsameres.

Viertens hatte es sich gezeigt, daß Flugzeuge ausreichend schwere Bomben tragen konnten, um Ubooten tödliche Schäden zuzufügen; aber dazu mußten die Bomben sehr nahe bei oder praktisch auf dem Ziel hochgehen.

Fünftens, ein Flugzeug mit langer Flugausdauer war nützlicher als mehrere mit kurzer Flugausdauer. Ein Flugzeug mit einer Flugausdauer von zwei Stunden zum Beispiel, das 35 Meilen von seinem Einsatzgebiet stationiert war, brauchte eine Stunde, um in das Einsatzgebiet und wieder zurück zu fliegen und war eine Stunde in dem Gebiet. Ein Flugzeug mit einer Flugausdauer von sechs

Stunden dagegen, das von demselben Stützpunkt in dasselbe Gebiet flog, konnte *fünf* Stunden in dem Gebiet bleiben. Ein Flugzeug also, mit der dreifachen Flugdauer konnte fünfmal so lange im Einsatz bleiben (wenn das Einsatzgebiet weiter weg war, wurde der Unterschied noch deutlicher: für einen 52-Meilen-Weg brauchte man für Hin- und Rückflug anderthalb Stunden, und dann konnte das Flugzeug mit der längeren Flugausdauer *neun* Mal so lange im Einsatzgebiet bleiben als das mit der kleineren).

Die sechste und letzte Lektion besagte, daß, wenn das Geleitzugsystem schon an sich eine sehr wirksame Ubootabwehr-Maßnahme war, sie durch Luftsicherung doppelt wirksam wurde. Während der letzten 18 Monate des Krieges machten Handelsschiffe einige 84 000 Reisen im Geleit. Dabei wurden nur 257 Schiffe im Geleitzug versenkt. Aber von diesen 257 gingen nur zwei aus Geleitzügen verloren, die durch Flugzeuge und Kriegsschiffe geschützt waren. Das war ein bemerkenswerter Erfolg für das Flugzeug als Ubootabwehrwaffe im Ersten Weltkrieg. Auch wenn es seine Beute nur selten alleine versenken konnte, so sorgte es doch dafür, daß nur die mutigsten oder die verwegendsten Ubootkommandanten von Flugzeugen geschützte Schiffe anzugreifen versuchten.

Hätte man nicht von fünf Ubooten irrtümlicherweise nach dem Kriege angenommen, daß sie auf den Anmarschwegen durch Luftangriffe versenkt worden seien, dann wäre noch eine weitere Lehre ganz deutlich gewesen; nämlich daß die Luftüberwachung ein verhältnismäßig wirkungsloses Mittel war, Uboote daran zu hindern, ihr Operationsgebiet zu erreichen. Gegenüber einem Uboot, das nachweislich im *Spider Web*-Gebiet versenkt wurde, wurden vier Boote an oder in der Nähe von Geleitzügen durch Flugzeuge in Zusammenarbeit mit Schiffen versenkt – und darüberhinaus noch die Handelsschiffe geschützt. Während der Anblick eines Geleitzuges manchen Ubootkommandanten in Versuchung führte, einiges zu riskieren, um zum Angriff zu kommen, so wurde er ohne diese Versuchung zu einer schwer zu fassenden Beute. Das Flugzeug war sehr viel erfolgreicher darin, Angriffe zu verhindern oder die zu strafen, die das versuchten, als darin, Uboote auf dem An- oder Rückmarsch zu jagen. Die lähmende Wirkung von Flugzeugen auf Ubootunternehmungen wurde sehr gut von einem britischen Ubootmann zusammengefaßt, der nach dem Kriege schrieb:

»Flugzeuge waren eine verfluchte Plage. Man wußte nie, ob sie einen gesehen hatten oder nicht und normalerweise nahm man an, daß sie einen gesehen hatten. Ist man in Feindgewässern, dann muß man höllisch aufpassen, denn dann geht die Jagd nach den üblichen Methoden los; und wenn man nicht gerade dicht unter der feindlichen Küste ist, dann sind alle Angriffschancen für diesen Tag vorbei. Und selbst wenn ein Ziel in Sicht kommt, ist eine starke Sicherung dabei, die scharf auf Sehrohre aufpaßt.«

Die Jahre dazwischen

»Wir müssen auf uneingeschränkten Ubootkrieg gegen unsern Handel, besonders durch Deutschland, gefaßt sein, aber wir können uns nicht vorstellen, daß das Unterseeboot noch einmal zu einer solchen Gefahr werden wird, wie 1914–1918. Unsere Ubootsabwehr-Maßnahmen . . . unterstützt durch Luftaufklärung, sollten ausreichenden Schutz bieten . . .«
Committee of Imperial Defence, 26. November 1937

Nach dem Sieg von 1918 waren die Alliierten entschlossen, niemals wieder zuzulassen, daß deutsche Uboote ihren Handel bedrohten. Deshalb bestimmte Artikel 188 des Versailler Vertrages 1919:
»Mit Ablauf eines Monats nach Inkrafttreten dieses Vertrages müssen alle deutschen Unterseeboote . . . den alliierten und assoziierten Hauptmächten übergeben werden.
Diese Uboote . . . die mit eigener Kraft fahren oder geschleppt werden können, müssen nach den angegebenen Häfen gebracht werden.
Die übrigen und auch die in Bau befindlichen Unterseeboote sollen . . . vollkommen abgebaut werden.«
Darüberhinaus verbot der Vertrag ausdrücklich den Bau von Ubooten in Deutschland. Da nun offensichtlich keine Bedrohung mehr bestand, die die Beibehaltung der umfangreichen See- und Luft-Ubootsabwehrstreitkräfte gerechtfertigt hätte, schmolzen diese bis auf einen Schatten dessen zusammen, was wie einmal gewesen waren. In Washington fand im Jahre 1921 eine wichtige Konferenz statt mit dem Ziel, eine Wiederholung des Wettrüstens, die dem Ersten Weltkrieg vorausgegangen war, zu verhindern. Die

fünf größten Seemächte nahmen teil: Großbritannien, die Vereinigten Staaten, Frankreich, Italien und Japan. In den Diskussionen setzten sich die Briten, die zu dieser Zeit über die größte Unterseebootflotte der Welt verfügten, nachdrücklich für die Abschaffung ihrer eigenen und aller anderen Ubootsflotten ein. Sie vertraten die Meinung, daß das Uboot nur als Handelsstörer wirklich von Nutzen sei und dann auch nur, wenn unter Mißachtung des Völkerrechts keine ausreichende Vorsorge für die Sicherheit der Besatzungen der angegriffenen Schiffe getroffen würde. Aber die Nationen, die kleinere Kriegsflotten hatten, weigerten sich, diesem Argument zuzustimmen. Sie argumentierten, daß das Ubooot eine sehr wirkungsvolle und durchaus legitime Waffe gegen Kriegsschiffe und auch als Aufklärer sehr nützlich sei. Darüberhinaus gab es, wie die Amerikaner hervorhoben, keinen stichhaltigen Grund, warum das Unterseeboot mehr als irgendein anderer Kriegsschifftyp völkerrechtswidrig eingesetzt werden sollte. Die Auseinandersetzung endete ohne Ergebnis. Da es den Briten nicht gelungen war, die Abschaffung der Uboote am Konferenztisch zu erreichen, taten sie alles, was nötig schien, sich ihrer zu erwehren. Während der zwanziger Jahre wandte die Royal Navy beträchtliche Mühe auf, um ein neues Verfahren zur Ortung getauchter Uboote zu entwickeln: Asdic. Dieser Name entstand aus den Anfangsbuchstaben des *Allied Submarine Detection Investigation Committee* (1917), eines Ausschusses, der die Entwicklungsarbeit für dieses Gerät angelassen hatte.[1] Die Anlage selbst kann man sich als eine Art »Unterwasser-Radar« vorstellen. Es bestand aus einem Schallsender, der einen Energiestoß in Vorausrichtung des Schiffes in fächerförmigem Strahl abgab. Jedes Objekt innerhalb dieses Strahls, zum Beispiel ein Unterseeboot, reflektierte Energie zu der aussendenden Stelle. Da die Geschwindigkeit des Schalles im Wasser bekannt war, gab der Zeitverzug zwischen der Aussendung des Impulses und dem Empfang des Echos ein genaues Maß der Entfernung des Objektes. Indem man die Richtung feststellte, aus der das Echo kam, konnte man auch die Peilung des Objektes bestimmen. All dies war auch möglich, wenn das Kriegsschiff mit mäßiger Geschwindigkeit fuhr und das Uboot so leise wie möglich dahinschlich. So war das Asdic eine bemerkenswerte Verbesserung

---

[1] Jetzt ist das Gerät unter seinem amerikanischen Namen Sonar bekannt.

gegenüber den einfacheren, gerichteten Schallempfängern, die von den Ubootjagd-Schiffen im Ersten Weltkrieg benutzt wurden. In den frühen dreißiger Jahren wurde das Gerät in größeren Stückzahlen in die Royal Navy eingeführt und mit erfahrenen Bedienungsleuten leistete es Erstaunliches. In Großbritannien war man überzeugt, daß die Royal Navy »die Antwort« auf das Uboot gefunden habe. Bis 1935 hatten mehr als die Hälfte aller Zerstörer in der Flotte das Gerät. Alle neuen Zerstörer und Ubootabwehr-Fahrzeuge würden es bei der Indienststellung an Bord haben, und es war auch beabsichtigt, den Rest auszurüsten.

Der deutschen Marine gelang es trotz der Beschränkungen, die ihr durch den Friedensvertrag auferlegt waren, in den Jahren nach dem Ersten Weltkrieg auf dem Laufenden zu bleiben. Deutsche Werften gründeten 1922 im Einverständnis mit der deutschen Marineleitung ein Uboot-Konstruktionsbüro in Holland unter dem Deckmantel der holländischen Firma *Ingenieurkantoor voor Scheepsbouw* (IVS). Durch Arbeiten für fremde Marinen konnte in diesem Büro eine Gruppe von Ubootskonstrukteuren mit den modernsten Entwicklungen Schritt halten. Die deutsche Firma Mentor Bilanz mit ihrer Zentrale in Berlin bildete das heimliche Bindeglied zwischen IVS und der deutschen Marineleitung. 1928 trat eine neue Gesellschaft, Igewit, an Stelle der Mentor Bilanz, um die Vorbereitungen dafür zu treffen, daß die deutsche Ubootwaffe schnell wieder aufgebaut werden konnte, wenn der Befehl dazu gegeben würde. Die Firma bereitete detaillierte Bauzeichnungen für Uboote nach den Spezifikationen der deutschen Marine vor. Zwischen 1927 und 1933 wurden acht Boote nach deutschen Entwürfen auf fremden Werften gebaut – zwei in Holland und eins in Spanien für die türkische Marine, sowie fünf in Finnland für die finnische Marine. So bestand im Herbst 1933, als Hitler grünes Licht für den Wiederaufbau einer deutschen Ubootwaffe gab, bereits ein leistungsfähiges Entwurfsbüro für diese Boote.

Am 16. März 1935 hoben die Deutschen formell den Versailler Vertrag auf, der das Verbot von Ubooten für die deutsche Marine festgelegt hatte. Zu dieser Zeit war die Arbeit an der ersten Gruppe von Ubooten in streng bewachten Hallen auf der Germania-Werft und bei den Deutschen Werken in Kiel schon weit vorangeschritten; bereits am 15. Juni wurde U 1 zu Wasser gelassen. Drei Tage später schloß Deutschland mit Großbritannien ein Flottenabkommen, in dem es sich freiwillig verpflichtete, seine gesamte Marinetonnage auf 35 Prozent der des britischen Commonwealth zu beschränken; als Gegenleistung wurde Deutschland die gleiche Uboottonnage zuerkannt wie Großbritannien. Am 29. Juni, nur elf Tage nach der Unterzeichnung des Abkommens, stellte die deutsche Marine ihr erstes Unterseeboot seit 1918 in Dienst.

Chef der ersten neuen Ubootwaffe und bald die treibende Kraft in allen Ubootangelegenheiten war der Fregattenkapitän Karl Dönitz, ein 44jähriger Berufsoffizier, der seit 1910 in der Marine diente. Im Ersten Weltkrieg hatte es Dönitz zum Kommandanten des Unterseebootes *U B 68* gebracht und war nach einem erfolgreichen Angriff auf einen Geleitzug im Mittelmeer im Oktober 1918 in britische Gefangenschaft geraten. Zehn Monate später wurde er entlassen und in die deutsche Reichsmarine übernommen. Jetzt ging er energisch und begeistert an die Aufgabe heran, die neue Waffe zu schmieden. Seit seinem eigenen, fast tödlich verlaufenden Zusammenstoß mit einem Geleitzug hatte er viel über eine Taktik nachgedacht, mit der man diese bekämpfen könne. Wenn die Antwort auf einzeln angreifende Uboote der Geleitzug war, dann war die Antwort auf den Geleitzug – davon war Dönitz überzeugt – der konzentrierte Angriff eines koordinierten Rudels von Ubooten. Die Ausbildung in der neuen Taktik begann unverzüglich.

Ebenso wie die Idee des Geleitzuges war auch der Rudelangriff keineswegs eine Erfindung des zwanzigsten Jahrhunderts. Als im 16. Jahrhundert die Spanier ihre aus Amerika zurückkehrende Silberflotte in Geleitzüge oder *flotas* zusammenfaßten, hatten die Franzosen darauf mit der Zusammenfassung ihrer Kaperschiffe im Geschwader reagiert. Andere folgten diesem Beispiel: im Krieg zwischen England und Spanien von 1585 bis 1604, dessen Höhepunkt die Vernichtung der spanischen Armada war, kreuzten die englischen Streitkräfte viele Wochen jeden Jahres in Geschwadern über See, um die *flotas* abzufangen, ihre Sicherung zu überwältigen und die Silberschiffe zu plündern. Aber durch sehr starke Geleitstreitkräfte und durch dauernden Wechsel ihrer Geleitzugwege gelang es den Spaniern, diese Taktik zu durchkreuzen. So führte ein Versuch, eine *flota* zu kapern, zu der größten Niederlage, die die Engländer in diesem Kriege zur See erlitten.

Die Flugzeuge, die während des größten Teiles des nun folgenden Krieges die Hauptlast der Luft-Ubootabwehr tragen sollten, gehörten zum Coastal Command der Royal Air Force. Das Coastal Command entstand im Juli 1936 aus der sogenannten Coastal Area Organisation von 1919. Der erste Befehlshaber war Air Vice Marshall Sir Arthur Longmore, einer der ersten britischen Marineflieger, der seine Fliegerlaufbahn schon vor dem Ersten Weltkrieg begonnen hatte. Im Juli 1914 war er der erste Brite, der aus der Luft einen Torpedo abwarf. Bei der Aufstellung des Kommandos traten die Auswirkungen jahrelanger Mittelbeschränkung zutage. Es bestand aus vier Flugboot-Squadrons, aus einem Sortiment veralteter Doppeldecker, zwei Squadrons Avro Ansons und einem Eindecker-Landflugzeug ziemlich neuen Musters sowie einer einzigen Squadron langsamer Vickers Vildebeest Doppeldecker-Torpedobomber, der einzigen Angriffsgruppe des Kommandos. Die Ujagd-Luftschiffe waren 1920 zurückgezogen worden.[1] Mitte der dreißiger Jahre war die Aufklärungs- und Angriffskapazität des damaligen Coastal Command in erster Linie gegen feindliche Überwasserschiffe gerichtet. Die Royal Navy, mit der das Kommando im Kriegsfall eng zusammen arbeiten würde, hatte zu dieser Zeit große Sorgen mit dem Problem, feindliche – und das waren unausweichlich deutsche – Überwasser-Handelsstörer daran zu hindern, in den Atlantik vorzustoßen und die Handelswege zu unterbrechen. Die Ubootbedrohung betrachtete man als zweitrangig, denn man glaubte, daß die mit Asdic ausgerüsteten Geleitfahrzeuge diesen so große Verluste zufügen würden, daß sie in keinem Verhältnis mehr zu dem möglichen Erfolg einer Unterseebootflotte stünden.

Bei sich stetig verschlechternder politischer Lage arbeitete das Coastal Command vom Zeitpunkt seiner Aufstellung bis zum Ausbruch des Krieges an seiner Vergrößerung und Neuausrüstung. Gleichzeitig mühten sich britische Wissenschaftler um die Entwicklung eines Gerätes, das die Wirksamkeit der Luftaufklärung über See bei Nacht oder schlechten Sichtverhältnissen erheblich zu bessern versprach.

---

[1] Zu dieser Zeit ging man davon aus, daß das Luftschiff eine leichte Beute für Langstreckenflugzeuge sein würden. Nur die US Navy, die ihre Luftschiffe weit außerhalb der Reichweite jedes möglichen Gegners einsetzen konnte, behielt diesen Typ im Dienst.

1935 begann man in Großbritannien an der Entwicklung des Radar zu arbeiten. Im daraufolgenden Jahr wurde Dr. Edward Bowen Leiter einer Vier-Mann-Gruppe in Bawdsey Manor in Essex – die anderen Mitglieder waren Mr. A. G. Touch, Mr. Robert Hanbury-Brown und Mr. Percy Hibberd; diese Gruppe sollte die Möglichkeiten für den Einbau eines solchen Gerätes im Flugzeug untersuchen. Von Anfang an war klar, daß einige erhebliche Probleme bewältigt werden müßten. Zum einen müßte die Wellenlänge des Flugzeuggerätes erheblich kürzer sein als die der gerade in Erprobung befindlichen Bodengeräte. Anderenfalls würden die Antennen zu groß für ein Flugzeug sein.[1] Zum anderen war da das Problem, Gewicht und Größe des Senders so weit zu reduzieren, daß er in ein Kampfflugzeug eingebaut werden konnte.

Um zu prüfen, ob sich ihre Vorstellungen verwirklichen ließen, bauten Bowen und seine Gruppe erst einmal einen der allerersten EMI Fernsehempfänger und eine große Richtantenne in einen Heyford-Bomber ein. Ein Radarsender am Boden strahlte das Zielflugzeug an. Zehn Meilen vom Ziel entfernt beobachteten die Forscher in ihrer rumpelnden Heyford die flimmernden Echosignale. Obgleich dieser Versuch nur unvollkommen war, bewies er doch, daß drahtlose Energie, die von einem Flugzeug reflektiert wurde, von einem anderen empfangen werden konnte. Und das gab dieser Gruppe eine Menge Auftrieb.

Mitte 1937 hatte sich die Bowens Gruppe verdoppelt und war auf acht Mann angewachsen. Sie hatten ein kleines Radar gebaut und komplett mit einem Sender bestückt, der auf einer für damalige Zeit außerordentlich hohen Frequenz arbeitete, nämlich 240 Megahertz. Die Antennen des neuen Radar waren kurz genug, um an einem Kampfflugzeug angebracht zu werden. 240 Megahertz entsprechen einer Wellenlänge von 1,3 Metern; da die Antennen einer halben Wellenlänge entsprechen, waren sie also etwa 65 Zentimeter lang. Bevor man jedoch mit diesem Gerät in die Luft gehen konnte, mußte Bowen die Befürchtungen der Flugsicherheitsexperten beschwichtigen. Bis dahin war noch niemals eine Leistung von einem Kilowatt von einem Flugzeug ausgestrahlt worden. Würden

---

[1] Die Bodengeräte arbeiteten zu dieser Zeit auf einer Wellenlänge von 25 Metern (12 Megahertz). Die Antennen und die dazugehörigen Reflektoren waren etwa zwölf Meter lang – viel zu groß, um an einem Flugzeug ohne untragbaren Widerstand und entsprechendem Leistungsverlust angebracht zu werden.

Funken entstehen, die den Treibstoff entzündeten? Die Wissenschaftler konnten beweisen, daß das nicht der Fall war.

Im Juli 1937 begann eine Anson mit den Flugerprobungen des neuen Radar, und bald konnten die Wissenschaftler Echos von großen Schiffen auf Entfernungen bis zu fünf Seemeilen beobachten. Dann, am 3. September, startete Bowen mit der Anson zu einem Truppenversuch, bei dem er Kriegsschiffe finden wollte, von denen er wußte, daß sie vor der Küste von Suffolk übten. Das gelang ihm, er empfing deutliche Echos des Schlachtschiffes *Rodney*, des Flugzeugträgers *Courageous* und des Kreuzers *Southampton*. Am folgenden Tage startete Bowen erneut mit der Anson in der Absicht, die Vorführung zu wiederholen. Aber diesmal wurde das Wetter plötzlich schlecht, und die an der Übung beteiligten Flugzeuge des Coastal Command wurden über Funk zurückgerufen. Die mit Radar ausgerüstete Anson empfing jedoch das Rückrufsignal nicht, und der ahnungslose Wissenschaftler setzte seine private Aufklärung fort. Mit seinem Radar fand er wieder einige der Kriegsschiffe und meldete hinterher:

»Am Morgen des 4. September gegen 5.30 Uhr flog die Anson K 6260 erneut über See auf einer Breite von 52 Grad. Wieder wurden Echos von der Couragous und einem Zerstörer aufgenommen. Die Schiffe wurden in 1000 Meter, 2000 und 3000 Meter Höhe von der Breitseite her angeflogen . . .«

Auf dem Rückflug durch eine geschlossene Wolkendecke bis zur Höhe von 4000 Metern unterstützte Bowen mit seinem Radar den Navigator bei der Ansteuerung zur Landung. Alles in allem hatte das neue Radar mit einiger Nachhilfe ausgezeichnet gearbeitet. Ein begeisterter Bowen konnte seinem Vorgesetzten berichten, daß ». . . diese Ergebnisse die Hoffnung stützen, daß es schließlich möglich sein wird, Schiffe auf See auf Entfernungen bis zu etwa zehn Meilen von einem Flugzeug aus zu entdecken und zu orten . . .« Doch trotz dieses Erfolges, unterstützt durch Sir Henry Tizard (dem Vorsitzenden des Ausschusses für die wissenschaftliche Überprüfung der Luftverteidigung), ging die Arbeit an dem neuen Radar nur langsam voran. Im Jahr 1939 schluckte das Frühwarn-Radarnetz für die britischen Inseln den Löwenanteil der begrenzten Forschungs- und Entwicklungsmittel.

Nach dem erfolgreichen Realisierbarkeitsversuch des Grundgerätes mußte nun als nächstes die bestmögliche Strahlungscharakteristik gefunden werden, die mit aerodynamisch einigermaßen tragbaren Antennen zu erreichen war. Die ideale Lösung wären ganz offensichtlich Richtantennen gewesen, die vom Flugzeug aus in alle Richtungen zeigten. Aber eine solche Anordnung würde beträchtlichen Widerstand verursachen und möglicherweise die Flugeigenschaften der Maschine beeinträchtigt haben. Nach vielen Versuchen entschied sich Bowen's Gruppe für ein vorausgerichtetes Antennensystem, bei dem die Ausstrahlungen in einer fächerförmigen Keule voraus und unter das Flugzeug gerichtet waren. Zwei getrennte Empfangsantennen, eine unter jeder Tragfläche und jede so angeordnet, daß sie in einem Winkel von 30 Grad nach außen »schielte«, ergaben eine Richtungsanzeige auf das Objekt von dem das Signalecho kam. Wenn der Radar-Bedienungsmann Zeichen auf seinem Schirm beobachtete, wies er den Flugzeugführer ein, die Maschine zu drehen, bis die Signale, die von den beiden Empfangsantennen aufgenommen wurden, gleich stark waren. War dies erreicht, dann war das Ziel genau voraus. In den ersten Monaten des Jahres 1939 hatte sich dieses Antennensystem bei Erprobungen bewährt.

Im Frühjahr 1939 war das Flugzeug-Radar immer noch eine Treibhauspflanze, die von erfahrenen Wissenschaftlern betreut und bedient werden mußte; oft brachte es trotzdem keine gleichmäßigen Ergebnisse. Noch war es weder einfach noch zuverlässig genug, um in die Truppe eingeführt zu werden.

Wenn das Flugzeug-Radar während der letzten Friedenstage ein Hoffnungsstrahl für die Zukunft des Coastal Command war, dann waren die Ubootbomben die Regenwolken. Erst ganz am Schluß wurden ernsthafte Versuche unternommen, die Fehler zu beseitigen, die dieser Waffe anhingen. Aber die Zeit, in der nichts geschehen war, war lang gewesen und es blieb nur noch kurze Zeit. Die britischen Ubootbomben während des Ersten Weltkrieges waren mangelhaft geformt und ballistisch schlecht gewesen. 1924 hatte die Admiralität die Entwicklung einer neuen Serie von dünnwandigen Bomben angelassen. Die Arbeit gipfelte in den drei Ubootbomben, die den britischen Streitkräften zu Beginn des Zweiten Weltkrieges zur Verfügung standen: die 50-kg-, die

115-kg- und die 230-kg-Bombe. Jede hatte eine Sprengladung von etwa dem halben Bombengewicht. Der Zünder ragte 15 Zentimeter vorne aus der Bombe heraus. Er wurde, wenn die Bombe gelöst war, durch den Luftstrom scharf gemacht und sollte die Ladung sofort zur Detonation bringen, wenn sie auf ein aufgetauchtes Uboot aufschlug oder nach einer kurzen Verzögerung, wenn sie dicht daneben ins Wasser fiel.

Die ersten der neuen Ubootbomben waren 1931 ausgeliefert worden, über *sieben Jahre* nach dem Anlauf dieses Projektes. Von Anbeginn an gab es beträchtlichen Ärger mit dem Zünder; es war einer der kompliziertesten seiner Zeit, oft war er undicht und funktionierte nicht, wenn er ins Wasser kam. Andere Mängel zeigten sich erst später. Erst im Sommer 1935 stellte man die ersten Untersuchungen über die Unterwasser-Fallkurve dieser Bomben an. Diese deckten die beunruhigende Tatsache auf, daß durch den hervorstehenden Zünder die Bombe einen unberechenbaren, unregelmäßigen Weg durch das Wasser nahm. Im folgenden Jahr wurde die Bombennase mit einer Fez-förmigen Blechkappe verkleidet, das brachte die Lösung des Problems etwas näher. Eine hastige Erprobungsreihe und sich daraus ergebende Änderungen dauerten bis zum Februar 1938. Dann aber erforderte die sich immer mehr verschlechternde politische Lage, daß die Entwicklung abgeschlossen wurde, und obgleich der Zünder noch keineswegs zufriedenstellend war, gingen die drei Ubootbomben in die Serienproduktion.

Selbst wenn die Ubootbombe richtig funktionierte, so mußte sie auch noch dicht am Bootskörper detonieren, wenn sie ihm tödlichen Schaden zufügen sollte (bei der 230-kg-Bombe zum Beispiel knapp drei Meter). Das Bombenzielgerät Mark IX des Coastal Command erforderte einen geraden Bombenanlaufkurs von 1 000 Metern und mehr, eine Forderung, die bei einem Uboot-Ziel fast unmöglich zu erfüllen war, da es, wenn die Besatzung die Gefahr erkannte, innerhalb einer halben Minute verschwunden wäre. Ohne brauchbares Zielgerät konnten die Flugzeugbesatzungen deshalb Uboote nur aus sehr geringer Höhe angreifen und ihre Bomben »über den Daumen« auf das Ziel werfen.

Um das Ziel sicherer zu treffen, konnten die Bomben im

Reihenwurf geworfen werden, wobei der Bombenabstand dem doppelten »Vernichtungsradius« plus der Bootsbreite entsprach. Von den Flugzeugen, die dem Coastal Command im Sommer 1939 zur Verfügung standen, hatte nur die amerikanische Lockheed Hudson, die damals gerade an die Front kam, ein Bombenabwurfgerät mit Verzögerungseinrichtung für den Reihenwurf.

So war denn im Sommer 1939 das Coastal Command der Royal Air Force ausgerüstet mit Ubootbomben zweifelhafter Qualität, einem unbrauchbaren Zielgerät für diese Bomben und bei den meisten Flugzeugen auch einer unzureichenden Bombenabwurf-Vorrichtung. Ohne Zweifel war die Ubootjagd-Ausrüstung des Kommandos in einem beklagenswerten Zustand. Doch es wäre unrecht, denen alle Schuld zuzuschreiben, die die wenig beneidenswerte Aufgabe hatten, diese Geräte zu entwickeln; zwischen 1925 und 1935 überstieg das britische Luftwaffenbudget niemals die Summe von 19 Millionen Pfund Sterling und in keinem dieser Jahre stand mehr als eine halbe Million Pfund für die Forschung für Flugwesen und Bewaffnung im Auftrag der Regierung zur Verfügung. Großangelegte, mit ausreichenden Meßgeräten durchgeführte Waffenerprobungen sind eine kostspielige Angelegenheit und es war einfach nicht genug Geld da für solche Feinheiten. Angesichts vieler anderer Anforderungen und der begrenzten Mittel gerieten die Bemühungen der Royal Air Force, der Ubootgefahr zu begegnen, in den Hintergrund. Und hatten nicht viele Marinestellen laut und immer wieder erklärt, daß das Uboot in einem zukünftigen Kriege nicht viel erreichen könne, wenn es mit Asdic ausgerüsteten Geleitfahrzeugen konfrontiert würde?

Im Sommer 1937 übernahm Air Chief Marshall Sir Frederick Bowhill das Coastal Command und unter ihm ging die früher angelaufene Vergrößerung weiter. Aber die vielen Jahre finanzieller Knauserei hatten ihre Spuren hinterlassen und, ebenso wie bei der übrigen Royal Air Force, war auch das Kommando bei Beginn des Sommers 1939 bedenklich knapp an modernen Flugzeugen. Kurz vor Ausbruch des Krieges bestand es aus zehn Squadrons Avro Ansons, von denen vier noch in der Ausbildung waren, einer Squadron Lockheed Hudsons, die nicht voll einsatzfähig war, sechs Squadrons-Flugboote, von denen zwei die Short Sunderland flogen, während die übrigen vier mit veralteten Saro London und Short Stranraer-Doppeldeckers ausgerüstet waren. Schließlich gab es noch den sogenannten Angriffsverband, der aus zwei Squadrons veralteter Vickers Vildebeest-Torpedoflugzeugen von 1930 bestand.

Alles in allem waren es rund 300 Flugzeuge und nur für etwa die Hälfte davon standen voll ausgebildete Besatzungen bereit. Nur die Hudson und die Sunderland konnten als moderne Kampfflugzeuge bezeichnet werden. Das Flugzeug, das das Rückgrat des Kommandos bildete, die Anson, war *nicht* in jeder Hinsicht eine Verbesserung gegenüber der Blackburn Kangaroo von 1918; die Kangaroo konnte im Vergleich zur Anson mit vier 50-kg-Bomben vier 100-kg-Ubootbomben tragen, auch hatte die Kangaroo die größere Flugausdauer. Die Hudson, die die Anson ablösen sollte, trug vier 115-kg-Bomben und hatte eine Einsatzdauer von höchstens sechs Stunden, ähnlich der der Kangaroo.

Hier sollten nun auch die Flugzeuge erwähnt werden, die auf den sechs einsatzfähigen Flugzeugträgern der Royal Navy im Sommer 1939 eingesetzt waren. Außer einigen Jagdflugzeugen für die Luftverteidigung hatten diese Schiffe 150 Swordfish- und 25 Skua-Flugzeuge. Die Swordfish war ein langsamer Doppeldecker, der als Mehrzweckmaschine für Torpedoabwurf, als Bomber und Aufklärer gebaut war, während der schnelle Skua-Eindecker in erster Linie als Sturzbomber konstruiert war. Beide Typen konnten jedoch in der Uboot-Bekämpfung mit den gleichen Waffen wie die Flugzeuge des Coastal Command eingesetzt werden. Voller Vertrauen in die Fähigkeit ihrer mit Asdic ausgerüsteten Zerstörer und Geleitfahrzeuge, mit feindlichen Ubooten fertig zu werden, gab die Royal Navy der Ubootabwehr-Ausbildung ihrer Flugzeugbesatzungen keine hohe Priorität.

Keins der 1939 in Dienst befindlichen Flugzeuge hatte eine Seeziel-Radaranlage, obwohl dieses Gerät zu dieser Zeit auf sehr fortgeschrittenem Entwicklungsstand war. Keins der Flugboote hatte ein Unterwasser-Horchgerät, noch gab es die britischen Blimps, die 1918 ihre Unterwasser-Horchgeräte »eintunken« konnten, um nach getauchten Ubooten zu horchen. Die Unterwasser-Horchgeräte des Ersten Weltkrieges waren nicht sehr wirksam gewesen, aber sie stellten doch wenigstens eine begrenzte Möglichkeit gegen Unterwasserziele dar. Jetzt waren die Flugzeugbesatzungen darauf angewiesen, die Uboote mit den Augen, allenfalls mit Hilfe von Doppelgläsern zu suchen.

Die Royal Air Force und Royal Navy konnten jedoch 1939 mit besseren Flugzeugen für die Ubootjagd in den Krieg eintreten als jeder andere Kriegführende. Aber dies nur deshalb, weil die anderen Nationen sich noch weniger mit dem Problem beschäftigt hatten, Uboote aus der Luft zu bekämpfen. Die französische Marine hatte eine Mischmasch-Sammlung veralteter Flugboote für die Aufklärung über See. Die Deutschen besaßen ein Sammelsurium von Flugbooten und Landflugzeugen, einige davon moderne Maschinen, aber die Uboot-Überwachungsflüge waren auf die Ostsee und die Gewässer unmittelbar vor der Nordwestküste Deutschlands beschränkt.

Während der letzten Friedensjahre hegte die deutsche Marine, nachdem sie die britischen Behauptungen über das Asdic gehört hatte, auch erhebliche Zweifel, ob das Uboot jemals wieder eine bedeutende Angriffswaffe gegen den feindlichen Handel werden würde. Nach dem sogenannten Z-Plan vom Januar 1939 wollte die deutsche Marine eine Schlachtflotte aufbauen, die zu großangelegten Einsätzen gegen die Royal Navy im Atlantik imstande war. Die Schlachtschiff-Flotte sollte auf acht moderne Schiffe gebracht werden, die von vier Flugzeugträgern unterstützt werden sollten. Der Plan forderte auch insgesamt 233 Uboote, ihr Bau sollte jedoch über sechs Jahre verteilt werden.

Schließlich überrollte der Kriegsausbruch den Z-Plan ehe die ersten Ergebnisse sichtbar werden konnten. Im Sommer 1939 hatte die deutsche Marine 56 Unterseeboote in Dienst, 46 davon waren einsatzbereit und von diesen wieder waren 22 für den Atlantikeinsatz geeignet. Die Unterseeboote des Jahres 1939 waren generell den Booten des Jahres 1918 nicht wesentlich überlegen, wie ein Vergleich zwischen zwei Booten dieser beiden Baujahre zeigt. Ganz allgemein waren die Fortschritte des Ubootentwurfs zwischen den beiden Kriegen beschränkt auf Verbesserungen in der Unterwassersteuerung, auf geräuschloserer Fahrt und auf eine festere Bauweise, die den Booten eine größere Tauchtiefe erlaubte. Auch hatten die Boote generell eine größere Fahrtstrecke. Ein Boot mit einer

Fahrtstrecke von 5500 Seemeilen wurde 1918 als Hochsee-Uboot angesehen, doch im Jahre 1939 galt ein Boot mit 6500 Seemeilen nur als Boot mittlerer Reichweite. Mit ihren neuen Torpedos mit erheblich größerer Reichweite und Sprengkraft glaubten die Deutschen eine erhebliche Verbesserung gegenüber früher erreicht zu haben. Schließlich war die Funkausrüstung der Boote während der Jahre zwischen den Kriegen außerordentlich verbessert worden; und gute Funkverbindungen waren der Angelpunkt von Dönitz' Geleitzugtaktik.

Im August 1939, als 21 Friedensjahre sich ihrem Ende näherten, konnten nur wenige Menschen mit einiger Sicherheit sagen, ob das Unterseeboot noch eine wirksame Kriegswaffe war. Oder würden die mit Asdic ausgerüsteten Geleitfahrzeuge – vielleicht mit Luftunterstützung – wie behauptet in der Lage sein, jedes Uboot brutal in die Mangel zu nehmen, das tollkühn genug war, Schiffe im Geleitzug anzugreifen. Die Antwort auf diese Fragen konnte nur der Krieg selbst geben.

	U 114 gebaut 1918	U 53 Typ VII B 1939
Wasserverdrängung aufgetaucht	798 t	753 t
Brennstoff	122 t	108 t
Höchstgeschwindig- keit über Wasser	16,9 kn	17,2 kn
Fahrtstrecke über Wasser	ca. 5500 Sm bei 12,5 kn	6500 Sm bei 12 kn
Höchstgeschwindig- keit unter Wasser	9,8 kn	8 kn
Fahrtstrecke unter Wasser	ca. 60 Sm bei 3 kn	72 Sm bei 4 kn
Alarm-Tauchzeit	ca. 60 sec.	ca. 50 sec.
Höchste Tauchtiefe	50 m	200 m
Torpedo-Rohre	4 Bug, 2 Heck	4 Bug, 1 Heck
Torpedo Kaliber u. Reichweite	500 mm (180-kg- Gefechtskopf) 1000 m bei 40 kn	533 mm (350-kg-Ge- fechtskopf) 2500 m bei 50 kn
Geschütz	1/105 mm, manchmal au- ßerdem 1/88 mm	1/88 mm

Lieutenant Hugh Williamson
(oben rechts), ein Uboot-Offi-
zier der Royal Navy, lernte auf
eigene Kosten fliegen und
schrieb 1912 die erste taktische
Abhandlung über Ubootab-
wehr-Flugzeuge.
Fregattenleutnant Baron Otto
von Klimburg (oben links)
war Beobachter in einem der
beiden Lohner-Flugboote
(links), die das französische
Uboot *Foucault* (unten) am
15. September 1916 vernichteten –, das erste Uboot, das auf
offener See einem Luftangriff
zum Opfer fiel.

Das erste Luftfahrzeug, das von vornherein für den Ubootabwehr-Einsatz entworfen wurde, war das britische SS (Submarine Scout, oben). Die Gondel war der zugeschnittene Rumpf eines BE 2 Doppeldeckers, zwei 50-kg-Bomben sind unter seinem Heck zu erkennen. Am Ende des Ersten Weltkrieges waren bei der RAF etwa 70 kleine Luftschiffe im Dienst. Wing Commander John Porte (rechts) spielte eine führende Rolle bei der Einführung und Weiterentwicklung großer Flugboote für die Luftstreitkräfte der Royal Navy. Typisch dafür war die Curtiss H-12 *Large America* (unten), hier beim Start mit einer 100-kg-Bombe unter der Backbordtragfläche.

Neuerungen 1918: die De Havilland 6 (oben) als Schulflug-
zeug ungeeignet, wurde im
Kampf gegen die Uboote in
der *Scarecrow*-Rolle verschlis-
sen. Am anderen Ende der
Erfolgsskala stand die Blackburn Kangaroo (Mitte), hier
mit zwei der plattnasigen
100-kg-Ubootbomben. Ein
anderer Versuch war das Felixstowe F 2 A Flugboot (unten) mit der Unterwasser-
Horchausrüstung. Zum Hor-
chen wird die Spiere senkrecht
nach unten geklappt.

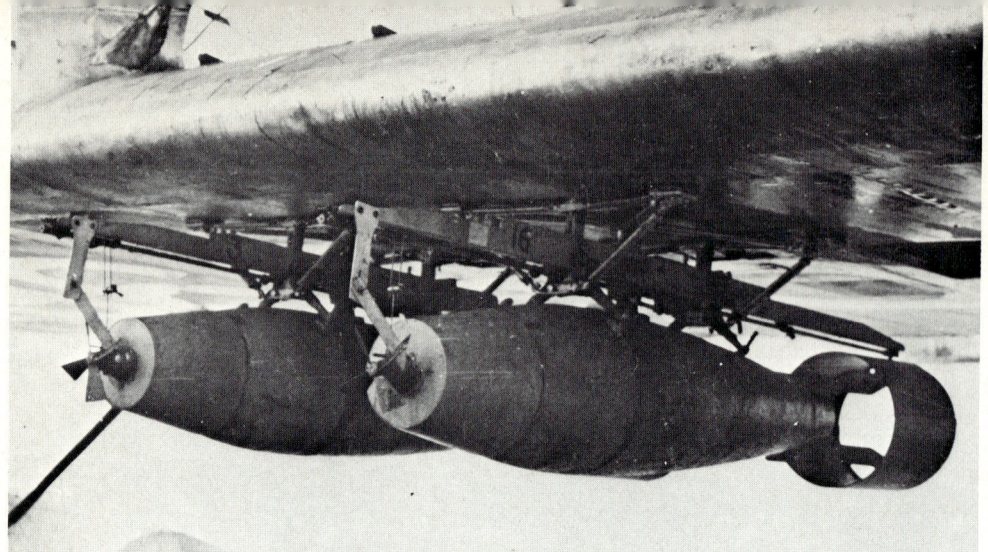

Die britischen 50-kg-, 115-kg- (oben) und 230-kg-Ubootbomben zu Beginn des Zweiten Weltkrieges erwiesen sich als gefährlich für das werfende Flugzeug und hatten nur begrenzte Wirkung gegen Uboote. U 46 (rechts, im Trockendock) erhielt einen direkten Treffer einer 50-kg-Bombe und erreichte doch den Hafen. Wirkungsvoller war die 200-kg-Wasserbombe, die für den Einsatz durch Flugzeuge mit einer einfachen Bug- und einer Schwanzverkleidung versehen wurde. Eine dieser Bomben (unten) wird in die Aufhängevorrichtung an der Tragfläche eines Catalina Flugbootes gehoben.

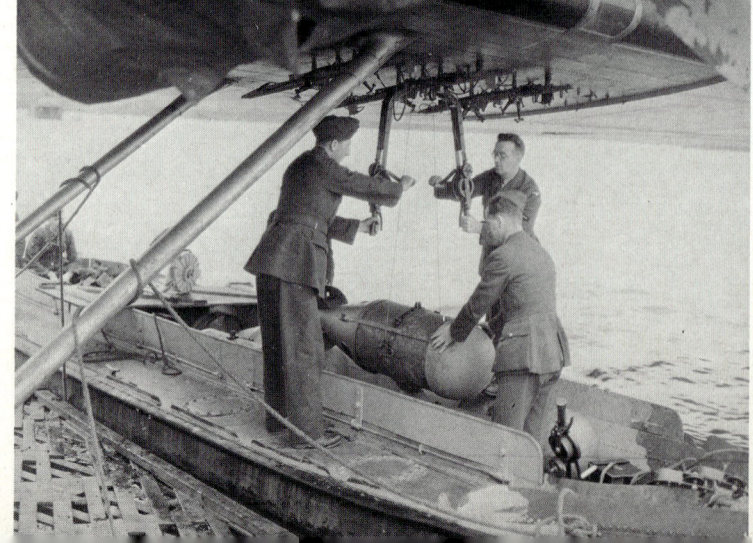

Der lange schwere Weg

SEPTEMBER 1939 BIS JUNI 1942

Mut alleine genügt nicht – in einem technischen Kriege wie diesem müssen wir auch die besten Waffen haben und vor allem so gut ausgebildet sein, daß wir diese Waffen wirksam einsetzen können.

General MacArthur

Eine Woche bevor die deutschen Truppen in Polen einmarschierten, am 23. August 1939, setzte das Coastal Command der Royal Air Force seinen vorher ausgearbeiteten Krisenplan in Kraft. Flugzeuge begannen mit Überwachungsflügen über der Nordsee in der Hoffnung, deutsche Schiffe und Uboote auf dem Ausmarsch in den Atlantik zu entdecken. Es war jedoch schon zu spät; zu dieser Zeit waren die schweren Kreuzer *Graf Spee* und *Deutschland* schon draußen außerhalb der Überwachungsgebiete, ebenso viele der 46 Uboote, die der deutschen Marine zum Einsatz zur Verfügung standen.

Am Mittag des 3. September erklärten Großbritannien und Frankreich Deutschland den Krieg. Jetzt trugen die Flugzeuge des Coastal Command bei ihren Flügen scharfe Ubootsbomben und sobald sie Uboote sahen, sollten diese angegriffen werden. Die ersten Versuche waren jedoch in fast gleicher Weise erfolglos.

Das Coastal Command befand sich seit zwei Tagen im Kriegseinsatz, als eine Anson der 233. Squadron am 5. September ein aufgetauchtes Uboot vor der Westküste Schottlands überraschte. Das Flugzeug warf zwei 50-kg-Bomben auf das im Tauchen begriffene Boot, doch dieses entkam mit nur einer leichten Erschütterung. Nicht so das Flugzeug. Aus niedriger Höhe abgeworfen, waren die Bomben auf die See aufgeschlagen und dann

69

in die Luft zurückgeprallt wie ein paar flache Steine. Der Aufschlag hatte jedoch die Zeitzünder in Gang gesetzt und kurze Zeit danach explodierten die Bomben in der Luft. Umherfliegende Bombensplitter durchschlugen die Kraftstofftanks der Anson, und das Benzin strömte aus den Löchern heraus. Da sie ihren Stützpunkt nicht mehr erreichen konnten, setzte die Besatzung die Maschine in der St. Andrews-Bucht auf. Die Männer bestiegen ihr Dingi, das glücklicherweise noch unbeschädigt war und wurden bald gerettet. Erst später erfuhr die Crew der Anson das volle Ausmaß des Fiaskos, das sie glücklich überlebt hatten: das angegriffene Uboot gehörte zur Royal Navy.

Im ersten Gefecht mit einem echten Gegner, genau eine Woche später, erging es den britischen Streitkräften kaum besser: am 14. griffen zwei Skua-Sturzbomber vom Flugzeugträger *Ark Royal* das deutsche Unterseeboot *U 30* beim Tauchmannöver an. Wiederum explodierten die Bomben in der Luft und beide Maschinen stürzten von Bombensplittern beschädigt in die See. Mit unbeschädigtem Boot tauchte Oberleutnant Lemp auf, nahm die beiden britischen Überlebenden an Bord, tauchte und verließ das Gebiet. Am nächsten Tag wurde noch eine weitere Anson nach einem erfolglosen Angriff auf ein Uboot durch seine eigenen Bomben beschädigt.

Während der ersten Kriegsmonate verursachten die britischen Ubootbomben geringfügige Schäden an ein oder zwei deutschen Unterseebooten. Aber es ist keine Übertreibung wenn man sagt, daß in diesem Zeitraum die Bomben der britischen Sache mehr schadeten als der des Feindes; Verluste hatten die abwerfenden Flugzeuge, nicht die Uboote. In der Tat waren die Splitter der nach dem Abprallen von der Wasseroberfläche explodierenden Bombe viel wirksamer gegen das abwerfende Flugzeug, als die Druckwirkung jemals gegen ein Uboot gewesen war. Die Flugzeugbesatzungen waren in der unglücklichen Lage, kein richtiges Bombenzielgerät gegen Uboote zu haben; und wenn sie versuchten, das dadurch auszugleichen, daß sie ganz tief heruntergingen und ihre Bomben »über den Daumen« abwarfen, dann riskierten sie, von ihren eigenen Bomben erledigt zu werden.

Auch die anderen britischen Ubootabwehr-Maßnahmen waren nicht so wirksam wie die Vorkriegsübungen viele hatten glauben machen. Die Uboote hatten nicht so schwere Verluste erlitten, wie es einige Deutsche als unvermeidlich befürchtet hatten. Schon am 28. September 1939 sah sich Dönitz veranlaßt, in seinem Kriegstagebuch zu bemerken:

»Es ist nicht wahr, daß England durch die fortgeschrittene Technik Mittel besitzt, durch die es die Ubootgefahr ausschalten kann. Die von den Booten gemachten Erfahrungen bestätigen, daß die englische Ubootabwehr nicht die Wirksamkeit besitzt, die sie für sich in Anspruch genommen hat. Ohne Zweifel hat die Abwehr Fortschritte gemacht, aber diesen Fortschritten stehen sehr beachtliche Fortschritte des Ubootes gegenüber,

a) die Boote fahren geräuschloser,

b) der Torpedoausstoß erfolgt schwallos, verrät also das schießende Boot nicht mehr . . .

Die Ubootwaffe hat einen ganz großen Fortschritt in der Nachrichtenverbindung gemacht. Heute ist es möglich, über weiteste Seeräume die Uboote planmäßig anzusetzen und gemeinsam operieren zu lassen.«

Auf der anderen Seite hatte auch Dönitz seine Probleme; die deutschen Torpedos waren mit einem besonders unzuverlässigen Tiefensteuer-Mechanismus ausgerüstet, auch ihre magnetischen Zündpistolen versagten häufig. Aus diesen Gründen entging den Ubooten manche Gelegenheit. Als er Berichte seiner Kommandanten gelesen hatte, die anschauliche Schilderungen von interessanten Zielen enthielten, die wegen Torpedoversagern entkommen waren, schrieb Dönitz in seinem Tagebuch:

»Ich glaube nicht, daß jemals in der Kriegsgeschichte Männer mit einer derart nutzlosen Waffe gegen den Feind geschickt wurden.«

Wenn er die Wahrheit über die Ubootbomben gewußt hätte, die gegen seine Boote eingesetzt wurden, hätte der deutsche Befehlshaber sich vielleicht vorsichtiger ausgedrückt.

Trotz der hohen Torpedoversager-Rate erzielten die deutschen Unterseeboote während der ersten beiden Kriegsmonate einige Erfolge. Am 17. September torpedierte und versenkte Kapitänleutnant Schuhart mit *U 29* den Flugzeugträger *Courageous*, der sich zur Ubootbekämpfung in den Western Approaches befand. Bei Kriegsausbruch hatten die deutschen Ubootkommandanten strengen Befehl, nach der alten Prisenordnung zu verfahren. Dieser

Befehl wurde jedoch aufgehoben, und ab Mitte November durften sie jedes Schiff ostwärts 15 Grad West, das »klar als feindlich erkannt« war ohne Warnung angreifen. Während der ersten zwei Monate der Feindseligkeiten versenkten die Uboote 68 Handelsschiffe mit einer Gesamttonnage von 288 686 t. Jedoch auch die Angreifer erlitten Verluste: Dönitz verlor sieben Boote, ein Achtel seiner verfügbaren Kräfte. Drei der Boote wurden durch Minen versenkt, die anderen vier durch britische Seestreitkräfte. Nach diesem lebhaften Anfangsgeplänkel kehrten die Uboote in ihre Stützpunkte zurück.

Wenn die Royal Navy aus dem Ersten Weltkrieg eine Lehre gezogen hatte, so war es die, daß man das Geleitzugsystem so bald wie möglich nach dem Ausbruch der Feindseligkeiten einführen müsse. Und das gelang ihr: ab Mitte September 1939 fuhr der größte Teil der Handelsschiffahrt im Geleitzug. Dönitz hatte seine besondere Methode koordinierter Ubootangriffe – das »Wolfsrudel« – entwickelt, um der Geleitzugtaktik zu begegnen. Aber solche Angriffe erforderten, sollten sie erfolgreich sein, mehrere Uboote und bei Kriegsbeginn war die deutsche Unterseebootflotte viel zu klein. Der erste Versuch, einen »Wolfsrudel«-Angriff auf einen Geleitzug anzusetzen, fand am 18. Oktober statt. Nur drei Unterseeboote standen für die Operation zur Verfügung und jedes versenkte nur ein Schiff, bis das Eintreffen der Luftsicherung sie zwang, das Gefecht abzubrechen. Ein zweiter Angriff dieser Art im folgenden Monat endete ebenfalls nicht überzeugend. Daraufhin stellte Dönitz seine Pläne für konzentrierte Angriffe für eine gewisse Zeit zurück. Wenn er mehr kampfbereite Uboote hätte, würde er es wieder versuchen.

Am 13. November 1939 gab das Hauptquartier des Coastal Command eine Weisung heraus, daß in Zukunft Einsätze gegen deutsche Uboote von *gleicher Wichtigkeit* seien, wie die Aufklärungstätigkeit für die britische Flotte. Zu dieser Zeit verfolgte man die Taktik, tagsüber ständig ein Flugzeug über jedem Geleitzug einzusetzen, so lange die Schiffe in Reichweite der Flugplätze des Coastal Command waren. Aber es gab viel zu wenig Flugzeuge, um alle Anforderungen zu erfüllen. Um diesem Mangel abzuhelfen, führte Air Chief Marshall Bowhill wieder die »Scarecrow« Patrouillen ein, die 1918 ein Teil der Ubootabwehr-Maßnahmen gewesen waren. Dieses Mal waren die Flugzeuge unbewaffnete Tiger Moth-Schulflugzeuge und Hornet Moth-Rundflugmaschinen, mit ehemaligen Reserve-Flugzeugführern am Steuer. Die »Scarecrows« waren in Küstenwachgruppen zusammengefaßt, jede Gruppe hatte etwa neun Flugzeuge auf eigenem Flugplatz in der Nähe der Küste. Die Einsätze begannen im Dezember 1939.

Wie im Ersten Weltkriege wurde durch die »Scarecrows« kein Uboot versenkt, aber wiederum trugen sie zur ständigen Beunruhigung der deutschen Uboote bei und halfen damit sicherlich, Schiffe zu retten, die sonst versenkt worden wären. Diese Einsätze dauerten bis in das späte Frühjahr 1940, als die Änderung der deutschen Strategie sie wirkungslos machte.

Während der ersten vier Kriegsmonate bis zum Ende 1939 sichteten Flugzeuge des Coastal Command deutsche Unterseeboote bei 57 Gelegenheiten. Sie griffen 40 Boote an und beschädigten acht; keines war bis dahin durch ein Flugzeug oder auch nur mit dessen Hilfe versenkt worden. Doch die Luftüberwachungsflüge wurden mit jedem Monat stärker und – wie es im Sommer 1916 der Fall gewesen war – konnte eine Versenkung nun nicht mehr lange auf sich warten lassen.

Die erste Ubootsversenkung des Zweiten Weltkrieges, für die ein Flugzeug sich ein Verdienst anrechnen konnte, geschah am 30. Januar 1940. Kapitänleutnant Heidel auf *U 55* hatte einen Geleitzug angegriffen, der die Nordwestecke Frankreichs rundete und daraus zwei Schiffe versenkt. Aber die Geleitsicherung griff ihn nun ebenfalls an. Er wäre höchstwahrscheinlich entkommen, wenn nicht eine Sunderland der 228. Squadron ihn nach jedem Versuch wiedergefunden hätte. Deshalb konnten die Kriegsschiffe die Verfolgung aufrecht erhalten bis die Batterien von *U 55* erschöpft waren und Heidel seinen Männern befahl, das Boot zu verlassen und zu versenken.

Zwei Monate später vernichtete ein allein operierendes Flugzeug ein Uboot. Der Ruhm, die erste Versenkung dieser Art während des Zweiten Weltkrieges vollbracht zu haben, fiel nicht an ein Flugzeug des Coastal Command, sondern an eines des Bomber Command der Royal Air Force; und die dabei eingesetzten Bomben waren nicht die eigens entwickelten – wenn auch nicht sehr erfolgreichen – Ubootsbomben, sondern ganz gewöhnliche 115-kg-Bomben.

Am 11. März flog Squadron Leader Miles Delap einen Blenheim-Bomber der 82. Squadron bei einer bewaffneten Aufklärung über der Deutschen Bucht. In einer Höhe von 2000 Metern flog das Flugzeug teils in, teils unter den Wolken, als Delap ein aufgetauchtes Uboot an seiner Steuerbordseite, etwa zehn Meilen ab, sichtete. Er zog die Blenheim in die Wolken und drehte auf das Uboot zu. Kurz vor dem Uboot brach er wieder durch die Wolken und sah seine Beute immer noch aufgetaucht genau voraus. Der britische Flugzeugführer drückte die Nase seines Flugzeuges nach unten und stützte zum Angriff. Sein Flugzeug hatte Bomben mit Zündern, die sofort beim Aufschlag explodierten, und deshalb bestand ein Befehl, daß sie nicht aus Höhen unter 330 Metern abgeworfen werden sollten. Aber in der Hitze des Gefechtes und weil er das Uboot sicher versenken sollte, ging Delap mit seiner Blenheim ein ganzes Stück unter diese Sicherheitshöhe. Als er überzeugt war, daß er nicht mehr daneben werfen konnte, löste er alle Bomben gleichzeitig und zog seinen Bomber sofort hoch, um von der Sprengsäule freizukommen; trotzdem wurde das Flugzeug durchgeschüttelt und erlitt einige Schäden durch Splitter. Als er Höhe gewann, hörte er mit Befriedigung, daß sein Einsatz nicht vergeblich gewesen war; der Heckschütze, Corporal Richards, meldete, er habe gesehen, wie mindestens eine, möglicherweise zwei der Bomben, den Ubootrumpf direkt getroffen hätten. Delap drehte auf, um besser sehen zu können, und als er und seine Besatzung das Boot verschwinden sahen, waren sie sicher, es versenkt zu haben. Sie hatten sich nicht geirrt, das Unterseeboot war *U 31* (Habekost), das auf einer Probefahrt nach einer Werftüberholung gewesen war. Ein großer Teil der Besatzung bestand aus Werftarbeitern – es gab keine Überlebenden. Das Uboot lag auf 18 Meter Wassertiefe und wurde kurze Zeit später durch einen Bergungstrupp der deutschen Marine gehoben. Nach der Reparatur wieder in Dienst gestellt, wurde es dann endgültig durch HMS *Antelope* im November 1940 versenkt.

Genau einen Monat später, am 13. April, während des berühmten Gefechtes im Narvik Fjord, erwischte ein Swordfish-Schwimmerflugzeug vom Schlachtschiff *Warspite* *U 64* (Schulz) vor Anker und versenkte es mit zwei 50-kg-Ubootbomben.

Die deutschen Ubootabwehr-Flugzeuge waren etwas weniger

effektiv und bedeutend weniger zahlreich als ihre britischen Gegenstücke. Sie konnten jedoch zwei britische Unterseeboote, die vorher beschädigt worden waren, »verhaften«. Das erste war das Minenboot *Seal*, das am 4. Mai auf eine deutsche Mine gelaufen und schwer beschädigt worden war. Mit nur einem funktionierenden Dieselmotor, die Getriebeschaltung auf Rückwärtsgang blockiert, und das Ruder hart Steuerbord verklemmt, versuchte der Kommandant der *Seal*, Lieutenant Commander Lonsdale, sein Boot nach Schweden zu bringen. Am folgenden Morgen jedoch fanden deutsche Arado-Schwimmerflugzeuge das kampfunfähige Unterseeboot. Nachdem die Maschinen das Boot mit Bordwaffen angegriffen und mehrere Besatzungsmitglieder verletzt hatten, dirigierten sie Kriegsschiffe zum Ort des Geschehens. Da das Boot nicht mehr durch Tauchen entkommen konnte, war Lonsdale in einer hoffnungslosen Lage und übergab sein übel zugerichtetes Unterseeboot.[1]

Zwei Monate später, am 5. Juli, griff Lieutenant P. Buckley mit HMS *Shark* als Einzelgänger einen deutschen Geleitzug vor der norwegischen Küste an. Bei den folgenden Gegenangriffen aber erhielt das Boot so schwere Schläge, daß alle Motoren ausfielen. Als die *Shark* schließlich an die Oberfläche kam, war sie wenig mehr als eine treibende Hulk. In der Frühe des nächsten Tages wurde sie von einer Arado entdeckt, und nach einer Reihe schwerer Angriffe ergab sich Buckley. Kurz danach erschienen zwei deutsche Kriegsschiffe auf dem Schauplatz, um von der Prise Besitz zu ergreifen und die Besatzung zu übernehmen. Als jedoch die letzten britischen Seeleute ihr Boot verließen, öffnete einer von ihnen die Flutventile. Es dauerte einige Zeit, bis die Deutschen begriffen, was geschehen war und als ihnen klar wurde, daß die *Shark* im Sinken war, war es für Gegenmaßnahmen zu spät. Die deutschen Seeleute mußten hilflos zusehen, wie ihre Trophäe ihrem Zugriff entglitt.

Die deutsche Ubootwaffe richtete sich nach dem Einsatz aller Kräfte während der ersten beiden Kriegsmonate nun auf einen langen Abnutzungskrieg zur See ein. In sieben Monaten, von Anfang November 1939 bis Ende Mai 1940, versenkte sie etwa über

---

[1] Die Deutschen reparierten *Seal* und reihten sie als *UB* in ihre Marine ein. Die ganze Geschichte der Übergabe dieses Unterseebootes und die spätere Kriegsgerichtsverhandlung, die Lonsdale freisprach, ist in dem Buch *Will Not We Fear* von C.E.T. Warren und James Benson nachzulesen.

560 000 t Handelsschiffraum, durchschnittlich etwa 80 000 t im Monat; ein unangenehmer Verlust für die Alliierten – aber kaum mehr als das. Die deutsche Ubootwaffe war immer noch viel zu klein, um ernsthaft bedrohlich zu werden; im Mai 1940 standen nur etwa 30 Boote für Operationen zur Verfügung. So erkannten die Alliierten die mögliche schwere Bedrohung durch das Uboot nicht; es gab viele näherliegende Gefahren, die Aufmerksamkeit verlangten. Im Frühjahr 1940 fühlte sich Churchill – zu dieser Zeit First Lord of the Admirality – sicher genug, im House of Commons aufzustehen und zu erklären, daß nach den ersten sechs Monaten des Krieges zur See kein Anlaß zu Mutlosigkeit oder Unruhe bestehe.

Kurz darauf, im Juni 1940, nahm der Krieg für Großbritannien eine entscheidende Wendung zum Schlechteren. Nach Hitlers erfolgreichem Blitzkrieg im Westen mußten die zerschlagenen britischen Streitkräfte von den Stränden Dünkirchens evakuiert werden. Am 11. Juni trat Italien auf der Seite Deutschlands in den Krieg ein. Am 25. kapitulierte Frankreich. Nun standen die Engländer vor der unmittelbaren Gefahr einer Invasion. Jetzt war nur noch das von Bedeutung, was den deutschen Angriff auf Großbritannien selbst zu Land, zur See und in der Luft abwehren konnte. Die gesamte Produktion und alle Ausbildungsvorhaben waren auf dieses Ziel hin ausgerichtet, Ubootabwehrmaßnahmen traten noch weiter in den Hintergrund. Die großen politischen Entscheidungen dieser Zeit über die Zuteilung der begrenzten Mittel an Arbeitskräften und Gerät sollten die Kriegführung der nächsten Jahre bestimmen.

Genau am Tage des französischen Waffenstillstandes verließ eine lange Kolonne von Lastwagen den deutschen Marinestützpunkt Wilhelmshaven. Die Lastwagen hatten Torpedos, Torpedomaterial, Luftverdichter und all das Zubehör geladen, das für den Einsatz von Unterseebooten aus neuen Stützpunkten notwendig war; diese waren an der neu eroberten Westküste Frankreichs direkt am Atlantischen Ozean vorgesehen. Dönitz wußte wohl zu schätzen, was ihm da in den Schoß gefallen war: nicht länger mehr mußten die Uboote den ganzen Weg rund um England fahren, ehe sie mit ihrer Jagd nach Beute überhaupt beginnen konnten. Die deutsche Marine verlor keine Zeit, am 6. Juli meldete der Kommandant in Lorient den Stützpunkt klar für die Aufnahme von Ubooten. Am nächsten

Tag lief Kapitänleutnant Lemp mit *U 30* zur Torpedoübernahme in den Hafen ein. Fast über Nacht verlor die Nordsee, die die britischen Flugzeuge so gut überwachen konnten, ihre Bedeutung im Kampf zum Schutz der Handelswege.

Deutsche Ubootmänner sprachen später von den Monaten unmittelbar nach der Kapitulation Frankreichs als »glückliche Zeit«; damals machten sich viele der berühmten Kommandanten ihren Namen. Von Anfang Juni bis Ende Dezember 1940 versenkten die Uboote 343 Handelsschiffe mit insgesamt 1 700 000 t, im Durchschnitt etwa 240 000 t im Monat. Was diese Verluste für Großbritannien bedeuteten, mag man aus einerAufzählung dessen ersehen, was ein einzelner 6000-t-Frachter an militärischer Ladung tragen konnte: 21 Tanks, acht 15-cm-Haubitzen, 44 mittlere Geschütze, 20 Panzerabwehrkanonen, zwölf Panzerwagen, 25 Kettenfahrzeuge, 2550 t Munition, 300 Gewehre und Ersatzteile, 200 t Panzer-Ersatzteile und 1000 t Verpflegung. Die Verluste zwangen die Geleitzüge, die Route zur Südspitze Irlands aufzugeben und stattdessen den längeren Weg um die Nordspitze herum zu nehmen. Die Deutschen erreichten dies alles mit einer sehr kleinen Zahl von Ubooten; Ende August 1940 standen nur 27 operationelle Uboote, verglichen mit 46 zu Kriegsbeginn zur Verfügung. Seit jedoch die An- und Abmarschwege zu den Geleitzugwegen stark verkürzt waren, konnten die Uboote längere Zeit in den Operationsgebieten bleiben. Nun hielt Dönitz die Zeit für gekommen, seine Rudeltaktik wieder anzuwenden und dieses Mal mit größerem Erfolg. In der zweiten Oktoberhälfte zum Beispiel sandten die Uboote 38 Schiffe von zwei ostwärts laufenden Atlantik-Geleitzügen in die Tiefe. Fast dreiviertel der erfolgreichen deutschen Torpedoangriffe wurden bei Nacht von aufgetauchten Ubooten ausgeführt, eine Taktik, der die Sicherungsfahrzeuge zu dieser Zeit – es gab noch kein Radar – nur sehr schwer begegnen konnten (Asdic war gegen aufgetauchte Uboote wirkungslos).

Im Sommer 1940 hatten die britischen Ujagd-Flugzeuge nur begrenzten Erfolg gegen Uboote im Atlantik: am 1. Juli hatte eine Sunderland einem Kriegsschiff geholfen, *U 26* (Scheringer) zu versenken, und im folgenden Monat beschädigte ein anderes Flugzeug des gleichen Typs *U 51* schwer.

Auf dem Mittelmeer-Kriegsschauplatz aber waren die britischen

Flugzeuge gegen italienische Uboote etwas erfolgreicher. Auch konnten sie, ohne das zu wissen, zwei Angriffe auf Kriegsschiffe im Hafen von Alexandria im Keim ersticken. Unter größter Geheimhaltung hatte die italienische Marine vor dem Kriege einen mit zwei Mann besetzten »menschlichen Torpedo« für Angriffe auf Ankerplätze des Gegners entwickelt. Das Gerät enthielt die Deckbuchstaben SLC von *Silura a lunga corsa* oder Langstreckentorpedo. Diese Fahrzeuge wurden in besonderen Behältern, die auf dem Oberdeck eines Mutter-Ubootes montiert waren, transportiert, und bis innerhalb zehn Meilen von ihrem Ziel befördert. Während das Uboot außerhalb des Hafens wartete, sollten die SLC-Besatzungen mit ihrem Boot in den Hafen eindringen, Haftminen an feindlichen Schiffen anbringen und dann zu ihrem Uboot zurückkehren.

Die italienische Marine plante den ersten dieser SLC-Angriffe für die Nacht des 25. August 1940. Ziel sollten die in Alexandria vor Anker liegenden Schiffe sein. Absprungbasis für dieses Unternehmen war die geschützte Bucht von Bomba an der lybischen Küste bei Tobruk. Am Morgen des 21. lief Leutnant Brunetti mit dem für SLC-Transport umgebauten Uboot *Iride* zusammen mit dem Depotschiff *Monte Gargano* und dem Torpedoboot *Calipso* in die Bomba-Bucht ein. Die drei Schiffe machten nebeneinander fest und am folgenden Morgen erhielt die *Iride* ihre Ladung von vier SLC-Booten. Während der Verband dort festlag, wurde er von einem britischen Aufklärungsflugzeug entdeckt.

Kurz vor Mittag hoben drei Swordfish-Flugzeuge der 813. Squadron der Marine-Luftstreitkräfte vom Flughafen Ma'aten Baggush ab, um die italienischen Schiffe in der Bomba-Bucht anzugreifen. Jedes der Flugzeuge trug einen 46-cm-Torpedo. Captain Oliver Patch von den Royal Marines führte den Angriffsverband von der Seeseite her heran und erzielte einen Überraschungserfolg. Das erste Ziel, das in Sicht kam, war die *Iride* selbst; sie war gerade dabei, in tieferes Wasser zu laufen, um dort die Behälter mit den SLC-Booten zu testen. Patch hielt genau auf das Uboot zu und löste auf eine Entfernung von 275 Metern seinen Torpedo. Nach einer Laufzeit von fünf Sekunden traf er die *Iride* vor dem Kommandoturm. Die Explosion riß ein großes Loch, das Uboot brach in zwei Teile und sank sofort, 14 Mann ihrer Besatzung paddelten an der Oberfläche. Mehrere Männer waren im achteren Torpedoraum eingeschlossen als die *Iride* sank. Nach etwa 24 Stunden konnten Taucher, darunter Besatzungsmitglieder der SLC, die an Land geblieben waren, fünf der Ubootleute herausholen.

Während des Angriffs hatten sich die beiden anderen Swordfish auseinandergezogen und griffen die beiden vor Anker liegenden italienischen Schiffe aus nahezu entgegengesetzten Richtungen an. Ein Torpedo traf die *Monte Gargano,* die explodierte und sank, die *Calipso* überlebte den Angriff.

Als die *Monte Gargano* in die Luft flog, verschwanden sie und die *Calipso* im Rauch und Sprühwasser aus Sicht. Infolgedessen behaupteten die zurückkehrenden Swordfish, sie hätten die *Iride,* die beiden Schiffe *und* das Uboot, das sie längsseit der Schiffe erwartet hatten, versenkt. So schien es, daß die drei Torpedos der Swordfish *vier* feindliche Kriegsschiffe versenkt hätten; in der britischen Kriegsberichterstattung wurde das Gefecht in der Bomba-Bucht daher eingehend erwähnt. Mehrere spätere Berichte haben dann diese falsche Version wiederholt.

Ein zweiter Versuch, Anfang September 1940 in Alexandria vor Anker liegende Schiffe mit SLC-Booten anzugreifen, scheiterte ebenfalls. Bei dieser Gelegenheit erwischten britische Schiffe und Flugzeuge das Mutter-Uboot *Gondar* auf freier See, als es noch ungefähr 100 Meilen vom Absetzpunkt entfernt war und versenkten es nach langer, gemeinsamer Jagd.[1] Außerdem konnten britische Flugzeuge zwei konventionelle italienische Uboote versenken und Kriegsschiffe bei der Versenkung eines dritten unterstützen.

Zurück zum Atlantik: dort gab es im Herbst 1940 einen weiteren Luftangriff, der der Erwähnung wert ist. Er zeigte nämlich, daß selbst wenn eine der britischen Ubootbomben ihr Ziel traf und planmäßig funktionierte, die Wirkung nicht unbedingt tödlich war. Am 25. Oktober flogen drei Hudsons der 233. Squadron bewaffnete Aufklärung vor der norwegischen Küste, als sie auf ein aufgetauchtes Uboot stießen. Die Bomber setzten sich hintereinander und stürzten sich aus der Sonne auf ihre Beute. Pilot Officer Maudsley griff als erster an und gabelte das Uboot mit einer

---

[1] Die italienische Marine konnte schließlich im Dezember 1941 die Sperren von Alexandria mit SLC-Booten durchstoßen, zwei Schlachtschiffe, einen Zerstörer und einen Tanker schwer beschädigen.

Bombenreihe von zehn 50-kg-Bomben ein; dann griff die zweite Hudson das Boot an, das jetzt zum Teil in einer dichten Wolke schwarzen Rauches verborgen war. Pilot Officer Walsh in der dritten Hudson sah das Heck des Ubootes sich in die Luft heben und es dann durch den Rauch hindurch mit einer deutlichen Schlagseite nach Backbord versinken. Das Uboot war *U 46*, es hatte einen direkten Treffer voneiner 50-kg-Bombe am Heck erhalten; die Bombe war richtig detoniert und hatte ein drei Meter langes Loch in die Außenhülle geschlagen. Dieses Loch lag jedoch eben achteraus vom Druckkörper, der keinen Riß erhielt. Deshalb konnte Kapitänleutnant Endrass sein Boot zur Reparatur wieder in den Hafen bringen.

Im Jahre 1940 hatten die Flugzeuge nicht mehr als eine relativ geringe Beunruhigung der Uboote erreicht. Die vielen zehntausende von Flugstunden auf Überwachungsflügen hatten nur sehr wenig gebracht. Es war klar, daß bessere Waffen und neue Ortungsgeräte nötig waren, wenn die Flugzeuge mehr Erfolgsmöglichkeit haben sollten. Als das Jahr zu Ende ging, suchte man in Großbritannien auf mehreren Wegen nach Lösungen.

Bereits nach kurzer Zeit war sich Air Chief Marshall Bowhill über die Wirkungslosigkeit der Ubootbomben, die in seinem Kommandobereich verwendet wurden, klar geworden; nun verlangte er mit Nachdruck eine bessere Waffe. Die Entwicklung und serienmäßige Fertigung einer neuen Bombe würde zwei Jahre und länger dauern; war nicht irgend etwas Brauchbares vorhanden, das für diesen Zweck umgebaut werden konnte? Es gab nur noch eine andere Ubootbekämpfungs-Waffe in Großbritannien, die trommelförmige 200-kg-Wasserbombe der Marine, die mit wenigen Änderungen seit 1918 in Gebrauch war. Im Winter 1939/40 wurden diese Wasserbomben aus der Luft abgeworfen und man stellte fest, daß sie planmäßig detonierten, wenn das Flugzeug nicht zu schnell oder zu hoch flog. Im späten Frühjahr 1940 hatten diese Versuche zu einer behelfsmäßigen Waffe für Flugzeuge gegen Uboote geführt: eine normale Mark VII, die am vorderen Ende eine runde Verkleidung und am hinteren Ende Steuerflossen hatte, die sie bei ihrem Flug stabilisieren sollten.

Diese modifizierte Wasserbombe hatte gegenüber der 225-kg-Ubootbombe, die sie ersetzen sollte, drei wesentliche Vorzüge.

Erstens, ihr einfacher Wasserdruckzünder, der die Bombe zur Detonation brachte, wenn sie eine vorher eingestellte Tiefe erreichte, versprach sehr viel zuverlässiger zu arbeiten, als der komplizierte Zünder der alten Bombe. Zweitens, nahezu dreiviertel des Gewichtes der dünnwandigen Wasserbombe bestand aus Sprengstoff verglichen mit nur der Hälfte in der Ubootbombe; so hatte bei gleichen Gesamtgewichten die erstere eine erheblich größere Druckwirkung. Drittens, der Wasserdruckzünder würde die Sprengladung nicht eher zur Explosion bringen, ehe die Wasserbombe auf die vorgesehene Tiefe gesunken war.[1] So lief das Flugzeug kaum Gefahr, durch die nachfolgende Explosion beschädigt zu werden, im Gegensatz zu der Ubootbombe, die den Nachteil hatte, gelegentlich vom Wasser abzuprallen und in der Luft zu explodieren. Zwei wesentliche Nachteile hatte die modifizierte Wasserbombe beim Abwurf durch Flugzeuge: erstens, wenn man einen direkten Treffer auf ein Uboot erzielte, dann war das Beste, was passieren konnte, daß sie nicht zerbrach, sondern über Bord rollte und unter dem Boot explodierte. Zum zweiten konnten diese Bomben nicht aus größeren Höhen als etwa 30 Meter oder Geschwindigkeiten größer als 215 Stundenkilometern abgeworfen werden, da sie sonst beim Aufschlag auf das Wasser leicht Schaden erlitten. Die Vorteile der Wasserbombe wogen ihre Nachteile jedoch bei weitem auf. Im August 1940 erhielt das Coastal Command von der Admiralität 700 dieser Bomben, damit wurden die größeren Ujagd-Flugzeuge ausgerüstet. Die 125-kg-Mark VIII-Wasserbombe ging später in Produktion, sie sollte die 50- und 125-kg-Uboot-Bomben für die kleineren Flugzeuge ersetzen.

Gegen Ende des Jahres 1940 begann endlich die Ausrüstung der Squadrons des Coastal Command mit Waffen, die zur Ubootvernichtung geeignet waren. Die Mittel, sie zu orten, gab es ebenfalls – in Bowen's Flugzeug-Radaranlage und nachfolgenden Entwicklungen. Das Radar steckte jedoch noch in den Kinderschuhen mit vielen Kinderkrankheiten; darüber hinaus mußte das Coastal Command, als der Wert dieses Gerätes offenbar wurde, ständig einen heftigen Kampf um die begrenzte Zahl der verfügbaren Geräte führen.

---

[1] Im Laufe des Krieges explodierten Wasserbomben gelegentlich beim Aufschlag auf Uboote, aber das kam nur sehr selten vor.

Bald nach Ausbruch des Krieges war Dr. Bowens' Versuchs-Flug-
zeugradar mit ganz geringfügigen Verbesserungen für das Coastal
Command in Produktion gegangen; jetzt kam es auf Schnelligkeit
an. Pye Radio Ltd. baute die ersten 200 Flugzeug-Radarempfänger
nach einem Entwurf, der auf dem ihres handelsüblichen Fernsehge-
rätes basierte; E. K. Cole Ltd. baute die Sender. Das Gerät erhielt
die Bezeichnung ASV Mark I. ASV stand für Air-to-Surface-Vessel
(Luft/Schiff-Radar). Diese Bezeichnung sollte das Gerät von einem
anderen in Entwicklung befindlichen Flugzeugradar unterscheiden,
dem »Airborne interception« (AI) (Abfangradar) für Nachtjäger.
Im November 1939 begannen die Erprobungen der ersten ASV
Seriengeräte. Eine der ersten Erprobungen im darauffolgenden
Monat hatte zum Ziel, die Wirksamkeit dieses Radars zur Ortung
von Unterseebooten festzustellen. Die Erprobung verlief nicht
ohne Zwischenfälle. Vor Beginn hatten die Kommandanten der mit
Radar ausgerüsteten Hudson und des britischen Unterseebootes ein
Signalsystem ausgearbeitet, bei dem Flugzeug-Erkennungslichter
und -leuchtkugeln verwandt wurden. Zur festgesetzten Zeit und auf
verabredeter Position erschien pünktlich ein Flugzeug und die
Ubootmänner gaben ihr Erkennungssignal. Zu ihrem Kummer
wurden sie jedoch mit Bomben angegriffen – es war ein deutsches
Flugzeug. Das Uboot tauchte und als es nach einiger Zeit wieder
hoch kam, hatte die Hudson das Gebiet durchflogen und suchte
sonstwo. Schließlich kam ein anderes Flugzeug in die Nähe und die
Ubootmänner feuerten erneut ihre Signalsterne. Dieses Mal griff ein
britischer Jäger sie mit Maschinenkanonen an und wiederum mußte
das Boot tauchen. Erst später stellte ein nun sehr mißtrauischer und
vorsichtiger Ubootkommandant schließlich Kontakt mit der erstaunten Hudson-Besatzung her und die Erprobung begann. Die
größte Reichweite des Radars gegen das Uboot betrug fünfeinhalb
Meilen bei einer Flughöhe der Hudson von 1000 Metern. Aber bei
dieser Höhe gingen die Zielechos bei Entfernungen unter viereinhalb Meilen in der Masse der See-Echos (dem sogenannten
»Oberflächen-Clutter«) unter. Wenn das Flugzeug jedoch in 60
Meter Höhe flog, war die Clutter-Wirkung stark verringert, die
größte Ortungsentfernung betrug dreieinhalb Meilen und das Ziel
konnte bis zu einer Mindestentfernung von einer halben Meile
beobachtet werden. An sich waren die Versuchsergebnisse nicht

sehr ermutigend; bei durchschnittlichen Wetterbedingungen konnten die Ausgucks aus den Flugzeugen die Ziele mindestens ebenso gut entdecken. Der Wert der Erprobungen lag jedoch darin, aufzuzeigen, daß ein erheblich verbessertes Radargerät notwendig war, wenn diese Erfindung jemals eine Rolle bei der Ubootbekämpfung spielen sollte.

Bis Mitte Januar 1940 waren zwölf Hudsons des Coastal Command mit ASV ausgerüstet, sie wurden auf die 220., 224. und 233. Squadron aufgeteilt. So war aus dem Laboratoriumsmuster von Bowens Flugzeugradar in der bemerkenswert kurzen Zeit von nur vier Monaten ein frontverwendungsfähiges Gerät geworden. Erwartungsgemäß aber gab es hiermit ernste Probleme. Das Gerät war keineswegs zuverlässig; darüber hinaus waren Testgerät, Ersatzteile und Bedienungsvorschriften entweder überhaupt nicht vorhanden oder schwer zu bekommen. Um das Fehlende zu ergänzen mußte bei der allgemeinen kriegsbedingten Verknappung gekämpft werden. So beklagte sich eine der Firmen, die mit der Herstellung von ASV befaßt war, in einem Brief an das Luftfahrtministerium: »Wenn wir unsern Unterauftragnehmern mitteilen, daß eine Sache von höchster Dringlichkeit ist, dann lachen sie nur und sagen ›ja, alles andere was wir machen auch‹ . . .«

Obgleich das ASV Mark I für die Ubootortung kaum ausreichte, erwies es sich doch als sehr nützlich, die Flugzeuge bei der Suche nach den Geleitzügen, die sie sichern sollten, zu unterstützen (bei großen Schiffen erbrachte das Gerät Reichweiten bis zu zwölf Meilen); darüber hinaus hielten es die Besatzungen für eine gute Navigationshilfe, denn sie konnten damit Küstenlinien über eine Entfernung von mehr als 20 Meilen erkennen.

Sobald Bowen und sein Team – das jetzt in dem regierungseigenen Telecommunications Research Establishment[1] in Swanage arbeitete – das ASV Mark I an die Front gebracht hatten, begannen sie mit der Arbeit an dem verbesserten Mark II. Die 214 kHz-Frequenz des Mark I hatte andere, damals gebräuchliche Funkgeräte gestört, deshalb verringerten sie die Frequenz ein wenig auf 176 kHz. Ein stärkerer Sender und empfindlicherer Empfänger versprachen zudem bessere Ortungsreichweiten gegen Uboote. Das wichtigste

---

[1] Dienststelle für Forschung und Entwicklung auf dem Fernmeldegebiet.

von allem aber war die Tatsache, daß das neue Gerät von vornherein für die Massenproduktion konstruiert war; deshalb war es robuster und verläßlicher als sein Vorgänger. Im Frühjahr 1940 erhielten Pye Radio und E. K. Cole den Auftrag, 4000 ASV Mark II-Anlagen zu bauen, von denen die ersten im August geliefert werden sollten.

Im Frühjahr 1940 hatte Bowen's Gruppe das Flugzeugradar zu einem unerläßlichen Hilfsmittel sowohl für die Nachtjagd als auch für die Ubootabwehr gemacht. Zu dieser Zeit hatte jedoch das Gerät, das der Luftverteidigung der britischen Städte diente, höchste Priorität. Am 2. Mai entschied der Nachtjagd-Ausschuß mit Churchill an der Spitze, daß

». . . AI (Airbrone Interception Radar = Nachtjagd-Radar) für 100 Blenheims Vorrang haben sollte vor weiteren ASV-Ausrüstungen, da dies ein dringenderes Problem ist . . .«

Daraufhin erhielt E. K. Cole Anweisung, alles andere fallen zu lassen, und so schnell wie möglich 70 AI-Sender zu bauen. Außerdem sollten sie 80 von 140 bereits gebauten ASV Mark I-Sendern für die Verwendung mit dem AI umbauen. Deutsche Bomben auf verschiedene Funkgeräte- und Zubehörfabriken hatten dem ASV-Programm diesen Schlag versetzt: bis Mitte Oktober 1940 wurden nur 45 Mark II ASV-Geräte aus einem Auftrag über 4000 ausgeliefert.

Um die Reichweite des ASV Mark II noch weiter zu verbessern, entwickelten die Wissenschaftler bei Telecommunication Research Establishment ein neues Antennensystem. Bei diesem System war eine seitwärts strahlende Antenne am Rumpf des Flugzeuges angebracht. Die Radarimpulse wurden dadurch in einem Winkel von 90 Grad zur Flugrichtung nach Steuerbord und Backbord abgestrahlt. Für Aufklärung über See, bei der es wünschenswert ist, einen möglichst breiten Streifen der See nach Schiffen abzusuchen, bot dieses neue System einen großen Vorteil: um die Reichweite eines Radars mit gegebener Sendeleistung und Empfängerempfindlichkeit zu verbessern, muß man die Abstrahlungen in einer schmaleren Keule zusammenfassen, was wiederum eine größere Antennenanordnung verlangt. Indem man diese Antennenordnung seitwärts vom Luftstrom in einer Position, wo sie den geringsten Widerstand hervorrief, anbrachte, konnten diese Antennen von Kampfflugzeugen ohne ernsthaften Leistungsverlust mitgeführt

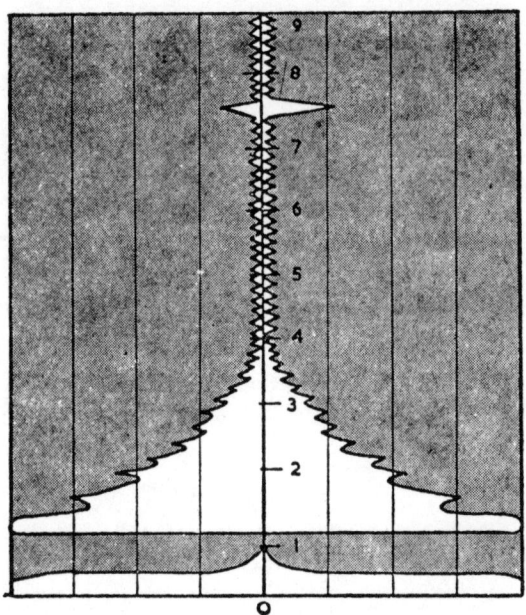

Das ASV Mark II Schirmbild zeigt einen Kontakt voraus und etwas nach rechts bei einer Entfernung von 7½ Meilen. Beachte den See-Clutter, der von 1¼ bis 4 Meilen reicht.

werden. Die seitwärts strahlende Antenne variierte in ihrer Ausführung abhängig von dem Flugzeugtyp, an dem sie angebaut war. Kennzeichnend waren acht Strahler beiderseits des hinteren Rumpfes, denen die Außenhaut des Flugzeugs als Reflektor diente. Zusätzlich gab es gewöhnlich acht Reflektoren, die auf dem Rumpf an vier Stäben von je 1,20 Meter Höhe befestigt waren. Die Flugzeuge benutzten bei der generellen Suche ihre seitwärts strahlenden Antennen; wenn sie ein interessantes Objekt entdeckt hatten, drehte der Flugzeugführer um 90 Grad auf dieses Objekt zu und flog es mit der normalen vorausstrahlenden Antenne an.

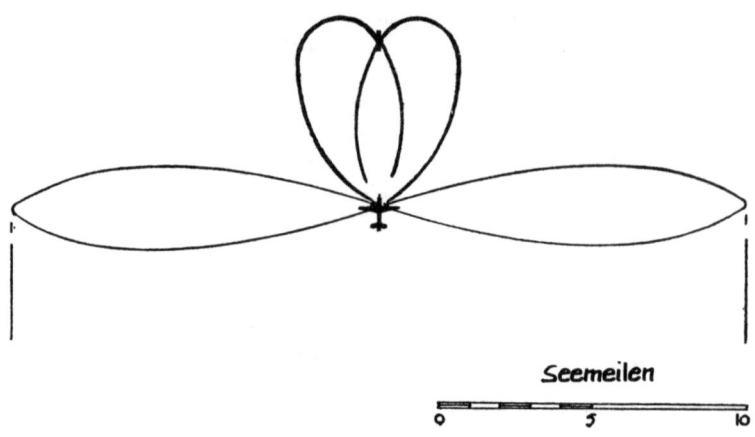

Seemeilen

0   5   10

ASV Mark II, Darstellung des durch die voraus und die seitwärts strahlenden Antennen überdeckten Bereichs. Der Radarmann konnte entweder die Vorausantennen oder die seitwärts strahlenden Antennen schalten, aber nicht beide zur gleichen Zeit. Bei der normalen Suchmethode wurden die seitwärts strahlenden Antennen geschaltet, mit denen ein 24 Meilen breiter Streifen der See überdeckt wurde. Wenn ein Kontakt aufgenommen wurde, drehte das Flugzeug um 90 Grad auf den Kontakt zu und benutzte zum Zielflug die voraus strahlenden Antennen.

Im Sommer 1940 führte Mr. R. Hanbury-Brown, der von Anfang an mit Bowen zusammen gearbeitet hatte, eine Reihe von Flugerprobungen in einem Whitley-Bomber mit seitwärts strahlenden Antennen durch und benutzte dabei ein speziell abgeändertes ASV Mark I-Radar. Die Leistungsverbesserung war bemerkenswert: bei einer Flughöhe von 675 Metern faßte er ein Uboot auf 20 Meilen auf, wenn es breitseits und auf 12 Meilen, wenn es mit dem Bug zum Flugzeug hin lag. Der See-Clutter verdeckte das Ziel, wenn die Entfernung geringer als fünf Meilen war; flog die Whitley in 330 Meter Höhe waren die Entfernungen 20 Meilen, 7 Meilen, beziehungsweise 3 Meilen.
Das ASV Mark II-Radar und das seitwärts strahlende Antennensystem versprach Gutes für die Zukunft. Doch noch vor Ende 1940 überschattete ein neuer, aufregender Fortschritt in der Radartech-

nik alles vorangegangene. Die Frequenzauswahl für das Mark I und das Mark II ASV Radar waren auf den Beeich um 200 Khz begrenzt, weil die Röhre des Jahres 1939 nicht genügend Leistung bei einer höheren Frequenz erzeugen konnten. Wenn man jedoch für das Radar eine höhere Frequenz benutzen konnte, so hatte das viele Vorteile: je höher die Frequenz, desto kleiner konnte das Antennensystem sein, mit dem man die Abstrahlungen in eine schmale Keule bündelte; wenn die Frequenz hoch genug war, konnte das Antennensystem so klein gemacht werden, daß man es mechanisch rotieren lassen, die Keule im Kreise drehen und damit eine Rundum-Überdeckung erreichen konnte.

Der große Durchbruch kam im Februar 1940, als Professor J. T. Randall und Dr. H. Boot ihren Hochleistungs »Magnetron« Oszilator im Nuffield-Forschungslaboratorium in Oxford bauten. Dieses bemerkenswerte neue Gerät erzeugte eine Leistung von 500 Watt bei einer noch nicht dagewesen hohen Frequenz von 3000 MHz.[1] Im Sommer 1940 hatten Wissenschaftler des Telecommunications Research Establishment ein Labor-Modell eines Zentimeter Radars gebaut; mit diesem Modell wurde kurz danach ein Flugzeug auf eine Entfernung von sechs Meilen und der Turm eines Unterseebootes auf vier Meilen geortet. Während der folgenden Monate stieg die Leistung des Magnetrons und damit die Ortungsreichweite des Radar ständig an.

Im August 1940, als die Schlacht über England sich ihrem Höhepunkt näherte, war Sir Henry Tizard als Leiter einer technischen Delegation nach Amerika gereist, mit der Aufgabe, die wissenschaftliche Zusammenarbeit zwischen den beiden Ländern zu verbessern. Jetzt, da sich Großbritannien in der Versorgung mit Rüstungsgütern stark auf die USA stützte, lag es eindeutig im britischen Interesse, den größtmöglichen Informationsaustausch sicherzustellen. Dr. Bowen, der jetzt im Ministerium für Flugzeugproduktion arbeitete, war einer der Teilnehmer der britischen Delegation und nahm drei Muster des Magnetrons mit. In Amerika erregte die neue Erfindung erhebliches Aufsehen. Die US Navy hatte ebenfalls mit Zentimeter Radarsendern experimentiert, jedoch

---

[1] Eine Frequenz von 3000 MHz entspricht einer Wellenlänge von zehn Zentimetern. Deshalb wurden Radargeräte, die das neue Magnetron hatten, als »Zentimeter« Radar bezeichnet. Die älteren Radargeräte, zum Beispiel die Mark I und Mark II ASV Anlagen, die auf Frequenzen von 200 MHz (1,5 Meter Wellenlänge) arbeiteten, wurden entsprechend als »Meter« Radar bezeichnet.

nur eine Leistung von zehn Watt erzeugen können; auf einen Schlag erhöhte der britische Beitrag die verfügbare Leistung um den Faktor Tausend. Ein amerikanischer Historiker bemerkte später, das Magnetron war ... »die wertvollste Fracht, die jemals an unsere Küsten gebracht wurde«. Das Massachusetts Institute of Technology begann die Entwicklungsarbeit mit den Magnetrons in seinem neu eröffenten Strahlungslaboratorium, das eines der bedeutendsten Zentren bei der Entwicklung des Zentimeter Radars werden sollte.

Nach Großbritannien zurückgekehrt, stellten die Wissenschaftler des Telecommunications Research Establishment in den letzten Monaten des Jahres 1940 ein behelfsmäßiges Zentimeter-Radar nahe der Küste auf und beobachteten damit die Bewegungen eines sieben Meilen entfernten über Wasser fahrenden Ubootes. Im März 1941 wurde ein Muster des neuen Radar zum ersten Mal in einem Flugzeug eingesetzt. Die Radarexperten des Coastal Command warfen begehrliche Blicke auf das neue Gerät – aber das war auch das einzige, was sie im Augenblick tun konnten. Der Bedarf des Fighter Command an Zentimeter Radar für seine Nachtjäger hatte aufgrund der Nachtangriffe des deutschen »Blitz« auf Großbritannien höchste Priorität. So kam die Arbeit am Zentimeter-ASV Radar nur langsam voran. Selbst das neuste Flugzeugradar, das Ende 1940 verfügbar oder im Projektstadium war, hatte eine ganz wesentliche Schwäche: die Mindest-Ortungsentfernung des Radar war fast immer etwas größer als die Entfernung, bei der man ein Uboot bei Nacht optisch auffassen konnte. Deshalb war das Uboot fast immun gegen Luftangriffe wenn es während der Dunkelheit auftauchte.

Die Erklärung hierfür ist einfach: wenn ein Radar seine kurzen, starken Impulse aussendet, muß der äußerst empfindliche Empfänger »abgeschaltet« werden, weil er sonst beschädigt wird. So kann der Empfänger keine Echosignale von sehr nahen Objekten aufnehmen, und das Radar ist »blind« gegen Objekte, die näher als etwa ein dreiviertel Meile sind. Wenn die See unruhig ist, können die Echos, die von den Wellen zurückgeworfen werden (Oberflächen-Clutter) Ziele auch auf größere Entfernung auslöschen. Diese Probleme der Blindentfernung und des Oberflächen-Clutter treten auch bei modernen Radaranlagen auf.

88

Vor dem Krieg hatten britische Wissenschaftler mit an Fallschirmen aufgehängten oder mit geschleppten Leuchtsätzen experimentiert, um Schiffe für Flugzeugangriffe bei Nacht zu beleuchten; aber in keinem Falle schien dies Erfolg zu versprechen gegen ein Uboot, das – dadurch gewarnt – innerhalb einer halben Minute von der Oberfläche verschwinden konnte.

Im September 1940 hatte Air Chief Marshall Bowhill ein Rundschreiben an alle Einheiten seines Kommandos gesandt, in dem er Offiziere und Flieger aufforderte, ihm gute Ideen zu unterbreiten, die dazu beitragen könnten, die Ubootgefahr zu bekämpfen; er bemerkte dazu: »vielleicht fällt einem zum Beispiel ein neuer Weg ein, wie man Uboote bei Nacht vernichten kann – ein sehr schwieriges Problem«.

Zu dieser Zeit war Squadron Leader Humphrey de Verde Leigh ein in Verwaltungsangelegenheiten tätiger Offizier in der Befehlsstelle des Coastal Command; während des Ersten Weltkrieges war er Flugzeugführer gewesen und war sogar häufig zur Ubootabwehr über dem Mittelmeer geflogen. Eines Tages kam Squadron Leader Sidney Lugg in Leigh's Büro, um eine Verwaltungsangelegenheit zu besprechen. Einer von Leigh's Kameraden brachte jedoch die Unterhaltung auf die »besonderen Aufgaben«, die Bezeichnung von Lugg's Tätigkeit in der Befehlsstelle. Worum handelte es sich dabei? Lugg erwiderte »Es ist ASV« und fuhr dann fort, die Arbeitsweise dieses Gerätes zu beschreiben. Leigh hörte fasziniert zu. Aus seiner Erfahrung von vor mehr als 20 Jahren wußte er, daß Unterseeboote in stark überwachten Gebieten normalerweise bei Nacht zum Aufladen ihrer Batterien auftauchten. Könnte man sie, fragte er Lugg, bei Nacht mit ASV orten? »Ja«. Dann war es also möglich, sie auch in dunkelster Nacht anzugreifen? »Leider nein«. Lugg erklärte dann, warum das Unterseeboot vom Bildschirm des Radar verschwand, wenn das Flugzeug bis auf eine Meile heran war, und warum ein erfolgreicher Nachtangriff fast unmöglich war, es sei denn bei guter Sicht und mit einer guten Portion Glück. Es muß jetzt nochmals betont werden, daß Leigh eine Position verwaltender Art hatte; er war nicht befugt, von der Existenz des immer noch sehr geheim eingestuften ASV Radar zu wissen, schon gar nicht, von den Grenzen seiner Leistungsfähigkeit. Schon die Tatsache, daß Lugg das Problem dargestellt hatte, war ein Verstoß gegen die

Geheimhaltungsbestimmungen. Es wird sich jedoch zeigen, daß Lugg's Sicherheitsverstoß sich als größtmöglicher Dienst seinem Lande gegenüber erweisen sollte.

Während der folgenden Woche begannen Leigh's Gedanken um eine Lösung des Problems zu kreisen, wie man die so wichtige letzte Meile bis zum Uboot überbrücken könne: ein am Flugzeug angebrachter Scheinwerfer, der während der letzten Angriffsphase eingeschaltet und auf das Uboot gerichtet werden konnte.

Am 23. Oktober 1940 reichte Leigh seinen Vorgesetzten eine Abhandlung ein, in der er seinen »Vorschlag für Nachtangriffe auf feindliche Unterseeboote« beschrieb. Er regte an, einen 90-Zentimeter-Suchscheinwerfer »entweder im Bug oder an der Unterseite« eines Wellington-Bombers anzubringen. Leigh nannte dieses Flugzeug, weil eine größere Anzahl Wellingtons mit zusätzlichem Motor und Starkstromgenerator ausgerüstet nicht mehr länger im Einsatz war und nutzlos herumstand. Es handelte sich um die sogenannten DWI-Wellingtons, die man umgebaut hatte, um Magnetminen vom Flugzeug aus zur Detonation zu bringen. Zu diesem Zweck hatte die Maschine eine Magnetschleife von 16 Metern Durchmesser unter Rumpf und Tragflächen, die von einem Hilfsgenerator im Rumpf unter Strom gesetzt wurde. Wenn das Flugzeug tief über das Wasser flog, löste das starke Magnetfeld der Schleife die Zündung der Mine aus. Leigh wollte die Schleife entfernen, den Generator brauchte er für seinen Scheinwerfer.

Jeder Erfinder wird bestätigen, gute Ideen gibt es haufenweise, die Schwierigkeit ist, sie auszuführen. Leigh ging in seiner Ausarbeitung in Einzelheiten:

»Die Stromerzeugungsaggregate der DWI-Wellingtons, die durch das Kommando Anfang des Jahres eingesetzt wurden, bestanden entweder aus einem Gipsy-Queen-Motor und einem 90-kW-Generator oder einem Ford-V-8-Motor und einem 35-kW-Generator, die beide genügend Strom für den Scheinwerfer geben würden.

Der Scheinwerfer soll nicht fest angebracht, sondern in einem Schwenkring montiert sein, damit man ihn mindestens 20 Grad nach unten oder nach der Seite bewegen kann. Der 15 Zentner schwere 90-Zentimeter-Scheinwerfer des Heeres, wie er gegenwärtig als Scheinwerfer für die Luftverteidigung benutzt wird, leuchtet

5000 Meter weit mit zwei Grad Streuung. Es wird unterstellt, daß ein Scheinwerfer von mindestens dieser Stärke . . . der bestgeeignete für diesen Zweck ist.«

Der Erfolg von Leigh's Scheinwerfer-Idee beruhte auf der Lösung mehrerer voneinander unabhängiger Fragen; bis zu dieser Zeit war noch niemals ein Scheinwerfer der vorgeschlagenen Leistung und Größe in ein Flugzeug eingebaut worden, es gab deshalb viele unbekannte Faktoren. Wie schwierig würde es sein, das Ziel aufzufassen? Wenn es aufgefaßt war, konnte man es in einem beweglichen Strahl halten, der von einer so unstabilen Plattform wie es ein Flugzeug ist, ausging? Würden der Flugzeugführer und der Scheinwerfer-Bedienungsmann durch den grellen Rückschein geblendet werden? Würde das Anspringen der Bogenlampe das ASV Radar stören? Konnte man eine Bogenlampe überhaupt in einem Flugzeug arbeiten lassen?

Die Kohle der Bogenlampe gab einen dichten Rauch ab, der durch einen Luftstrom vom Lichtbogen entfernt werden mußte und diesen zugleich davor bewahrte, zu heiß zu werden. War der Luftstrom zu stark, so konnte er die Flamme ausblasen oder Schwankungen in der Lichtstärke verursachen. Die Schwierigkeiten, diesen Luftstrom richtig zu dosieren – nicht zu schnell und nicht zu langsam, ohne Rücksicht darauf, wohin das Licht und sein Reflektor zeigten – war eins der schwierigsten Probleme, mit denen Leigh fertig werden mußte.

Seine Ausarbeitung wurde beim Coastal Command allgemein günstig aufgenommen und dies um so mehr, als der Befehlshaber selbst sich dieses Gedankens annahm. In einem Begleitbrief zu Leigh's Vorschlag schrieb Bowhill: »Ich bin mir völlig darüber im klaren, daß in einer Angelegenheit dieser Art keine sicheren Ergebnisse zugesagt werden können, aber mit Rücksicht auf die Tatsache, daß unsere Schiffsverluste durch Uboote in die Nähe von 200 000 t im Monat gehen, ist diese Sache so dringend, daß keine mögliche Abwehrmaßnahme ausgelassen werden darf . . .«

Die Wissenschaftler beim Royal Aircraft Establishment in Farnborough waren weniger begeistert. Sie waren der Meinung, daß der von Leigh vorgeschlagene Scheinwerfer zu groß sei, um in den Turm einer Wellington eingebaut zu werden und schlugen eine kleinere Quecksilberdampflampe vor, aber »diese Lampen sind jedoch noch in der Entwicklung und es ist nicht sicher, ob man eine zuverlässige Lampe erhalten wird . . .« Der Antwortbrief fuhr fort, die offizielle Meinung Farnborough's über diese Angelegenheit zu erläutern:

»Wir wissen nicht, ob Ihnen die Versuche mit geschleppten Leuchtsätzen für Aufklärungsflüge auf Schiffahrtswegen bekannt sind, die im Jahre 1928 durchgeführt wurden. Kurz gesagt bestand das Verfahren darin, mit zwei Flugzeugen in einem Zwischenraum bis zu 14 Meilen zu fliegen. Eins oder beide Flugzeuge schleppen einen vier Zoll Übungsleuchtsatz, der neun Pfund wiegt und etwa zweieinhalb Minuten brennt. Länge der Schleppleine 80 Meter. Gegenstände auf dem Wasser werden als Silhouette gegen das auf dem Wasser reflektierte Licht erkannt und bleiben auf 300 Meter drei Sekunden lang sichtbar, wenn Leuchtkugel, Objekt und Beobachter in einer Linie sind . . . Wir sind der Meinung, daß das Verfahren mit der geschleppten Leuchtkugel für den Zweck, den Sie im Sinn haben, gut funktionieren würde, und daß man es schneller zur Verfügung hätte, als irgendein anderes Verfahren mit Scheinwerfern.«

Einen Abdruck dieses Briefes, den Leigh am 12. November 1940 erhielt, gibt es noch. Darunter hatte er mit Bleistift geschrieben: Es würde nicht.

1. das Uboot wäre längst getaucht, ehe »Leuchtkugel, Objekt und Beobachter« in Linie wären. Zum »Suchen« bleibt keine Zeit.
2. drei Sekunden aus 300 Metern Entfernung bringt nichts.
3. jede Leuchtkugel kostet sieben Pfund.
4. wenn das Unterseeboot irgendwo in der Nähe eines Geleitzuges wäre, würde dessen Position verraten.

Leigh's Vorgesetzte, die sehr wohl wußten, daß die Sache mit dem geschleppten Leuchtsatz nicht funktionieren würde, traten ihm zur Seite. Leigh konnte seine ganze Kraft der Arbeit an seinem Scheinwerfer widmen und ging daran, die Einwände gegen seinen Plan auszuräumen. Statt des 90 Zentimeter Heeresscheinwerfer nahm er den kleineren 61 Zentimeter Marinescheinwerfer, wie er auf Zerstörern eingebaut war. Dieser konnte in eine ausfahrbare Aufhängung eingebaut werden, die durch eine Öffnung herabgelassen wurde, die ursprünglich für die Unterrumpfkanone der Wellington vorgesehen war. Mittels eines sehr genauen Hydraulik-

92

systems, das die Frazer Nash Automobil Gesellschaft für die Steuerung der Bomber-Kanonentürme entworfen hatte, konnte der Lichtstrahl sehr genau nach Seite und Höhe gesteuert werden. Dieses Geschützturm-System konnte so genau von einem erfahrenen Mann bedient werden, daß es zu einem Lieblingstrick der Artilleristen gehörte, in ein Rohr der Maschinenkanone einen Bleistift einzuführen, und damit ihre Namen auf eine Karte zu schreiben, die man vor den Turm hielt.

Leigh bewältigte das schwierige Problem der Lüftung, indem er Luft durch einen verkleideten Kanal an der Unterseite des Flugzeuges und dann durch ein raffiniert erdachtes Labyrinth von Löchern an der Oberseite des Aufhängerahmens führte. Die Beseitigung der Rauchgase verlangte nicht geringere Findigkeit, er löste dies Problem durch eine Drehhaube, die durch den Propellerstrom nach hinten geöffnet gehalten wurde.

Am 22. November nahm Leigh an einer Konferenz bei der Firma Vickers teil, in der die Einzelheiten der notwendigen Änderungsarbeiten zum Einbau seines Scheinwerfers in eine Wellington endgültig festgelegt wurden. Wenige Tage später traf DWI Wellington P. 2521 im Werk Booklands zum Umbau ein.

Im März 1941 war der Prototyp der Leigh Light Wellington fertiggestellt und begann die Flugerprobungen. Sie zeigten, daß der Hochleistungsscheinwerfer in ein Flugzeug eingebaut werden konnte und funktionierte. Der nächste Schritt war auch ein ASV Radar in das Flugzeug einzubauen und die beiden Geräte gemeinsam während eines simulierten Angriffes auf ein Uboot zu testen. Am 24. April war diese Arbeit beendet und die Wellington flog für die zweite Versuchsreihe nach Limavady in Nordirland. Die erste vollständige Nachterprobung von Leigh's Erfindung, die eine Woche später stattfand, war ein Mißerfolg. Trotz wiederholter Versuche gelang es der Wellington Besatzung nicht, das britische Unterseeboot *H 31* mit dem Schweinwerferstrahl zu erfassen. Erst am nächsten Tag fand der enttäuschte Leigh heraus, was falsch gelaufen war: der Ubootkommandant erzählte ihm, daß während eines der Anläufe die Wellington genau über sein Boot hinweggeflogen sei und bei zwei anderen Gelegenheiten innerhalb von 400 Metern passiert habe. Das Licht sei auf sie zugekommen, aber jedes Mal sei es zu früh verlöscht. Die Besatzung war überzeugt, daß –

wenn das Licht nur ein bißchen länger angeblieben wäre – ihr Uboot beleuchtet worden wäre.

Noch während der Dunkelheit am Morgen des 4. Mai startete Leigh in der Wellington nun selbst als Scheinwerferbedienung. Die Maschine flog das Untersseboot mit Radar an und auf eine Entfernung von einer Meile schaltete Leigh sein Licht ein und ließ es an. Nach kurzem Warten kam das Unterseeboot in Sicht und er konnte den Strahl auf dem Ziel halten, bis das Flugzeug darüber hinwegflog. Nach diesem Erfolg flog die Wellington wiederholt Beleuchtungsanläufe auf das Unterseeboot. Alle, die bei diesem Versuch zugegen waren, waren begeistert über das, was sie gesehen hatten. Ein Offizier der Royal Navy, der den Leigh Light Test beobachtet hatte, Commander G. Hoare-Smith, schrieb später:

»Das Unterseeboot hörte das Flugzeug nicht, bis es beleuchtet wurde; das Flugzeug konnte zum Gleitflug übergehen und 27 Sekunden lang im Scheinwerferlicht angreifen, bevor die Maschine bei 150 Meter hochgezogen wurde. Das war eine beeindruckende Leistung und es besteht kein Zweifel, daß mit einer guten Flugzeugbesatzung und bei guter Zusammenarbeit diese Waffe von unschätzbarem Wert beim Angriff auf aufgetauchte Uboote bei Nacht und schlechter Sicht sein wird.«

Allen an dem Limavady-Versuch Beteiligten schien es klar, daß sich Leigh's Scheinwerfer über jeden Zweifel hinaus bewährt hatte. Um so niederschmetternder war dann der Schlag, der einige Wochen später fiel: um Haaresbreite wäre das ganze Projekt abgewürgt worden.

Tatsächlich war im Mai 1941 Leigh's Scheinwerfer nicht der einzige, der in der Royal Air Force erprobt wurde. Group Captain Helmore hatte einen anderen Scheinwerfer entworfen, den ein großes Flugzeug mit sich führen und damit Feindbomber bei Nacht beleuchten sollte; einsitzige Jäger, die das Scheinwerferflugzeug begleiteten, sollten dann angreifen können. Helmore behauptete, daß die Flugzeuge des Coastal Command seinen Scheinwerfer ebenfalls benützen könnten, um Uboote an der Wasseroberfläche zu beleuchten. Wegen des Durcheinanders, das darüber sowohl während wie nach dem Kriege herrschte, ist es wichtig, auf die Unterschiede zwischen Leigh's und Helmore's Licht hinzuweisen.

Leigh's Licht brauchte 10,5 kW elektrischen Strom. Helmore's war 13mal so stark und brauchte eine Akkumulatorenbatterie, die den ganzen Bombenschacht des Flugzeuges beanspruchte. Leigh brachte sein Licht unterhalb des Flugzeugrumpfes an, so daß die Augen des Bedienungsmannes etwa zwei Meter über Oberkante des Lichtstrahles waren. Helmore's Scheinwerfer nahm den ganzen Bug des Flugzeuges ein, so daß der Flugzeugführer am Lichtstrahl vorbeisehen mußte. Den Nachteil dieser Anordnung kann man an jedem Nebeltag sehen: Lastwagen Nebellampen sind etwa zwei Meter *unter* der Augenhöhe des Fahrers angebracht, sie blenden wenig und die Sicht voraus ist auch unter ziemlich schlechten Bedingungen gut. Personenwagenfahrer aber sehen fast direkt *hinter* ihren Nebellampen auf die Straße mit dem Ergebnis, daß sie erheblich geblendet werden und das Fahren sehr viel schwieriger ist. Als Wichtigstes von allem aber gab Leigh's Scheinwerfer ein enges Lichtbündel von vier Grad – das später mit Hilfe von Streulinsen auf zwölf Grad erweitert wurde – und dieses konnte aus dem Bug des Flugzeugs nach Höhe und Seite gesteuert werden. Helmore's Scheinwerfer gab ein sehr breites Lichtbündel, das in Vorausrichtung fest eingerichtet war.

Air Chief Marshall Joubert, der das Coastal Command im Juni 1941 übernahm, beschrieb später, warum er kurz davor gewesen war, Leigh's Scheinwerfer zu verwerfen:

»Als ich das Coastal Command übernahm, hatte ich mich so stark mit dem Helmore-Scheinwerfer beschäftigt, daß ich glaubte, man sollte ihm eine weitere Verwendungsmöglichkeit geben und ihn auch gegen Uboote einsetzen. Ich glaubte, daß sein breites Lichtbündel und die große Lichtstärke von Wert wären.

Ich gab daher Anweisung, daß Squadron Leader Leigh seine Aufgaben als Hilfs-Personaloffizier wieder aufnehmen solle. Nach etwa zwei Monaten stellte ich fest und ich stehe nicht an, das zuzugeben, daß ich einen Fehler gemacht hatte. Ich überzeugte mich, daß Helmore's Scheinwerfer unnötig hell für den Einsatz gegen Uboote und auch sonst ungeeignet war. Ich kam dann zu dem Schluß, daß Leigh's Scheinwerfer für den Einsatz gegen Uboote vorzuziehen sei und entschied, Helmore's Scheinwerfer fallen zu lassen und alle Kraft auf den Leigh Scheinwerfer zu verwenden.«

Mitte August, nach zweimonatiger Unterbrechung, widmete Leigh seine gesamte Arbeitskraft wieder seiner Erfindung. Nachdem er mit seiner »Bastelarbeit« bewiesen hatte, daß das System funktionierte, war die Zeit gekommen, den Entwurf »einzufrieren«, und die Einzelteile richtig zu konstruieren. Dies alles nahm mehrere Monate in Anspruch. Besonders die Lichtstrahlsteuerung verursachte eine Menge Arbeit, ehe Leigh damit zufrieden war. Auch ein fundamentaler Wechsel in der Stromversorgung für den Scheinwerfer erwies sich als notwendig, der frühere Motorgenerator war unnötig groß und schwer gewesen. Leigh entschied sich für eine Batterie aus sieben Standard RAF 12 Volt Akkumulatoren, die durch einen kleinen, von den Flugzeugmotoren angetriebenen Generator aufgeladen wurde. Das würde genauso gut funktionieren. Die Versuche hatten gezeigt, daß kein einzelner Anlauf länger als eine halbe Minute dauerte (die Zeit, die eine Wellington brauchte, um eine Meile zu fliegen) und die Akkumulatoren würden diese Zeit leicht abdecken. In seiner neuen Form wog die Leigh Light Anlage etwa 600 Pfund. – Nun konnte die Anlage in Produktion gehen.

Wenn das neue Radar und das Leigh Light an die Front kämen, würden die Uboote nicht mehr fast immun gegen Luftangriffe bei Nacht sein; waren sie jedoch getaucht und das Wasser nicht ungewöhnlich klar, waren sie noch immer sicher vor Angriffen von oben. Im Jahr 1941 versuchten britische Wissenschaftler ein magnetisches Ortungsgerät für Flugzeuge herzustellen, das die Anwesenheit eines getauchten Ubootes anzeigen sollte, aber es erwies sich für diesen Zweck als zu unempfindlich.

Mit dem Flugzeugscheinwerfer hatte Leigh gezeigt, daß auch ein verhältnismäßig Außenstehender einen bedeutenden Beitrag zur Niederringung der Uboote leisten konnte. Aber es ist schwer, andere Beispiele dafür zu finden; fast immer waren Gedanken und Pläne derjenigen, die nicht ganz eng mit der Ubootabwehr verbunden waren, von geringem oder gar keinem Wert. So erhielt Churchill am 10. April 1941 einen Brief seines wissenschaftlichen Beraters, Professor Lindemann, der besagte:

»Es ist vorgeschlagen worden, zahlreiche kleine, mit Lichtern versehene Magnete von Flugzeugen oder Zerstörern in dem Gebiet abzuwerfen, in dem man ein Uboot vermutet. Einige davon würden das Uboot treffen und wahrscheinlich haften bleiben, und – so glaubt man – seine Position verraten. Wenn auch dieser sehr simple Plan wahrscheinlich nicht funktionieren würde, so scheint es doch möglich, daß das mit anderen Signalmitteln gelingen könnte. Zum Beispiel könnte der Magnet mit einer Vorrichtung, die Kalziumphosphid oder eine ähnliche Substanz enthält, versehen sein, die bei Berührung mit dem Wasser ein selbstentzündliches Gas erzeugt. Die ganze Salve würde Gasblasen erzeugen, die sich entzünden, wenn sie die Wasseroberfläche erreichen und so eine gute Markierung abgeben. Wenn Magnete das Uboot treffen, würden sie daran haften bleiben und wenn es sich fortbewegt, würde es sich durch eine Blasenspur, die Flammen bildet sobald sie die Oberfläche erreicht, verraten.

Gewisse Untersuchungen und Entwicklungsarbeiten sind natürlich noch notwendig, aber ich glaube, daß irgendwie in dieser Richtung der Gedanke wert ist, verfolgt zu werden.«

Der Premierminister glaubte das nicht und fünf Tage später drückte er seine Mißbilligung in echt Churchill'scher Art aus:

»Das scheint mir ziemlich weit hergeholt. Wenn die Flugzeuge oder Zerstörer dem Uboot so nahe sind, wie es für diese Sache nötig ist, wäre es ganz bestimmt besser, Bomben oder Wasserbomben mit Sprengladungen zu werfen. Die Komplikation, diese neuen Dinger und Apparate in die wenigen Flugzeuge, die wir für diese Aufgabe haben, einzubauen, wird ziemlich lästig sein.

Ich glaube nicht, daß ich mich mit dieser Sache befreunden kann.«

Das Coastal Command würde also noch etwas länger Dienst tun müssen, ohne ein Gerät zur Entdeckung und Verfolgung getaucht fahrender Uboote.

Als die Ubootabwehr immer komplizierter wurde, brauchte man hervorragende Köpfe zur Beratung derjenigen, die den Kampf führten, die ihnen klar machten, wie sie das Äußerste aus ihren Waffen herausholen konnten. Im März 1941 war Professor Patrik Blackett[1] wissenschaftlicher Berater von Air Chief Marshall Bowhill geworden. Im drauffolgenden Sommer richtete er eine Operation Research Abteilung für das Coastal Command ein, zu der als einer der ersten Professor E. J. Williams stieß. Williams war kein Neuling auf dem Gebiet der Ubootbekämpfung; er hatte sich in

---

[1] Jetzt Lord Blackett, Präsident der Royal Society.

Farnborough mit der Konstruktion eines magnetischen Annäherungszünders befaßt, der eine Bombe zur Detonation bringen sollte, wenn sie dicht an einem Uboot vorbei fiel.

Blackett sah die Aufgabe der Operational Research Abteilung darin, Offiziere des Generalstabes auf wissenschaftlicher Grundlage bei Problemen zu beraten, die normalerweise nicht von militärischen Dienststellen behandelt wurden. Er hatte eine ähnliche Abteilung für das Luftabwehrkommando des Heeres im Jahr davor organisiert, so konnte er den Wert seines Teams für das Coastal Command beurteilen. Später schrieb er:

»»Neue Waffen anstatt der alten‹, das ist ein sehr populärer Ruf geworden. Der Erfolg von einigen neuen Geräten hat zu einer neuen Form von Eskapismus geführt, der sich etwa so äußert: ›Unser jetziges Gerät funktioniert nicht sehr gut, die Ausbildung ist schlecht, Nachschub miserabel, Ersatzteile gibt es nicht. Wir wollen einen völlig neuen Apparat haben!‹ Dann kommt die Vision des neuen Gerätes, das wie Aphrodite dem Ministerium der Flugzeugproduktion entspringt, komplett mit Ersatzteilen und begleitet von einer Heerschar ausgebildeter Besatzungen.

Eine der Aufgaben der Operational Research Abteilung ist es, durch eine umfassende Untersuchung der tatsächlichen Leistungsfähigkeit der existierenden Waffen und eine objektive Analyse der wahrscheinlichen Leistung der neuen Waffe wenigstens den Versuch einer zahlenmäßigen Abschätzung der Vorzüge eines Wechsels von einem Gerät zum anderen zu machen.

Ganz allgemein möchte ich behaupten, daß relativ zu viel wissenschaftliche Arbeit in die Produktion neuer Geräte gesteckt worden ist und zu wenig in den richtigen Gebrauch derer, die wir haben. Es wird von großem Nutzen sein, wenn wenigstens für eine gewisse Zeit eine Reihe der besten Wissenschaftler aus dem technischen Bereich zu den Führungsstäben hinüberwechseln. Wenn sie dann zu ihrer eigentlichen Aufgabe zurückkehren, werden sie mit dem Wissen um die operationellen Bedürfnisse sehr viel effektiver arbeiten können.«

Eines der ersten Projekte, das in Angriff genommen wurde, war eine Analyse der Angriffe auf Uboote bis zum heutigen Tage. Seine Arbeit an der Ubootbombe mit Annäherungszünder noch frisch in Erinnerung, ging Professor Williams an die Aufgabe, die zu einem der klassischen Beispiele des Wertes von Operational Research werden sollte.

Obwohl die Wasserbombe eine klare Verbesserung gegenüber der wirkungslosen Ubootbombe war, waren die mit ihr erzielten Ergebnisse immer noch unbefriedigend; nur ein Prozent der Angriffe britischer Flugzeuge auf Uboote hatte zu einer Bewertung »bestimmt versenkt« geführt, während weitere zweieinhalb Prozent als »wahrscheinlich versenkt« beurteilt wurden. Es gab zwei Wege, auf denen die Wirkung einer Wasserbombe von bestimmter Größe und bestimmtem Gewicht verbessert werden konnte. Einmal konnte die Kraft der Sprengladung durch Verwendung eines verbesserten Sprengstofftypes vergrößert werden. Dieser stand zur Verfügung, ein verbesserter Sprengstoff – Torpex, der Aluminiumpulver enthielt – wurde bald darauf für Wasserbomben eingeführt. Zum anderen konnte die Sprengladung näher am Rumpf des Ubootes gezündet werden; das sollte der projektierte Unterwasser-Annäherungszünder erreichen.

Die 115-kg-Wasserbombe mußte in einem Abstand von höchstens sechs Metern vom Rumpf des Ubootes zur Detonation gebracht werden, wenn sie mit einiger Wahrscheinlichkeit zum Bruche führen sollte. Die Wasserbomben waren so eingestellt, daß sie bei einer Tiefe von 35 bis 50 Metern detonierten. Das war die durchschnittliche Tiefe, die ein Uboot zum Zeitpunkt des Angriffs erreicht haben würde, wenn es das Tauchmanöver auf die mittlere Entfernung, bei der ein Flugzeug wahrscheinlich gesichtet würde, eingeleitet wurde. Als er diese Zahlen überprüfte, wurde Williams der Trugschluß klar, der hinter der Begründung für diese Tiefeneinstellung stand. Am Ende eines Berichtes über dieses Thema bemerkte er:

»In etwa 40 Prozent aller Fälle war das Uboot im Augenblick des Angriffes entweder noch sichtbar oder erst seit weniger als einer viertel Minute verschwunden. Aus diesen Statistiken und dem Unsicherheitsgrad der Ubootposition, die mit der Zeit seit dem Tauchen wächst, kann man schließen, daß ein Uboot, das noch teilweise sichtbar oder gerade eben getaucht ist, als mögliches Ziel zehnmal wichtiger ist, als ein Uboot, das länger als eine viertel Minute verschwunden ist. Der geringe Prozentsatz von bei früheren Angriffen ernsthaft beschädigten oder versenkten Ubooten ist wahrscheinlich darauf zurückzuführen, daß man zu oft schon länger getauchte Uboote angegriffen hat . . .«

Williams konnte nachweisen, daß ein Uboot, obgleich es im allgemeinen erst auf etwa 40 Meter Tiefe war, wenn das angreifende Flugzeug darüber hinwegflog, höchstwahrscheinlich nicht mehr beschädigt würde, weil der Horizontalabstand zwischen ihm und dem Tauchstrudel bereits zu groß war. Nur Uboote, die an der Wasseroberfläche oder während des Tauchvorganges angegriffen wurden, waren mit einiger Wahrscheinlichkeit im tödlichen Bereich der Wasserbombe. Bis jetzt waren die Wasserbomben zu tief unter diesen »leichten« Zielen detoniert, um vernichtend zu wirken – die Unterkante des Druckkörpers eines deutschen Typ VII Bootes lag bei aufgetauchtem Boot etwa vier Meter unter der Wasseroberfläche. Deshalb konnten mehrere Uboote, die aufgetaucht angegriffen und genau mit Bomben eingegabelt wurden, trotz schwerer Erschütterungen davonkommen. Diesen Fehler hatte man lange Zeit gemacht. Man erinnere sich, daß während des Ersten Weltkrieges die Ubootbomben so eingestellt waren, daß sie auf einer Tiefe von 20 bis 30 Metern unter Wasser detonierten und es wäre interessant, einmal darüber nachzudenken, wie viele deutsche Unterseeboote deshalb der Vernichtung entgangen sind. Williams Analyse zeigte, daß statt einer völlig neuen Waffe in Form der Ubootbombe mit Annäherungszünder – eine schwierige und aufwendige Entwicklung und Produktion – eine realistische Tiefeneinstellung der vorhandenen Wasserbomben erforderlich war.

Williams errechnete, daß die ideale Einstellung für Flugzeugwasserbomben eine Detonation auf etwa sechs Meter unter Wasser sein würde. Das war aber mit dem vorhandenen Zündmechanismus nicht möglich: dieser war ursprünglich für Wasserbomben entworfen, die von Schiffen geworfen wurden, und aus Sicherheitsgründen war die Mindesteinstellung 16 Meter (Kriegsschiffe griffen aufgetauchte Uboote mit dem Geschütz an, nicht mit Wasserbomben). Das Coastal Command setzte unverzüglich die Mindesteinstellung von 16 Metern für ihre Wasserbomben fest; gleichzeitig begannen mit höchster Dringlichkeit die Arbeiten zur Herstellung einer Wasserdruckpistole für Flacheinstellung.

Schon die Entdeckung der falschen Tiefeneinstellung der Wasserbomben würde die Bildung der Operational Research Abteilung

Das erste Flugzeug-radar, das im Frühjahr 1940 an die Front kam, war das ASV Mark I. Das Bild oben, eine Hudson bei Erprobungen für Luft/Bodenraketen, zeigt zwei unauffällige ASV-Antennen, die an dem Flugzeug angebracht sind. Die erste ist ganz vorn an der Seite am Bug, die zweite links vom Backbordmotor zu sehen. Ein anderer wichtiger britischer Ujagd-Flugzeugtyp war das Short Sunderland Flugboot (links). Dieses hier gehörte zur 210. Squadron. Unten: Bei Einsätzen weit von Land weg konnte ein technischer Fehler verhängnisvoll werden – hier eine Whitley der 502. Squadron, die mit einem Motor die Höhe nicht mehr halten kann und ins Wasser gefallen ist.

Britisches Minen-Unterseeboot SEAL im Schlepp des deutschen Ubootjägers UJ 171 im Kattegat nach der Aufbringung durch Seeflugzeuge Arado Ar 196 der Küstenfliegergruppe 706 am 5. Mai 1940. Aufgenommen aus einem sichernden Flugzeug.

UJ 171 schleppt HMS. SEAL nach Frederickshavn ein.

Admiral Karl Dönitz (oben, dritter von links), aufgenommen in seinem Befehlsbunker bei Lorient, Frankreich, Anfang 1942. Kapitänleutnant Daublebsky von Eichhain, ein Admiralstabsoffizier, erklärt die Lage während der morgendlichen Lagebesprechung. Knapp 200 Meilen nördlich, in einem Betonbunker bei Plymouth, prüft Air Vice Marshall Geoffrey Bromet (unten Mitte), der Kommandeur der 19. Gruppe des Coastal Command, die Lage mit seinem ersten Generalstabsoffizier, Group Captain Brackley.

Die Einführung des Leigh Light im Sommer 1942 machte laufende Nachtangriffe auf Uboote möglich. Die Wellington (oben) erhielt es als erstes Flugzeug – eingebaut in einem einziehbaren »Mülleimer« unter dem hinteren Teil des Rumpfes. Diese Wellington hatte auch das ASV Mark III, dessen Antennenschirm in der Kuppel unter dem Bug des Flugzeuges untergebracht ist. Squadron Leader Humphry de Verde Leigh (rechts) war der Erfinder des Flugzeug-Scheinwerfers. Er saß auch am Scheinwerfer beim ersten erfolgreichen Versuch, in den frühen Morgenstunden des 4. Mai 1941, als er das britische Unterseeboot *H 31* beleuchtete (unten).

beim Coastal Command gerechtfertigt haben. Aber Blackett und seine Gruppe ruhten nicht auf ihren Lorbeeren aus.

Seit den Anfängen der Ubootbekämpfung aus der Luft führte das beiderseitige Sichten stets zu einem Wettlauf; während das Uboot versuchte, eine sichere Tiefe zu erreichen, machte das Flugzeug den Versuch, es vorher anzugreifen. Wenn nicht die Sicht sehr schlecht war, der Angriff aus der Sonne erfolgte oder die Ubootausgucks nicht aufpaßten, lag der Vorteil meist auf seiten des Ubootes, das vor dem Angriff tauchen konnte. Was konnte geschehen, das Flugzeug weniger auffällig zu machen? Bei Tage oder auch bei Nacht wird ein Flugzeug fast immer als dunkles Objekt gegen den etwas helleren Hintergrund des Himmels gesehen; die einzige Ausnahme ist, wenn Licht von Sonne oder Mond vom Flugzeug auf den Beobachter reflektiert wird – ein seltener Vorgang. Die Whitleys und Wellingtons des Coastal Command waren zuvor als Nachtbomber eingesetzt und hatten ihre schwarze Unterseite beibehalten. Würde eine hellere Unterseite eine nennenswerte Verringerung der Entfernung, in der sie gesichtet wurden, bringen? Der einzige Weg das herauszufinden, war ein Versuch unter natürlichen Gegebenheiten. So wurde eine Wellington an der Unterseite weiß gestrichen, die dann, gemeinsam mit einer norma-len Schwarzen, eine Reihe von Anflügen über Beobachter auf dem Boden machte. Die Versuche zeigten, daß die durchschnittliche Entfernung, auf der die weiß gemalte Maschine gesichtet wurde, 20 Prozent geringer war als im Falle der schwarz gemalten. Mit diesem zahlenmäßigen Ergebnis konnte Williams errechnen, daß ein weiß gestrichenes Flugzeug wahrscheinlich um ein Drittel häufiger ein Unterseeboot noch an der Oberfläche angreifen würde als ein schwarz gemaltes. Da Versenkungen bei sonst gleichen Vorausset-zungen direkt proportional den erfolgreichen Angriffen waren, versprach das heller gestrichene Flugzeug auch eine entsprechende Erhöhung der Versenkungsrate. Dieser Unterschied lohnte sicher-lich den Umstand des Neuanstrichs aller Ubootabwehr-Flugzeuge des Coastal Command. So wurden in den letzten Monaten des Jahres 1941 die über See eingesetzten Flugzeuge mit weißen Unterseiten versehen; es war die stillschweigende Anerkennung der Vorteile einer Farbgebung, die Möwen und andere Seevögel sich schon vor einigen Millionen Jahren zu eigen gemacht hatten.

Während die kämpfende Truppe kämpfte, die Befehlshaber befehligten und die Forscher forschten, spielte eine weitere Gruppe von Männern im Geheimen ihre Rolle in der Schlacht im Atlantik: die elektronischen Horcher auf beiden Seiten, die Männer, die eifrig die riesigen Mengen gegnerischen Funkverkehrs aufnahmen und mit der sinnverwirrenden Aufgabe rangen, die Reihen verschlüsselter Schriftzeichen zu deuten. Wenn sie dabei Erfolg hatten, so mußte man durch komplizierte Methoden diese Informationsquelle zu schützen suchen. Wie in Aladin's Höhle würde man die Schätze immer wieder plündern können, so lange man die magische Kombination wußte, die den schützenden Felsen frei vom Eingang schwingen ließ. Doch sobald der Gegner von dem Einbruch erfuhr, würde er die Öffnung schließen und die Kombination ändern. Dann würde das mühsame Geschäft, die Verschlüsselung zu knacken, wieder von vorne beginnen und vielleicht nie wieder gelingen.

Beiden Seiten gelangen während des Zweiten Weltkrieges einige größere Schlüsseleinbrüche. Von den ersten Monaten des Krieges an war der Entzifferungsdienst der deutschen Marine in der Lage, die Segelanweisungen für die britischen Geleitzüge mit verheerender Regelmäßigkeit mitzulesen. Später konnte der Dienst gelegentlich die Verschlüsselung aufbrechen, die die britischen Nachrichtendienst-Meldungen über die Bewegungen der Uboote schützen sollte. Auch die Engländer hatten ihre Erfolge. Ihr bei weitem größter Triumph aber war, daß sie das deutsche *Enigma*-Maschinenschlüsselverfahren knackten. Die elektrische *Enigma*-Maschine hatte etwa die Größe und das Gewicht einer gewöhnlichen Schreibmaschine und eine normale Tastatur; darüber befand sich eine Leuchttafel, die alle Buchstaben des Alphabets enthielt. Der Strom lief von den Tasten über verschiedene Kontaktwalzen und Steckerverbindungen, wenn eine Taste gedrückt wurde, dann leuchtete nicht der betreffende Buchstabe, sondern ein anderer auf. Wurde zum Beispiel die Taste mit dem Buchstaben »V« gedrückt, dann leuchtete vielleicht der verschlüsselte Buchstabe »B« auf. Mit jedem Tastendruck wurde die Stromführung durch die Walzen so geändert, daß beim zweiten Druck auf die Taste »V« ein anderer Buchstabe, vielleicht »H« aufleuchtete. So wurde die geheime Nachricht in die *Enigma*-Maschine gedrückt, der aufleuchtende

Buchstabenwirrwarr aufgeschrieben und dann mit Morsezeichen ausgesendet. Auf der Empfangsseite nahm der Funker die verschlüsselte Nachricht auf und drückte sie dann in seine *Enigma*-Maschine, schrieb die aufleuchtenden Buchstaben auf und erhielt so den Klartext. Um die Sicherheit des Systems zu erhöhen, wurden die inneren Einstellungen der *Enigma*-Maschine häufig, zum Teil täglich, geändert. Das *Enigma*-Schlüsselverfahren war einfach zu handhaben, die Verschlüsselung ging im Vergleich mit anderen Verfahren sehr schnell und die Maschine war klein genug, um auch kleinere Kriegsschiffe und Uboote damit auszurüsten. Wegen der häufigen Änderungen der inneren Einstellung der Maschine würde selbst die Erbeutung eines Exemplars durch den Gegner, mit der man im Kriege über kurz oder lang rechnen mußte, das System selbst nicht kompromittieren.

Wie das *Enigma*-System geknackt wurde, diese Geschichte würde allein ein dickeres Buch als dieses füllen; selbst heute, mehr als 30 Jahre nach dem Geschehen kann noch nicht alles darüber veröffentlicht werden. Das Wesentliche dieser Geschichte ist aber folgendes: Zu Beginn des Jahres 1941 gelang es den Entzifferungsspezialisten in Bletchley Park in Buckinghamshire einen großen Teil der geheimen deutschen Funksprüche, die mit der *Enigma*-Maschine verschlüsselt waren, mitzulesen. Schnell wurde eine Organisation aufgebaut, um diesen ungeheuren nachrichtendienstlichen Coup auszuwerten. In der Mitte des Krieges waren Zehntausende von Männern und Frauen damit beschäftigt, die deutschen Funksprüche aufzunehmen, zu entschlüsseln, die darin erhaltenen Informationen mit dem übrigen Feindlagebild zu vergleichen und daraus die wahre Bedeutung dessen, was entschlüsselt wurde, abzuleiten. Die Ergebnisse wurden unter höchsten Sicherheitsmaßnahmen an die höheren Kommandeure weitergeleitet, damit sie dort entsprechend verwertet werden konnten.

Der Einbruch in das *Enigma*-Schlüsselverfahren wurde für die britische und später für die alliierte Kriegführung als so wichtig angesehen, daß man ganz ungewöhnliche Maßnahmen ergriff, um die Geheimhaltung sicherzustellen. Winston Churchill sagte, es sei besser, selbst eine Schlacht zu verlieren, als diese lebenswichtige nachrichtendienstliche Quelle zu kompromittieren. Eine besondere Geheimhaltungsstufe, Top Secret Ultra (Äußerst Streng Geheim) wurde für alle Informationen, die sich aus dem geknackten feindlichen Schlüsselverfahren ergaben oder sich darauf bezogen, eingeführt. Die Hefter, die derartige Informationen enthielten, trugen den Vermerk:

»Aufgrund der hierin enthaltenen Informationen darf, ungeachtet vorübergehender Vorteile, nichts unternommen werden, wenn dadurch die Quelle dieser Nachrichten aufgedeckt werden könnte.«

In der Praxis bedeutete dies, daß aufgrund der *Enigma*-Entzifferungen nur gehandelt werden konnte, wenn gleiche Informationen aus anderen Quellen zum Beispiel Funkpeilungen, Aufklärungsflugzeuge, Geheimagenten und so weiter *hätten erlangt werden können*. In der im Kriege notwendigen kalten Berechnung konnte man nur so und nicht anders verfahren: auf lange Sicht würden weniger Menschen dabei getötet, die verfügbaren Kräfte mit größter Wirksamkeit eingesetzt werden, solange man die intimsten Geheimnisse des Feindes auf diese Weise ermitteln konnte. Doch das erleichterte nicht die schrecklichen Entscheidungen, die von Zeit zu Zeit getroffen werden mußten, durch die Menschen in den sicheren Tod geschickt wurden, während Informationen in britischer Hand sie hätte retten können – und das nur um zu verhindern, daß die Deutschen auch nur ahnten, wie durchsichtig der Deckmantel war, mit dem sie ihre Funksprüche schützten.

Da die *Enigma*-Maschine in großem Umfang bei allen drei Wehrmachtsteilen eingesetzt war, sollte der Schlüsseleinbruch äußerst weitreichende Auswirkungen auf den Verlauf des Krieges haben. In diesem Buch wird jedoch nur die Wirkung behandelt, die er auf die Operationen gegen die deutsche Ubootwaffe hatte. Jedes Uboot hatte eine *Enigma*-Maschine (die bei der Marine »Schlüssel M« hieß) an Bord, um ausgehende Funksprüche zu verschlüsseln und die Befehle vom Befehlshaber der Uboote zu entschlüsseln. Da die Rudel-Taktik einen umfangreichen Funkverkehr zwischen der Befehlsstelle und den Booten erforderte, konnten die Nachrichtendienste der Royal Navy dem feindlichen Befehlshaber fast über die Schulter sehen und jede seiner Entscheidungen mitlesen. Funksprüche aus der Befehlsstelle, die den Ubooten befahlen, bestimmte Positionen in der Mitte des Atlantiks einzunehmen, andere, die sie anwiesen, auf Geleitzüge zu operieren, sogar Standortmeldungen der Uboote selbst, fast alles das wurde von den Nachrichtendienst-Offizieren der Royal Navy mitgelesen, in vielen Fällen kurz nach ihrer Übermittlung. Selten, wenn überhaupt jemals in der ganzen Kriegsgeschichte hatte ein Befehlshaber derart laufende, genaue und unmittelbare Informationen über die Absichten und Tätigkeiten seines Gegners.

Das bedeutete natürlich nicht, daß Uboote bliebig geortet werden konnten; das verhinderten Fehler in der Navigation der Uboote und der sie jagenden Flugzeuge. Aber mit der »erleuchteten« Idee, wo man suchen sollte, wurde das Ausmaß des Problems, Boote in der grenzenlosen Weite der See zu finden, erheblich reduziert.

Britische Nachrichtenoffiziere, die sich mit der deutschen »Rudel«-Taktik befaßten, erkannten bald, daß dieses System mehrere Schwächen hatte, die man auch ausnutzen konnte. In dem unterirdischen Lage-Raum unter der Admiralität in Whitehall hatten Commander Rodger Winn und sein Stab genügend Geleitzugschlachten verfolgt, um Dönitz' Methoden zu kennen: zuerst sichtete ein Aufklärungsflugzeug oder ein Uboot den Geleitzug und meldete dessen Standort an die Uboot-Befehlsstelle in Lorient. Wenn nicht schon ein Uboot am Geleitzug war, wurden die in der Nähe befindlichen Boote angewiesen, Fühlung mit dem Geleitzug zu suchen und ihn aufgetaucht zu beschatten (getaucht würde selbst ein langsamer sieben Knoten Geleitzug den Fühlunghalter bald hinter sich gelassen haben). Während er den Geleitzug verfolgte, sandte der Fühlunghalter laufend Signale über dessen Standort und die anderen Unterseeboote des Rudels schlossen in Überwasserfahrt heran. Wenn das Rudel sich um seine Beute gesammelt hatte begann die Schlacht.

Die erste Schwäche der deutschen Taktik war, daß der kleine Geleitzug im weiten Ozean gefunden werden mußte; aufgrund der Informationen aus Winn's Ubootlage-Raum war es oft möglich, durch sorgfältige Auswahl und häufigen Wechsel der Geleitzugwege die Entdeckung überhaupt zu vermeiden. Abgesehen von den seltenen Fällen laufender deutscher Luftaufklärung stützte sich zum anderen die Taktik ganz wesentlich darauf, daß das fühlunghaltende Unterseeboot auch Fühlung hielt; wenn dieses versenkt oder nur unter Wasser gedrückt werden konnte, bis der Geleitzug aus der Sicht war, bestand immer noch Aussicht, der Gefahr zu entkommen. Zum dritten gab die fast ununterbrochene Signalabga-be des fühlunghaltenden Ubootes mehrere Stunden vorher eine Warnung vor der drohenden Gefahr. Vielleicht konnte man die Geleitsicherung noch durch Flugzeuge verstärken ehe der Schlag fiel. Um die deutsche Abhängigkeit von Funksignalen während des Sammelns zum Angriff noch mehr auszunutzen, begannen britische Wissenschaftler an einem kleinen Hochfrequenz-Peiler für den Bordgebrauch zu arbeiten; der Schnittpunkt von zwei oder mehr Peilungen von mit einem solchen Gerät ausgerüsteten Geleitfahr-zeugen würde einen recht genauen Hinweis auf die Position des so überaus wichtigen fühlunghaltenden Ubootes geben. Wie man das in Zukunft machen würde war klar, doch was man dafür zur Zeit verfügbar hatte, war sowohl nach Quantität als auch nach Qualität unzureichend.

Mitte 1941, als Air Chief Marshall Joubert die Führung des Coastal Command übernahm, bestand der Verband aus einigen 400 Flugzeugen – nur ein Drittel mehr, als er im September 1939 gehabt hatte. In der Zwischenzeit hatte eine durchgreifende Umrüstung stattgefunden: Die Ansons waren durch die neueren und wirksa-meren Hudsons, Whitleys und Wellingtons ersetzt, es gab mehr Sunderlands und auch einige 30 der modernen amerikanischen Catalina-Flugboote. Etwa dreiviertel der Flugzeuge waren mit ASV Radar ausgerüstet und alle hatten jetzt 115-kg- oder 200-kg-Was-serbomben bei den Uboot-Überwachungsflügen an Bord. Der größte Mangel des Kommandos bestand darin, daß es keine wirklich weitreichenden Flugzeuge hatte. Die Hudson konnte sich zu Überwachungsflügen etwa 500 Meilen vom Stützpunkt entfer-nen, während die Whitleys und Wellingtons auf diese Entfernung noch zwei Stunden patrouillieren konnten. Nur die großen Flugboote, von denen es verhältnismäßig wenig gab, waren in der Lage, wesentlich weiter zu fliegen: die Sunderland konnte auf 600 Meilen Entfernung zwei Stunden patrouillieren, die Catalina die gleiche Zeit auf etwas mehr als 800 Meilen. Eine Squadron war in der Umrüstung auf die viermotorigen amerikanischen Liberator Bomber, die mit zusätzlichen Brennstofftanks versehen zwei Stunden auf mehr als 1000 Meilen vom Stützpunkt patrouillieren konnten; aber dies lag noch etwas in der Zukunft, die Liberator waren neu und noch unerprobt.

Der Mangel an weitreichenden Flugzeugen bedeutete, daß die Luftüberwachung wohl im Umkreis von 400 Meilen um die Stützpunkte des Coastal Command in Großbritannien, Island und Neufundland den Ubooten das Leben schwer machen konnte; hier waren die Handelsschiffe verhältnismäßig sicher. Weiter draußen jedoch fiel die Stärke der Luftüberwachung stark ab, nur die Handvoll großer Flugboote konnte sich nennenswerte Zeit in einem Umkreis von mehr als 650 Meilen aufhalten. Mitten im Atlantik gab es einen gähnenden Abgrund, einige 300 Meilen weit, in dem es wenig oder gar keine Luftsicherung gab. Das war das sogenannte »Atlantik Gap« (Atlantik Lücke), hier mußten die Geleitzüge durch die Ubootsrudel Spießruten laufen. Dadurch, daß sie ihre Angriffe nur ein bißchen weiter hinaus in den Atlantik verlegten, konnten die deutschen Seeleute über ihre Beute herfallen, ohne daß sie von der Luftüberwachung daran gehindert wurden.

Während der ersten sechs Monate des Jahres 1941 versenkten die Uboote 1 400 000 t Handelsschiffsraum und blieben damit bei ihrem früheren Durchschnitt von etwas mehr als einer Vietelmillion t pro Monat. Wenn Hitler jemals Großbritannien besiegen sollte, zur See war er dem Ziel am nächsten. Wie sehr man vor dem Kriege auch daran gezweifelt hatte, jetzt zeigte es sich, daß das Unterseeboot noch eine höchst wirksame Waffe war. Und die deutsche Marine stellte mit der Regelmäßigkeit eines Uhrwerkes neue Uboote in Dienst: am 1. Juli 1941 waren 53 im Einsatz, 58 in der Erprobung und 42 für die Ausbildung neuer Besatzungen im Dienst. Die Deutschen waren eindeutig Herr der Lage und hatten wenig Grund, daran zu zweifeln, daß ihr Sieg auf den Schiffahrtswegen nur eine Frage der Zeit sein konnte.

Die Flugzeuge waren kaum in der Lage, nennenswerten Druck auf die Ubootoperationen auszuüben, da sie nicht bis in das Hauptkampfgebiet hineinreichen und keine Nachtangriffe führen konnten. Wenn sie Uboote in Reichweite hatten, hatten sie jedoch bewiesen, daß sie sie suchen, finden, abschrecken und verwunden konnten; aber nur selten konnten sie sie vernichten.

Der Kampf weitet sich aus

JULI 1941 BIS JUNI 1942

Nichts ist so schwer wie guter Rat vor dem Geschehen und nichts so leicht wie weise Betrachtungen danach. Vieles scheint verstandesgemäß richtig und erweist sich in der Praxis als falsch und manches, was auf schwachen Beinen steht, führt zum Erfolg.

Sir William Temple

Die starke Luftüberwachung im Atlantik hatte die Uboote gezwungen, weit ab vom Land, im »Atlantic Gap« zu operieren. Dieser Maßnahme der Deutschen mußte mit einem Wechsel der britischen Taktik begegnet werden: wenn die wichtigen Geleitzugschlachten außerhalb der Reichweite der Ubootabwehr-Flugzeuge ausgefochten werden mußten, dann war die im Augenblick einzig mögliche Gegenmaßnahme eine Verstärkung der Luftüberwachung über den erreichbaren Seegebieten, durch die die Uboote auch weiterhin fahren mußten: die Anmarschwege durch die Biskaya und zwischen Schottland und Island. Die Biskaya wurde in eine Anzahl aneinander angrenzender Sektoren aufgeteilt, die sich fächerförmig von den Scilly Islands nach Süden erstreckten. Flugzeuge suchten das Gebiet Sektor um Sektor ab, ähnlich den »Spider Web«-Patrouillen vor einem Vierteljahrhundert. Und wie die Überwachungsflüge über den deutschen Anmarschwegen während des Ersten Weltkrieges, so führten auch die über der Biskaya anfangs kaum zum Erfolg. Da Leigh's Scheinwerfer noch keineswegs einsatzbereit war, verfügten die deutschen Seeleute über einen einfachen Ausweg, wenn ihnen die Luftüberwachung zu stark erschien; sie passierten die gefährlichen Gewässer tagsüber getaucht und tauchten zum Aufladen ihrer erschöpften Batterien nur bei Nacht auf, während der sie fast sicher vor Luftangriffen waren.

112

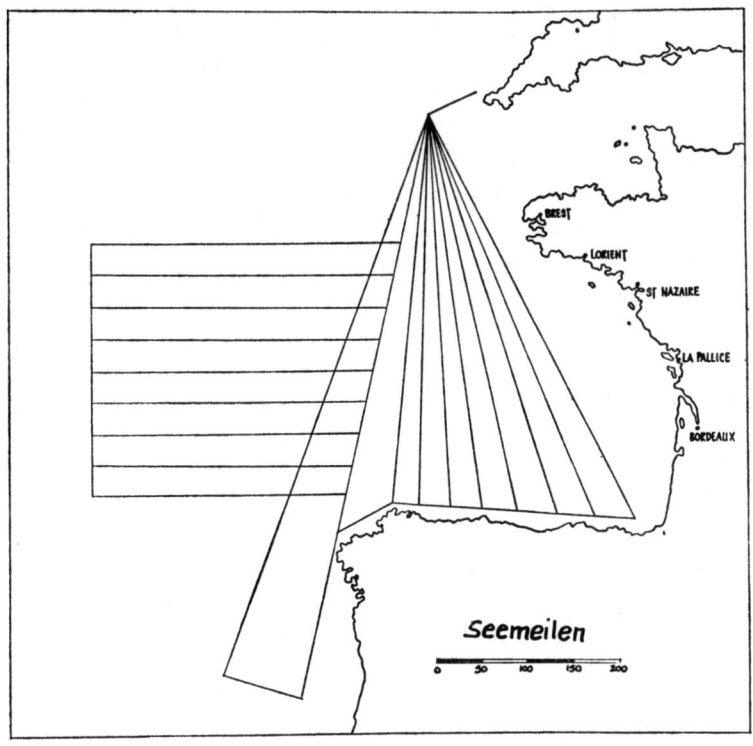

Flugrouten der Biskaya-Luftüberwachung Ende 1941. Die Ubootbasen an der
französischen Westküste sind eingezeichnet.

Einer der wenigen Erfolge für die Luftüberwachung über den
Anmarschwegen der Uboote im Sommer und Herbst 1941 kam
Ende August; und dann gelang der britischen Flugzeugbesatzung
etwas weit Besseres als die Versenkung eines Ubootes – sie kaperte
es. In der Frühe des 27. wurde ein Uboot gesichtet, das einige 80
Meilen südlich von Island tauchte. Das sichtende Flugzeug meldete
sofort Einzelheiten dieser Sichtung an das Hauptquartier und bald
näherten sich andere Flugzeuge dem Schauplatz des Geschehens.
Nicht ahnend, daß nun ein Hornissennest aufgestört war, setzte das
Uboot, *U 570*, die Fahrt in sein Operationsgebiet getaucht fort.
Über ihm stand eine grobe See und viele seiner jüngeren Besat-

113

zungsangehörigen litten schrecklich unter Seekrankheit. Kurz vor 11 Uhr tauchte *U 570* wieder auf. Als der Kommandant, Korvetten-kapitän Hans Rahmlow, aus dem Turmluk kletterte, war er entsetzt über das, was er sah: eine Hudson stürzte sich mit offenen Bombenschächten direkt auf ihn. Rahmlow brüllte einen Befehl, um das Uboot wieder unter Wasser zu bringen, aber es war zu spät. Der Pilot der Hudson, Squadron Leader J. Thompson, gabelte es mit seinen vier 115-kg-Wasserbomben genau ein.

Die Explosionen schüttelten das Boot wild durcheinander, sie zerschlugen viele der Instrumente, löschten die Lichter und verursachten Lecks in den Batterien, durch die Seewasser eindrang und das Schreckgespenst jedes Ubootfahrers erzeugten – Chlorgas. Überzeugt, daß alles verloren sei, tauchte Rahmlow mit dem Boot auf und befahl seinen Männern, Schwimmwesten anzulegen und sich klar zu machen, das Boot zu verlassen.

Bei seinem Angriff hatte Thompson alle Wasserbomben ver-braucht, deshalb konnte er das Boot, das unter ihm schlingerte, nur noch mit der Maschinenkanone angreifen. Rahmlow konnte das natürlich nicht wissen, ihm schien es nur eine Sache der Zeit, daß die Hudson ihn erledigte. Der deutsche Kommandant entschloß sich zur Übergabe. Die Seeleute hielten ein großes, weißes Tuch hoch, eine Maßnahme, die einem verblüfften Thompson und seiner Besatzung ihre Absicht eindeutig klar machte. Der Funker der Hudson meldete dies einem ebenso erstaunten Hauptquartier.

Bald strömte Luftverstärkung von allen Seiten in das Gebiet. Flugzeuge kreisten in Ablösung bis zum Abend über der Beute, dann erschienen Zerstörer und bewaffnete Trawler, um sie in Schlepp zu nehmen und am folgenden Nachmittag wurde *U 570* auf einem Strand an der Südküste Islands auf Grund gesetzt. Obgleich die deutsche Besatzung noch in der Lage gewesen war, ihre Geheimausrüstung zu zerschlagen und ihre Schlüsselunterlagen über Bord zu werfen, gab es noch manches, was für den britischen Nachrichtendienst von Wert war. Nach Reparatur in Island wurde U 570 als HMS *Graph* für die Royal Navy in Dienst gestellt.

Beim Telecommunications Research Establishment in Swanaga fanden im Jahre 1941 allwöchentlich Sonntagssitzungen statt. Sie gaben Air Chief Marshall Joubert und mit ihm den anderen britischen Offizieren, die mit Fragen des Einsatzes von Radar befaßt waren, die Möglichkeit, sich über die neuesten Entwicklungen auf dem Laufenden zu halten. Diese sogenannten »Sonntags-Sowjets« führten die Wissenschaftler der Anstalt mit den verschiedenen Interessenten vom Kabinettsminister bis zu jungen Frontoffizieren aus den verschiedenen Kampfgebieten zusammen. Die Aussprachen zwischen denen, die die Geräte entwickelten und denen, die sie im Kampf einsetzten, waren sehr freimütig und mehr als einmal wurde ein höherer Offizier von einem übereifrigen jüngeren »an die Wand gespielt«. Die »Sowjets« erfüllten eine höchst wichtige Funktion. Sie konfrontierten die Wissenschaftler, die immer Gefahr liefen, sich von der technischen Vollkommenheit dessen, was sie geschaffen hatten, faszinieren zu lassen, mit der Realität. Sie gaben den höheren Offizieren eine klare Vorstellung davon, wie sich die Geräte im Einsatz tatsächlich bewährten und dem Mann an der Front viele Hinweise, wie er das Äußerste aus seiner Anlage herausholen konnte. Bezeichnenderweise fehlte der deutschen Marine während der nächsten zweieinhalb Jahre ein ähnlicher Informationsaustausch, und während dieser Zeit sollte die Vertrauenslücke zwischen ihren Wissenschaftlern und Soldaten eine Menge Ärger bringen. Wir werden später noch im Einzelnen darauf eingehen.

An der Front, in Joubert's eigenem Kommandobereich, hatten die Radaranlagen seit ihrer Einführung enttäuscht. Um die Mitte des Jahres 1941 waren dreiviertel seiner Flugzeuge mit ASV Mark II ausgerüstet, einem Gerät, das aufgetauchte Uboote theoretisch auf größere Entfernungen entdecken konnte als das menschliche Auge – und das bei jeder Sicht. Aber im Sommer 1941 wurde die überwiegende Mehrzahl der entdeckten Uboote nicht durch Radar gefunden sondern gesichtet; von den 77 Sichtungen im August und September beruhten nur 13 auf einer vorangegangenen Radarentdeckung. Sicherlich entging den Besatzungen vieles, was sie auf dem Radar hätten sehen müssen.

Warum brachte das ASV im Einsatz solche schlechten Ergebnisse? Um das herauszufinden setzte Joubert im November 1941 eine Arbeitsgruppe ein. Die Gruppe mußte nicht lange suchen. Das größte Problem war die mangelhafte Einsatzbereitschaft der Anlagen. Die Geräte waren unter dem Druck des Krieges in aller Eile entwickelt und gebaut worden, es herrschte ein chronischer

Mangel an Testgeräten und Ersatzteilen, und das Bodenpersonal hatte keine ausreichende Ausbildung erhalten. An Bord der Flugzeuge gab es weitere Probleme. Für das ASV fühlte sich keiner wirklich verantwortlich. Seine Bedienung war Aufgabe des Navigators und des Funkers, zusätzlich zu ihren normalen Pflichten. Natürlich setzten sie darum das Radar nur dann ein, wenn ihre Hauptaufgaben dazu Zeit ließen. Und noch mehr, da das Radar nachträglich und gewöhnlich an einer sehr ungünstigen Stelle eingebaut war, wurde die Bedienung des Radargerätes immer unbeliebter. In der Whitley zum Beispiel arbeitete der Bedienungsmann drunten in der Mitte des kalten, dunklen, tunnelähnlichen Rumpfes querschiffs auf dem geschlossenen Deckel der Flugzeugtoilette sitzend – und er mußte diesen Sitz räumen, wenn ein anderer ihn für seinen eigentlichen Zweck benutzen wollte.

Air Chief Marshall Joubert reagierte schnell auf die Empfehlungen seiner Arbeitsgruppe. Er förderte die Ausbildung der Bodentechniker und der Flugzeugbesatzungen und es gelang ihm, den Nachschub von Ersatzteilen zu verbessern. Das ASV kam unter die Zuständigkeit des Funkers und ein zusätzliches Besatzungsmitglied teilte sich mit ihm in die Bedienung des Gerätes. Schwieriger war es, den Platz des ASV-Bedienungsmannes bei schon in Dienst befindlichen Flugzeugen zu verbessern. Aber Joubert stellte sicher, daß das in zukünftigen Flugzeugen ganz anders sein würde.

Noch während der Tätigkeit seiner Arbeitgruppe erhielt Joubert die ersten Meldungen über erfolgreiche Luftangriffe auf durch Radar entdeckte Uboote. Am 30. November stellte der Radarmann in einer Whitley der 502. Squadron ein aufgetauchtes deutsches Uboot auf eine Entfernung von fünf Seemeilen fest und leitete seinen Piloten in die Position für einen Angriff nach Sicht. Dieser war erfolgreich und führte zur Vernichtung von *U 206* (Opitz). Es war die einzige Versenkung durch die Biskaya-Luftüberwachung im Laufe des Jahres 1941.

U 206 war eins der mehr als 20 Boote, durch die der deutsche Ubootverband im Mittelmeer erheblich verstärkt werden sollte. Bald begann für seine Kameraden ein Spießrutenlaufen durch die britische Bewachung der Gibraltarstraße. Die Taktik der Boote war, die Enge bei Nacht über Wasser mit höchstmöglicher Geschwindigkeit zu durchlaufen – eine Methode, die sich in der

Vergangenheit stets als sicher gegen die Luftbedrohung erwiesen hatte. Diesmal war es anders, denn die 812. Squadron der Marine-Luftstreitkräfte – ein im Einsatz der ASV Radars äußerst erfahrener Verband – war zu dieser Zeit vom Flugplatz in Gibraltar aus mit seinen Swordfish-Flugzeugen im Einsatz. In der Hand einer gut ausgebildeten Besatzung war die Swordfish ein fast ideales Flugzeug für die so schwierigen Nachtangriffe auf Uboote. Das offene Cockpit gab Flugzeugführern und Beobachtern ungehinderte Sicht auf die See unter ihnen, das Flugzeug war sehr manövrierfähig und konnte mit großer Präzision geflogen werden.

Am Abend nach der Versenkung von *U 206* konnte der Kommandeur der 812. Squadron, Lieutenant Commander Woods, *U 96* so erfolgreich angreifen, daß Kapitänleutnant Lehmann-Willenbrock seinen Versuch, in das Mittelmeer einzudringen, aufgeben und nach Frankreich zurückkehren mußte. Während der nächsten drei Wochen griffen die Swordfish vier weitere deutsche Uboote bei dem Versuch, durch die Gibraltarstraße zu stoßen, bei Nacht an. In allen Fällen mußten die Boote zur Reparatur umkehren: *U 202* (Lindner), *U 432* (Schultze), *U 558* (Krech) und *U 569* (Hinsch).

Nun kam die 812. Squadron richtig in Schwung. Am 21. Dezember konnte sich eine ihrer Besatzungen rühmen, die allererste Versenkung eines Ubootes bei Nacht aus der Luft erzielt zu haben. Im Rücksitz des Cockpits seiner Swordfish, die in dieser Nacht westlich der Meerenge patrouillierte, beobachtete Lieutenant L. Plummer einen Kontakt auf seinem Radarschirm in einer Entfernung von etwas unter drei Meilen. Der Flugzeugführer, Sub Lieutenant P. Wilkinson, drehte auf den Kontakt zu und hielt Ausschau nach den typischen Lichtern eines Fischerbootes oder Küstenfrachters. Aber es war finstere, mondlose Nacht, die See war bewegt, und er konnte nichts ausmachen. Wilkinson ging mit seiner Maschine auf 100 Meter hinunter und flog den Kontakt von Westen her an. Wenn es wirklich ein Uboot war, das durch die Straße lief, dann würde ihn dies Manöver hinter das Boot in die richtige Angriffsposition bringen. Als die Radarechos auf eine Entfernung von weniger als einer Meile in den Störechos der See verschwammen, konnte Plummer seinen Flugzeugführer nur anweisen, weiter den gleichen Kurs zu halten. Beide Männer starrten nun in die Finsternis unter ihnen und suchten nach irgendetwas, das sich bewegte. Kurze Zeit danach wurde die angespannte Aufmerksamkeit der Besatzung belohnt; sie sah das charakteristische Kielwasser eines aufgetaucht fahrenden Ubootes. Der Angriff kam für die Besatzung von *U 451* (Hoffmann) völlig überraschend. Eine Reihe von drei 225-kg-Wasserbomben gabelte das Boot ein, es brach auseinander und sank.

Am letzten Novembertag und während der ersten drei Dezemberwochen 1941 waren durch Nachtangriffe der 812. Squadron ein Uboot versenkt und fünf erheblich beschädigt worden. Doch trotz dieser Erfolge konnte Dönitz im Dezember und Januar insgesamt 15 Uboote heil in das Mittelmeer bringen. Da sie nun genügend Boote dort hatten, machten die Deutschen mehrere Monate lang keinen Durchbruchsversuch mehr.

Eine Möglichkeit, den Geleitzügen auch außerhalb der Reichweite landgestützter Flugzeuge Luftsicherung zu geben, war der Flugzeugträger. 1941 gab es jedoch zu wenig davon, um sie überall zum Geleitschutz einsetzen zu können. Es zeigte sich, daß ein einfacher, unkomplizierter Flugzeugträger fehlte, der schnell und billig gebaut werden konnte. Die Lösung war ein umgebautes Handelsschiff, versehen mit Flugdeck, Fangvorrichtung und einer einfachen Notauffangbarriere. Der erste dieser sogenannten Geleitträger war im Sommer 1941 fertig, HMS *Audacity*, der umgebaute, gekaperte deutsche 5500-t-Frachter *Hannover*.

Vom September 1941 an fuhr die *Audacity* im Geleitschutz zwischen Großbritannien und Gibraltar. Da deutsche Bomber die Hauptbedrohung für die Geleitzüge auf dieser Route darstellten, bestand die Belegung des Geleitträgers aus sechs Martlet[1] Jagdflugzeugen, die nur mit Maschinenkanonen bewaffnet waren. Es gab keinen Hangar, alle Wartungsarbeiten wurden im Freien an Deck ausgeführt.

Während ihrer ersten drei Reisen hatte die *Audacity* sich durch ihre Luftsicherung nützlich gemacht und mit Erfolg deutsche Aufklärungsflugzeuge, die versuchten, den Geleitzug zu beschatten, vertrieben oder abgeschossen. Auf ihrer vierten Reise sollte sie zeigen, daß sie trotz ihrer ungeeigneten Ausrüstung auch Ubooten den Angriff erschweren konnte. Am 14. Dezember verließ der Geleitzug HG 76 mit 33 Schiffen Gibraltar nach Großbritannien.

[1] In der US Navy und später in der Royal Navy bekannt als Wildcat.

Außer der *Audacity* bestand die Sicherung aus drei Zerstörern sowie zehn Korvetten und Bewachern. Während der ersten drei Tage stellten Flugzeuge aus Gibraltar die Luftsicherung.

Am Abend des 16. befahl Dönitz neun Ubooten, auf den Geleitzug zu operieren. Am folgenden Tage näherten sich die Angreifer dem Geleitzug. Einer der Martlet-Piloten sichtete ein aufgetauchtes Uboot 22 Meilen an Backbord, griff es mit Maschinenkanonen an und zwang es, zu tauchen. Der Geleitkommandeur teilte fünf seiner Schiffe ab, das Uboot zu jagen. Nach einem Wasserbombenangriff, der sein Boot beschädigte, tauchte Kapitänleutnant Baumann mit *U 131* wieder auf und versuchte zu entkommen. Nun folgte eine aufregende Jagd, bei der zwei Zerstörer das deutsche Boot unbarmherzig verfolgten. Eine der Martlets versuchte, sich daran zu beteiligen, aber die Artillerie des Ubootes schoß sie prompt ab und tötete den Piloten. Die deutschen Seeleute konnten sich dieses Meisterstück nicht lange erfreuen – sie waren die ersten, die jemals ein Flugzeug von einem Uboot aus abgeschossen hatten – bald danach kamen sie unter sehr genau liegendes Geschützfeuer, und Baumann versenkte sein Boot.

Die *Audacity* hatte zwei ihrer Martlets während der Ausreise verloren und in Gibraltar gab es keine Reserveflugzeuge. Deshalb hatte sie die Rückreise mit nur vier Jägern angetreten und hatte jetzt nur noch drei. Das Problem, die restlichen so lebenswichtigen Flugzeuge auf freiem Deck im Dezember einsatzklar zu halten, bedeutete für die Wartungsmannschaften eine erhebliche Belastung. Bei einer Gelegenheit überlief eine Martlet die Fangdrähte und knallte gegen die Auffangbarriere, wobei sie ihren Propeller verbog. Mangels eines Reservepropellers erhitzten die Seeleute die Metallflügel mit Lötlampen und bogen sie wieder in die annähernd ursprüngliche Form. Die Martlet flog danach noch mehrere Einsätze. Auf diese Weise waren von der *Audacity* die regulären Überwachungsflüge rund um das Geleit auch die nächsten vier Tage möglich. Die Martlets konnten fühlungshaltende Uboote unter Wasser drücken und die deutschen Aufklärungsflugzeuge abdrängen.

Am Nachmittag des 21. jedoch lagen so viele Sichtmeldungen von Ubooten rund um den Geleitzug vor, daß die Deutschen offensichtlich für einen Angriff in der kommenden Nacht aufmarschiert waren. Kurz nach Einbruch der Dunkelheit befahl der Geleitkommandeur eine Kursänderung um fast 90 Grad in dem Versuch, die Angreifer abzuschütteln; doch vergebens. Zuerst traf ein Torpedo eins der Schiffe inmitten des Geleitzuges, dann – kurze Zeit später – wurde die *Audacity* selbst angegriffen. In der Dunkelheit hatte Korvettenkapitän Gerhard Bigalk auf *U 751* über Wasser an den Geleitzug herangeschlossen, als er plötzlich vor sich einen langen, dunklen Schatten sah. War es ein großer Tanker? Dann wurde ihm klar, das war der Flugzeugträger, der so viel Ärger gemacht hatte. Bigalk schoß zwei Torpedosalven, und die *Audacity* sank mit dem Bug voran.

Am folgenden Morgen, am 22. Dezember, war der Geleitzug HG 76 im Bereich der in Großbritannien stationierten Flugzeuge. Im Verlauf dieses Tages schrieb Dönitz in sein Kriegstagebuch: »Verlustchancen sind größer als Erfolgsaussichten. Keine Fühlung am Geleit. Daher Entschluß, Operation abzubrechen.«

Die Nervenprobe für den HG 76 war zu Ende. In diesem Kampf hatte ein starker Ubootverband die *Audacity*, einen der Zerstörer und zwei Handelsschiffe versenkt. Dagegen hatte er vier seiner Boote verloren. Wäre der Flugzeugträger jedoch nicht dabei gewesen, dann hätte der Geleitzug zweifellos erheblich stärker gelitten. Die Martlets hatten eine Wirkung auf die Uboote, die in keinem Verhältnis stand zu ihrer Anzahl oder der Möglichkeit, mit ihren vier Maschinenkanonen den Ubooten wirklich gefährlich zu werden. Dönitz schrieb:

»Am unangenehmsten wirkte sich die Anwesenheit des Flugzeugträgers aus. Kleine, schnelle, manöverierfähige Flugzeuge umkreisten ständig den Geleitzug. Fühlungshaltende Boote mußten immer wieder tauchen oder sich gar zurückziehen. Die feindlichen Flugzeuge verhinderten auch laufendes Fühlunghalten oder Angriffe unserer Flugzeuge. Die Versenkung des Flugzeugträgers ist deshalb von größter Bedeutung . . . bei allen zukünftigen Geleitzugkämpfen.«

Der relativ billig und schnell umgebaute Geleitträger zeigte darüberhinaus einen Weg, wirksame Luftüberwachung auch im »Atlantic Gap« sicherzustellen. Während der letzten Monate des Jahres 1941, während die *Audacity* noch das Konzept erprobte, wurden andere Schiffe für diesen Zweck umgebaut. Doch wir werden sehen, daß eine beträchtliche Zeit verstreichen sollte, ehe eins von diesen Schiffen in der Ubootbekämpfung eingesetzt wurde.

Am 7. Dezember 1941 griffen die Japaner Pearl Harbour an und erklärten dann den Vereinigten Staaten und Großbritannien den Krieg. Vier Tage später schloß sich Hitler der Kriegserklärung gegen die Vereinigten Staaten an. Nun hatte sich der Krieg wahrlich weltweit ausgedehnt. Der plötzliche Eintritt Japans und der USA in den Krieg kam für Dönitz und seinen Stab überraschend. Aber sie faßten sich schnell. Der deutsche Befehlshaber erkannte klar, daß er nun mit seinen Ubooten so schnell wie möglich in den westlichen Atlantik gehen mußte, ehe die Schiffahrt dort in Geleitzüge zusammengefaßt werden konnte. Seine Männer waren kampferprobt und im Einsatz ihrer Waffen sehr erfahren. Die Amerikaner würden einige Zeit brauchen, diesen Stand zu erreichen, und in der Zwischenzeit könnte dort manch leichter Fang gemacht werden.

Mitte Januar 1942 traf die erste Welle von fünf Ubooten vor der Ostküste der USA ein. Sie fanden die amerikanische Schiffahrt über die kühnsten deutschen Träume hinaus ungeschützt. Mehr als 100 Schiffe waren in diesen Gewässern jederzeit in See, aber es gab keine Geleitzüge, keine organisierten Schiffahrtswege und wenig Geleitfahrzeuge oder Flugzeuge, die Angreifer aufzuhalten.

Die Amerikaner zahlten schwer für die Mißachtung von Lektionen, die sie vor mehr als 20 Jahren hätten lernen müssen. Während der zweiten Hälfte Januar verloren sie 13 Schiffe und diese mit der beachtlichen Gesamttonnagezahl von fast 100 000 t. Die deutschen Seeleute hatten nämlich so viele Ziele zur Auswahl, daß sie ihre kostbaren Torpedos nur gegen die großen einsetzten. Oft war die Wahrscheinlichkeit einer Gegenwehr so gering, daß die Uboote auftauchten und beschädigte Schiffe mit Artillerie erledigten.

Einen lebendigen Eindruck von der Art Krieg, den die Deutschen dort führten, gibt ein einziger Tag im Logbuch des Kapitänleutnant Hardegen, *U 123*. Am Abend des 18. Januar tauchte Hardegen in der Höhe von Cap Hatteras in North Carolina auf. Zwei Stunden später hatte er sein erstes Schiff, einen Frachter, versenkt. Die nächsten drei Schiffe liefen außerhalb der Torpedo-Reichweite vorbei. Es folgte ein kleiner Küstenfrachter, der nach Ansicht des deutschen Kommandanten einen Angriff nicht lohnte. Er stellte fest, daß das Fahrwasser durch Leuchtbojen gut markiert war, die von allen Schiffen an Backbord gelassen wurden. Er folgte der Bojenlinie und fand bald mehr Ziele als er angreifen konnte. Er versenkte einen zweiten Frachter, dann sah er eine Reihe von fünf hellerleuchteten Handelsschiffen von achtern aufkommen. Die Deutschen griffen das Spitzenschiff, einen 8000-t-Tanker mit dem Geschütz an und setzten ihn in Brand, dann torpedierten und versenkten sie einen weiteren Frachter, ehe sie den Tanker mit Torpedos erledigten. Bei seiner Rückkehr meldete Hardegen:

»Es ist ein Jammer, daß in der Nacht nicht außer mir noch zwei große Minen-Uboote ... und statt meiner nicht zehn bis 20 Boote hier waren. Ich glaube, alle hätten genügend Erfolg haben können. Ich habe schätzungsweise 20 Dampfer, zum Teil aufgeblendet, gesehen, dazu noch ein paar Kolcher. Alle klemmten sich dicht unter die Küste. Die Bojen und Baken in diesem Gebiet hatten abgeblendete Lichter, waren aber auf zwei bis drei Meilen zu erkennen.«

Die britische Ubootabwehr-Organisation im Herbst 1939 hatte ihre Schwächen gehabt, aber verglichen mit dem Zustand, der jetzt im westlichen Atlantik herrschte, war sie vorbildlich gerüstet gewesen. Die amerikanische Regierung ging ohne eine für die gesamten Ubootbekämpfung zuständige Organisation in die fünfte Woche der Feindseligkeiten mit einem Staat, der die mächtigste Ubootflotte besaß. In den Vereinigten Staaten war durch den »Army Appropriations Act« von 1920 verfügt worden, daß das Heeres-Fliegercorps, so wie es damals bestand, alle Landflugzeuge befehligen und die Marine sich um die Seefliegerei (Wasserflugzeuge, Flugboote, Trägerflugzeuge und auch die Blimps) kümmern sollte. So entstand eine Lage, die der offizielle US-Marinehistoriker so beschreibt:

»Die Heeresfliegerei, die fast alle Militär-Landflugzeuge der Vereinigten Staaten unter sich hatte, war nicht auf die Aufgaben der Ubootsabwehr vorbereitet. Die Heeres-Flugzeugführer waren nicht dafür ausgebildet, über See zu fliegen, die Schiffahrt zu schützen oder kleine bewegliche Ziele wie Uboote mit Bomben anzugreifen. Und die Marine verfügte nicht über die Flugzeuge, um diese Rolle zu übernehmen, wie es das britische Coastal Command mit so viel Erfolg getan hatte.«

Die US Navy besaß wenig Ubootabwehr-Fahrzeuge und war im Osten erbärmlich knapp an Ujagd-Flugzeugen. Nach der Verlegung mehrerer Geschwader in den Pazifik blieben an der Ostküste nur einige 60 Flugboote, Catalinas und Mariners, eine einzige Squadron von Hudsons und vier Blimps.

Wie die Engländer vor zwei Jahren, so führten die Amerikaner die »Scarecrow« Luftüberwachung ein, um ihren verschreckten Handelsschiffen eine Art Luftsicherung zu geben. Es war charakteristisch für die reichste Nation der Welt, daß sie für diesen Zweck Privatflugzeuge einsetzen konnte. Privatpiloten wurden in die Civil Air Patrol eingereiht, sie wurden für diese Tätigkeit nicht bezahlt, sondern erhielten nur Verpflegung und eine Meilenvergütung für die geflogenen Strecken. Ein seltsames Sortiment leuchtend bunter Maschinen vom zweisitzigen Firmenflugzeug bis zum Kleinflugzeug flog nun Streife längs der Schiffahrtswege vor der Ostküste.

Während der ersten Monate des Jahres 1942 unternahmen die US Navy und die US Army energische Anstrengungen, die Abwehr gegen die Uboote zu verbessern. Aber der Leser hat gesehen, daß die Aufstellung, Ausrüstung und Ausbildung kampfkräftiger Ubootabwehr-Verbände zur See und in der Luft nicht Sache von Wochen ist. Im April führte die US Navy verspätet das Geleitzugsystem vor der Ostküste ein. Aber als es für die Deutschen dort schwieriger wurde, Beute zu machen, verlegten sie ihre Angriffstätigkeit nach Süden in den Golf von Mexiko und in die Karibik, wo die Schiffe immer noch ungeleitet fuhren. Außerdem waren die Ubootverluste vor der amerikanischen Küste in dieser Zeit sehr gering. Bis Ende Mai gingen vier Uboote verloren, zwei von ihnen durch Luftangriffe – *U 656* (Kröning) und *U 503* (Gericke) – die im März durch Hudsons der 82. Squadron der US Navy versenkt wurden. Erst ab Anfang Juni war der Geleitzug in diesem Gebiet zur Regel geworden und damit begannen die Uboote in ihre früheren Jagdgründe, den mittleren Atlantik, außerhalb der Reichweite der Luftüberwachung, zurückzukehren.

Während der ersten Monate des Jahres 1942 hatte sich der Krieg zur See auch ostwärts ausgeweitet. Im Juni 1941 waren die Deutschen in Rußland einmarschiert, und die Briten – und auch die Amerikaner, als sie in den Krieg eintraten – verpflichteten sich, dem fernen Alliierten jede mögliche Unterstützung zu geben. Es gab viele

Wege, über die Kriegsmaterial geschickt werden konnte, aber der bei weitem schnellste war der durch das Nordmeer, rund um die Nordspitze Norwegens, zu den russischen Häfen Murmansk und Archangelsk. Das bedeutete, daß die Handelsschiffe weit außerhalb der Reichweite der Luftüberwachung durch das Coastal Command fahren mußten, und zudem kamen die Schiffe in Reichweite der in Norwegen stationierten deutschen Torpedo- und Sturzkampfflugzeuge. Dennoch war die Reaktion der Deutschen auf die ersten Geleitzüge über diese Route erstaunlich gering. Im Frühjahr 1942 jedoch begannen die Verluste anzusteigen. Der Geleitzug, der Ende März diese Reise machte, der PQ 13, verlor fünf seiner 20 Schiffe, der Mai-Geleitzug PQ 16, verlor acht von 35 ausgelaufenen Schiffen. Der nächste Geleitzug, dessen kümmerliche Überreste Anfang Juli eintrafen, war der unglücklichste von allen: PQ 17 verlor 23 der ursprünglich 37 Handelsschiffe durch Uboote und Flugzeuge.

Zwischen Juli 1941 und Ende Juni 1942 hatten die Uboote mehr als dreieinhalb Millionen t alliierten Handelsschiffsraumes versenkt, etwa drei Millionen t waren während der sechs Monate des Jahres 1942 verloren gegangen, die meisten davon vor der amerikanischen Küste. Im gleichen Zeitraum hatten die Alliierten 55 deutsche und italienische Boote vernichtet, von denen elf allein durch Flugzeuge versenkt (und ein weiteres gekapert) wurden. Drei weitere wurden durch Flugzeuge in Zusammenarbeit mit Schiffen vernichtet. Es war ein harter Kampf geworden, aber bislang hatten die Alliierten den Kürzeren gezogen. So konnte ein deutscher Rundfunksprecher Anfang Juli, als Einzelheiten der Schlacht um den PQ 17 gemeldet wurden, schadenfroh kommentieren:

»Große Dinge, die Sie nicht immer hören oder sehen, geschehen ständig. Hören Sie diesen Gongschlag? Er tönt jede Sekunde. Nun stellen Sie sich vor, daß Sie auf einem Floß in See treiben, auf einer Art kleiner Insel. Eine Tonne Güter versinkt bei jedem Gongschlag. Wolle, Baumwolle, Speck, Getreide, unzählige Tonnen von Öl und anderer Treibstoffe, Zucker, Munition, Konserven, Ersatzteile für Flugzeuge – jede Sekunde sinkt eine weitere Tonne auf den Meeresgrund. Dieser Gong, dessen Schlag vielleicht anfängt, Ihnen auf die Nerven zu gehen, tönt weiter und weiter. Denken Sie daran, wenn Sie heute Nacht aufwachen. Er sagt Ihnen, daß in jeder dieser

Sekunden eine Tonne Güter versunken ist. Wie gemeldet wurde, haben unsere Uboote und die Luftwaffe weitere 156 Schiffe mit einer Gesamttonnage von 866 000 BRT versenkt.«

Inzwischen kam auf alliierter Seite eine Reihe neuer Ubootabwehr-Geräte an die Front. »Große Dinge« ereigneten sich in der Tat, aber nicht alle würden nach dem Geschmack der deutschen Ubootwaffe sein.

Die Krähe fängt an zu hacken

*Das Flugzeug kann das Uboot ebenso wenig ausschalten wie eine
Krähe einen Maulwurf bekämpfen kann.*

Admiral Karl Dönitz, August 1942[1]

Während der ersten Hälfte des Jahres 1942, als die Amerikaner
versuchten, irgendeine Art von Abwehr gegen die marodierenden
Uboote aufzubauen, hatten ihre britischen Alliierten die Luftüberwachungsflüge über den von den Deutschen benutzten Anmarschwegen im Norden und in der Biskaya verstärkt. Wir haben jedoch
gesehen, daß die Deutschen den patrouillierenden Flugzeugen
leicht entgehen konnten, indem sie nur bei Nacht auftauchten und
bei Tage getaucht marschierten. Die großen zweimotorigen Maschinen des Coastal Command, ohne Leigh Light, das das Uboot in
der Schlußphase des Angriffs beleuchtete, konnten es den flinken
Swordfish-Doppeldeckern der Marineluftwaffe bei ihren erfolgreichen Luftangriffen in der Straße von Gibraltar nicht gleich tun. Die
Sicherheit vor Nachtangriffen sollte jedoch nicht allzu lang dauern;
mit Juni-Beginn hatte die 172. Squadron fünf Leigh Light-Wellingtons einsatzbereit, und die Besatzungen, im schwierigen und
präzisen Anflug ausgebildet, wie es zum Angriff mit dem Scheinwerfer notwendig war.

In den frühen Morgenstunden des 4. Juni 1942 stampfte das
1076-t-Uboot der italienischen Marine *Luigi Torelli* aufgetaucht in
der Südwestecke der Biskaya. Das Boot war gerade etwas über
einen Tag vorher von La Pallice ausgelaufen und lief nun zusammen
mit der kleineren *Morosini* nach Westen zum Einsatzgebiet in der

[1] siehe Anlagen Seite 362.

126

Höhe von Puerto Rico. Es war eine sehr dunkle, mondlose Nacht. Plötzlich starrte die Brückenwache auf ein blendend weißes Licht auf dem Bug, ein Licht, das von einem Flugzeug zu kommen schien, das direkt auf sie zuflog. Da keine Zeit mehr zum Tauchen war, befahl der wachhabende Offizier hart Backbord in dem Versuch, dem bevorstehenden Angriff zu entgehen. Dann, nach einigen 20 Sekunden, und bevor irgendetwas Bedeutenderes geschah, ging das Licht wieder aus.

Das Licht kam tatsächlich von einem Flugzeug, einer Wellington der 172. Squadron, geflogen von Squadron Leader Jeaff Greswell. Zum ersten Mal war das Leigh Light im Einsatz angewandt worden. Der Radarmann hatte ein Ziel auf seinem ASV auf eine Entfernung von etwas über sechs Meilen aufgefaßt und das Flugzeug zu dem Kontakt geführt. Inzwischen war die Besatzung auf Gefechtsstationen und fuhr das Leigh Light aus. Greswell brachte die Wellington langsam hinunter, bis der beleuchtete Höhenanzeiger auf seiner Instrumententafel 80 Meter anzeigte, und als die laufend abnehmende, vom Radaroperator ausgerufene Entfernung, eine Meile erreichte, hatte Pilot Officer Triggs im Bug das Licht eingeschaltet. So, wie er es viele Male während der Ausbildungsanläufe gemacht hatte, drehte Triggs langsam den Steuerhebel vor ihm, um den Lichtstrahl auf das Ziel zu bringen. Der Strahl hob sich höher und höher, und er sah . . . nichts.

Triggs richtete den Strahl wieder nach unten und dann erst, nach einigem Suchen, sichteten er und Greswell ein großes Unterseeboot, das unter dem Backbordflügel verschwand. Es war viel zu spät, die Wellington zum Angriff herumzuwerfen. Greswell verfluchte sein Mißgeschick; aus bitterer Erfahrung wußte er, daß das feindliche Boot reichlich Zeit zum Tauchen hatte, ehe er einen zweiten Angriff durchführen konnte.

Er hatte nur einen flüchtigen Blick auf das Uboot werfen können, aber er reichte aus, deutlich zu zeigen, warum der Angriff mißlungen war: die Wellington war zu hoch gewesen, für einen Angriff mit Leigh Light waren 80 Meter Höhe entscheidend. Als das Licht jedoch aufgeleuchtet hatte, war das Flugzeug mindestens 30 Meter höher gewesen, mit dem Ergebnis, daß Triggs den Scheinwerfer auf einen Punkt richtete, der zwischen ihm und dem Ziel liegen sollte, tatsächlich aber bereits über das Uboot hinaus leuchtete. Als er den Strahl hob, machte er die Sache nur noch schlimmer. Greswell wußte, daß er seine Maschine nach dem Druckhöhenmesser vor ihm genau auf 80 Meter gebracht hatte. Der Höhenmesser zeite also zu hoch an und der Grund dafür war nicht schwer zu erraten: Greswell konnte den Luftdruck an der Meeresoberfläche über der Biskaya nicht genau messen, er mußte sich auf die Druck*vorhersage* verlassen, die ihm vor dem Start gegeben worden war. Diese war um etwa drei Millibar falsch gewesen und das entsprach einer Höhe von 30 Metern. Als er nach Backbord hochzog, justierte Greswell schnell seinen Höhenmesser.

In der Zwischenzeit war die Brücke der *Luigi Torelli* der Schauplatz einer angeregten Diskussion. Den italienischen Seeleuten schien es, daß das Licht von einem befreundeten Flugzeug gekommen war. Wie sollte man es sonst erklären, daß es nicht angegriffen hatte. Um sicher zu gehen, feuerten sie Erkennungssignale.

Als er die Wellington herumwarf, um einen neuen Angriff zu fliegen, sah Greswell zu seinem Erstaunen rote, grüne und weiße Leuchtkugeln in den Himmel steigen. Nun wurde es in der Bordsprechanlage des britischen Flugzeuges lebendig, es entstand eine ähnliche Auseinandersetzung wie auf dem Boot unter ihnen: konnte es sich um ein britisches Unterseeboot handeln? Dann erinnerte sich Greswell: britische Unterseeboote schossen ihre Erkennungssignale nicht in die Luft, sie brannten bunte Leuchtkugeln auf der Wasseroberfläche ab. Die Diskussion war beendet, sie würden wieder angreifen.

Das Feuerwerk des Bootes hatte Greswell die genaue Anflugrichtung gezeigt, und noch ehe der Schein der Leuchtkugeln erloschen war, hatte der Radarmann wieder Kontakt, wieder flog die Wellington an und wieder bei der angezeigten Höhe von 80 Meter – und dieses Mal auf eine Entfernung von einer dreiviertel Meile – schaltete Triggs sein Licht an. Er brachte den Strahl langsam wie gewöhnlich höher und da, genau wo es sein sollte, war das Uboot. Greswell hörte den Ruf »Ziel voraus« und griff an. Pilot Officer Pooley eröffnete das Feuer mit der Bugkanone, eine Kette von Leuchtspurmunition kletterte am Boot zur Brücke hoch. Greswell drückte seine Maschine auf 15 Meter und löste fast über dem Boot seine vier 115-kg-Wasserbomben mit einem Abstand von zwölf Metern.

Es war ein guter Wurf. Die Wasserbomben gingen fast unter der *Luigi Torelli* hoch; sie war schwer angeschlagen, ihr Kreiselkompaß war zerstört und die Ruderanlage beschädigt. Darüberhinaus hatte die schwere Erschütterung der Batterien ein kleines Feuer verursacht und um eine Explosion der Munition zu vermeiden, mußte die Kammer geflutet werden. Das Boot war eindeutig nicht mehr in der Lage, seine Feindfahrt fortzusetzen, und der Kommandant, Tenente di Vascello Augusto Migliorini, beschloß, den nächsten befreundeten Hafen, das kleine französische Saint Jean de Luz in der äußersten Südostecke der Biskaya anzulaufen. Dort konnte der schlimmste Schaden beseitigt werden, ehe man zu größeren Reparaturen die Reise nach Bordeaux antrat.

Am frühen Morgen des 5. Juni lief das angeschlagene italienische Uboot mit 15 Knoten zurück auf die französische Küste zu, es steuerte Kurs Ost und hielt sich in sechs Meilen Abstand parallel zur spanischen Küste. Es standen ihm aber noch weitere Überraschungen bevor. Das Boot war in Nebelschwaden geraten, und der nicht genau funktionierende Kompaß zeigte nicht an, daß das Boot ein bißchen zu weit nach Steuerbord gedreht hatte. Plötzlich sah Migliorini mit Entsetzen die felsige spanische Küste bei Kap Penas aus dem Dunst kaum 100 Meter vor seinem Bug auftauchen. Er brüllte: »Beide Diesel äußerste Kraft zurück!« aber es half nichts mehr. *Luigi Torelli* knirschte auf die Felsen.

Zwei Schlepper waren nötig, um das angeschlagene Unterseeboot frei zu schleppen, und in den kleinen spanischen Hafen Aviles zu bringen. Dort machten die Behörden dem Kommandanten die Lage klar: nach Völkerrecht durfte ein Kriegsschiff nur 24 Stunden in einem neutralen Hafen bleiben, danach mußte er interniert werden. Wenn die *Luigi Torelli* nicht bis Mitternacht des 6. Juni außerhalb der spanischen Hoheitsgewässer sei, dürfte sie sie überhaupt nicht mehr verlassen. So kroch spät in dieser Nacht *Luigi Torelli* mit müden vier Knoten aus dem Hafen von Aviles heraus. Sobald sie aus dem Hafen war, drehte sie auf Ostkurs und folgte mit größter Vorsicht der Küstenlinie eben außerhalb der Drei-Meilen-Grenze. Fast zur gleichen Zeit, zu der das Uboot auf diesen Kurs ging, hob Pilot Officer Egerton der 10. Squadron der Royal Australian Air Force mit seinem Sunderland-Flugboot im Stützpunkt Mountbatten in Devonshire vom Wasser ab; er sollte einen Uboot- und

Schiffahrt-Überwachungsflug über die ganze Länge der Biskaya bis zur spanischen Küste durchführen. Am Morgen des 7. näherte sich das Flugboot in einer Flughöhe von 600 Metern der spanischen Küste, als einer der Besatzung die *Luigi Torelli* etwas an Steuerbord fünf Meilen ab erspähte. Nach Umkreisung des Bootes setzte das Flugzeug zum Angriff an. Die Geschützbedienungen des Ubootes antworteten mit ihrem 100-mm-Geschütz und den 13-mm-Maschinengewehren, richteten einige Schäden am Flugboot an und verwundeten zwei Besatzungsmitglieder. Trotzdem führte Egerton seinen Angriff durch und löste eine Reihe von acht 115-kg-Wasserbomben, die genau quer über das angeschlagene Boot fielen. *Luigi Torelli* verschwand in einer Gischtwolke, aber als diese sich auflöste, war das Boot immer noch mit beschädigter Ruderanlage an der Oberfläche.

Die Nervenprobe dieses glücklosen Ubootes war jedoch noch nicht vorüber. Gerade als Egerton nach dem Angriff seine Maschine hochzog, erschien eine zweite herbeigerufene Sunderland der Squadron auf dem Schauplatz und begann, mit Flight Lieutenant Yeoman am Steuer, ihre Beute zu umkreisen. Doch die Geschützbedienung von *Luigi Torelli* schlug zuerst zu: sie eröffnete Feuer auf die Sunderland und beschädigte sie am Heck. Voll Zorn über dieses Zeichen von Aggressivität drehte Yeoman seinerseits zum Angriff ein. Während des Anlaufs gab es einen weiteren Feuerwechsel und wiederum wurde das Heck des Flugbootes beschädigt. Yeoman warf eine Reihe von acht Wasserbomben dicht an das Uboot, das sich fast völlig aus dem Wasser hob und sich dann auf die Seite legte. Dann ein Aufblitzen und schwarzer Rauch – von Egertons Flugzeug aus sah es aus, als ob Yeoman's Sunderland getroffen sei. Dem war aber nicht so – das Aufblitzen kam von der *Luigi Torelli*, die Explosionserschütterung hatte einen der Torpedos gelöst, der wie ein Delphin über die Wasseroberfläche schoß.

Die beiden Sunderlands, beide beschädigt, knapp an Brennstoff und ohne Wasserbomben, brachen jetzt das Gefecht ab und flogen in Richtung Mountbatten zurück. Sie ließen eine erbärmliche *Luigi Torelli* zurück, die mit gestoppten Maschinen auf dem Wasser trieb. Nach einer Viertelstunde hatte die Maschinenraum-Besatzung die Dieselmotoren wieder in Gang gebracht und das angeschlagene Fahrzeug nahm Kurs auf den spanischen Hafen Santander. Das

Boot hatte schwere Schlagseite und die Besatzung stellte sich auf der höheren Seite des Decks auf, um dies etwas auszugleichen. Jeder Mann trug seine Schwimmweste und stand klar, abzuspringen, falls das Boot kentern würde. Aber das tat es nicht, das Unterseeboot lief in den Hafen ein und setzte nahe der Hauptpier auf Sand.

Dieses Mal konnte keine Rede davon sein, daß die nicht mehr seetüchtige *Luigi Torelli* neutrale Gewässer verließ, und am nächsten Tag erklärten die Spanier sie für interniert.

Das war noch nicht das Ende der *Luigi Torelli*-Geschichte. Sie wurde im Außenhafen von Santander notdürftig instandgesetzt und genau einen Monat später erhielt die italienische Besatzung Anweisung, das Boot in das innere Hafenbecken zu weiteren, gründlichen Reparaturen zu bringen, ehe es der spanischen Marine übergeben werden sollte. Nach etwa der Hälfte des Weges warfen sie einen der Motoren an, einer rannte herunter an Deck und warf die Schlepperleine los, mit dem Lotsen des Hafens von Santander und einem höheren spanischen Marineoffizier an Bord brach die *Luigi Torelli* aus in die Freiheit. Sobald sie in freier See war, wurde den unfreiwilligen Passagieren mitgeteilt, daß – wenn sie keinen Wert auf eine Reise nach Bordeaux legten – sie vielleicht lieber auf eines der naheliegenden Fischerboote übersteigen möchten. Unter wortreichem Protest fügten sich die Spanier.

Im Sommer 1943 ging die *Luigi Torelli* in den Fernen Osten. Sie war noch draußen, als Italien kapitulierte, wurde von den Deutschen übernommen und operierte als *UIT 25* von Singapore aus. Als Deutschland im Mai 1945 kapitulierte, kam es als *RO 504* unter japanische Flagge und als vier Monate später wiederum die Japaner kapitulierten, fiel das Uboot in amerikanische Hände. Ihr sechster Besitzer schließlich versenkte es im Jahre 1946.

Obgleich die Wasserbomben nun mit Wasserdruck-Zündpistolen ausgerüstet waren, die sie auf einer Tiefe von acht Metern zur Detonation bringen sollten, schien es, als ob viele von ihnen tiefer explodierten, und zwar zu tief, um ein aufgetauchtes Uboot noch tödlich zu treffen – das hatte die *Luigi Torelli* gerettet. Die aus der Luft abgeworfenen Wasserbomben schlugen sehr hart auf das Wasser auf und sanken zu schnell; dabei zogen sie eine große Luftblase mit sich, die den Wassereintritt in die Wasserdruckpistole und damit die Zündung verzögerte. Die Lösung war eine neue Nase für diese Wasserbombe, konkav statt konvex geformt, und ein Schwanz mit einer Bruchstelle, so daß er beim Aufschlag auf das Wasser abbrach. Diese beiden Änderungen bewirkten, daß die Wasserbomben sich beim Aufschlag auf das Wasser auf die Seite legten und so langsamer sanken. Es dauerte einige Monate, bis diese verbesserte Wasserbombe mit der »echten acht-Meter-Tiefeneinstellung« allgemein an der Front verteilt waren und in dieser Zeit überlebten andere Uboote sicherlich Angriffe, die sonst tödlich gewesen wären.

Nach Greswell's Angriff auf das italienische Uboot wurde der sogenannte Funkhöhenmesser mit größter Beschleunigung bei der 179. Squadron eingeführt; dieses Gerät maß die Höhe durch Funkwellen und machte so die genaue Einstellung möglich, die für Angriffe mit dem Leigh Light notwendig waren.

Gut einen Monat nach dem Angriff auf die *Luigi Torelli* gelang Pilot Officer W. Howell – einem Amerikaner, der in die RAF eingetreten war bevor sein Land den Krieg erklärte – die erste wirkliche Versenkung mit Hilfe des Leigh Light's. In den ersten Morgenstunden des 5. Juli beobachtete sein Radarmann einen Kontakt an Steuerbord, und Howell drehte nach seinen Anweisungen darauf zu. Auf eine Meile Entfernung wurde der Scheinwerfer eingeschaltet, der ein über Wasser nach Osten laufendes Uboot beleuchtete. Die Wasserbomben der Wellington gabelten das Boot ein und als der Gischt verflogen war, breitete sich ein dunkler Fleck immer weiter auf der See aus. Er markierte das Ende von *U 502* (v. Rosenstiel), der nach erfolgreicher Feindfahrt aus der Karibik zurückkehrte; es gab keine Überlebenden.

Acht Tage später, am 12. Juli, erwischte Howell ein weiteres Uboot, *U 159*, ebenfalls auf Rückmarsch aus der Karibik. Kapitänleutnant Witte befahl seiner Geschützbedienung, den Versuch zu machen, den auf sie niederleuchtenden Scheinwerfer auszuschießen, aber in dem blendenen Schein konnten die Seeleute keine Treffer erzielen. Eine Reihe von vier Wasserbomben erschütterte das Uboot schwer und zerbrach viele seiner Batteriezellen. Witte konnte sein Boot durch Tauchen in Sicherheit bringen, aber durch die notwendigen Reparaturen war *U 159* bis Oktober nicht mehr einsatzbereit.

Anfänglich waren nur fünf mit Scheinwerfern ausgerüstete Wel-

132

lingtons für den Einsatz verfügbar, aber elf Sichtungen und sechs Angriffe im Juni und Juli beeindruckten die deutsche Ubootwaffe weit mehr, als die Versenkung eines Bootes und die Beschädigung von zwei weiteren rechtfertigte. Die Unverletzlichkeit der Uboote die bei Nacht aufgetaucht die Biskaya durchfuhren, war vorbei; sie waren nun vernichtenden Angriffen ohne Warnung ausgesetzt. *Das verdammte Licht* hieß bei den deutschen Seeleuten das Leigh Light.

Die Befragung nach dem Einsatz soll die Form einer Round Table Diskussion haben, und der ganze Angriff nach den Aussagen der verschiedenen Besatzungsangehörigen und den Fotos dargestellt werden. Ungewöhnlichen Vorgängen sollte besondere Aufmerksamkeit geschenkt werden, und eine möglichst genaue Beschreibung von Öl- oder Luftblasen, Wrackteilen oder irgendwelcher anderer Auswirkungen, die nach dem Angriff zu sehen sind . . .

Coastal Command Broschüre »Uboot und Ubootabwehr« 1942

Rückblickend gesehen hat Dönitz offensichtlich auf die ersten Berichte über die Nachtangriffe, die in seiner Befehlsstelle aufliefen, überreagiert. Aber er konnte damals noch nicht wissen, daß er es

133

nur mit fünf Flugzeugen zu tun hatte. Am 16. Juli hob er durch Befehl das bisherige Verfahren, die Biskaya bei Tage getaucht zu durchfahren, und nachts über Wasser die Batterien aufzuladen, auf: »Da aber die Überraschungsgefahr durch ortende Flugzeuge bei Nacht größer ist als die bei Tage, soll auf den Wegen in Zukunft bei Tage marschiert werden . . .«

Der Wechsel der deutschen Taktik gab der Luftüberwachung über der Biskaya bei Tage Gelegenheit, die sie niemals zuvor gehabt hatte; verglichen mit nur 14 Ubootsichtungen im Juni und 16 im Juli waren es, als Dönitz' neuer Befehl in Kraft trat, 34 Sichtungen im August und 37 im September. Doch immer noch wurden nur wenige Uboote in der Biskaya versenkt; zwischen Anfang Juni und Ende September waren es nur vier Versenkungen – obgleich auch dieses eine Verbesserung war, denn während der vorangegangenen fünf Monate war überhaupt kein Uboot dort versenkt worden.

Gegen Ende September jedoch begann die Zahl der Ubootsichtungen in der Biskaya zu sinken, die deutsche Marine hatte ein Gegenmittel gefunden, den beunruhigenden Nachtangriffen der Flugzeuge zu begegnen.

Die deutsche Marine hatte seit langem Kenntnis von dem britischen ASV-Radar – 1941 hatten deutsche Ingenieure eine erbeutete ASV-Anlage in eine Focke Wulf Kondor eingebaut und damit Flugerprobungen gemacht. Aber bis zum Sommer 1942 stellte das Gerät keine ernsthafte Bedrohung für die Uboote dar. Nun hatte Leigh's Scheinwerfer das alles geändert, und Dönitz forderte dringend Gegenmaßnahmen.

Die Lösung war ein einfacher Empfänger, mit dem man ASV-Ausstrahlungen der Flugzeuge aufnehmen konnte. Im Funkraum des Ubootes hörte der Mann am Empfänger die Radarausstrahlungen als Summton in seinem Kopfhörer. Auf diese Weise vor der Annäherung eines Flugzeuges gewarnt, konnte das Uboot wegtauchen, ehe der Angriff angesetzt wurde. Anfang August 1942 wurden drei dieser Empfänger an Bord von Ubooten in See erprobt. Um die Zeit bis eine anständige, festangebrachte, wasserdichte Antenne eingebaut werden konnte zu überbrücken, hatten die deutschen Fernmeldetechniker eine einfache Holzrahmenantenne entworfen, die am Brückenaufbau befestigt wurde und von der ein Kabel durch das offene Turmluk zum Funkraum führte; vor dem

Tauchen mußte ein Seemann die Antenne losmachen und sie mit dem Kabel nach unten nehmen.

Die Besatzungen berichteten günstig über den neuen Empfänger; sie nahmen Ausstrahlungen von Flugzeugen auf, die mehr als 30 Meilen entfernt waren – mehr als die doppelte Entfernung auf die das Flugzeugradar ein Uboot entdecken konnte. Dönitz gab daraufhin Befehl, alle Frontboote mit höchster Dringlichkeit mit dem neuen Horchempfänger auszurüsten.

Mitte 1942 war die deutsche Fernmeldeindustrie durch die Forderungen der Luftwaffe stark ausgelastet; es blieb wenig Kapazität frei, solche Aufträge der Marine zu erfüllen. Deshalb erhielten zwei französische Firmen Anweisung, den Empfänger R 600 A in großen Stückzahlen zu fertigen; es waren die Firmen Metox und Grandin, beide in Paris.[1] Bei der Einführung des neuen Empfängers wurde das Hauptgewicht auf schnelle Produktion, auf Quantität und auf Einfachheit gelegt; für Verbesserungen irgendwelcher Art war keine Zeit. Der Empfänger konnte Radarsignale auf jeder Frequenz im 113- bis 500-kHz-Band aufnehmen, so wurden die ASV-Ausstrahlungen auf 176 bis 220 kHz leicht abgedeckt.

Bis Mitte Semptember waren mehrere deutsche Uboote mit dem *Metox* ausgerüstet, sie gaben oft ihren weniger glücklichen Kameraden bei der Durchquerung der gefährlichen Biskaya Geleit. Bis Ende des Jahres hatten fast alle Boote das Gerät. Wegen seines kreuzförmigen Holzrahmens erhielt die *Metox*-Antenne von den deutschen Ubootleuten den Spitznamen *Biskaya-Kreuz*. Nun waren die Boote bei der Nachtfahrt durch die Biskaya wieder fast immun gegen Luftangriffe.

Im September 1942 gab es nur zwei Nachtsichtungen von Ubooten in der Biskaya und im Oktober nur eine. Hitler war über den *Metox* hocherfreut, der Generalfeldmarschall der Luftwaffe Milch berichtet zu dieser Zeit darüber:

»Der Führer hat mir erzählt, daß – seit die Uboote mit dem Gerät ausgerüstet sind – die Marine nicht ein einziges Boot in der Biskaya verloren hat, wo zuvor mehrere verloren gingen. Sie wurden geortet, ohne es zu merken, und dann fiel der Gegner über sie her. Aber jetzt weiß der Ubootkommandant, ›aha, jemand hat Absich-

---

[1] Obgleich zwei Firmen beteiligt waren, wurde der R 600 A gewöhnlich *Metox*-Empfänger genannt, und so wird er auch in diesem Bericht bezeichnet.

ten auf mich‹ – gerade so wie eine junge Dame merkt, wenn ein Mann sie anschaut.«

Doch das war noch nicht alles: wie von Dönitz gefordert, begann die Luftwaffe im September 1942 über der Biskaya Überwachungsflüge durch Fernjäger einzusetzen. Die damit beauftragte Einheit, die 5. Gruppe des Kampfgeschwaders 40, verfügte über einige 30 Junkers 88 C-Jäger mit drei starren, vorausfeuernden 20-mm-Kanonen und drei Maschinengewehren. Die Flugzeuge lagen in Kerlin Basta bei Lorent und Merignac bei Bordeaux und standen unter dem Befehl des Fliegerführer Atlantik, Genera leutnant Ulrich Kessler. Innerhalb kurzer Zeit machte sich die Ju 88 über den deutschen Ubootanmarschwegen bemerkbar, und wenn sie auf die herumlungernden britischen Ubootabwehr-Flugzeuge stieß, machte sie gewöhnlich kurzen Prozeß mit ihnen.

Die britische Entgegnung auf die neue Bedrohung war voraussehbar: Langstrecken-Beaufighter und später Mosquitos verlegten auf Horste in Cornwall und begannen über der Biskaya zu patrouillieren. Anfänglich flogen die Fighter zu zweit, aber nach und nach vergrößerte jede Seite den Umfang ihrer Formationen, bis es jeweils Jagdrudel bis zu acht Maschinen waren. Wenn diese Verbände aufeinander stießen, gab es erbitterte und blutige Kämpfe.

Während der letzten Monate des Jahres 1941 hatte das Coastal Command eine erhebliche Verstärkung durch die 120. Squadron erhalten, die auf die viermotorige amerikanische Liberator umgerüstet hatte. Das Flugzeug war neu und hatte seine Kinderkrankheiten, aber um die Mitte des Jahres 1942 waren die meisten davon überstanden. Das beeindruckendste Merkmal der Liberator war ihre Reichweite: ihre Höchstbelastung mit 11 350 Liter Kraftstoff bedeutete, daß sie drei Stunden in einem Gebiet 1100 Meilen vom Stützpunkt enfernt patrouillieren konnte. Die höchste Flugausdauer betrug etwa 16 Stunden. Das Flugzeug hatte eine Bewaffnung von vier 20-mm-Kanonen, die aus einem Tunnel unter dem Rumpf herausfeuerten, sechs bewegliche 7,6-mm-Maschinengewehre und sechs 115-kg-Wasserbomben. Die Rückverlegung der Einsatzschwerpunkte der Uboote mitten in den Atlantik im Sommer 1942 gab der 120. Squadron – deren Liberators die einzigen Flugzeuge waren, die in dieses Gebiet von Landflugplätzen aus hinreichten – zusätzliche Bedeutung. Das war die Zeit, in der der Stern des

136

Das Fernkampfflugzeug Liberator Mark I (oben) stellte die Luftsicherung mitten im Atlantik im Winter 1942. Man beachte den Anbau für vier 20 mm-Kanonen unter dem Rumpf, die nach der Seite strahlenden Antennen des ASV Mark II auf dem hinteren Rumpf und die Zielsuch-Antennen am Bug und an den Tragflächen. Squadron Leader Bulloch, DSO (Mitte), tat zu dieser Zeit Dienst bei der 120. Squadron. Hinter ihm die Liberator mit seinem persönlichen Emblem. Besonders vernichtend war sein Angriff auf U 597 (unten). Er griff es der Länge nach an. Eine Wasserbombe explodiert unter dem Heck, weitere werden gleich hochgehen.

Das Schwimmer-Flugzeug Arado 196 war das meistverwendete deutsche Ubootabwehr-Flugzeug des Zweiten Weltkrieges. Die abgebildete Maschine gehörte zur 2. Staffel der Seeaufklärungstruppe 125, die 1942/43 in der Ägäis operierte.

In den ersten Monaten des Jahres 1943 unternahmen britische und amerikanische Bomberverbände mehrere Angriffe auf Uboot-Stützpunkte an der Biskaya-Küste. Wegen der mächtigen, bombensicheren Ubootbunker jedoch wurde mit diesen Angriffen kaum etwas erreicht. Das Bild zeigt La Pallice während eines amerikanischen Bombenangriffs.

Während der Schlacht im Atlantik benutzten beide Seiten elektronische Technik, um elektromagnetische Ausstrahlungen des Gegners auszunutzen. Alliierte Schiffe hatten Huffduff-Geräte, mit denen sie Uboote, die in ihrer Nähe funkten, einpeilen konnten. Deutsche Nachrichtenoffiziere erkannten die Bedeutung der käfigähnlichen Antenne im Topp des Schiffsmastes nicht (unten). Nach der Einführung des Leigh Lights wurden Uboote mit dem *Metox*-Empfänger ausgerüstet, der sie bei der Annäherung von Flugzeugen mit Meterwellen-Radar warnte und so die Durchfahrt durch die Biskaya weit weniger gefährlich machte. Die deutschen Seeleute gaben dem Holzrahmen der *Metox*-Antenne (rechts oben) den Namen »Biskayakreuz«. Anfang 1943 wurden die ersten USAAF B-24 D Liberators (links oben) mit Zentimeterwellen-Radar über der Biskaya eingesetzt und *Metox* – der Signale auf solch kurzer Wellenlänge nicht empfangen konnte – war damit ausmanövriert.

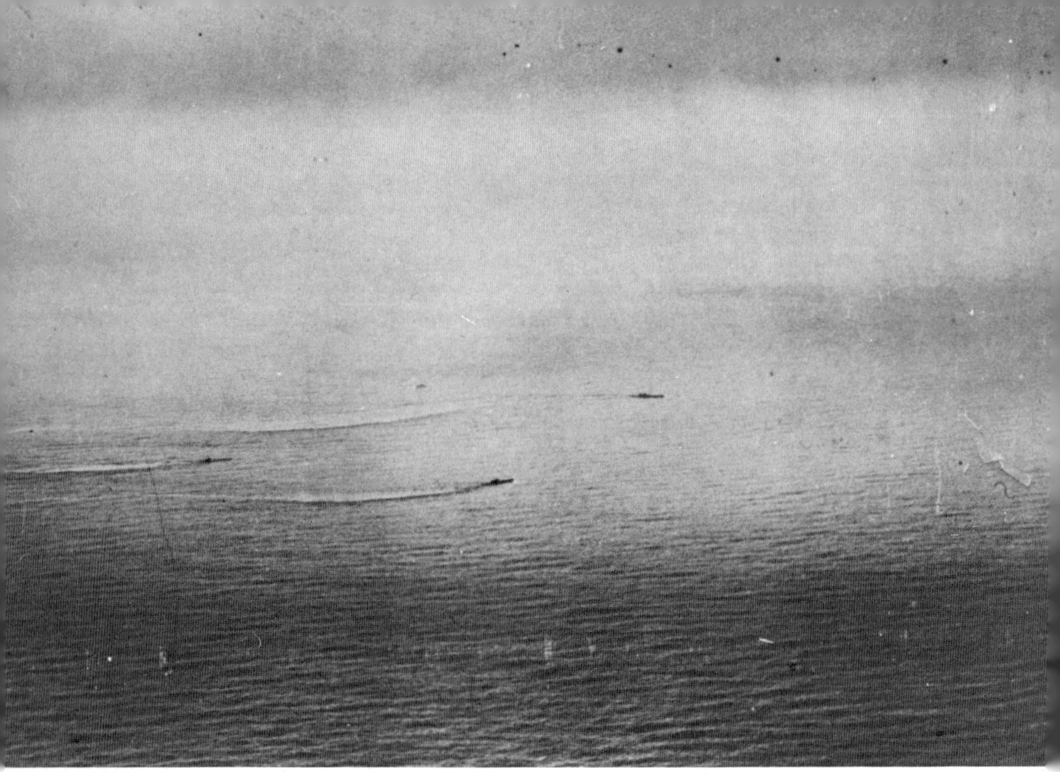

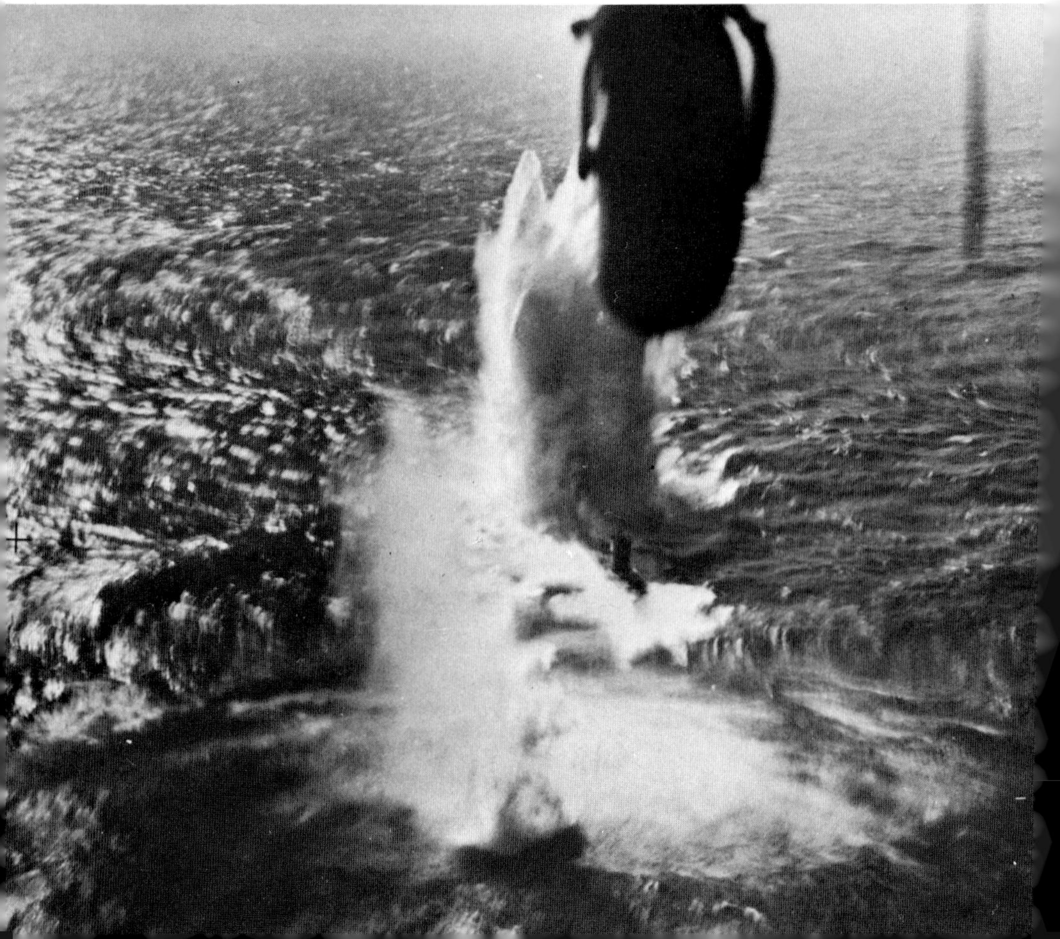

erfolgreichsten Ubootjagd-Piloten – Squadron Leader Terrence Bulloch – im Steigen war.

Bulloch, ein Mann aus Ulster, hatte Anfang des Krieges Ansons und Hudsons bei Ubootabwehr-Operationen geflogen; er war zur 120. Squadron gekommen, als diese auf Liberators umrüstete. Sein fliegerisches Können stand außer Zweifel; bis Ende Juli 1942 hatte er 23¦, 0 Flugstunden hinter sich. Er wurde offiziell als Flugzeugführer mit »außergewöhnlich«, als Navigator mit »über Durchschnitt« beurteilt. Solche Qualitäten, so anerkennenswert sie auch waren, garantierten aber noch nicht einen Erfolg als Ubootjäger. Im Falle Bulloch jedoch verbanden sie sich mit drei anderen Faktoren: erstens hatte er ausgezeichnete Augen, zweitens war er an neuem Gerät außerordentlich interessiert und bemüht, das Äußerste aus seiner Ausrüstung herauszuholen; und drittens und vielleicht das Wichtigste von allem, der Verlust eines gefallenen Bruders hatte ihn mit tiefem Haß und Rachedurst erfüllt.

Bulloch's Begeisterung für die Ubootjagd war eine Ausnahmeerscheinung, denn die meisten Flieger hielten das für die langweiligste Art von Fliegerei, die überhaupt vorstellbar war. Der Pilot aus Ulster erkannte von Anfang an, daß die Zusammenarbeit der Besatzung von hervorragender Bedeutung war; so begann er aus denen, die mit ihm flogen, eine zusammengeschweißte Einheit zu formen. Wie so oft erwies sich seine Begeisterung als ansteckend.

Es dauerte nicht lange, bis sich die ersten Ergebnisse zeigten. Bulloch und seine Besatzung hatten im Oktober 1941 zum ersten Mal ein Uboot angegriffen und in der zweiten Woche des August 1942 hatten sie bereits sieben Sichtungen und zwei Angriffe zu verzeichnen. In Anbetracht der Tatsache, daß viele Besatzungen des Coastal Command zu dieser Zeit während ihrer ganzen Kommandierung niemals auch nur ein einziges Uboot gesehen hatten, sind diese Zahlen beachtlich. Bulloch hatte auf Suchtechnik und zwar sowohl optisch als auch mit Radar großen Wert gelegt und das zahlte sich jetzt ganz hübsch aus. Und natürlich gab jeder Erfolg der Stimmung der Besatzung einen mächtigen Auftrieb.

Am 16. August gabelten Bullochs Wasserbomben ein Uboot ein, als er Luftsicherung an einem Geleitzug in der Höhe der Azoren flog. Es war U 89 (Lohmann) auf dem Rückmarsch vom Einsatz vor der

Ostküste der USA, das schwer beschädigt wurde, aber wiederum rettete das Fehlen einer richtig flach eingestellten Wasserbombe das Uboot. Zwei Tage später wiederholte Bulloch diesen Erfolg gegen *U 653*, das versuchte, einen Geleitzug in dem gleichen Gebiet anzugreifen. Dieses Uboot wurde so schwer beschädigt, daß Kapitänleutnant Feiler die Unternehmung abbrechen und zum Stützpunkt zurückkehren mußte.

Aber noch war es Bulloch und seiner Besatzung nicht gelungen, ein Uboot zu »knacken«. Aber jetzt kamen die langerwarteten geänderten Wasserbomben mit der »echten acht-Meter-Einstellung« an die Front. Wenn er die gleichen Möglichkeiten wie vorher hatte, würde eine Versenkung nun nicht mehr lange auf sich warten lassen. Und Bulloch war kein Freund halber Maßnahmen. Zu dieser Zeit war es bei den Flugzeugbesatzungen des Coastal Command üblich, Uboote quer zur Fahrtrichtung anzugreifen. Das bedeutete aber unausweichlich, daß zumindest die Hälfte der Wasserbomben außerhalb der tödlichen Reichweite vom Ziel fielen und so vergeudet wurden. Deshalb entschied sich Bulloch, sein nächstes Uboot der Länge nach anzugreifen und den Abstand zwischen den Wasserbomben so weit wie möglich zu verringern, so daß jede die größtmögliche Wirkung hatte. Es war eine Methode, die von dem angreifenden Flugzeugführer beträchtliches Können und sehr genauen Anflug verlangte, wenn sie gelingen sollte.

Von Island aus operierend flogen Bulloch und seine Besatzung am Mittag des 12. Oktober enge Sicherung am Geleitzug ONS 136, als dieser südwestlich von Island passierte. Dabei sichtete einer der Besatzung das Kielwasser eines nicht erkannten Fahrzeuges, etwa acht Meilen ab an Steuerbord. Bulloch kurvte ein und näherte sich dem Fahrzeug aus der Sonne. Als er die Liberator wieder gerade legte, sah er, daß es das Kielwasser eines Ubootes war. Das Flugzeug setzte sich hinter das Uboot und griff es fast genau der Länge nach an. Als das Boot unter dem Bug seines Flugzeuges verschwand, ließ Bulloch seine Wasserbomben in sehr dichter Reihe mit nur acht Meter Zwischenraum fallen. Zwei blieben im Bombenschacht hängen, aber die restlichen sechs klatschten mit bemerkenswerter Genauigkeit ins Wasser. Hätte Bulloch an Deck des Bootes gestanden und seine Wasserbomben über Bord gerollt, dann hätte er sie kaum wirkungsvoller plazieren können. Eine der

Wasserbomben detonierte dicht am Heck, je zwei gingen an jeder Seite des Rumpfes hoch und die sechste explodierte am Bug. Metallstücke vom Boot flogen hoch in die Luft und ein großer ovaler Brocken flog ganz dicht an der Heckkanzel der Liberator vorbei. Das Uboot zerbrach mit mehrfach aufgerissenem Druckkörper und sank, die Fahrt von *U 597* (Bopst) und das Leben der ganzen Besatzung war zu Ende.

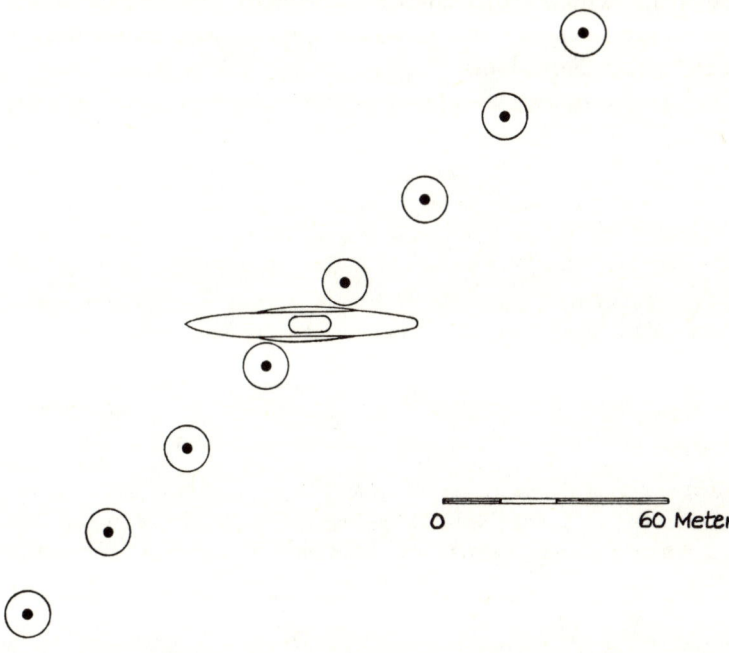

Das normale Verfahren, ein Uboot anzugreifen, eine Reihe von acht Wasserbomben, die mit jeweils 35 Meter Zwischenraum geworfen wird. Es ist höchstwahrscheinlich, daß zumindest eine, möglicherweise zwei der Wasserbomben innerhalb des Vernichtungsabstandes beim Ziel detonieren. Die großen Kreise zeigen den wirksamen acht-Meter-Radius der 115-kg-Wasserbombe an.

Während der drei Wochen nach der Vernichtung von *U 597* sichteten Bulloch und seine Crew vier Uboote und griffen zwei von diesen an. Dann, am 5. November, gehörten sie zur Sicherung des

143

Geleitzuges SC 107, der am Tage vorher unter die konzentrierten Angriffe der 13 Uboote starken Gruppe »Veilchen« geraten war und nicht weniger als 15 Schiffe mit insgesamt 88 000 t verloren hatte. Das erste Uboot, das von der Liberator gesichtet wurde, tauchte ehe es angegriffen werden konnte. Aber die Ausgucks von *U 132* (Vogelsang) waren weniger aufmerksam und bezahlten diesen Fehler mit dem Leben. Bulloch flog einen seiner tödlichen Angriffe längs des Bootes, vom Bug zum Heck, und das war dessen Ende. Er sichtete später am Tage ein drittes Uboot, griff es mit seinen restlichen zwei Wasserbomben, kurz nachdem es getaucht war an, aber diesmal ohne Erfolg.

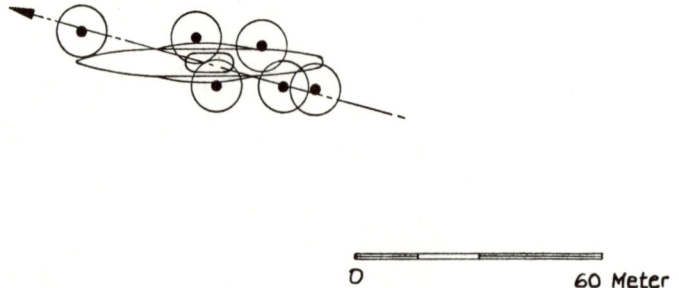

0   60 Meter

Bullochs dicht zusammenliegende Wasserbombenreihe explodiert rund um *U 597*. (Gezeichnet nach dem Angriffsbericht, gestützt auf fotografische Unterlagen). Zwei der vorgesehenen acht Wasserbomben fielen nicht, aber jede der anderen sechs würde wahrscheinlich genügt haben, das Boot zu vernichten.

Im folgenden Monat, im Dezember, lieferte Bulloch ein dramatisches Beispiel dafür, was sogar ein einzelnes, gut geführtes Flugzeug gegen die deutsche Rudeltaktik ausrichten konnte. Am 7. Dezember befahl Dönitz den Gruppen »Draufgänger« und »Panzer« mit insgesamt mehr als 20 Ubooten auf den ostwärts laufenden Atlantikgeleitzug HX 217 zu operieren, der das »Atlantic Gap« ansteuerte. Der Geleitzug bestand aus 25 Schiffen und fünf Geleitfahrzeugen. Während die Uboote auf Angriffspositionen für den folgenden Tag liefen, flog eine Liberator der 120. Squadron etwa sechs Stunden lang enge Sicherung für die Schiffe auf eine

144

Entfernung von über 800 Meilen von ihrem Stützpunkt in Island. In der Dunkelheit des frühen Morgens am 8. Dezember bekam das erste Uboot Fühlung mit dem Geleitzug. Ein Boot torpedierte und versenkte ein Handelsschiff. Kurz danach erschien Bulloch mit seiner Liberator auf dem Schauplatz, um enge Sicherung zu fliegen. Er erinnerte sich später:

»In der ersten Dämmerung kamen wir über dem Geleitzug an. Wir wußten, daß Uboote in der Gegend waren und hielten unsere Augen auf. Die Sicht war nicht besonders gut. Es war eine Art von Halbdunkel und die Hagelschauer verbesserten die Sache nicht. Ich begann meine Sicherung mit einem weiten Bogen rund um den Geleitzug und hatte sofort Glück. Hinter den Schiffen, Backbord querab der Liberator, entdeckte ich ein Uboot, das mit hoher Fahrt über Wasser lief. Es wollte mit aller Macht den Geleitzug einholen.«
Er griff das Uboot mit sechs seiner acht Wasserbomben an, das Boot verschwand aus Sicht.

Etwas mehr als eine Stunde später sichtete Bulloch zwei Uboote, die mit 300 Metern Abstand wie wild hinter dem 20 Meilen entfernten Geleitzug herjagten. Er drehte auf und griff eins der Boote mit seinen restlichen beiden Wasserbomben an, aber das Boot war getaucht, als die Liberator in Abwurfposition war und es gab keine Anzeichen dafür, daß er es beschädigt hatte. Das andere Boot tauchte ebenfalls.

Der Wasserbombenvorrat der Liberator war nun verbraucht. Aber Bulloch setzte seinen Sicherungsflug fort. Die Besatzung ging an ihre Routinearbeiten und einer der Bordschützen bereitete ein Mittagessen aus Steak und Kartoffeln in der Bordkombüse. Dann, in Bullochs Worten:

»Ich saß im Cockpit mit einem Teller auf meinen Knieen, während ›George‹ (die automatische Steuerung) flog. Ich war dabei, mein Steak zu genießen, als ein weiteres Uboot in Sicht kam. Der Teller mit Steak und Kartoffeln rutschte vom Knie, als ich nach der Steuerung griff und Alarm gab, und dann klapperten hinter mir im Flugzeug die Teller, als die übrige Besatzung an ihre Stationen sprang und vergaß, wie hungrig sie gewesen war.«
Bulloch stürzte auf das Uboot und griff es im Tiefflug mit Kanonen und Maschinengewehrfeuer an. Es konnte jedoch rechtzeitig tauchen.

In der folgenden Zeit »tauchten die Uboote unentwegt überall auf. Wir hatten kaum einen Angriff beendet und alles im Logbuch eingetragen, als sich schon das nächste zeigte«. 23 Minuten nach dem »Mittagessen-Angriff« griff Bulloch wieder an, 35 Minuten später wiederum, nach 54 Minuten noch einmal und dann wieder nach 24 Minuten. Bei jeder Gelegenheit beschoß er die Boote im Tiefflug mit der Bordkanone und zwang sie zu tauchen. Innerhalb von fünf und einer viertel Stunde hatte er acht Sichtungen, von denen sieben zu Angriffen führten. Nach sieben und einer viertel Stunde beim Geleit hatte die Liberator die Grenze ihrer Einsatzdauer erreicht und nahm Kurs auf Island. Sie landete in Reykjavik nach einer Gesamtflugzeit von 16 Stunden und 25 Minuten.

Als Bulloch den HX-217 verließ, setzte die ablösende Liberator derselben Squadron, geführt von Squadron Leader Desmond Isted, die Luftsicherung fort. Isted sichtete fünf Boote während seines Fluges und griff vier von ihnen an.

Bulloch und Isted hatten zusammen 13 Uboote gesichtet und elf von ihnen angegriffen. Ihre Hauptaufgabe, den Geleitzug zu schützen, hatten die beiden Liberator-Besatzungen höchst erfolgreich erfüllt; sie hatten einen konzentrierten und überwältigenden Angriff auf HX-217 zunichte gemacht. Die Seekriegsleitung schreibt dazu:

»Nach einer Auswertung dieses Gefechts stellt Befehlshaber der Uboote fest, daß die Erfolge wegen der Stärke des Geleitschutzes nur gering waren . . .«

Sicherlich hatten die deutschen Uboote den Eindruck, daß sie von weit mehr als zwei Flugzeugen an diesem Tage gehetzt wurden.

Nach dem Einsatz zum Schutz des HX-217 verließ Bulloch die 120. Squadron für einen Erholungsurlaub. In den anderthalb Jahren, in denen er bei dieser Einheit gewesen war, hatte er 23 Uboote gesichtet und 16 davon angegriffen, er hatte zwei versenkt und zwei weitere beschädigt. In Anbetracht dessen, daß viele Besatzungen das ganze Jahr 1942 hindurch im Einsatz gewesen waren und nichts von ihrer schwer zu fassenden Beute gesehen hatten, sind Bullochs Zahlen beachtlich. Es sollte noch nicht sein letzter Einsatz gewesen sein.

Während der letzten Monate des Jahres 1942 gab es auch einige bemerkenswerte Angriffe auf Uboote vor der Nordküste Afrikas.

Am Abend des 7. November waren britische und amerikanische Truppen in Französisch-Marokko und Algerien gelandet. Die deutsche Marine reagierte sehr energisch, wie es ihre Art war: 15 Uboote wurden sofort zur marokkanischen Küste in Marsch gesetzt und kurz danach verstärkt durch Uboote, die noch in Geleitzugoperationen westlich Irlands verwickelt gewesen waren. Es war zu spät, die eigentlichen Landungen zu stören, aber wenn es den Deutschen gelang, an Transportschiffe für die Truppenverstärkungen heranzukommen, konnten sie beträchtlichen Schaden anrichten. Als die Masse der Uboote jedoch das Operationsgebiet am 11. erreichte, war die alliierte Abwehr bereit; von Hunderten von Schiffen vor der Küste Marokkos konnten die Deutschen nur drei versenken und mußten dies zudem mit dem Verlust von zwei Ubooten bezahlen.

In der Zwischenzeit konnte eine Gruppe von sieben deutschen Ubooten unversehrt durch die Straße von Gibraltar stoßen und damit die Zahl der Mittelmeer-Uboote auf 25, die höchste je erreichte Anzahl, bringen. Hinzu kamen zehn italienische Boote, die aus Cagliari ins Invasionsgebiet ausliefen.

Zu dieser Zeit waren die über See fliegenden Squadrons der RAF im westlichen Mittelmeer alle stark im Einsatz: die 179. Squadron mit Leigh Light Wellingtons, die 48., 233. und 500. mit Hudsons und die 202. und 210. mit Sunderland- und Catalina-Flugbooten. Anfänglich operierten diese Einheiten alle von Gibraltar, aber nach der Besetzung von Flugplätzen in Französisch-Nordafrika verlegten einige der Squadrons dorthin.

Am Morgen des 14. November erwischte der Kommandeur der 500. Squadron, Wing Commander D. Spotswood[1] *U 595* aufgetaucht nördlich von Oran. Die explodierenden Wasserbomben hoben das Uboot hoch, dann fiel es in eine Gischtwolke zurück. Die Hudson flog zwei Angriffe mit Bordwaffen auf das schlingernde Boot; beim zweiten jedoch erwiderten die Geschützbedienungen von Kapitänleutnant Quaet-Faslem das Feuer. Die Geschosse durchlöcherten einen der Brennstofftanks des Flugzeuges und durchtrennten die Verbindung zum Seitensteuer, so daß die britische Besatzung das Gefecht abbrechen mußte. Aber schon erschienen weitere Flugzeuge auf dem Gefechtsfeld. Flying Officer

[1] Jetzt Air Chief Marshall Sir Dennis Spotswood, Chief of the Air Staff.

Green und Pilot Officer Simpson, jeder in einer Hudson der 500. Squadron, kamen fast gleichzeitig an. Green griff zuerst an, ging auf zehn Meter herunter und setzte seine Wasserbomben dicht neben dem Bug des Ubootes. Die deutschen Artilleristen kämpften verbissen und versetzten dem Flugzeug mehrere Treffer, sie durchlöcherten den Rumpf und setzten die Geschützkanzel außer Gefecht. Das Spind mit der Signalmunition fing Feuer und Green, fast blind vor Rauch, mußte abdrehen. Dann griffen Simpson und Flying Officer Lord in einer weiteren Hudson derselben Squadron an. Lord's Flugzeug erhielt erhebliche Beschädigungen durch das Abwehrfeuer. 20 Minuten waren seit dem ersten Angriff vergangen; U 595 war beschädigt und tauchunklar, aber noch ungebrochen und keineswegs niedergekämpft. Nach einer Atempause von einer Stunde hatte Squadron Leader Ensor mit einer weiteren Hudson der 500. Squadron wieder Fühlung mit dem Uboot. Trotz des Abwehrfeuers setzte er seine Wasserbomben genau. Für das schwer beschädigte U 595 reichte es nun, Quaet-Faslem befahl seinen Männern, die Schlüsselmaschinen des Bootes zu zerstören und die Schlüsselunterlagen über Bord zu werfen. Dann setzte er das Boot an der Küste Nordafrikas auf Grund. Kurz danach nahmen amerikanische Truppen die Überlebenden gefangen.

Das Gefecht mit U 595 zeigte wieder einmal die Widerstandskraft eines Ubootes, besonders wenn es zur Zeit des Angriffes aufgetaucht war. Quaet-Faslems Fähigkeiten, sich gegen Flugzeuge zu verteidigen, war nicht zuletzt darauf zurückzuführen, daß er früher drei Jahre Flieger gewesen war, er hatte eines der Schwimmerflugzeuge des Schlachtschiffes *Scharnhorst* geflogen. In diesem Gefecht jetzt hatte er sein Boot mit großem Geschick geführt, und seine Geschützbedienungen hatten dreien der Angreifer schwere Beschädigungen beigebracht.

Am nächsten Tag war Ensor wieder im Einsatz; er überraschte ein Uboot an der Oberfläche, stürzte zum Angriff und setzte wiederum seine Wasserbomben genau quer über das Boot. Was dann wirklich genau geschah wird niemals mit Sicherheit bekannt werden, das Boot, U 259 (Köpke), explodierte mit großer Gewalt. Der Schlag einer der explodierenden Wasserbomben hatte möglicherweise den Gefechtskopf eines der Reservetorpedos, die unter Oberdeck gefahren wurden, zur Detonation gebracht. Die Druckwelle zertrümmerte Ensor's Maschine, sie drückte den Boden des Cockpits und die meisten der Fenster ein, sie riß den größten Teil der Ausrüstung aus den Halterungen sowie Höhen- und Seitenruder ab und bog die letzten zwei Meter an jedem Tragdeck-Ende senkrecht nach oben. Eigentlich hätte der so ruinierte Bomber sofort in die See stürzen müssen und das wäre sicher auch geschehen, wenn Ensor die Maschine nicht meisterhaft wieder in den Griff bekommen hätte. Er steuerte das Flugzeug, indem er die beiden Maschinen mit verschiedenen Umdrehungen laufen ließ und seine Besatzung – um die gewünschte Höhe zu erreichen – als beweglichen Ballast im Rumpf benutzte. Mit diesen Mitteln kam Ensor mit der verkrüppelten Hudson wieder auf Höhe und drehte sie auf Heimatkurs. Um überhaupt Höhe mit der Hudson zu gewinnen, mußte er jedoch die Kühljalousien der Maschine schließen, und das beendete schließlich 15 Minuten nach der Explosion den gefährlichen Flug: einer der Motoren wurde zu heiß, kotzte und blieb stehen. Ohne Ruder, mit denen man es hätte halten können, kam das Flugzeug nun ins Trudeln. Aber selbst dann verließ Ensor seine Kaltblütigkeit nicht. Vor dem Absprung überprüfte er jeden Fallschirmgurt, aber durch eine grausame Ironie des Schicksals kamen doch zwei der Besatzungsmitglieder um; bei dem einen öffnete sich der Fallschirm nicht, der andere wurde bewußtlos und ertrank infolgedessen. Ensor und der vierte Mann sprangen mit ihrem Fallschirm unverletzt in die See und wurden kurz danach aufgefischt. Weil er fliegerisches Können und eine Kaltblütigkeit gezeigt hatte, die in der Geschichte der Fliegerei selten sein dürfte, erhielt Squadron Leader Michael Ensor später das DSO.[1]

Die Erfolgsserie der 500. Squadron hielt an. Zwei Tage später, am 17., sichtete Squadron Leader Patterson *U 331*, das aufgetaucht lief und seine Batterien auflud. Kommandant des Bootes war das deutsche Uboot-Ass, Kapitänleutnant Hans-Diedrich Freiherr von Tiesenhausen.[2] Nun näherte sich die Erfolgslaufbahn des Ubootes schnell ihrem Ende, denn der junge und unerfahrene Seemann, der an der Steuerbordseite Ausguck hielt, sah nichts, bis es zu spät war.

---

[1] DSO = Distinguished Service Order.
[2] Freiherr von Tiesenhausen war mit dem Ritterkreuz ausgezeichnet worden, nachdem er die Zerstörersicherung durchbrechend das Schlachtschiff *Barham* versenkt hatte, ein Angriff, der in den britischen Berichten als »ausgezeichnet durchgeführt« bezeichnet wurde.

Erst als Patterson schon zum Bombenwurf ansetzte, begann *U 331* sein Tauchmannöver und hatte es noch nicht beendet, als die genau plazierten Wasserbomben um das Boot herum hochgingen. Was Patterson später als »eine feine Gabel« bezeichnete, machte aus einem kampfkräftigen Uboot in Bruchteilen einer Sekunde etwas, das kaum besser als eine Hulk war. Die Bootsbatterien erhielten einen schweren Stoß und einer der Dieselmotoren wurde fast aus seinen Fundamenten gerissen; die dritte Beschädigung aber bedeutete beinah die sofortige und vollständige Katastrophe für *U 331*: der Stoß riß das vordere Luk auf und klemmte es in geöffneter Position fest. Das Vorschiff schon unter Wasser, ergoß sich ein Wasserstrom in das Boot. Doch von Tiesenhausen hatte nicht umsonst seinen Ruf erlangt. Er war sich blitzschnell über die Situation im klaren, brach das Tauchmanöver ab und befahl, den Bugraum zu verlassen und dichtzuschotten. Die blitzschnelle Überlegung des deutschen Kommandanten hatte sein Boot gerettet – aber nicht für lange Zeit. Schon flogen von allen Seiten weitere Hudsons der 500. Squadron heran. Die Wasserbomben der nächsten Hudson, geflogen von Flight Lieutenant Barwood, zerstörten die Tiefenmesser und Kompasse des Ubootes und machten sein Rudergestänge funktionsunfähig. Bis auf die für den unmittelbaren Betrieb des Bootes erforderlichen Männer befahl von Tiesenhausen alle Mann an Oberdeck für den Fall, daß das Boot verlassen werden müßte. Viele von ihnen wurden kurz danach über Bord geblasen, als Squadron Leader Young angriff. Zwischen den Wasserbombenangriffen flogen die Hudsons Tiefangriffe mit Bordwaffen. Für von Tiesenhausen gab es kein Entrinnen mehr. Er hatte alles Menschenmögliche getan, sein Boot zu retten, nun mußte er der Besatzung gegenüber seine Pflicht tun. Zögernd befahl er, die weiße Flagge auf dem Turm zu setzen. Das Kommandanten-Ass wurde der zweite Deutsche, der sein Boot an Flieger übergab. Die triumphierenden Hudsons umkreisten stolz ihre Beute, schwer begeistert über ihren Erfolg. Der Zerstörer *Wilton* lief mit Höchstfahrt auf den Schauplatz zu, um die Aufbringung abzuschließen. Die 500. Squadron war verständlicherweise gehobener Stimmung – um so schwerer war die Enttäuschung über das, was folgte. Ein einzelner Albacore-Torpedobomber vom Flugzeugträger *Formidable* erschien über der Kimm, ging schnurstracks auf das Uboot los, torpedierte und versenkte es. Die Überlebenden, unter ihnen der deutsche Kommandant, wurden kurz danach gerettet.

Während die alliierten Flugzeuge ihren Kampf gegen die Uboote verstärkten, hatten die Wissenschaftler ein breitangelegtes Sortiment neuer Geräte entwickelt, die den Fliegern bei der Entdeckung und Vernichtung der Uboote helfen sollten.

Im Laufe des Jahres 1942 war das neue Zentimeterradar, genannt ASV Mark III, sowohl in Zuverlässigkeit wie in Leistung weiter verbessert worden. Während der Flugerprobungen durch die britische Fernmelde-Versuchsstelle hatte es gezeigt, daß es große Geleitzüge auf eine Entfernung von 40 Meilen und aufgetauchte Uboote auf zwölf Meilen auffassen konnte. Auch in den USA war die Arbeit an diesem Radartyp gut vorangekommen. Da der deutsche *Metox*-Empfänger das Meter-Radar ASV Mark II weitgehend neutralisiert hatte, war dem Zentimeterradar eine noch größere Bedeutung zugefallen. Wenn das neue Radar geheim gehalten werden konnte, bot sich die Möglichkeit eines großen Sieges über die Uboote in der Biskaya. Der *Metox*-Empfänger konnte diese Signale nicht auffassen und so würden die Angreifer den Vorteil der Überraschung wieder für sich haben. Air Chief Marshall Joubert ließ nicht nach, dieses neue Gerät für seine Flugzeuge zu fordern. Aber obwohl die Entwicklung dieses Radars nach Friedensmaßstäben ungewöhnlich schnell voran ging, dauerte es dem Coastal Command viel zu lange.

Im Herbst 1942 waren US-Wissenschaftler mit ihrer Arbeit an einem ganz anderen Gerät für die Ubootortung aus der Luft sehr gut vorangekommen, dem MAD.[1] Vor dem Kriege hatten Mineralogen empfindliche Anzeigegeräte, Magnetometer genannt, benutzt, um Verzerrungen im Magnetfeld der Erde aufzuzeichnen und unterirdische Minerallager festzustellen. Aber ein solches Gerät, für die Mineralforschung empfindlich genug, konnte nicht ohne weiteres ein so kleines Objekt wie ein Uboot anzeigen.

Der entscheidende Schritt in der magnetischen Ortung aus der Luft gelang Ende 1941 Victor Vacquier von der Gulf Research and Development Campany in Amerika. Vacquier stellte ein Magnetometer mit »gesättigtem Kern« her[2], das zwei- bis dreimal so

[1] Magnetic Airborne Detector = Flugzeug-Magnetfeld-Anzeiger.
[2] US Patent 2.406.870.

empfindlich war wie die früheren Typen. Dieses Gerät sollte bei der Mineralsuche verwandt werden, die damit geschaffenen Möglichkeiten zur Ubootortung waren jedoch weit wichtiger. Im Gegensatz zu den Funkwellen wird ein Magnetfeld beim Durchgang durch die Verbindungsschicht See/Luft nicht beeinflußt. Anfang 1941 übernahm das US National Defense Research Committee die Schirmherrschaft über das Gerät und Ende des Jahres wurde das Magnetfeld eines Ubootes von einem 130 Meter darüber stehenden Flugzeug geortet. Das war eine passive Ortungsmethode – sie versprach den einzigartigen Vorteil, daß die Besatzung eines getauchten Ubootes nicht wissen würde, daß sie unter Überwachung stünde, bis sie angegriffen würde.

Aber um ein Uboot aus der Luft mit dem Vacquierschen Magnetometer zu entdecken, mußten noch viele Schwierigkeiten überwunden werden. Das Gerät mußte die geringfügige Verzerrung des starken Magnetfeldes der Erde messen, die durch die Anwesenheit eines kleinen, eisenmetallischen Objektes, eines Ubootes, entstand. Die Stärke des Erdmagnetfeldes variiert mit der Breite, aber eine typische Zahl ist 50 000 Gamma. Das Magnetfeld eines typischen 700-t-Ubootes des Zweiten Weltkrieges lag auf einer Entfernung von 130 Meter in der Größenordnung von zehn Gamma. Diese Feldstärke nahm mit der Kubikwurzel aus der Entfernung ab, so daß sie zum Beispiel auf 270 Meter nur noch 1,25 Gamma betrug. Darüberhinaus mußte der magnetische Meßkopf in dem Suchflugzeug ständig an das Magnetfeld der Erde innerhalb eines zehntel Grades angepaßt werden, wenn nicht die Empfindlichkeit merklich abfallen sollte. Ein weiteres Problem bestand in der Störung durch Metalle im Flugzeug selbst. Aber diese wurden auf ein tragbares Maß dadurch verringert, daß man den magnetischen Meßkopf im äußeren hinteren Ende oder in den Flügelspitzen unterbrachte und ferrometallische Teile in der Nähe durch nicht ferromagnetische ersetzte.

Die Reichweite des MAD-Gerätes war – selbst wenn es gut arbeitete – so gering, daß das Suchflugzeug in 30 Meter Höhe direkt über das Uboot fliegen mußte, wenn es das Boot auf einer Tiefe von 100 Metern entdecken wollte. Das schloß die Benutzung des Gerätes bei Nacht oder bei schlechter Sicht aus.

Die Western Electric Company und das Airborne Instruments

Laboratory, zwei amerikanische Firmen, begannen Anfang 1942 an einem magnetischen Uboots-Ortungsgerät für Flugzeuge zu arbeiten. Im Frühjahr flogen die ersten Erprobungsgeräte in Marine-Aufklärungsflugzeugen und Luftschiffen und im weiteren Verlauf des Jahres wurde das Gerät bei einigen Überwachungseinheiten vor der Ostküste eingesetzt. Da die deutschen Unterseeboote zu dieser Zeit ihre Angriffe in andere Gebiete verlegt hatten, konnte dieses Gerät anfänglich jedoch wenig ausrichten.

Der operationelle Einsatz des MAD brachte seine eigenen Probleme mit sich. Die Reichweite dieser Anlage war so gering, daß eine Anzeige über das Vorhandensein eines Ubootes erst kurz vorm Überfliegen kam. Wenn eine normale Wasserbombe aufgrund der magnetischen Detektoranzeige gelöst wurde, trug die Vorausgeschwindigkeit der Bombe sie weit über das Uboot hinweg ohne ihm Schaden zu tun. Was als Ergänzung zum MAD gebraucht wurde, war also eine Spezialbombe, die von einem Flugzeug mit einer Geschwindigkeit von 100 Meilen pro Stunde abgeworfen dennoch senkrecht fallen würde. Entsprechend dieser Forderung konstruierte das California Institute of Technology die sogenannte »Retrobombe« (Rückwärtsbombe), eine ca 16-kg-Aufschlagzünderbombe mit einer Feststoffrakete im Schwanzteil. Wenn das MAD ein Uboot anzeigte, drückte der Bedienungsmann auf einen Knopf, um die Retrobomben abzufeuern. Die Raketen trieben die Bomben rückwärts aus ihren Abwurfschienen und hoben ihre Vorausgeschwindigkeit schnell auf; waren die Raketen abgebrannt, fielen die Bomben senkrecht in die See.

Eine Catalina konnte in besonderen Abwurfschienen 24 der kleinen Retrobomben tragen, zwölf unter jedem Flügel. Wenn der Bedienungsmann den Knopf für die Bombenabfeuerung drückte, dröhnte die erste Salve von acht aus ihren Halterungen. Eine halbe Sekunde später folgte automatisch die zweite Achtersalve und wieder nach einer halben Sekunde ging die dritte Salve ab. Die Abschußvorrichtungen der Retrobomben waren in acht Gruppen zu je drei Bomben aufgeteilt und jede Gruppe in einem unterschiedlichen Winkel angebracht. Infolgedessen trafen die Bomben jeder Salve in einer etwa 30 Meter langen Linie senkrecht zur Flugrichtung auf das Wasser auf. Die Verzögerung von einer halben Sekunde zwischen den Salven ergaben einen Abstand von etwa 30

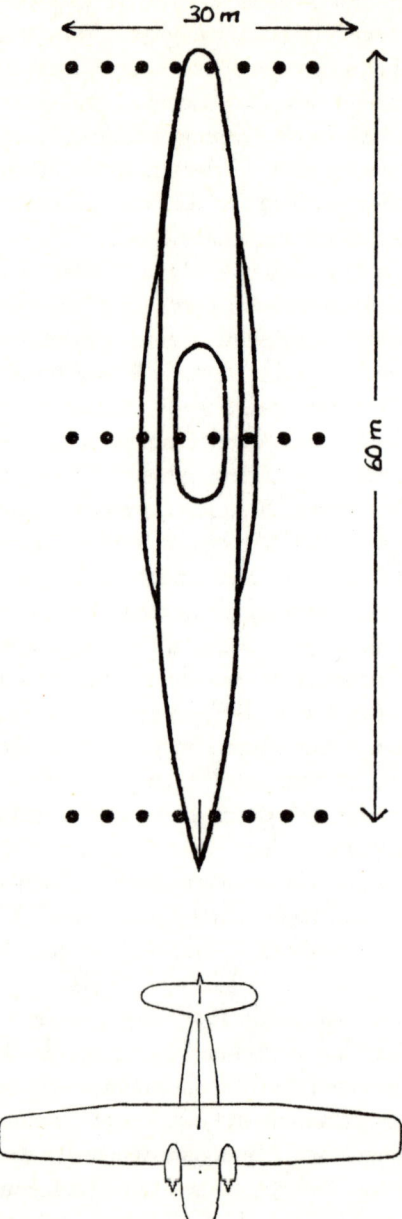

Metern zwischen diesen Linien. Vor dem Angriff auf das Uboot markierte die Flugzeugbesatzung dessen Vormarschrichtung mit Rauchzeichen, infolgedessen konnten sie das Boot seiner Länge nach angreifen und hatten gute Chance, mit wenigstens zwei der Retrobomben einen wahrscheinlich tödlichen Treffer zu erzielen. Natürlich war es schwierig vorauszusagen, ob das mit dem MAD gefundene metallische Objekt tatsächlich ein Uboot war. Es konnte zum Beispiel auch ein viel größeres Wrack auf dem Meeresgrunde sein. Der Zwang zur Lösung dieses Problems beschleunigte die Entwicklung eines anderen neuen Gerätes, der Sonoboje. Die Sonoboje bestand aus einem kleinen schwimmenden Funksender, unter dem an einem langen Kabel ein Unterwasser-Horchgerät aufgehängt war. Das Unterwasser-Horchgerät übermittelte Geräusche, die es aus dem Wasser rundherum aufnahm, an den Sender an der Oberfläche, und das Flugzeug wiederum nahm die Aussendungen der Boje mit einem besonderen Empfänger auf.

Im März 1942 führte die US-Navy einen Realisierbarkeitsversuch durch, bei dem sie von einem Motorboot Bojen im Wasser aussetzen ließ. Das Unterseeboot *S 20* diente als »Versuchskaninchen«, während der Blimp *K 5* mit einem auf die Aussendungen der Bojen abgestimmten Empfänger darüberschwebte. Bei diesem Versuch hörte der Funker des Blimp die Propellerschläge des Unterseebootes auf Entfernungen bis zu drei Meilen von der nächsten Boje. Einige Wochen später wiederholten die Wissenschaftler den Versuch, aber diesmal waren die Bojen von dem Blimp abgeworfen worden. Im Juli führte die US-Navy mit einem Douglas B 18-Bomber die ersten »schnellen« Sonobojen-Abwürfe bei einer Geschwindigkeit von 120 Meilen durch.

Im Herbst 1942 ging die Sonoboje[1] in die Fertigung. Die zylindrische Boje war 114 Zentimeter lang, zehn Zentimeter im Durchmesser und wog 6,5 kg. Ein Fallschirm am oberen Ende der Boje verlangsamte ihren Fall. Beim Aufschlag auf das Wasser löste sich das Horchgerät aus der Kammer am unteren Ende der Boje und fiel bis auf die Länge des acht Meter langen Verbindungskabels. Die Trennung zwischen Horchgerät und Boje war notwendig, damit nicht das Geräusch der gegen die Boje schlagenden Wellen die schwachen Propellergeräusche des Ubootes übertönte. Mit dem

[1] Erhielt die Bezeichnung AN CRT-1.

Aufschlag auf das Wasser wurden auch die Batterien der Boje eingeschaltet und nach kurzer Anwärmezeit begann der Sender die Geräusche auszusenden, die das Horchgerät aufnahm. Die Entfernung auf die das Horchgerät ein Uboot »hören« konnte, variierten erheblich mit den Bedingungen. Vor allem mußte das Boot kavitieren[1]. Die Auffassungsentfernung konnte bis zu dreieinhalb Meilen betragen, wenn das Uboot bei ruhiger See mit geräuschvoller Fahrt von sieben Knoten auf einer Tiefe von 20 Metern lief. Andererseits betrug die Entfernung nur 30 Meter, wenn das Boot mit drei Knoten auf einer Tiefe von 80 Meter unter einer rauhen See fuhr. Die ersten Sonobojen waren ungerichtet, das heißt, sie gaben dem Beobachter keinen Hinweis auf die Richtung, aus der die Geräusche kamen.

Nach etwa vier Betriebsstunden waren die Batterien der Sonoboje erschöpft und die Aussendungen wurden schwach. Um ihre Bergung durch den Feind zu verhindern, löste sich nach dieser Zeit ein Stöpsel am unteren Ende der Boje im Seewasser auf, sie lief voll Wasser und sank.

Um die neu entdeckten Unterwasser-Ortungsmöglichkeiten des Flugzeuges voll auszunutzen, entwickelten US-Marinewissenschaftler eine furchtbare neue Waffe: den zielsuchenden Flugzeugtorpedo. Offiziell bekannt unter dem Decknamen »Mark 24 Mine« wurde er auch zärtlicher »Fido« oder »wandernde Anni« bezeichnet. Wie das MAD und die Sonoboje war der zielsuchende Torpedo für den Einsatz gegen getauchte Uboote gedacht. Zum Aufspüren der Beute war sein akustischer Zielsuchkopf wie die Sonoboje von der Kavitation des Ubootpropellers abhängig. Damit die Eigengeräusche des Torpedos nicht die des Zieles übetönten, hatte er nur geringe Geschwindigkeit. Wie auch bei der Sonoboje variierte die Leistung des Zielsuchkopfes erheblich mit den Umweltbedingungen. Im günstigsten Falle – gegen ein Uboot das mit hoher Geschwindigkeit knapp unter der Wasseroberfläche lief – würde der Zielsuchkopf den Torpedo aus einer Entfernung von einer dreiviertel Meile an das Ziel heranbringen. Diese günstigen Voraussetzungen glichen weitgehend auch den Einsatzbedingun-

---

[1] Kavitation: Geräusch der zusammenfallenden Gasblasen, die entstehen, wenn der Propeller eines Bootes sich mit großer Geschwindigkeit unter Wasser dreht. Die Geschwindigkeit, bei der die Kavitation beginnt, ändert sich mit der Tiefe; je tiefer das Uboot, desto schneller kann es, ohne zu kavitieren, laufen. Wenn das Uboot mit geräuschloser Fahrt lief (d. h. wenn es nicht kavitiert) konnte es von diesen ersten Sonobojen nicht gehört werden.

gen, denn ein Ubootkommandant würde immer wieder versuchen, sich so schnell wie möglich von dem verräterischen Tauchstrudel zu entfernen. Der neue Zielsuchtorpedo konnte nur einem nichtsahnenden Gegner gegenüber das halten, was er versprach. Seine »Achillesferse« würde einem Feind, der von der Existenz dieser Waffe wußte, bald klar werden; denn da der Zielsuchkopf nur auf einen kavitierenden Propeller ansprechen konnte, war ein Kommandant sicher, wenn er seinem Instinkt zuwider handelte und nach dem Tauchen sofort mit der Fahrt herunterging. Deshalb die verstärkten Sicherheitsmaßnahmen, um alles, was diese neue Waffe anging. In dem Augenblick, in dem seine Existenz dem Feind bekannt würde, hätte er nur noch Schrottwert. Ende 1942 stand der neue Zielsuchtorpedo vor der Erprobungsphase; nach erfolgreicher Versuchsreihe sollte er in die Fertigung gehen. Es war jedoch nicht beabsichtigt, die Produktion über Ende 1943 hinaus fortzuführen, da anzunehmen war, daß zu dieser Zeit der Feind Kenntnis von diesem Torpedo haben und seine Uboote sich entsprechend verhalten würden.

Das Raketengeschoß, die aussichtsreichste neue Uboot-Bekämpfungswaffe für Flugzeuge, im Laufe des Jahres 1942 in Großbritannien entwickelt, war weniger kompliziert als der zielsuchende Torpedo, aber sie war auch weniger verwundbar gegenüber einfachen feindlichen Gegenmaßnahmen. Um die Wirksamkeit dieser Waffe für die Ubootbekämpfung zu erproben, flogen im November Swordfishs und Hudsons Versuche. Die Flugzeuge feuerten auf ein teilweise getauchtes Ziel, das auf den Pendine Sands, Wales, aufgesetzt war und das den Druckkörper und die Aufbauten eines Ubootes darstellte. Die Versuche zeigten, daß ein einzelner Treffer an beliebiger Stelle gegen den Druckkörper wahrscheinlich tödlich sein würde. Kurz danach ging die Waffe in die Fertigung. Die Uboot-Rakete wog 30 kg, von denen 11 kg auf den aus gehärtetem Stahl bestehenden halb-panzerbrechenden Gefechtskopf entfielen. Nach dem Abfeuern beschleunigten die Raketen schnell bis zu einer Brennschlußgeschwindigkeit, die fast der Schallgeschwindigkeit entsprach. Die bedachtsam geformte Spitze des Gefechtskopfes steuerte das Geschoß unter Wasser so, daß es nach dem Eindringen in einem Winkel von möglichst etwa 13 Grad aufwärts kurvte, niemals tiefer als zweieinhalb Meter unter die

Oberfläche ging und etwa 25 Meter vom Eintrittspunkt entfernt mit halber Geschwindigkeit wieder auftauchte. Die Rakete sollte ein Loch in das Uboot unterhalb der Wasserlinie schlagen und deshalb mußten die Raketen möglichst auf einen 20 Meter vor dem Ziel liegenden Punkt auf dem Wasser abgefeuert werden. Diese Waffe sollte im Frühjahr 1943 einsatzbereit sein.

Unter den neuen Geräten, die im Jahre 1942 entweder entwickelt wurden oder an die Front kamen und die sich auf den Einsatz von Flugzeugen gegen Uboote auswirkten, war die Kurzwellen-Peilanlage »Huffduff«. Wir haben gesehen, daß eine der Schwächen der deutschen Rudeltaktik ihre Abhängigkeit vom überreichlichen Gebrauch des Kurzwellenfunks durch die Uboote war. Die Alliierten hatten eine Kette von Küsten-Huffduff-Stationen eingerichtet und diese trugen im Sommer 1942 mit dazu bei, ein Uboot zu vernichten, das nur einmal zu viel gesendet hatte. *U 158* (Rostin), wurde 130 Meilen westlich der Bermudas durch Peilstationen auf Bermuda, Jamaika, Britisch Guyana und an der Ostküste der USA genau geortet; ein Mariner-Flugboot der US Navy wurde in das Gebiet geschickt und versenkte es.

Die Küsten-Huffduff-Stationen konnten aber von Sendungen, die über eine Entfernung von mehr als 300 Meilen einfielen, keine genauen Peilungen geben. Im Laufe des Jahres 1942 kam ein kleinerer Bord-Kurzwellenpeiler an die Front und gehörte schließlich zur Ausrüstung aller alliierten Hochsee-Geleitfahrzeuge. Die deutschen Stäbe erkannten die Gefahr, die von den Küsten-Peilstationen ausgingen (die aber für Peilungen mitten aus dem Atlantik wirkungslos waren); aber sie ahnten nicht, daß so ein Gerät auch in ein Schiff eingebaut werden und genaue Peilungen von in der Nähe befindlichen Ubooten geben könne. Anfang 1943 stellten alliierte Geleitfahrzeuge während einer einzigen Geleitzugschlacht zum Beispiel mehr als 100 Funksignale von Ubooten während eines Zeitraumes von 72 Stunden in ihrem Bereich fest. Durch zwei oder mehr Huffduff-Peilungen konnte man den Standort des funkenden Bootes feststellen, dann wurde ein Kriegsschiff oder Flugzeug in dieses Gebiet dirigiert, um es zu versenken oder zumindest zum Tauchen zu zwingen, wodurch es die Fühlung verlor.

Was war nun schließlich aus den Geleitträgern geworden, die die so wichtige Luftsicherung für die Geleitzüge hätten stellen können?

Ende 1941 war die in Amerika gebaute *Archer* bei der Royal Navy in Dienst gestellt worden, aber sie und andere Schiffe ihrer Klasse hatten häufig Maschinenpannen und es dauerte lange, bis sie einsatzbereit war. Im September gab die *Avenger* Jagdschutz für einen der Geleitzüge nach Rußland und im November stellten *Dasher*, *Avenger* und *Biter* zusammen mit *Sangamon*, *Suwannee* und *Santee* der US-Navy Luftsicherung bei der Invasion von Nordafrika. Obwohl 1942 mehrere Geleitträger einsatzbereit wurden, kamen ihre Flugzeuge bei keiner Gelegenheit mit Ubooten in Kontakt. Dieser Gefahr würden die deutschen Uboote erst später begegnen müssen.

Alles in allem, darüber konnte kein Zweifel bestehen, stellten die Alliierten eine beachtliche Ansammlung von Waffen zur Ubootsbekämpfung zusammen. Darüberhinaus wuchs die Zahl der Schiffe und Flugzeuge für diesen Zweck von Monat zu Monat. Welche neuen Geräte planten die Deutschen, die es ihnen ermöglichen sollten, der Bedrohung zu begegnen und den festen Griff auf die alliierten Seeverbindungen zu behalten?

Um angreifende Flugzeuge abzuwehren, begann die deutsche Marine Ende 1942 als kurzfristige Maßnahme ihre Uboote mit einem zusätzlichen Aufbau für Flugzeugabwehrkanonen hinter dem Turm auszurüsten. Viele der Uboote waren in kurzer Zeit mit einer einzelnen C 38/20-mm-Kanone ausgerüstet, die eine Feuergeschwindigkeit von 150 Schuß pro Minute und eine wirksame Höchstreichweite von etwa 2000 Metern gegen Flugzeuge hatte. Außerdem hatten einige der deutschen Boote bis zu vier 7,9-mm-Maschinengewehre. Obgleich diese zu leicht waren, um – abgesehen vielleicht von einem Zufallstreffer – ernsthaften Schaden anzurichten, glaubten manche Offiziere doch, daß die Leuchtspurmunition eine brauchbare abschreckende Wirkung gegen Flugzeuge haben würde.

Auf lange Sicht jedoch waren weit drastischere Maßnahmen erforderlich. Dönitz war sich darüber im klaren, daß die immer stärker werdende alliierte Luftüberwachung eines Tages seine Uboote daran hindern würde, in der Weite des Atlantik beliebig aufgetaucht zu fahren. Die zu dieser Zeit in Dienst befindlichen Uboote mußten über Wasser auf Geleitzüge operieren; getaucht hatten sie zu geringe Geschwindigkeit oder zu geringe Batteriekapazität für lange Unterwasserfahrt. Ein vollständig neuer Uboottyp wurde jetzt gebraucht, einer, der mit hoher Geschwindigkeit über größere Entfernungen getaucht fahren konnte und dadurch fast unverwundbar gegen Flugzeugangriffe war. Die Luftgefahr erzwang nun eine fundamentale Änderung der Uboot-Entwurfprinzipien.

Seit 1933 arbeitete der deutsche Wissenschaftler und Ingenieur Dr. Hellmuth Walter an einem Antriebsverfahren für Unterseeboote, das sich grundlegend von der konventionellen dieselelektrischen Kombination unterschied. Er wollte etwas entwickeln, das dem »wahren« Unterseeboot nahe kam, ein Boot, das unter Wasser mit einer Geschwindigkeit operierte, die der eines mit Diesel angetriebenen aufgetauchten Bootes vergleichbar war und das auch über größere Entfernungen, als das bisher möglich gewesen war. Mit dieser Zielvorstellung experimentierte Walter mit einer Maschinenanlage, die durch hochkonzentriertes Wasserstoffsuperoxyd und Dieselöl angetrieben wurde.

1940 hatte man mit einem kleinen Versuchs-Uboot die Realisierbarkeit des Walterschen Antriebssystems erprobt. Von Anbeginn an gab es Schwierigkeiten, meistens wegen des Brennstoffes aus hochflüchtigem Wasserstoffsuperoxyd, denn die kleinste Verunreinigung in den Behältern oder Rohren konnte bereits zu einer heftigen Explosion führen. Trotz der Nachteile versprach das neue Antriebsverfahren jedoch eine spektakuläre Verbesserung der Unterwasserleistungen von Ubooten. Ein Uboot normaler Größe konnte genügend Wasserstoffsuperoxyd für eine Unterwasserfahrt von drei Stunden mit 25 Knoten mitführen und bei geringerer Geschwindigkeit konnte es einen wesentlich längeren Zeitraum getaucht fahren. Im Sommer 1942 glaubte die deutsche Marine mit gutem Recht einen Auftrag für vier kleine Einsatz-Uboote mit dem Walter-Antriebssystem zusätzlich zu dem konventionellen Diesel und elektrischen Antrieb in Auftrag geben zu können. Dönitz war sich darüber im klaren, daß diese Uboote keine unmittelbare Auswirkung auf die Schlacht im Atlantik haben würden. Aber spätere Versionen der Walter-Boote würden die alliierten Ubootabwehr-Streitkräfte mit einem ernsthaften Problem konfrontieren, was immer ihre Wissenschaftler in der Zwischenzeit erfinden würden.

Jedenfalls sah es im Augenblick nicht ganz so düster für das deutsche Oberkommando aus. Während der letzten sechs Monate des Jahres 1942 hatten die Uboote etwa 3 Millionen t alliierten Handelsschiffsraumes versenkt und damit ihre Erfolgsreihe des ersten halben Jahres fortgesetzt. Zugegeben, die Verluste der Achse waren während der zweiten Hälfte des Jahres beinah dreimal so hoch wie während der ersten Hälfte – 81 deutsche und italienische Uboote im Vergleich zu 28 – aber der Abnutzungskrieg gegen die alliierten Handelsflotten stand eindeutig noch zu ihren Gunsten.

Während der letzten sechs Monate des Jahres 1942 war etwa die Hälfte der deutschen und italienischen Ubootverluste auf Flugzeugangriffe zurückzuführen, die entweder allein oder zusammen mit Kriegsschiffen operierten. Die Uboote richteten immer noch mitten im Atlantik den größten Schaden an, in einem Gebiet, das nur gelegentlich durch die wenigen weitreichenden Liberators der 120. Squadron überwacht werden konnte (obgleich durch geschickte Ausnutzung der entzifferten feindlichen Funksprüche diese mit größter Wirksamkeit eingesetzt werden konnten). Wenn genügend dieser Flugzeuge früher zur Verfügung gestanden hätten, dann hätte es das »Atlantic Gap« längst nicht mehr gegeben. So einfach aber lagen die Dinge nicht.

Um sich eine Vorstellung davon zu machen, was es bedeutete, Luftsicherung für Geleitzüge abzustellen, muß der Leser die politischen und strategischen Hintergründe erkennen. Während der Jahre vor dem Zweiten Weltkrieg stand der Gedanke des »Vernichtungsschlages« aus der Luft überall an erster Stelle. Nach dem Gemetzel und dem Patt des Grabenkrieges im Ersten Weltkrieg waren solche Vorstellungen verlockend: indem man den Gegner durch Vernichtung seiner Industrie der Mittel beraubte, mit denen er kämpfen mußte, könnte ein Krieg zu schnellem und sauberem Ende gebracht werden. Als der Krieg tatsächlich kam, zeigten die Deutschen mit ihren Angriffen auf Rotterdam, Warschau und Belgrad, daß es möglich war, Großstädte durch Luftangriffe lahmzulegen. In Großbritannien wie in Amerika wuchs der Glaube, daß allein eine große Streitmacht schwerer Bomber Schläge solchen Umfanges austeilen könnte, daß die Deutschen gezwungen würden, um Frieden zu bitten. Aus diesem Grunde erhielten die wachsenden strategischen Bomber-Verbände den Löwenanteil der verfügbaren Ausrüstung; den Ubootabwehr-Einheiten wurden im Jahre 1942 nur wenige weitreichende schwere Bomber zugeteilt. Es gab noch andere Erwägungen. Im Laufe des Jahres 1942 stießen die Deutschen tief nach Rußland vor.

Marschall Stalin stellte immer wieder die Forderung an die westlichen Alliierten, in Frankreich einzufallen, um seine Armeen etwas von dem gewaltigen Druck zu entlasten. Aber Churchill und Präsident Roosevelt wußten, daß ihre neu aufgestellten Armeen selbst angesichts der schwachen deutschen Kräfte im Westen noch nicht für die schwierige Aufgabe einer größeren Invasion gerüstet waren. Dem mißtrauischen Stalin aber schien dies nur eine Ausrede zu sein, um sich nicht weiter zu engagieren, während seine und die deutschen Armeen sich ausbluteten. Ängstlich bemüht, die russischen Anspielungen auf böse Absicht und die Sticheleien, daß eine Bomberoffensive ein schlechter Ersatz für eine Invasion sei, abzuschneiden – sowie gequält von der Furcht, daß die Russen gezwungen sein könnten, einen Separatfrieden abzuschließen – verstärkten die westlichen Führer ihren Entschluß, eine mächtige Bomberstreitmacht zu schaffen. So übte die Entwicklung des Krieges tief in Rußland einen indirekten aber merkbaren Einfluß auf die 4000 Meilen entfernte Schlacht im Atlantik aus.

Das Gegenargument derer, die sich mit den Ubooten herumschlugen, daß es ohne genügend weitreichende Flugzeuge zum Schutz der Geleitzüge in der Mitte des Atlantik weder eine wirksame Bomber- noch eine andere Offensive von Großbritannien aus geben könne, wurde als zwingend anerkannt. Churchill Mitte 1942:

»Man kann wohl sagen, daß der Ausgang des Krieges davon abhängt, ob zuerst Hitlers Ubootangriffe auf die alliierte Tonnage oder die Verstärkung und der Einsatz der alliierten Luftmacht voll zur Geltung kommen.«

Er betonte bei jeder Gelegenheit, daß die geplante Ausweitung der Bomberstreitkräfte nicht mehr diskutiert sondern durchgeführt werden müsse. Am 16. Dezember 1942 schrieb er:

»Eine laufende Steigerung (der Bombenangriffe) aufrechtzuerhalten ist eine Offensivmaßnahme von höchster Bedeutung. Es sind Vorbereitungen getroffen, das Bomber Command auf 50 Squadrons zu verstärken und es ist alles geschehen, um sicherzustellen, daß dieses Ziel auch wirklich erreicht wird.«

162

Gegen Ende 1942 standen zwei neue Zentimeterwellen-Radar vor der Einführung in die Royal Air Force; das H2S-Radar für das Bomber Command mit kartenähnlicher Wiedergabe und das technisch ähnliche ASV Mark III für das Coastal Command. Es wird den Leser nicht überraschen, zu hören, daß das erstere die höhere Dringlichkeit hatte. Aber noch beunruhigender war die Wahrscheinlichkeit – jedenfalls für das Coastal Command –, daß ehe das neueste ASV-Radar eingesetzt werden konnte, sein Geheimnis bereits gelüftet sein würde. Da das H2S in die Pfadfinderflugzeuge eingebaut werden sollte, die die Bomberangriffe anführten, mußte es der Natur der Sache nach über Feindterritorium eingesetzt werden. Es würde nur eine Frage der Zeit sein, bis die Deutschen ein Muster dieses Radars erbeuten würden. Dann könnten sie für die Signale dieses Gerätes einen Horchempfänger bauen, und das Coastal Command würde die Möglichkeit verlieren, den Überraschungseffekt des ASV Mark III zu nutzen. Es würde wieder die ASV II- und *Metox*- Geschichte von vorn beginnen.

In Gedanken daran kämpften die Admiralität und die höheren Offiziere des Coastal Command erbittert darum, den Einsatz des H2S so lange hinauszuzögern, bis wenigstens ein beträchtlicher Teil des Coastal Command mit dem neuen Zentimeterwellen-ASV-Radar ausgerüstet sein würde. Auf diesem Wege schien noch eine gute Aussicht zu bestehen, vernichtende und unerwartete Schläge gegen Uboote zu führen, die bei Nacht aufgetaucht in der Biskaya fuhren. Darüber hinaus würde es – da Coastal Command-Flugzeuge selten auf Feindterritorium abstürzten – viele Monate dauern, ehe die Deutschen das neue Gerät entdeckten.

Im letzten Monat des Jahres 1942 erreichte die Debatte ihren Höhepunkt. Der Radar Pionier Sir Robert Watson-Watt wurde zu Rate gezogen und schrieb eine längere Abhandlung darüber, welche Auswirkung auf den Seekrieg zu erwarten sei, wenn die Deutschen ein H2S erbeuteten. Er erklärte, daß es keinen klaren Beweis dafür gäbe, ob der Gegner von der Arbeit der Alliierten am Zentimeterwellen-Radar wisse oder nicht, obwohl der deutsche Überwachungsdienst über ein Jahr lang reichlich Gelegenheit hatte, Signale von zwei großen Landstationen an der Südküste Englands aufzufangen. Außerdem hatten die Nachtjäger der Royal Air Force seit mehreren Monaten Zentimeterwellen-Radar benutzt, und auch das Schlachtschiff *Prince of Wales* hatte zwei Radar dieses Typs an Bord gehabt, als es vor Malaya auf flachem Wasser versenkt wurde. Es war bekannt, daß die Japaner sie gehoben und möglicherweise die Geräte ausgebaut hatten. Es bestand daher eine hohe Wahrscheinlichkeit, daß die Deutschen schon von dem neuen Radar wußten. Wenn dem so war, dann würde die Erbeutung eines Musters des H2S wenig Auswirkung auf den Ubootkrieg haben. Wenn andererseits die Deutschen nichts von diesem Radartyp wußten, konnten sie – nach Meinung von Watson-Watt – einen einfachen Empfänger für Uboote »innerhalb von zwei oder höchstens drei Monaten« nach der Entdeckung des alliierten Zentimeterwellen-Radars entwerfen und herstellen. Watson-Watts Schlußfolgerungen wurden am 22. Dezember bei einer Sitzung des Stabchef-Ausschusses vorgetragen, bei dem Churchill den Vorsitz führte. Nach einer längeren Diskussion entschied der Premierminister, daß das neue H2S-Radar zum Einsatz über feindlichem Territorium ab Anfang 1943 freigegeben würde – noch bevor das ASV Mark III einsatzbereit wurde.

Bis Mitte Januar 1943 hatte das Bomber Command zwei Pfadfinder Squadrons mit H2S ausgerüstet und Ende des Monats begannen die Einsätze über Deutschland. Beim zweiten Angriff, bei dem das neue Radar benutzt wurde, am 2. Februar, schoß ein Nachtjäger eine mit H2S ausgerüstete Stirling ab. Die Maschine ging bei Rotterdam zu Boden. Innerhalb weniger Tage gelangten die verbogenen und teils zerbrochenen Überreste des Radars zur Sammelstelle für erbeutetes Feindgerät in Berlin. Dort besichtigten Ingenieure der Luftwaffe und großer deutscher Elektronikfirmen mit größtem Interesse die unverhoffte Beute. Anfangs war der taktische Wert des Radars nicht ganz klar, aber eines der Teile hatte den Absturz überlebt und war über jeden Zweifel hinaus erkennbar: das verräterische Magnetron mit Hohlräumen, die einer Wellenlänge von etwa zehn Zentimetern entsprachen. Die Deutschen benannten das neue Gerät nach dem Fundort *Rotterdam*. Das, was hohe alliierte Offiziere, die die Schlacht im Atlantik leiteten, befürchtet hatten, die Kompromittierung des neuen Zentimeterwellen-ASV-Radar, war nun Tatsache geworden.

Watson-Watt hatte den Deutschen zwei oder drei Monate gegeben, einen geeigneten Empfänger zu entwerfen und zu fertigen, selbst wenn sie von Null anfingen. Aber er konnte nicht die Schwierigkeiten und Hindernisse voraussehen, die sich ihnen in den Weg stellen würden. In diesem Falle brauchte die deutsche Marine viel länger, um einen richtigen Zentimeterwellen-Suchempfänger an die Front zu bringen.

Schlag um Schlag

Mit dem heutigen Tage übernehme ich auf Befehl des Führers den Oberbefehl über die Kriegsmarine.
Der Ubootwaffe, die ich bisher führen durfte, danke ich für ihre in jeder Stunde bewährte todesmutige Kampfbereitschaft und für ihre Treue. Ich werde die Führung des Ubootkrieges auch weiterhin selbst behalten.
Im gleichen harten soldatischen Geist will ich die Kriegsmarine führen. Von jedem Einzelnen erwarte ich bedingungslosen Gehorsam, höchsten Mut und Hingabe bis zum letzten Atemzug. Darin liegt unsere Ehre.
Geschart um unseren Führer werden wir unsere Waffen nicht aus der Hand legen, bis Sieg und Frieden errungen sind.

Tagesbefehl von Großadmiral Karl Dönitz, 30. Januar 1943

Am 30. Januar wurde Dönitz zum Großadmiral befördert und übernahm den Oberbefehl über die gesamte deutsche Marine. Drei Tage später zeigte sich das erste, kaum wahrnehmbare Zittern, die unbestimmte Ankündigung des Erdbebens, das später die Uboot-waffe bis in ihre Grundfesten erschüttern sollte. Die verbogenen Überreste des Zentimeterwellen-H2S-Radar waren für die deutschen Elektronikexperten eine totale Überraschung. Sie sahen mit erstaunten Augen auf seine vielen – und erschreckend unbekannten – neuen Besonderheiten: den Hochleistungsmagnetron-Oscillator, die viereckigen Hohlleiter, die die Energie zur Antenne führten und die Antenne selbst, mit ihrem kleinen Reflektorspiegel von nicht mehr als einem Meter Breite.
Warum war es dem deutschen Funküberwachungsdienst nicht

166

gelungen, rechtzeitig vor einem solchen Radar zu warnen? Die Antwort konnte denen nur wenig Trost bringen, deren Leben von solchen Nachrichten über den Feind abhing: die Überwacher hatten sich nicht darum bemüht, den Zentimeterbereich des Wellenspektrums nach Radarsignalen abzusuchen. Deutsche Wissenschaftler waren irrtümlich davon ausgegangen, daß theoretisch ein Zentimeterwellen-Radar nicht funktionieren würde, und zwar wegen des Phänomens der »Überreflektion«; das heißt, nach dem Auftreffen auf ein Ziel würden die Signale nicht zum Radargerät zurückgeworfen, sondern statt dessen im flachen Winkel wegreflektiert werden, so etwa wie ein Tennisball vom Aufschläger zurückspringt, wenn er von einem As serviert wird. Dieses Phänomen trat tatsächlich bei dem neuen Radar auf, aber die deutschen Berechnungen hatten sein Ausmaß erheblich übertrieben. Nun war es klar, daß die Fachleute sich ganz erheblich geirrt hatten; den Deutschen liefen die Dinge aus der Hand. So schrieb Göring, nachdem er den Report über das *Rotterdam* gelesen hatte:

»Ich hatte erwartet, daß die Briten und Amerikaner uns voraus seien, aber daß sie uns so weit voraus sind, habe ich, offen gestanden, nicht erwartet. Ich habe gehofft, daß wir, wenn auch hintendranliegend, wenigstens einigermaßen mitkommen würden.«

In dem Bemühen, wenigstens etwas von dem Rückstand aufzuholen, gab der Chef des Nachrichten-Verbindungs-Wesens der Luftwaffe, General Wolfgang Martini, am 22. Februar Befehl, eine besondere ›Arbeitsgemeinschaft *Rotterdam*‹ unter Leitung von Dr. Leo Brandt, Telefunken, zu gründen. Brandts Auftrag war ›das Wissen in der Zentimeterwellen-Arbeit in den Forschungsgruppen und der Industrie zu vereinen, um so schnell wie möglich die notwendigen Gegenmaßnahmen zum *Rotterdam*-Gerät in Gang zu bringen‹.«

Die erste Sitzung der »Arbeitsgemeinschaft *Rotterdam*« fand sofort am nächsten Tage, am 23. Februar, im Telefunken-Werk in Berlin statt. Die Arbeitsgemeinschaft entschied, daß Telefunken mit größtmöglicher Beschleunigung sechs Radargeräte auf der Basis des erbeuteten *Rotterdam*-Gerätes bauen sollte, die als Prototypen der Großfertigung für die deutschen Streitkräfte dienen sollten. Außerdem besprachen die Mitglieder Pläne für die Fertigung eines Spezialempfängers, der in der Lage sein würde, die Signale des feindlichen Radars aufzufangen. Dieses Gerät erhielt den Decknamen *Naxos*.

Es bestand kaum ein Zweifel, daß der neue Radartyp gegen deutsche Uboote verwendet werden konnte – wenn er nicht schon für diesen Zweck im Einsatz war. In Gedanken an den Erfolg des *Metox* forderte der Vertreter der deutschen Marine bei dieser Sitzung, der Marineingenieur Bockelmann, eine Version des *Naxos* für seinen Wehrmachtsteil. Der Empfänger, der speziell für Uboote entworfen werden sollte, erhielt den Decknamen *Naxos U*.

Wenn auch die deutschen Radarfachleute mit Sorgen in die Zukunft schauten, so waren diese Befürchtungen doch noch nicht bis zu den Ubootbesatzungen gedrungen. Seit der allgemeinen Einführung des *Metox*-Empfängers in die deutsche Ubootwaffe im September 1942 waren die Erfolge der alliierten Flugzeuge in der Biskaya gegen Uboote unverändert gering. Im Januar 1943 lag das Coastal Command noch hinter den Ergebnissen vor der Einführung des Leigh Light zurück, keine der vier Tag- und neun Nachtsichtungen hatten zu einer Vernichtung geführt. Im Februar wurden die alliierten Überwachungsflüge neu organisiert. Zwischen dem 4. und 16. flogen die Flugzeuge der 19. Gruppe des Coastal Command unter dem Befehl von Air Vice Marshall Geoffrey Bromet die Operation *Gondola* (Gondel): ein rechteckiges Seegebiet in der Biskaya quer über den deutschen Anmarschwegen wurde intensiv überwacht. Während dieser Operation konnte Bromet die erste und zweite Squadron der US Army Air Force über der Biskaya einsetzen, beide mit Liberators ausgerüstet. Diese Flugzeuge hatten zwar nicht die zusätzlichen Brennstoffbehälter oder andere Modifizierungen für den Langstreckeneinsatz, aber – und das war viel wichtiger – sie hatten das neue amerikanische Zentimeter-Radar SCR 517. Im Laufe der Operation sichtete die 19. Gruppe bei über 300 Einsätzen 19 Boote und führte acht Angriffe durch. Bezeichnenderweise erfolgte die einzige Vernichtung durch eine Liberator der amerikanischen 2. Squadron, *U 519* (Eppen).

Es dauerte nicht lange, bis das deutsche Oberkommando eine Bestätigung für den erwarteten Einsatz des alliierten Zentimeter-Radars erhielt. Im März begann die erste mit dem neuen ASV Mark

III ausgerüstete britische Squadron die Überwachungsflüge über der Biskaya. Es war die 172. Squadron mit den Leigh Light-Wellingtons. In der Dunkelheit der ersten Stunden des 5. März beleuchtete eins der Flugzeuge *U 333* auf dem Ausmarsch in sein Operationsgebiet. Aber das Gefecht war nicht einseitig, die Deutschen eröffneten ein genau liegendes Feuer mit einer 20-mm-Kanone und schossen die Wellington ab. Der weitblickende Ubootkommandant, Oberleutnant Schwaff, hielt dieses Gefecht für bedeutsam genug, einen Funkspruch an die Befehlsstelle abzusetzen. Im Kriegstagebuch von Dönitz ist vermerkt:

»*U 333* wird in BF 5897 von feindlichem Flugzeug nachts ohne vorherige Ortung angeflogen. Geringe Ausfälle. Flugzeug wird brennend abgeschossen.«

Eine weitere Eintragung im Kriegstagebuch dieses Tages zeigt den Ernst der Lage:

»Der Gegner arbeitet auf Trägerfrequenzen, die außerhalb des Frequenzbereiches des jetzigen Fu.M.B.-Empfängers liegen. Der Abschuß einer feindlichen Maschine über Holland, die anscheinend ein Gerät mit der Frequenz 9,7 Zentimeter an Bord hatte, ist vorläufig der einzige Anhalt für diese Möglichkeit.«

Bei der zweiten Sitzung der Arbeitsgemeinschaft *Rotterdam* am 17. März erfuhren die deutschen Radarexperten von diesen Ereignissen. Sie hörten auch, daß die Firma Telefunken bei der Herstellung der überaus wichtigen Kristalldetektoren für die *Naxos*-Empfänger Schwierigkeiten hatte, deshalb stand auch noch keiner dieser Empfänger für Versuche zur Verfügung. Angesichts der sich verschlechternden Situation in der Biskaya forderte der Marinevertreter bei dieser Sitzung, Fregattenkapitän Dr. Becker, daß die Marine den ersten Anspruch auf diese Empfänger hätte, sobald sie zur Verfügung ständen. General Martini stimmte dem zu. Es war jedoch klar, daß die Uboote vorläufig ohne Warnempfänger auskommen mußten.

Zwischen dem 20. und 28. März setzte Air Vice Marshall Bromet seine zweite Großoperation gegen die Uboote in der Biskaya in Gang, die Operation *Enclose* (Umzingeln). Anfang des Monats hatte er die beiden mit Zentimeter-Radar ausgerüsteten Liberator Squadrons der US Army Air Force abgeben müssen. Sie waren nach Marokko verlegt worden, um die amerikanische Schiffahrt in diesem Gebiet zu sichern. Dafür verfügte er aber jetzt über 32 mit Zentimeter-Radar ASV Mark III ausgerüstete Leigh Light-Wellingtons, die zur 172. und der kanadischen 407. Squadron gehörten. Außerdem hatte er natürlich noch die anderen Squadrons, die mit dem älteren ASV Mark II-Radar ausgerüstet waren.

Aus deutschen Berichten wissen wir jetzt, daß während der *Enclose-* Operation 41 Unterseeboote auf dem Aus- oder Rückmarsch die Biskaya kreuzten. Nach alliierten Berichten sichteten Flugzeuge 26 Boote und griffen 15 an. Das einzige Unterseeboot, das versenkt wurde, *U 665* (Haupt), fiel am 22. einer Wellington der 172. Squadron zum Opfer.

In seinem Kriegstagebuch vermerkt Dönitz am 23. März, daß die Fahrt durch die Biskaya immer gefährlicher werde. Obgleich nur wenige Uboote bei der Durchfahrt durch dieses Seegebiet versenkt würden, kämen mehrere von Feindfahrt mit haarsträubenden Geschichten zurück, wie sie gerade noch entkommen seien. Seit Februar, so schrieb er, hat die Wirkung der Luftüberwachung in alarmierendem Ausmaß zugenommen, besonders wenn viele Boote von großen Geleitzugschlachten zurückkehrten. Er schließt seine Bemerkung mit »es wird weitere Verluste geben«.

Zwischen dem 6. und 13. April setzte Bromet eine Wiederholung der *Enclose*-Operation an. Während sie lief, passierten 25 Uboote die Biskaya, elf wurden gesichtet und vier angegriffen. Wieder wurde nur ein einziges Boot, *U 376* (Marks), versenkt, wiederum durch eine Wellington der 172. Squadron.

Unmittelbar nach *Enclose II* setzte die 19. Gruppe ihre vierte intensive Überwachungsaktion in einem anderen Teil der Biskaya an: Operation *Derange* (Verwirren). Zum ersten Mal hatte Air Vice Marshall Bromet eine brauchbare Anzahl von Flugzeugen mit Zentimeter-Radar zur Verfügung, etwa 70 Wellingtons, Liberators und Halifax.

Die Verstärkung blieb von den Deutschen nicht unbemerkt. Angesichts der steigenden Zahl von Meldungen über Überraschungsangriffe bei Nacht oder bei Tage und schlechter Sicht reagierte Dönitz so wie im vorhergehenden Sommer: am 27. April funkte er an die Boote in der Biskaya, während der Nacht getaucht zu fahren und bei Tage nur zum Laden der Batterien aufzutauchen. Er bemerkte grimmig »der Gegner hat ein Radargerät, das er besonders in Flugzeugen einsetzt und gegen das unsere Uboote machtlos sind . . .« Watsons-Watt's Dreimonatsfrist war abgelaufen und noch immer waren die Schwierigkeiten für die Serienproduktion des *Naxos* nicht gelöst. Die Uboote würden noch einige Monate länger ihr Glück ohne sie versuchen müssen.

Ehe wir aber in der sich lange hinziehenden Phase fortfahren, die zum Höhepunkt der Schlacht in der Biskaya führte, gibt es noch andere Seiten des Krieges, die Beachtung verdienen.

Zu diesem Zeitpunkt ist wohl ein flüchtiger Blick auf die Kommandostrukturen der gegeneinander kämpfenden Verbände angebracht.

Die Kommandostruktur des Coastal Command war zu Kriegsbeginn festgelegt worden. Sie blieb im wesentlichen bis zur Beendigung der Feindseligkeiten unverändert. Im Februar 1943 übernahm Air Marshall Sir John Slessor von Sir Philip Joubert den Befehl über das Coastal Command. Von seiner Befehlsstelle in Northwood in Middlesex arbeitete er in enger Verbindung mit den entsprechenden Befehlshabern der Royal Navy. Die Royal Navy war verantwortlich für die Gesamtstrategie und den Einsatz der britischen Streitkräfte in der Schlacht im Atlantik. So hatte sie auch die Einsatzleitung für die Seeaufklärungs- und die Schiffsbekämpfungs-Flugzeuge des Coastal Command. Im wesentlichen bestimmte die Royal Navy als maßgebender Partner die Aufgabe der Luftstreitkräfte über See. Das Coastal Command war für die Durchführung verantwortlich.

Die Befehlsstellen der Coastal Command-Gruppen in Großbritannien waren in allen Fällen mit der eines Marinebefehlshabers zusammengelegt, wobei der dienstälteste Marineoffizier die Gesamtleitung hatte.[1] Obgleich das Ganze sehr gut funktionierte, führte dieses System doch zu einigen seltsamen Zuständen. Der Marinebefehlshaber in Plymouth zum Beispiel, Admiral of the Fleet Sir Charles Forbes, hatte unter seinem Befehl nur sehr wenige Marinestreitkräfte, einige alte Zerstörer und ein paar Schnellboote; doch er war der unmittelbare Vorgesetzte von Air Vice Marshall Bromet, der aus der Befehlsstelle die große Luftstreitmacht befehligte, die gegen die Uboote in der Biskaya angesetzt wurde.

[1] Marinebefehlshaber Western Approches, Liverpool, mit der Luftwaffenbefehlsstelle der 15. Gruppe; Marinebefehlshaber Chatham und 16. Gruppe; Marinebefehlshaber Rosyth und 18. Gruppe; und Marinebefehlshaber Plymouth und 19. Gruppe.

Über die Einsatzräume der Luftüberwachung wurde auf höchster Ebene entschieden. Während der morgendlichen Lagebesprechung der Marine für die vereinigten Stäbe erhielten die Gruppenkommandeure der Royal Air Force ihre Weisungen über eine besonders abgesicherte Telefonleitung, die das Uboot-Lagezimmer in der Admiralität in Whitehall, das Lagezimmer des Coastal Command in Northwood und die vier gemeinsamen Befehlsstellen miteinander verband. Commander Rodger Winn im Uboot-Lagezimmer eröffnete die Besprechung mit einem Bericht über die bekannten Positionen und vermutlichen Bewegungen der Uboote, dem eine allgemeine Diskussion über die Sichtungen und Angriffe der letzten 24 Stunden folgte. Als nächstes gab die Admiralität eine Liste der Geleitzüge und Monster[1] durch, die voraussichtlich bedroht waren und deshalb der Luftsicherung bedurften. Die Bereitstellung dieser Luftsicherung hatte immer Vorrang. Die Admiralität verlangte über das Coastal Command vor allem die »sichere und pünktliche Ankunft« der Schiffe. Die 15. Gruppe von Air Vice Marshall Slatter war für die Bereitstellung der Luftsicherung der Atlantikgeleitzüge verantwortlich, er konnte bei Bedarf von anderen Gruppen zusätzliche Flugzeuge anfordern. Da Slatter jedoch für diese Aufgabe Langstreckenflugzeuge brauchte, waren die Flugzeuge der anderen Gruppen mit kürzerer Reichweite nur selten von Nutzen für ihn. Wenn nun die vorrangigen Forderungen erfüllt waren, wurde der verbleibende Rest der Flugzeuge anderen Aufgaben zugewiesen – zum Beispiel für Überwachungsflüge über der Biskaya.

Wenn der Rahmen für die Unternehmungen des Tages festgelegt war, waren die Gruppenkommandeure und ihre Stäbe dafür verantwortlich, die Weisungen in Operationsbefehle umzusetzen und sie den betroffenen Stellen zu übermitteln.

Zur Unterstützung der britischen Kommandeure gab es eine äußerst tüchtige Operational Research-Gruppe. Darüber hinaus blieben sie durch die »Sonntags-Sowjets« im Telecommunications Research Establishment zu Malvern über die letzten technischen Entwicklungen auf dem Laufenden. Ihre deutschen Gegenspieler,

---

[1] Monster = Deckname für große, schnelle, einzeln fahrende Truppentransporter, zum Beispiel die »*Queen Mary*« und die *Queen Elizabeth*.

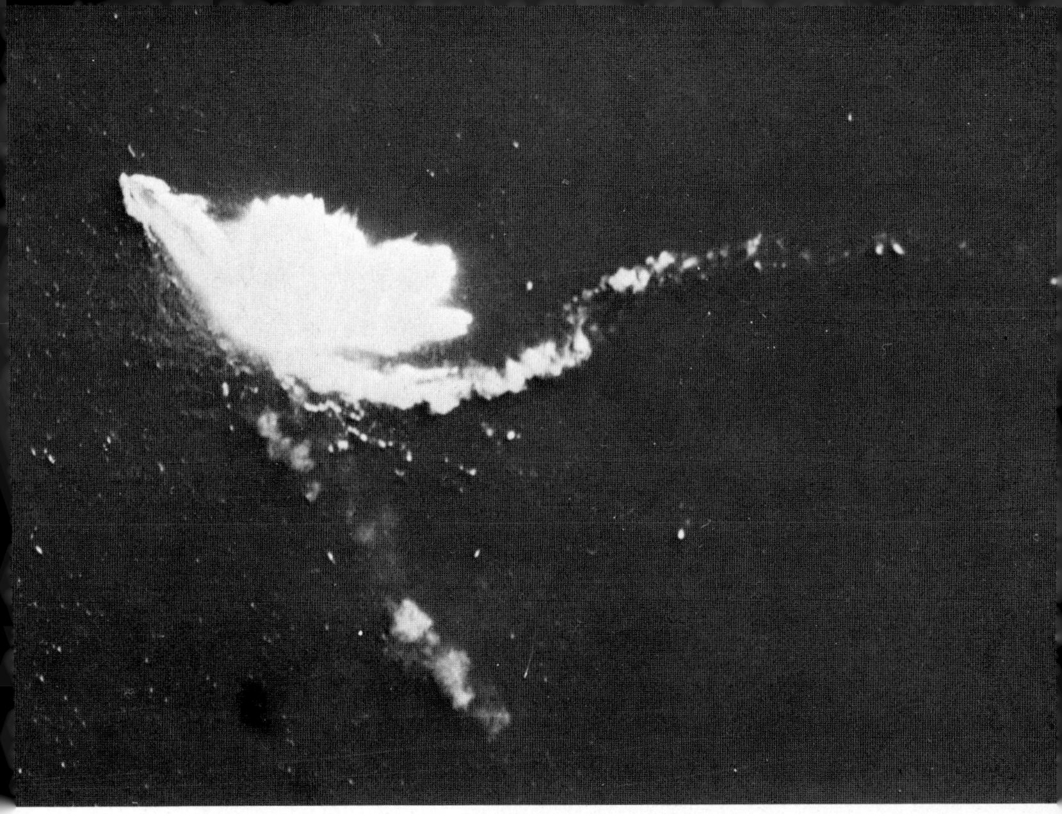

Der erfolgreichste Flugzeugführer in der Schlacht in der Biskaya Wing Commander Oulton (rechts) von der 58. Squadron. Er versenkte *U 463* (links in den Detonationen seiner Wasserbomben) und *U 663;* außerdem war er an der Vernichtung von *U 563* beteiligt, alles innerhalb von 26 Tagen. Das letzte größere Gefecht in der Biskaya fand am 30. Juli 1943 statt, als *U 461, 462* und *504* (oben links) sich über Wasser durchzukämpfen versuchten. Als erste griffen zwei Halifax von der 502. Squadron mit 275-kg-Wasserbomben aus Höhen über 500 Metern an. Eine der Bomben fiel dicht neben das abdrehende *U 462* (oben) und beschädigte es – es wurde später von einer Geleitbootgruppe der Royal Navy endgültig erledigt.

Die deutsche Marine rüstete *U 441* (oben) mit besonders starker Bewaffnung als »Flugzeugfalle« aus. Es hatte zwei 20-mm-Vierlingskanonen, ein halbautomatisches 37-mm-Geschütz, zusätzliche Panzerung und zusätzliche Geschützbedienung. Nach einer regelrechten Schlacht mit Flugzeugen, bei der *U 441* erhebliche Verluste erlitt, ließ man jedoch die Flugzeugfallen-Idee fallen. Dennoch wurde in der zweiten Hälfte 1943 die Flugabwehrbewaffnung der Uboote erheblich verstärkt. *U 745* (unten rechts) hatte ein Vierlings- und zwei Zwillings- 20 mm-Geschütze. Die britische Reaktion auf das aufgetauchte Uboot war der Einbau der 57-mm-Panzerabwehrkanone in die unteren Bugsektionen der Mosquito (unten links).

Während der ersten Monate des Jahres 1944 trugen US Navy Catalina Flugboote der VP 63-Squadron (oben) mit magnetischem Ortungsgerät zur Vernichtung von drei Ubooten bei, die versuchten, getaucht durch die Straße von Gibraltar zu laufen. Der Magnetkopf war ganz hinten angebracht, um magnetische Störungen durch Eisenmetalle im Flugzeug selbst zu verringern (Mitte links). Um genaue Angriffe trotz der kurzen Reichweite des magnetischen Ortungsgerätes zu ermöglichen, wurde die Retrobombe entwickelt. Wenn der Raketenmotor zündete, glitten die Bomben nach hinten aus ihren Schienen und fielen senkrecht nach unten, sobald ihre Vorwärtsgeschwindigkeit aufgehoben war. Die zwölf Bomben sind in vier Dreiergruppen aufgeteilt. Die Schienen jeder Gruppe sind mit einem etwas größeren Winkel als die nach innen angrenzenden nach außen gerichtet, um einen richtigen Reihenwurf zu erzielen.

Trägerfähige Ubootabwehr-Flugzeuge: die robuste amerikanische Grumman Avenger (oben), hier mit acht Raketen, einem Scheinwerfer in angehängtem Behälter und einem Zentimeterwellen-Radar am Steuerbord-Tragflügel. Die Unterrumpf-Antennen gehören zum Sonobojen-Empfänger. Die langsame aber manövrierfähige Fairy Swordfish (Mitte) wurde sogar von kleinen Handelsschiffs-Flugzeugträgern mit Erfolg eingesetzt. Sie trägt eine typische Ubootabwehr-Bewaffnung, bestehend aus acht Raketen und Rauchmarkierungsbojen. Die ASV Mark II Radarantennen sind an den äußeren Flügelstreben zu erkennen. Die Senderantenne befindet sich in der Mitte des oberen Tragflügels. Die japanische Marine setzte die Nakajima B 5 N (unten) von Geleitträgern aus ein. Die Antenne des voraus gerichteten Radars ist an der Vorderkante des Flügels zwischen Rumpf und Faltstelle zu erkennen. Die nach der Seite gerichteten Antennen befinden sich hinten am Rumpf.

das werden wir in Kürze feststellen, wurden auf diesen beiden Gebieten weniger gut bedient.

Anfang 1943 war die Arbeitsweise der deutschen Ubootführung ebenfalls gut eingefahren. Zu dieser Zeit hatte Admiral Dönitz seine Befehlsstelle in Paris in einem großen beschlagnahmten Haus in der Avenue Maréchall Maunoury. Sein Chef der Operationsabteilung, Konteradmiral Godt, führte eine sorgfältig ausgewählte Gruppe von sieben ehemaligen im Einsatz bewährten Ubootkommandanten. Mit Dönitz waren dies die Männer, die auf deutscher Seite den Ablauf der Geleitzugschlachten im Atlantik bestimmten. Mit Ausnahme von Godt mit 42 Jahren war das Durchschnittsalter dieser Gruppe Anfang 30. Deshalb wurde sie auch manchmal als »Stab ohne Bäuche« bezeichnet.

Ehe ein Ubootrudel einen Geleitzug angreifen konnte, mußten die Stabsoffiziere in Paris erst einmal herausfinden, wo das Opfer war. Aufgrund ihres Feind-Nachrichtendienstes über alliierte Schiffsbewegungen wiesen sie 10 oder 15 Uboote an, einen Aufklärungsstreifen mitten im Atlantik, rechtwinklig zum Kurs des erwarteten Geleitzuges, zu bilden. Der typische Vorpostenstreifen lief Nord-Süd mit zehn Meilen Zwischenraum zwischen den Ubooten. Während dieser Phase der Unternehmung mußten die deutschen Uboote absolute Funkstille halten, sonst hätten die alliierten Küsten-Peilstationen die Position der auf der Lauer liegenden Uboote feststellen können und die ganze Operation würde vergeblich sein.

Der Kommandant des Bootes, das den Geleitzug zuerst sichtete, durchbrach die Funkstille und gab eine genaue Sichtmeldung an die Befehlsstelle in Paris. Solch ein Funkspruch pflegte den Operationsstab von Dönitz in emsige Tätigkeit zu versetzen. Die Offiziere eilten ins Lagezimmer, wo auf einer großen Wandkarte die Positionen der Uboote mit Nadeln gesteckt waren. Nun kam es darauf an, Befehle herauszugeben, um die übrigen Boote so schnell wie möglich an den Geleitzug heranzubringen. Während dieser Zeit mußte das sichtende Boot mit dem Geleitzug laufen und Meldungen über seinen Kurs, seine Geschwindigkeit, die Zahl der gesichteten Schiffe und die Stärke der Geleitsicherung absetzen. Hinter dem Horizont löste sich der deutsche Vorpostenstreifen auf und jedes Uboot operierte mit höchstmöglicher Fahrt auf den

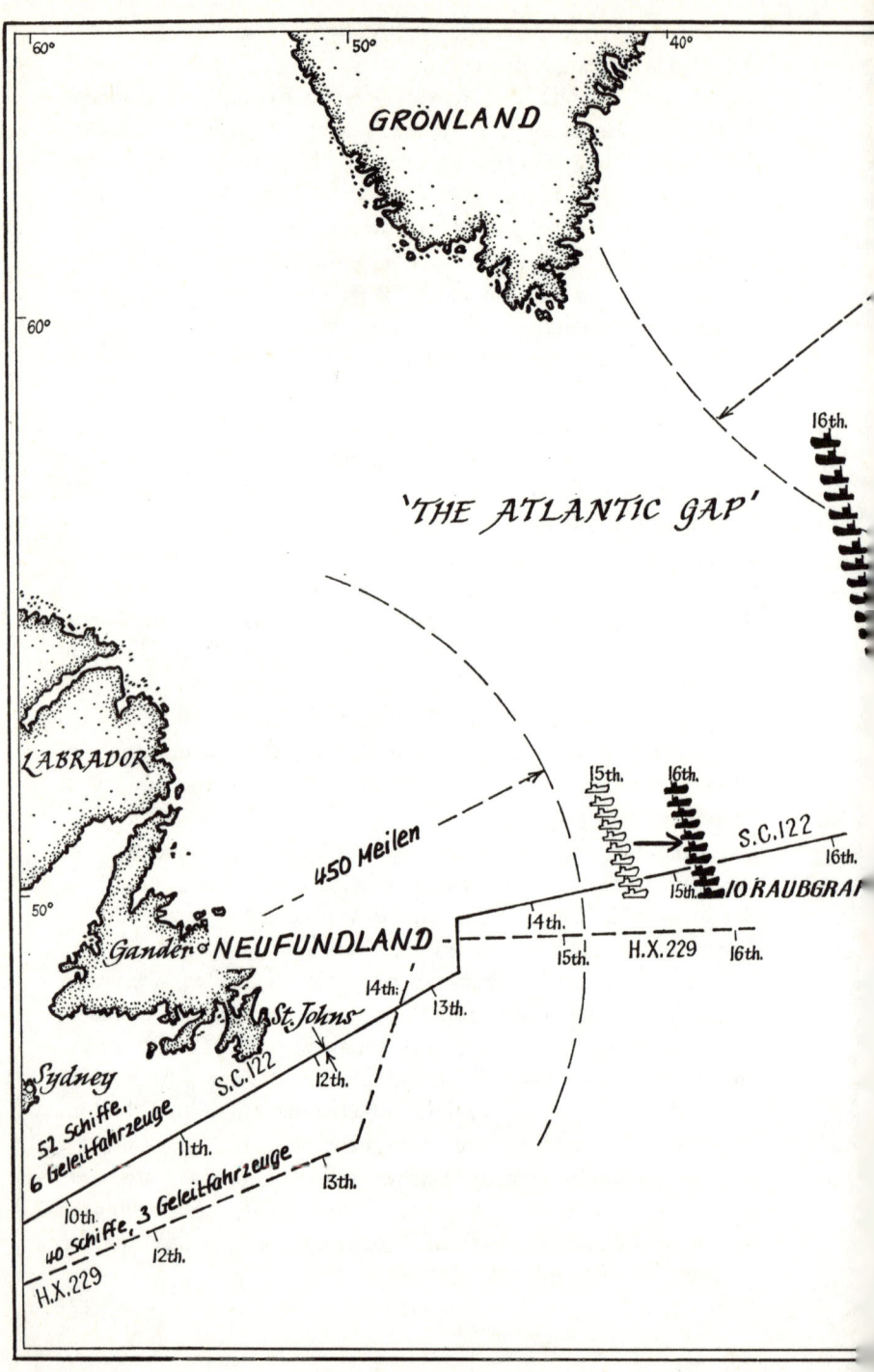

GRÖNLAND

'THE ATLANTIC GAP'

16th.

LABRADOR

450 Meilen

15th. 16th.

S.C.122

16th.

15th.

RAUBGRAF

14th.

H.X.229

15th. 16th.

50°

Gander NEUFUNDLAND

13th.

St.Johns

14th.

13th.

Sydney

S.C.122

12th.

52 Schiffe,
6 Geleitfahrzeuge

11th.

40 Schiffe, 3 Geleitfahrzeuge

13th.

10th.

12th.

H.X.229

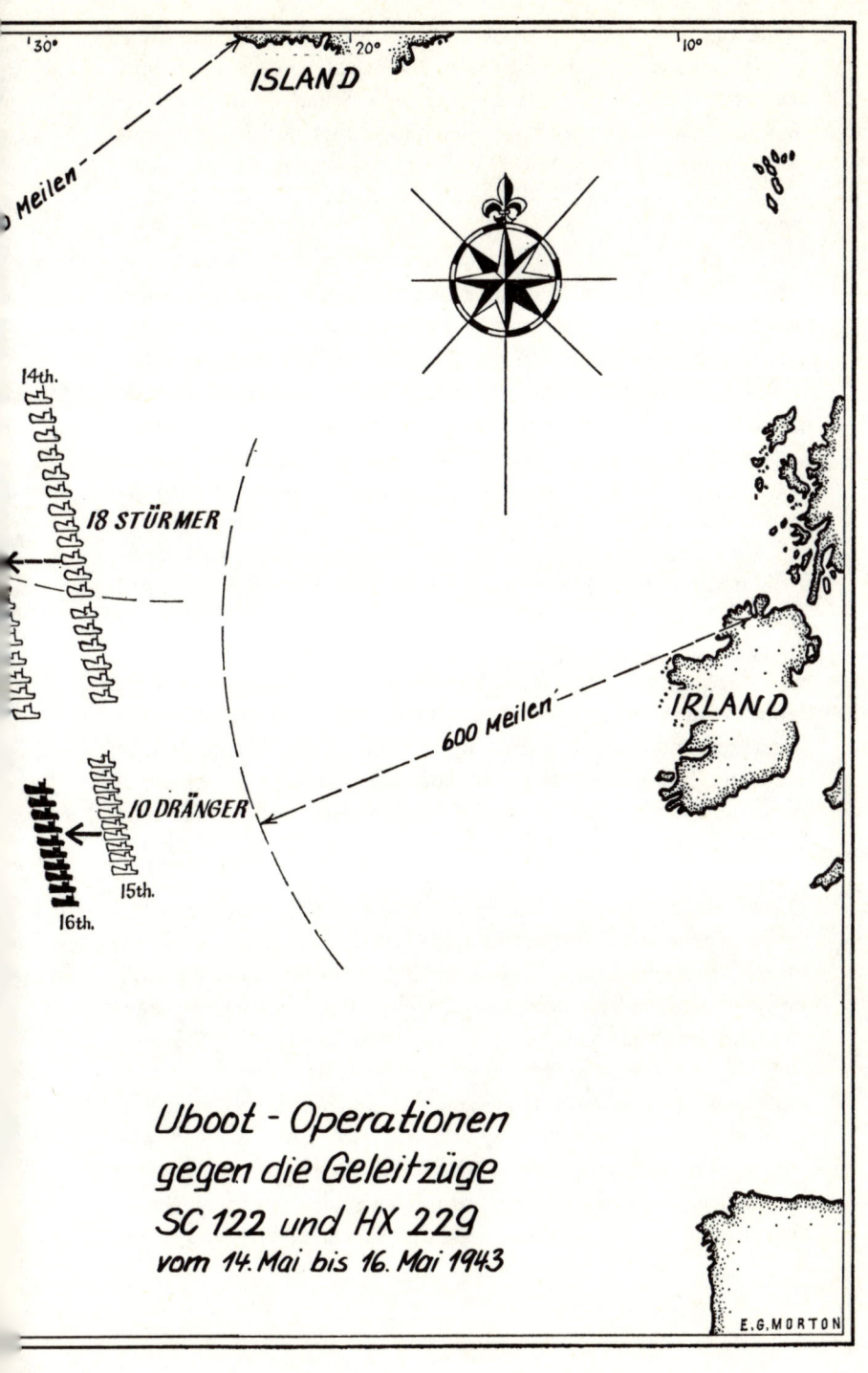

ISLAND

Meilen

14th.

18 STÜRMER

IRLAND

600 Meilen

10 DRÄNGER

15th.

16th.

Uboot - Operationen
gegen die Geleitzüge
SC 122 und HX 229
vom 14. Mai bis 16. Mai 1943

E.G. MORTON

Geleitzug. Für das am weitesten abstehende Uboot des Streifens, das bis zu 140 Meilen von seiner Beute entfernt stehen konnte, bedeutete dies einen Marsch von acht Stunden über Wasser. Während dieser Zeit legte ein Geleitzug einige 60 Meilen zurück. Wenn mindestens drei Boote Fühlung am Geleitzug hatten, konnte der Angriff beginnen. Das weitere war dann Sache der einzelnen Boote.

Die deutsche Marine wußte genau um die Gefahren eines unsicheren Schlüsselsystems und war deshalb jedem geringsten Hinweis eines Einbruchs in ihr eigenes Verfahren sofort nachgegangen. Der Befehlshaber der Uboote, Admiral Dönitz, stellte zum Beispiel fest, daß während dreier Wochen im Januar 1943 keiner der Vorpostenstreifen, die mitten im Atlantik aufgestellt waren, einen einzigen Geleitzug abfingen. Im Februar wurden die wenigen Geleitzüge, die erfaßt wurden, von einzeln operierenden Booten oder Booten an den Enden der Vorpostenstreifen gesichtet. Wenn die Geleitzüge um die Gefahrenzonen herumgeführt wurden, wie stellten die Alliierten fest, wo Gefahrenzonen waren? Ein Zwischenfall am 12. Januar hatte Verdacht erweckt. Der Uboottanker *U 459* (von Wilamowitz-Möllendorf), der seine vorher festgelegte Position weit unten im Südatlantik eingenommen hatte, um das italienische Uboot *Kalvi* zu versorgen, stieß auf dem Treffpunkt auf feindliche Zerstörer und konnte gerade noch entkommen. Wenn dies ein zufälliges Zusammentreffen war, dann war es ein sehr großer Zufall, denn die Position lag einige 800 Meilen vom nächsten alliierten Stützpunkt entfernt und demnach weit außerhalb der Geleitzugwege.

Dönitz befahl seinem Stabe, die Schlüsselsicherheit zu überprüfen. Gab es irgendeinen Hinweis dafür, daß diese Information aus dieser Quelle stammen konnte? Stück für Stück bauten seine Admiralstabsoffiziere ein einleuchtendes Lagebild der Ubootbewegungen aus allen Informationen, die die Alliierten hätten haben können: Sichtungen, Funkpeilungen, Radarortungen usw. Die Deutschen mußten auch in Rechnung stellen, daß die Alliierten erstklassige Informationen von ihren Spionen in den französischen und norwegischen Stützpunkten erhielten. Als die Gestapo eine Agenten-Funkstation in Frankreich aushob, hatte sie Unterlagen gefunden, aus denen die Auslaufzeiten der verschiedenen Boote und auch, ob sie in den nördlichen oder südlichen Atlantik gingen, zu ersehen war. Nach Auswertung aller verfügbaren Informationen und Unterlagen schrieb Dönitz am 5. März in sein Kriegstagebuch:

»Bis auf zwei bis drei ungeklärte Fälle lassen sich die englischen Angaben auf die den Engländern zugänglichen Anhalte über Ubootstandorte und von ihnen durchgeführte Mitkoppelung der Boote, ferner auf durchaus verständliche Kombinationen zurückführen. Als wichtigstes Ergebnis hat sich als so gut wie sicher herausgestellt, daß es dem Gegner mit Hilfe der Flugzeugfunkmeßortung möglich war, Ubootaufstellungen mit einer Genauigkeit zu erfassen, die für erfolgreiche Ausweichbewegungen seiner Geleitzüge ausreichend waren.«

Bei Bewertung militärischer Feindnachrichten pflegt man – liegen nur ungenügende Informationen über den Gegner vor – den »ungünstigsten Fall« anzunehmen. Die Deutschen wußten, daß die Radargeräte der Alliierten denen der Deutschen technisch überlegen waren, aber sie hatten keine Möglichkeit festzustellen, wie weit sie überlegen waren. Dönitz hatte seine Lagebetrachtung darauf gestützt, daß die alliierten Flugzeuge ein sehr weitreichendes Radar besäßen. Doch das beste, 1943 im Dienst befindliche ASV-Radar konnte Uboote unter günstigen Bedingungen nur auf 15 Meilen orten, auf 20 Meilen wenn die Bedingungen ungewöhnlich gut waren. Tatsächlich war die Aussicht sehr gering, einen Uboot-Vorpostenstreifen nur mit Radar festzustellen. Das zertrümmerte Radargerät, das man bei Rotterdam gefunden hatte, begann seine zersetzende Wirkung auf das technische Urteilsvermögen der Deutschen zu zeigen.

Zurück zur Befehlsstelle in Paris: zu dieser Zeit focht die Ubootwaffe ihre Schlachten und zog ihre Erfahrungen fast ausschließlich auf Unterlagen und Informationen aus der deutschen Marine gestützt. Keine Operation Research-Abteilung betrachtete – wie beim Coastal Command – kritisch die Unternehmungen; noch gab es so etwas wie den selbstverständlichen Kontakt zwischen kämpfender Truppe, ihren Kommandeuren und den Wissenschaftlern wie bei den »Sonntags-Sowjets« in Großbritannien. Fast bis Ende 1943 hielt das deutsche Oberkommando der Kriegsmarine so etwas für eine unnötige und von der Sache ablenkende Einrichtung.[1] Gab es irgend etwas im Seekrieg, was über die Fähigkeiten des ausgebildeten und pflichtbewußten Marineoffiziers hinausging? Ehe es die Antwort auf diese Frage erhielt, sollte die Ubootwaffe, wie man so sagt, der Leeküste gefährlich nahe kommen.

Ende Januar 1943 operierten 37 deutsche Uboote im »Atlantic Gap« außerhalb der Reichweite der meisten alliierten Überwachungsflugzeuge und warteten geduldig auf den nächsten Geleitzug, um ihn Spießruten laufen zu lassen. Ihre Chance kam Anfang Februar, als 63 Handelsschiffe in dem ostwärts laufenden Geleitzug SC 118 erschienen. 20 Uboote waren beteiligt, sie versenkten 13 Schiffe bei drei eigenen Verlusten. Gegen Ende des Monats widerfuhr dem westwärts laufenden Geleitzug ON 166 eine gleicherweise grobe Behandlung, er verlor 14 Schiffe gegen nur ein vernichtetes Uboot. Im Laufe des Februar konnten die Uboote 36 Schiffe mit insgesamt mehr als einer drittel Million t versenken.

Luftsicherung war dringend notwendig, irgendeine Art von Luftsicherung in dem gefahrbringenden Gebiet mitten im Atlantik, wo die Uboote verheerend wirkten. Aber immer noch gab es nur eine Squadron, die von Landflugplätzen aus in diesem Seegebiet operieren konnte – die 120. Squadron der Royal Air Force, die zu dieser Zeit über fünf Liberators Mark I und zwölf Mark III verfügte.

Sir Philip Joubert hatte immer wieder und wieder mehr dieser Flugzeuge gefordert, aber die im Aufbau befindlichen strategischen Bomber hatten Vorrang. Überdies gehörten die Liberators, die nun von den Montagebändern kamen und dem Coastal Command zur Verfügung gestellt wurden, alle zur »verbesserten« Mark III (B-24D)-Version. Diese Verbesserungen waren wertvoll beim Einsatz als Höhenbomber, der sich durch die feindliche Abwehr hindurchkämpfen mußte. Um die Liberators für den Ubootbekämpfungs-Einsatz auf weite Entfernung und im Tiefflug herzurichten, war infolgedessen ein umfangreicher Rückumbau erforderlich. Die schußsicheren Einsätze für die Brennstofftanks und der

---

[1] Admiral Dönitz hatte bereits 1942 in einem Memorandum an den Oberbefehlshaber der Marine beantragt, einen Ubooterfahrenen Offizier zum Stab des Oberbefehlshabers abzustellen, der die unmittelbaren Kontakte zwischen Wissenschaftlern und einschlägigen Firmen einerseits und Ubootkommandanten andererseits, herstellen sollte, um die Erfahrung der Front unmittelbar zur Diskussion zu stellen. Großadmiral Raeder hat das abgelehnt. Als Oberbefehlshaber hat Dönitz dann den wissenschaftlichen Führungsstab eingesetzt. (Siehe Seite 287.)

größte Teil des Panzerschutzes wurde entfernt, ebenso die Turbo-Hochlader für die Motoren und die elektrisch angetriebene Unterrumpf-Geschützkanzel. Durch diese Gewichtserleichterung konnten die Flugzeuge mit mehr als 9000 l hochoktanigem Brennstoff starten und dazu eine Offensivbeladung von acht 115-kg-Wasserbomben tragen. Zu dieser Zeit hatten die Langstrecken-Liberators alle das ASV Mark II-Radar, dessen Ausstrahlungen von den deutschen *Metox*-Empfängern empfangen werden konnten. In der Atlantikmitte war dies aber kein großer Nachteil, denn die Flugzeuge konnten ihr Hauptziel – die »sichere und pünktliche Ankunft« der Geleitzüge sicherzustellen – schon dadurch erreichen, daß sie die Uboote zum Tauchen zwangen, die dann die Fühlung mit den Schiffen verloren.

Ein anderes Verfahren, mitten im Atlantik Luftsicherung bereitzustellen, war der Einsatz von Flugzeugen kürzerer Reichweite von Geleitträgern aus. Im Laufe des März wurde USS-*Bogue* schließlich und endlich als erstes dieser Schiffe in der Ubootabwehr zur Geleitsicherung im Nordatlantik aktiv, als seine Flugzeuge Luftsicherung für den HX 228 flogen. Die Avengers sichteten nur ein einziges Uboot, aber ihre Anwesenheit wirkte eindeutig bremsend auf die Versuche der Deutschen, an die Schiffe heranzukommen. *Bogue* blieb beim Geleitzug bis dieser südlich von Grönland stand, dann ging den alten Geleitzerstörern der Brennstoff aus und sie mußten nach Neufundland zurückkehren. Fast unmittelbar darauf stürzten sich die Uboote auf den Geleitzug und konnten vier Schiffe versenken, ehe er in die Reichweite der laufenden Patrouillenflüge der auf Island stationierten Flugzeuge kam. Der erste Einsatz eines Geleitträgers zum Schutze eines Nordatlantik-Geleitzuges war eine zahme Angelegenheit gewesen. Aber die *Bogue* war ein neues Schiff und kaum eingefahren für den Einsatz. Die deutschen Ubootleute sollten bald erfahren, daß der Geleitträger ein tödlicher Gegner und zu fürchten war.

Der langsame Geleitzug SC 122, der mit 60 Handelsschiffen am 5. März New York in Richtung Liverpool verließ, mußte noch ohne Geleitträger auslaufen; das gleiche galt für den zweiten ostwärts laufenden Geleitzug, den etwas schnelleren HX 229, der drei Tage später mit 40 Schiffen auf ähnlichem Kurs auslief. Während der darauffolgenden Woche stampften die beiden Schiffsgruppen ostwärts, wobei der schnellere Geleitzug nach und nach den langsameren einholte.

Inzwischen war die deutsche Marine nicht müßig gewesen. Am 13. gelang es ihren Schlüsselexperten, einen britischen Funkspruch zu entziffern, der eine leichte Kursänderung für den SC 122 befahl. Daraufhin konnte Dönitz die elf Boote starke Gruppe *Raubgraf* in einem Vorpostenstreifen quer zum Geleitzug aufstellen. Als Rückendeckung für die *Raubgraf*-Boote baute er zwei weitere Vorpostenstreifen inmitten des Atlantik auf, die 18 Boote starke Gruppe *Stürmer* und etwas südlich davon das zehn Boote starke *Dränger*-Rudel.

Diese sorgfältig erdachten deutschen Pläne hatten aber nicht mit dem unerwartet schweren Wetter im westlichen Atlantik gerechnet, deshalb kamen die *Raubgraf*-Uboote zu spät auf Position und stießen an den Handelsschiffen vorbei. Dann jedoch half den Deutschen ein bemerkenswerter Glücksfall. Am Morgen des 16. fand sich Kapitänleutnant Feiler, der mit *U 653* wegen Maschinenschadens auf Rückmarsch war, inmitten eines großen Geleitzuges, des HX 229.

Feiler gab eine Meldung an die Befehlsstelle und bald summte der Äther von Befehlen für die Uboote in diesem Gebiet. Die *Raubgraf*-Boote mit zehn Ubooten vom Südteil der *Stürmer*-Vorpostenstreifen sollten mit Höchstfahrt auf den Geleitzug operieren. Am Nachmittag des 16. und in der Dunkelheit des frühen Morgens am 17. kamen auch acht der *Raubgraf*-Uboote in Fühlung und gingen zum Angriff über. Sie torpedierten acht Schiffe, von denen zwei fast augenblicklich sanken.

Inzwischen stießen etwa 100 Meilen nordöstlich die Uboote der *Stürmer*-Gruppe, die auf den HX 229 operieren sollten, auf den SC 122. Dieser Geleitzug war aber stärker gesichert, so daß die Deutschen schwieriger an ihre Opfer herankamen. Nur *U 338* gelang es, die Sicherung zu durchstoßen, und Kapitänleutnant Manfred Kinzel nutzte diese Gelegenheit nach Kräften und torpedierte in schneller Reihenfolge vier Schiffe, von denen zwei sanken.

Am frühen Morgen des 17. erkannten Dönitz und sein Stab, daß die Uboote auf zwei verschiedene Geleitzüge gestoßen waren. Er befahl den übrigen Booten der *Stürmer*- und allen der *Dränger*-

184

Gruppe heranzuschießen und anzugreifen. Mehr als 40 Uboote stießen nun auf die beiden Geleitzüge zu. Es kann wohl kein Zweifel darüber bestehen, daß eine derartige Massierung die Abwehr überrollt und große Verheerungen angerichtet haben würde. Als die alliierten Befehlshaber die ständig einlaufenden Funkmeldungen und -befehle lasen, warfen sie Verstärkungen in das Gebiet. Die »US-Kavallerie« in Gestalt der Liberators der 120. Squadron erschien zur rechten Zeit.

Im Laufe des Tages trafen drei dieser Flugzeuge im Kampfgebiet ein, sichteten elf der Boote und griffen sechs von ihnen an. Als Ergebnis mußten bis auf eins alle Uboote am SC 122 tauchen und die Fühlung abbrechen. Nur der tüchtige Kinzel auf *U 338* hielt durch und versenkte das einzige Schiff, das der Geleitzug an diesem Tage verlor. Als die Nacht anbrach, konnten die Liberator ohne Leigh Light die Uboote kaum daran hindern, aufzutauchen und an die dahinschleichenden Handelsschiffe heranzuschließen. Während der Dunkelheit verlor der SC 122 zwei weitere Schiffe. Der HX 229 verlor im Laufe des 17. ebenfalls zwei seiner Schiffe, außerdem konnten die Uboote fünf der beschädigten Nachzügler erledigen.

Am 18. waren fünf Liberators der 120. Squadron wieder an den Geleitzügen und somit eine fast ständige Bedrohung für die Deutschen. In der Nähe des SC 122 sichteten sie sieben Uboote und griffen fünf von ihnen an. Der Geleitzug hatte an diesem Tage keine Verluste. Der HX 229 war jedoch weniger gut geschützt und verlor an diesem Tag wiederum zwei Schiffe.

Am frühen Morgen des 19. ging ein weiteres Schiff des SC 122 in die Tiefe und später am Tage erledigte ein Uboot, das dem HX 229 folgte, einen Nachzügler. Nun aber waren die Geleitzüge innerhalb des 600-Meilen-Bereichs der Flugplätze von Island und Nordirland, und die Flugzeuge kürzerer Reichweite konnten auch in die Schlacht eingreifen. Bemerkenswert unter den Sicherungseinsätzen dieses Tages war der von Flight Lieutenant Knowles in einer Fortress der 220. Squadron vom Flugplatz Ballykelly in Nordirland. Knowles traf im Laufe des Vormittags im Gebiet des SC 122 ein und erhielt vom Geleitkommandeur den Befehl, die Schiffe in einem Abstand von 20 Meilen zu umkreisen. Kurz danach sichtete die Fortress ein Uboot, das sie während des Tauchmanövers mit vier Wasserbomben angriff. Fast eine Minute später tauchte das

Uboot auf, aus den Tanks sprudelte das Öl, dann sank es langsam ohne noch Fahrt voraus zu machen. Als es versank griff Knowles zum zweiten Mal mit drei Wasserbomben an. Möglicherweise war dies Manfred Kinzels Boot, *U 338*, das an diesem Morgen erhebliche Beschädigungen durch einen Luftangriff erhielt. Wie Quaet-Faslem, der im vergangenen Winter so erbittert mit Flugzeugen gekämpft hatte, war auch Kinzel als Flugzeugführer ausgebildet. Dies mag der Grund sein für seinen Erfolg angesichts der Luftsicherung. Bei dieser Gelegenheit jedoch, so scheint es, hatte er etwas zu viel riskiert; *U 338* humpelte nach Frankreich zurück.

Die Uboote hielten ihren Druck am 19. während des ganzen Tages aufrecht, desgleichen aber auch die Royal Air Force. An diesem Tage flogen sechs Liberators, sieben Fortress und drei Sunderlands Luftsicherung. Die Zusammenarbeit zwischen den Geleitfahrzeugen und den Flugzeugen war gut. Häufig machten die Flugzeuge Abstecher, um Huffduff-Ortungen aufgrund von Funksendungen der Uboote zu untersuchen. So berichtete zum Beispiel der Geleitkommandeur des SC 122 über diesen Tag:

18.50 Uhr   Flugzeug angewiesen, eine Ortung 287 Grad 10 Meilen ab zu untersuchen.

19.26 Uhr   Flugzeug meldet Angriff auf Uboot in 280 Grad 45 Meilen ab.

21.15 Uhr   Flugzeug angewiesen, einen Kontakt in 224 Grad 5–10 Meilen ab zu untersuchen.

22.36 Uhr   Flugzeug meldet, daß es zwei Kontakte hatte, die aber verschwanden. Auch einen Nachzügler in 250 Grad 45 Meilen ab, festgestellt.

23.36 Uhr   Nach weiteren Peilungen im selben Gebiet Flugzeug angewiesen, erneut in Entfernung 3–10 Meilen zu suchen. Flugzeug meldet Uboot in 240 Grad vom Geleitzug, 9 Meilen ab. Angegriffen mit Bordkanonen, da Bombenschächte sich nicht öffnen lassen . . .

Während der 24 Stunden bis zum 20. acht Uhr, sichteten die Flugzeuge zwölf Uboote und griffen acht an. Von nun an flogen Fortresses in Ablösung Nahsicherung um jeden Geleitzug, während Sunderland-Flugboote das Seegebiet zu beiden Seiten, so wie vor und hinter den Schiffen absuchten, um die Uboote unter Wasser zu drücken. Diese beständige Beunruhigung hinderte die Uboote daran, in Schußposition zu kommen, und die Geleitzüge hatten keine weiteren Verluste. Während dieser letzten Phase der Schlacht versenkte eine Sunderland der 201. Squadron das einzige Uboot, das die Deutschen in der Schlacht um den SC 122/HX 229 verloren, *U 384* (von Rosenberg-Gruszczynski).

Am Morgen des 20. rief Dönitz seine Wölfe zurück. Trotz der Behinderung durch die Luftüberwachung während der Endphasen dieser Schlacht hatten die Uboote 21 Handelsschiffe mit insgesamt 141 000 t auf den Meeresgrund geschickt. Fast alle diese Schiffe waren torpediert worden, während sie im Geleit fuhren, und der gesicherte Geleitzug war das Verfahren, zu dem die Alliierten sich zum Schutz der Schiffahrt entschieden hatten. Nun sah es langsam so aus, als ob Dönitz' Rudeltaktik tatsächlich die Geleitzüge besiegen könnten. In alliierten Marinekreisen wurden Stimmen laut, die den weiteren Nutzen der Geleitzüge in Frage stellten. Aber die einzige Alternative, die Handelsschiffe einzeln fahren zu lassen, würde wohl kaum eine bessere Lösung sein. Ein britischer Admiralitätsbericht gab später zu: »Die Deutschen waren niemals so nahe daran, die Verbindung zwischen der neuen und der alten Welt zu zerreißen wie in den ersten 20 Tagen des März 1943.« Und das alles für den Verlust eines einzigen Ubootes.

Noch während sich die Schlacht um den SC 122 und HX 229 dem Ende zuneigte, bereiteten die deutschen Marine-Entzifferungsexperten bereits das nächste Gefecht vor. Am 20. März konnten sie einen Funkspruch entschlüsseln, der Uhrzeit und Position eines Treffpunktes angab zwischen dem Gros des westlaufenden Geleitzuges ONS 1 und den Schiffen, die von Island kommend sich ihm anschließen sollten. So hatten die Admiralstabsoffiziere von Dönitz wieder einmal einen genauen Bezugspunkt, auf den sie ihre Suche aufbauen konnten. Aufgrund der Entzifferungsmeldung bauten sie den Vorpostenstreifen *Seeteufel* mit 17 Booten im rechten Winkel zum erwarteten Geleitzugweg auf. Am 26. war auch der Vorpostenstreifen *Seewolf* mit 15 Booten südlich von *Seeteufel* auf Position. Insgesamt 32 Boote überdeckten einen langen Streifen der See, der sich von der Südspitze Grönlands südostwärts erstreckte. Dort lagen sie still auf der Lauer und warteten auf die herankommenden Handelsschiffe. Wieder einmal aber zeigte sich der sturmgepeitschte Atlantik von seiner schlimmsten Seite. Im Verlaufe der Operation gewannen und verloren die Uboote Fühlung mit dem Geleitzug ONS 1 und jagten schließlich die ostwärts laufenden Geleitzüge SC 123 und HX 230. Aber der vorherige Sieg sollte sich nicht wiederholen, denn die Stürme erschwerten gleichermaßen Freund und Feind das Dasein. Am 28. März berichtet Kapitänleutnant Purkhold, Kommandant des *Seeteufel*-Bootes *U 260* in seinem Tagebuch:

»Um 22.00 h Verfolgung abgebrochen. Bei dem Versuch, mit äußerster Kraft und Großer Fahrt vor der See zu laufen, zweimal mit dem Boot untergeschnitten. Durch Hartruder, Anblasen und Fahrtverminderung kommt das Boot gut aus der See heraus. Auf der Brücke gibt es kein Halten. Kommandant und Wache sind nach einer halben Stunde halb ertrunken. Durch Turmluk, Sprachrohr und Dieselzuluftmast innerhalb kürzester Zeit 5 Tonnen Wasser ins Boot.«

Als der Sturm abflaute, wurden die Deutschen durch Flugzeuge bedrängt. Diesmal blieb der Geleitträger *Bogue* beim SC 123 bis er im Bereich der normalen Luftüberwachung von Island war. Trotz des schrecklichen Wetters konnte der Träger seine Flugzeuge an vier von sechs Tagen, die er beim Geleitzug war, in die Luft bringen.

Beides, Wetter und Flugzeuge, machten den sorgfältig gelegten Hinterhalt zunichte, die Operationen gegen die Geleitzüge ONS 1, SC 123 und HX 230 endeten für die Deutschen mit einem Mißerfolg. Eine Kampfgruppe von mehr als 30 Booten versenkte nur ein einziges Schiff, einen Nachzügler. Das kostete sie zwei ihrer Boote, *U 169* (Bauer) und *U 469* (Claussen), die beide von Fortressen der 206. Squadron von Nordirland erledigt wurden. Aber wichtiger als die tatsächlichen Verluste beider Seiten war die Tatsache, daß nun endlich das sogenannte »Atlantic Gap« in der Luftüberwachung in Kürze durch die Liberators und die Flugzeuge der Geleitträger wie der *Bogue* geschlossen sein würde. Die Tage des leichten Beutemachens inmitten des Atlantik gingen nun für die deutschen Uboote schnell zu Ende.

Während noch die harten Geleitzugschlachten bis zum Schluß durchgefochten wurden, bahnte sich der schnelle, einzeln fahrende Passagierdampfer *Empress of Scotland* seinen Weg über den

188

Atlantik. Er hatte eine kostbare Fracht an Bord; den ersten der streng geheimen »Mark 24 Mine« zielsuchenden Torpedo, der an Großbritannien übergeben werden sollte. Der verantwortliche Begleiter war Acting Group Captain Jeaff Greswell, der Mann, der den ersten Leigh Light-Angriff geflogen hatte, und der jetzt von einem Informationsbesuch in die USA zurückkehrte. Später berichtete er über die umständlichen Sicherheitsvorkehrungen, die mit dem Transport verbunden waren:

»Der Zielsuchtorpedo kam auf der Pier in New York in einem Lastwagen der US Navy begleitet von bewaffneten Wachmannschaften an. Überall sah man Gewehre. Der Torpedo war in drei große Kisten verpackt, eine enthielt den Kopf, eine die Mittelsektion und eine das Schwanzstück. Diese wurden von den Seeleuten aufs Schiff gebracht, mir förmlich übergeben und ich quittierte dafür. Dann war ich zugegen, wie die Kisten im Safe des Kapitäns gegen Quittung eingeschlossen wurden. In Liverpool das gleiche in umgekehrter Reihenfolge. Dort empfing uns ein Lastwagen der RAF wieder mit bewaffneten Wachen. Ich erhielt die Kisten vom Kapitän und quittierte dafür, dann gab ich sie dem RAF-Offizier und erhielt seine Empfangsbestätigung. Die Sicherheitsvorschriften waren auf den Buchstaben genau beachtet worden. Nun war mein Anteil an dieser Operation erledigt, ich konnte für ein paar Tage auf Urlaub gehen.

Ich war einige Tage zu Hause, als ich einen gelben Umschlag mit dem Aufdruck ›Dienstpost‹ am oberen Ende durch die normale Post erhielt. Darin war ein Brief von Seiner Majestät Zollbehörde. Sie wünschten zu wissen, warum ich in das Vereinigte Königreich eingeführt habe ›Packgefäße, von denen anzunehmen ist, daß sie eine Art zielsuchenden Lufttorpedo zur Ubootbekämpfung enthielten‹. Warum ich keine Einfuhrerklärung abgegeben hätte?«

Greswell sandte diesen Brief sofort als geheime Kurierpost an Air Chief Marshall Joubert mit der flehentlichen Bitte, »um Himmels willen tun Sie irgend etwas hiermit«. Er hörte niemals etwas davon.

Der April 1943 war ein relativ ruhiger Monat für die Atlantikgeleitzüge. Der vermehrte Einsatz von Geleitträgern und die Verstärkung der Langstrecken-Liberators – es waren mittlerweile etwa 30 Maschinen – machten es den Ubooten merkbar schwerer, an die Geleitzüge heranzukommen. Und selbst wenn das Uboot in günstige Angriffsposition kam, das Wetter verteilte sein Wüten unparteiisch auf beide Seiten und machte den Kampf fast unmöglich.

Die Atempause sollte jedoch nicht lange dauern. Anfang Mai hatte Dönitz über 90 Uboote im Nordatlantik. Mit fortschreitender Jahreszeit und Wetterbesserung wuchsen die Chancen für eine Wiederholung des Erfolges gegen SC 122/HX 229. Die Rudeltaktik des deutschen Befehlshabers war erprobt und in einer Reihe von Schlachten bewährt. Seine Männer waren gut ausgebildet, voller Angriffsmut und Zuversicht und unter seiner Führung war der Kampfgeist der Truppe auf dem Höhepunkt. Trotz aller Schwierigkeiten, die ihnen während der ersten vier Monate des Jahres 1943 begegnet waren, hatten die Uboote tiefe Lücken in die alliierten Handelsflotten gerissen: 264 Schiffe mit insgesamt einundeiner halben Millionen Tonnen. Dr. Goebbels' Rundfunk versicherte seinen Hörern wieder und immer wieder, daß niemand, nicht einmal die Angelsachsen, auf die Dauer Verluste an Schiffen und Material in diesem Umfange ertragen konnten. Besorgte Admiralstäbler der Alliierten mußten zugeben, daß er recht hatte.

Während der ersten vier Monate des Jahres 1943 verloren die Deutschen und Italiener 57 Uboote im Kampf; 28 davon wurden von Flugzeugen allein versenkt, vier durch Flugzeuge in Zusammenarbeit mit Schiffen. Wenn der deutsche Griff auf die Handelswege gelockert werden sollte, dann mußten die Alliierten mehr erreichen als dies.

Ende April gab es jedoch Anzeichen dafür, daß die Alliierten den Gordischen Knoten durchschlagen würden. Die Langstrecken-Liberator, die den Geleitzügen in der gefährdeten Atlantikmitte Luftsicherung geben konnten, standen nun in brauchbarer Zahl zur Verfügung, ebenso die Geleitträger, die »echte« flach einstellbare Wasserbombe war an der Front und auch das Zentimeterwellen-ASV-Radar. Die Sonobojen und das magnetische Flugzeug-Ortungsgerät wasren beide einsatzbereit, Die »Mark 24 Mine«-Zielsuchtorpedos wurden an die Einsatzhorste in Neufundland, Island und Nordirland ausgeliefert. Während der zweiten Hälfte des Frühjahres 1943 sahen beide Seiten einem harten aber siegreichen Kampf im Sommer erwartungsvoll entgegen. Es war alles bereit für den Höhepunkt der Schlacht im Atlantik.

Den Wölfen werden die Zähne gezogen

MAI BIS AUGUST 1943

Es kommt gar nicht in Frage, daß im Ubootkrieg etwa nachzulassen sei. Der Atlantik ist mein westliches Vorfeld, und wenn ich dort auch in der Defensive kämpfen muß, so ist das besser, als wenn ich mich erst an den Küsten Europas verteidige. Das was der Ubootkrieg, auch wenn er nicht mehr zu großen Erfolgen kommt, binden würde, ist so außerordentlich groß, daß ich mir das Freiwerden dieser Mittel des Gegners nicht erlauben kann.

Adolf Hitler, 31. Mai 1943

Das Gefecht, das die entscheidende Phase der Schlacht im Atlantik eröffnen sollte, begann für die Deutschen recht glückverheißend am Ende der ersten Woche im Mai 1943. Am 8. konnten sie die Verschlüsselung von zwei wichtigen britischen Funksprüchen brechen, die sich mit der Wegeführung des neuen, schnellen, ostwärtslaufenden Geleitzuges HX 237 und dem anschließenden langsamen Geleitzug SC 129 befaßten. Aufgrund dieser Feindnachrichten gingen von Dönitz' Befehlsstelle Funkbefehle an 36 Uboote, auf die Geleitzüge zu operieren. Zwei Tage später, als die Uboote auf ihre Beute zustießen, enthüllte ein weiterer deutscher Entzifferungserfolg die voraussichtliche Position für den HX 237 am 11. Mai. Diesmal herrschte kein Sturm, die Gewalt des Angriffs zu brechen. Mit einer solchen Konzentrierung von Ubooten schien alles für eine Wiederholung des Triumphes gegen SC 122/HX 229 vor knapp zwei Monaten zu sprechen.

Seit den Märzkämpfen aber hatten die Alliierten ihre Luftsicherungskräfte stark vermehrt. Eine zweite Langstrecken-Liberator-Squadron, die Nummer 86, konnte jetzt bis in die Atlantikmitte vorstoßen. Außerdem waren ihre Flugzeuge und die der 120. Squadron jetzt mit dem tödlichen neuen »Mark 24 Mine«-Zielsuchtorpedo ausgerüstet. Allein diese Flugzeuge hätten ausgereicht, den Ubooten das Leben zu erschweren. Aber noch eine weitere Gefahr lauerte auf die deutschen Ubootleute: beim HX 237 stand der Geleitträger HMS *Biter* mit neun Swordfish und drei Wildcat Flugzeugen an Bord.

Die Schlacht wurde am Nachmittag des 10. eröffnet, als einer der Swordfish von *Biter* das Boot von Kapitänleutnant Clausen, *U 403*, angriff, das am HX 237 Fühlung hielt. Die Deutschen behielten die Oberhand, ihr Abwehrfeuer beschädigte das Flugzeug. Aber dieser Sieg brachte nichts ein, das Uboot mußte tauchen und verlor die Fühlung mit dem Geleitzug, während die Swordfish zum Träger zurückhinken konnte.

Am Morgen des 12. startete eine Swordfish von *Biter*, um eine Huffduff-Peilung eines Ubootfunkspruches zu untersuchen. Kurz danach meldete das Flugzeug, daß es im Angriff auf ein aufgetauchtes Uboot sei. Während dieses Funkgespräches konnten die Hörer auf der *Biter* das Knattern von Maschinengewehrfeuer im Hintergrund hören. Was dann geschah, erzählt am besten Leutnant Werner, 1. Wachoffizier auf *U 230*:

»Zum Tauchen war es zu spät. Die einmotorige Maschine kam im Tiefflug genau über unserm Kielwasser direkt auf uns zu. Ich zog den Abzug meiner Kanone, aber sie hatte mal wieder eine Störung. Ich trat gegen das Magazin, beseitigte so die Störung und schoß das Magazin gegen den Angreifer leer. Die Maschinenkanone des Maaten bellte. Unser Boot drehte nach Steuerbord ab und vereitelte so den Bombenwurf des Flugzeuges. Der Flugzeugführer zog seine Maschine hoch, schlug einen Kreis und dröhnte dann von recht voraus auf uns zu. Als das Flugzeug sehr tief ging, fing der Motor an zu spucken und blieb dann stehen. Über den Flügel stürzte das Flugzeug in die wogende See und zerschlug sein herausragendes Flügelende an unseren Aufbauten, als wir vorbei jagten. Der Flugzeugführer war aus dem Cockpit herausgeschleudert worden, er hob seinen Arm und winkte um Hilfe, aber dann sah ich, wie er in der Explosion der vier Bomben, die für uns bestimmt gewesen waren, zerrissen wurde. Vier heftige Stöße gegen unsere Steuerbordseite achtern, aber wir verließen diese Szene unbeschädigt.«

Noch am gleichen Nachmittag konnten die Swordfish ihre toten Kameraden rächen, indem sie einen Zerstörer und eine Fregatte zu einem Uboot führten, das sie vor dem Geleitzug hatten tauchen sehen. Der nachfolgende Angriff setzte der Laufbahn von *U 89* (Lohmann) ein Ende.

Noch während dieser Gefechte trafen drei neue Liberator der 86. Squadron ein und verstärkten damit die Sicherung erheblich. Jedes dieser Langstreckenflugzeuge hatte zwei Zielsuchtorpedos zusätzlich zu den vier normalen Wasserbomben. Tauchte das Uboot, griff das Flugzeug mit Zielsuchtorpedos an, blieb es an der Oberfläche, wurde mit Wasserbomben angegriffen. Wegen der Gefahr feindlicher Gegenmaßnahmen gab es sehr strenge Regeln, die dem Gefechtseinsatz der Zielsuchtorpedos Grenzen setzte. Da er möglicherweise auf Strand laufen und erbeutet werden könnte, war sein Einsatz dicht an feindbesetzten Küsten verboten. Er durfte darüber hinaus auch nicht eingesetzt werden, wenn dies möglicherweise vom Ziel oder einem anderen feindlichen Fahrzeug in der Nähe beobachtet werden konnte.

An diesem 12. Mai konnte Flight Lieutenant J. Wright den ersten Erfolg mit einem zielsuchenden Lenkgeschoß für sich verbuchen. Als er sich *U 456* näherte, tat ihm das Boot den Gefallen zu tauchen, er brachte seine Liberator über den Tauchstrudel und warf den Zielsuchtorpedo ab. Während der nächsten zwei Minuten umkreiste Wright das Gebiet mit wachsendem Zweifel an der Wirksamkeit der neuen Waffe. Dann entstand etwa 900 Meter von der Abwurfstelle entfernt eine flache Aufbeulung des Wassers, so als ob eine Wasserbombe mit weniger als ihrer normalen Stärke explodiert sei (zur Zeit der Explosion waren Uboot und Torpedo weit unter der Oberfläche und die Explosionskraft hatte sich im tieferen Wasser verbraucht). Kurz danach brachte Kapitänleutnant Teichert sein angeschlagenes Boot an die Oberfläche und hatte noch Kampfgeist genug, die Liberator mit sehr genauem Abwehrfeuer zu empfangen, als diese einen Wasserbombenangriff versuchte. Doch nun war die Einsatzdauer des Flugzeuges an seiner Grenze angelangt, und Wright mußte das kampflustige, auf dem Wasser schlingernde Uboot verlassen. Zum Glück für die Alliierten blieb das Geheimnis der »Mark 24 Mine« – das so leicht während dieses ersten Angriffs hätte enthüllt werden können – gewahrt. Teichert und seine Besatzung hatten keinen Verdacht hinsichtlich der Waffe, die mit solcher Präzision an ihrem Druckkörper explodiert war. Über diesen Vorfall schrieb Dönitz in seinem Kriegstagebuch: »*U 456* meldet am 12. um 13.30 Uhr, daß es tauchunklar ist, Flugzeug Fühlung hält und es dringend um Hilfe bittet. Später meldet es noch mehrere Male, daß es einen starken Wassereinbruch im Heckraum hat, anzunehmen von Fliebo-Treffer . . .«

Vier Uboote versuchten erfolglos *U 456* zu erreichen; das Uboot überlebte die Nacht, wurde am folgenden Morgen jedoch durch eine Sunderland der Kanadischen 423. Squadron wieder entdeckt. Teichert tauchte zum letzten Mal – kurze Zeit später setzten zwei Geleitfahrzeuge dem Todeskampf von *U 456* ein Ende.

Gegen Mittag des 13. waren die beiden Geleitzüge aus der Gefahrenzone in der Atlantikmitte heraus und erfreuten sich nun fast ständiger Luftsicherung durch landgestützte Flugzeuge. Die Uboote, die noch Fühlung hatten, brachen das Gefecht ab. Während der Schlacht hatten sich die beiden Geleitzüge ihren Weg durch eine Konzentration von 36 Ubooten gebahnt, dabei fünf Schiffe verloren, von denen drei hinter dem Geleitzug zurückgeblieben waren, als sie getroffen wurden. Die Luft- und Seesicherung hatte vier Uboote vernichten und andere beschädigen können, sie hatten – was noch wichtiger war – den Deutschen das Leben so schwer gemacht, daß ein zusammengefaßter Angriff nicht zustande kam. Ganz sicher hatten die Flugzeuge des Geleitträgers einen wesentlichen Anteil daran, die deutsche Rudeltaktik zunichte zu machen, und der Befehlshaber der Western Approaches, Admiral Sir Max Horton, selbst Ubootkommandant des Ersten Weltkrieges, bemerkte nach der Operation: »Der Wert trägergestützter Flugzeuge zum Schutz des Handels ist überzeugend bewiesen.« Der Leser wird daran denken, daß dies schon einmal vor 18 Monaten während der letzten Reise der *Audacity* »überzeugend bewiesen« wurde.

Am 14. Mai, als die HX 237/SC 129-Schlacht sich dem Ende zuneigte, griffen alliierte Flugzeuge zweimal anscheinend erfolgreich mit Zielsuchtorpedos an. Eine Liberator der 86. Squadron und eine Catalina der US Navy Patrol Squadron 84 warfen ihre Torpedos auf soeben getauchte Uboote ab und in jedem Falle zeigte sich einige Zeit später eine pilzförmige Aufwirbelung des Wassers. Doch es gab keinen anderen unmittelbaren Beweis dafür, daß der

194

kleine, 45-kg-Gefechtskopf tödliche Wirkungen gehabt hatte. Aus deutschen Berichten wissen wir jedoch, daß *U 266* (Jessen) und *U 657* (Goellnitz) auf Positionen, die denen dieser Angriffe entsprachen, spurlos verschwanden.

Für die Deutschen waren diese Verluste, zusammen mit dem Mißerfolg im Kampf gegen die beiden Geleitzüge, schon schlimm genug gewesen; aber es sollte bald noch ärger kommen. Der folgende ostwärts laufende Geleitzug SC 130 war rechtzeitig am 18. Mai vom deutschen Entzifferungsdienst festgestellt worden; Dönitz befahl den 17 Booten der Gruppe *Donau* anzugreifen. Der Geleitzug SC 130 hatte keinen Flugzeugträger zum Schutz, aber in der dritten Maiwoche war der Verband der Langstrecken-Liberator auf 50 Maschinen angewachsen, von denen im Durchschnitt 15 Maschinen jederzeit einsatzbereit waren. Überdies erstreckte sich ein Teil des *Donau*-Aufklärungsstreifens in Gewässer innerhalb der Reichweite der Hudsons der 269. Squadron auf Island, die prompt zwei von ihnen – *U 646* (Wulff) am 17. und *U 273* (Rossmann) am 19. – versenkten.

Während des 19. Mai sicherten Liberator von Island in Ablösung ständig das Seegebiet rund um den Geleitzug. Immer wieder zwangen sie die Uboote, zu tauchen, und dadurch hinter die dahinstampfenden Handelsschiffe zurückzufallen. An diesem Tage gab es 18 Sichtungen im Bereich des Geleitzuges; der einzige Angriff wurde von Flight Sergeant W. Stoves mit dem Flugzeug »T« der 120. Squadron mit zwei Zielsuchtorpedos auf ein Uboot geflogen, das grade getaucht war. Eine halbe Minute später sah er zwei kleine Erhebungen im Wasser einige 70 Meter vom Tauchstrudel entfernt, aber wiederum hatte er keinen direkten Beweis dafür, daß die Torpedos ihr Ziel gefunden hatten. Das geschah aber in dem Gebiet und an dem Tage, an dem *U 954* (Loewe) spurlos verschwand. Für Dönitz war dieser Verlust ein persönlicher Schlag, denn sein Sohn tat auf diesem Boot Dienst als Wachoffizier.

Die starke Luftsicherung beim SC 130 lähmte die *Donau*-Gruppe. Ein deutscher Marineoffizier berichtete später darüber: »Vom zweiten Tage ab hatte der Geleitzug ständige Luftsicherung, und wiederholte überraschende Luftangriffe aus niedrigen Wolken heraus machten es unmöglich, Fühlung zu halten oder zum Angriff heranzuschließen. Das Erstaunlichste an dem feindlichen Erfolg war, daß nach unserer Funkaufklärung niemals mehr als ein oder zwei Flugzeuge zur gleichen Zeit in der Luft waren.« Am letzten Tag der Schlacht, am 20. Mai, griff eine Liberator der 120. Squadron *U 258* (Maessenhausen) mit Wasserbomben an und versenkte es. Mit den zwei Booten, die durch Geleitstreitkräfte vernichtet wurden, beliefen sich die deutschen Verluste nun auf sechs Boote. Die deutsche Marine hatte als Gegenleistung für diesen Einsatz nichts erreichen können. Nicht ein einziges Handelsschiff wurde getroffen. Ironischerweise konnten die deutschen Uboote zu einer Zeit, zu der die deutschen Entzifferungsdienste einige ihrer größten Erfolge in der Beschaffung von Nachrichten über feindliche Geleitzugbewegungen erzielte, diese Informationen wegen der allgegenwärtigen Luftsicherung nicht ausnutzen.

Als sich die Schlacht um den SC 130 auflöste, begann eine weitere um den westwärts laufenden Geleitzug ON 184, der sich den deutschen Vorpostenstreifen näherte. Zur Sicherung dieses Geleitzuges gehörte der Geleitträger *Bogue*, der jetzt voll einsatzbereit war. Am 21. und 22. Mai flogen die Avenger Flugzeuge von *Bogue* eine Reihe von ergebnislosen Angriffen auf Uboote in diesem Gebiet. Bis dahin hatte noch kein Flugzeug von einem Geleitträger ein Boot versenkt, aber das sollten die Marineflieger bald ändern. Am Nachmittag des 22. sichtete Lieutenant (Jg)[1] W. Chamberlain das fühlunghaltende *U 569* in einer Entfernung von 20 Meilen an Backbordseite des Geleitzuges. Er griff sofort an und pflanzte vier Wasserbomben genau quer über das tauchende Uboot. Die Explosionen beschädigten das Boot erheblich. Oberleutnant Johannsen tauchte wieder auf, sah sich aber sofort von Lieutenant H. Roberts in einer zweiten Avenger angegriffen. *U 569* ging steil auf 150 Meter bis Johannsen nach Anblasen aller Tanks das Boot wieder an die Oberfläche bringen konnte. Ein Teil der Besatzung konnte gerade noch herauskommen, ehe das Boot endgültig versank. Inzwischen passierte ON 184 ohne Verluste die Gefahrenzone.

Am 23. Mai, dem folgenden Tag, hatte der britische Geleitträger *Archer* Gelegenheit, sich zu bewähren. Er gehörte zur Sicherung des schnellen, ostwärts laufenden Geleitzuges HX 239, der nun die ubootverseuchten Seegebiete passierte. An diesem Morgen ent-

---

[1] Lieutenant junior grade entspricht dem Leutnant zur See.

sandte er eine Swordfish und eine Wildcat in Richtung einer Huffduff-Peilung zu einem geschwätzigen Uboot hinter dem Geleitzug. Es war aber keine gewöhnliche Swordfish, denn unter ihren Tragflächen hatte sie acht der neuen Raketengeschosse, die zum ersten Mal als Ubootbekämpfungs-Waffe im Einsatz waren. Als er sein Opfer zehn Meilen voraus sichtete, drehte Sub Lieutenant H. Horrocks seine Swordfish in die Wolken und flog geradeaus weiter, bis er nach seiner Schätzung auf der Höhe des Ubootes war. Dann drehte er nach Backbord, tauchte aus den Wolken heraus und sah das Uboot in einer Entfernung von einer Meile etwas an Backbord. Horrocks drückte die Nase des Flugzeuges nach unten und seine beachtliche Raketenbatterie zeigte nun auf das Uboot, das gerade versuchte, sich dem Angriff durch Tauchen zu entziehen. Er feuerte seine Raketen paarweise aus 800 m, 400 m und 300 m Entfernung, die 150 m, 30 m bzw. 10 m vor dem Boot ins Wasser einschlugen. Das vierte Paar, aus 200 Meter gefeuert, traf das Heck über der Wasserlinie. Man muß sich aber daran erinnern, daß diese Raketen etwas vor dem Ziel in das Wasser gezielt werden sollten. Mit ihrer gebogenen Unterwasserbahn würden sie dann das Ziel *unter* der Wasserlinie treffen. Und das genau geschah mit mindestens einer der Raketen von Horrock's drittem Paar; es traf *U 752* in Höhe des Tauchtanks Nr. 4 und durchschlug glatt den Druckkörper. Ein dicker Wasserstrom stürzte unaufhaltsam in die Offiziersmesse. Kapitänleutnant Schroeter widerrief sofort seinen Tauchbefehl, das Uboot schlingerte an der Oberfläche und verströmte große Mengen Öl. Die deutschen Seeleute stürzten aus dem Turmluk an ihre Flugabwehr-Geschütze und Horrocks, der seine Raketen verschossen hatte, zog sich auf eine sichere Distanz zurück. Nun war die Wildcat dran, ihr Pilot feuerte 600 Schuß 12,5-mm-Munition in einem langen Feuerstoß auf den Kommandoturm. Schroeter wurde getötet und mehrere, die mit ihm auf der Brücke standen, wurden verwundet. Die Überlebenden versenkten das schwer angeschlagene Uboot und wurden kurz danach von einem Geleitfahrzeug aufgenommen.

Die Flugzeuge der *Archer* hielten die Uboote erfolgreich nieder, während die HX 239 passierte – es gab keine Verluste.

Die zwei Wochen, die dem Beginn der HX 237-Schlacht am 10. Mai folgten, hatten sich für die Deutschen im Nordatlantik verheerend ausgewirkt. Obwohl die Kommandanten hervorragende Feindnachrichten hatten und ihre Boote entschlossen einsetzten, erlitten sie schwere Verluste und hatten keine nennenswerten Erfolge. In diesen 14 Tagen hatten nicht weniger als zehn Geleitzüge mit insgesamt 370 Handelsschiffen den Gefahrenbereich in der Atlantikmitte passiert und dabei nur sechs Schiffe verloren, von denen drei ungesicherte Nachzügler waren. Dieses magere Ergebnis hatte die deutsche Ubootwaffe mit 13 Booten bezahlt, sieben durch Flugzeuge, zwei durch Flugzeuge in Zusammenarbeit mit Geleitfahrzeugen und vier durch allein operierende Geleitfahrzeuge. Die Geleitzüge hatten einen großen Sieg errungen – die deutsche Rudeltaktik erfüllte ihren Zweck nicht mehr.

Am 24. Mai, am Tag nach der Versenkung von *U 752*, beschloß Dönitz, der einseitigen Schlacht in der Atlantikmitte ein Ende zu setzen. Er befahl einigen Ubooten in diesem Gebiet, eine neue Gruppe in der Höhe der Azoren zu bilden, wo er die alliierte Abwehr für weniger stark hielt. Die restlichen Boote rief er nach Frankreich zurück. Am letzten Tag im Mai reiste er nach Berchtesgaden, um Hitler persönlich über die Krise im Seekrieg zu berichten:

»... Flugzeugträger werden an den Geleitzügen im Atlantik eingesetzt, so daß die gesamten Straßen des Nordatlantik jetzt von der feindlichen Luftwaffe überwacht sind. Die Ubootkrisis würde jedoch durch die Zunahme der Flugzeuge allein nicht erfolgt sein. Das Ausschlaggebende ist, daß die Flugzeuge durch ein neues Ortungsgerät, das auch anscheinend von Überwasserfahrzeugen angewandt wird, in der Lage sind, die Uboote zu orten ... Wir wissen noch nicht einmal, mit welcher Wellenlänge der Gegner uns ortet. Wir wissen überhaupt nicht, ob es Hochfrequenz oder andere Ortungsmittel sind. Alles Mögliche zur Feststellung geschieht.«

Die deutsche Marine hatte richtigerweise den Verdacht, daß das Zentimeterwellen-Radar für einige der Überraschungsangriffe auf Uboote verantwortlich war, obwohl dies nur vermutet werden konnte, da es immer noch keinen einsatzbereiten *Naxos-U*-Empfänger zur Entdeckung solcher Radarsignale gab. In Wirklichkeit war natürlich das neue Radar nicht das einzige Verfahren, das von den Alliierten eingesetzt wurde; auch das Huffduff-Gerät an Bord der Schiffe wurde sehr häufig benutzt, um Uboote in der Nähe von

Geleitzügen zu orten. Die Deutschen hatten die Möglichkeit nicht ernsthaft in Betracht gezogen, daß alliierte Kriegsschiffe einen recht genauen Nahbereichspeiler haben und damit die Uboot-Funksendungen ausnutzen könnten. Das war in der Tat ein Versagen großen Ausmaßes von seiten des Feindnachrichten-Dienstes, genauso schwerwiegend wie früher schon das Fehlen einer rechtzeitigen Warnung vor den alliierten Zentimeterwellen-Radargeräten. Operationell war es von noch größerer Bedeutung, denn im Sommer 1943 war das Huffduff schon über ein Jahr im Einsatz. Die deutschen Nachrichtendienst-Offiziere hätten mehr noch als bei den früheren Versäumnissen genügend Hinweise auf dieses Gerät finden können, hätten sie an diese Möglichkeit überhaupt gedacht. In Wirklichkeit lag alles, was sie brauchten, vergraben und wohlbehütet in den Akten der Abteilung »Fremde Marinen«.

Wenn Geleitfahrzeuge Peilungen eines sendenden Ubootes nahmen, dann übermittelte jedes Schiff durch Funk seine Peilung dem Geleitfahrzeug, das als Auswerter abgeteilt war. Hier wurden die Peilungen eingezeichnet und der Standort des Bootes ermittelt. Diese Schiff-zu-Schiff-Unterhaltung dauerte jedoch eine ganze Zeit, so daß die deutschen Überwachungsstationen in Frankreich diesen Funkverkehr abhorchen konnten. Manchmal gelang es den deutschen Entzifferungsfachleuten sogar, diese Funksprüche mitzulesen. Doch nach so viel außerordentlich schwieriger Aufklärungsarbeit blieb den Deutschen die geringste Schwierigkeit von allem ein Rätsel, denn – selbst nachdem sie die schützende Entzifferung aufgelöst hatten – unterließen sie es, die Bedeutung des Namens dieses Gerätes richtig zu deuten. Der streng geheime X-B-Bericht Nr. 16/43 vom 22. April 1943, dessen Verteiler auch die Operationsabteilung der Uboote enthält, mußte eigentlich jedem, der bis zur Seite 24 gekommen war, enthüllen, daß ». . . aus einem Funkspruch vom 9. 4. hervorging, daß Küstenwach-Kreuzer *Spencer* als Führerschiff der den Geleitzug ON 175 sichernden Task Unit 24, 1, 9 mit einem Kurzwellenpeiler (High Frequenzy DF) ausgerüstet ist . . .« Doch solche Hinweise, und es gab eine Reihe andere, wurden nicht beachtet. Und als die Kommandanten zurückkehrender Uboote den Verdacht äußerten, daß feindliche Schiffe oder Flugzeuge sie auf ihre Funksendungen hin angelaufen hätten, wurde dies als »unwahrscheinlich« zurückgewiesen;

höchstwahrscheinlich, so wiederholten die Nachrichtendienst-Offiziere, waren sie durch Radar entdeckt worden. Das setzte voraus, daß es ein alliiertes Schiffs- oder Flugzeugradar gab, mit dem man Uboote auf Entfernungen von 20 Meilen oder mehr entdecken konnte, eine Leistung, die in Wirklichkeit etwas jenseits der Leistungen der besten Zentimeterwellen-Geräte dieser Zeit lag. Doch wie konnten die Deutschen das beurteilen? Nach dem Schock der Entdeckung des *Rotterdam*-Gerätes konnte man nirgendwo mit Sicherheit eine Grenze der Leistungsfähigkeit der feindlichen Radargeräte ziehen.

Es gab weitere Hinweise, die die Deutschen übersahen, und die ihnen als Wegweiser auf den richtigen Pfad hätten dienen können. Von Beobachtungsstellen im spanischen Hafen Algeciras hatten deutsche Agenten häufig Teleaufnahmen von alliierten Kriegsschiffen auf der Reede von Gibraltar gemacht und auf einigen dieser Bilder waren die Huffduff-Antennen klar zu sehen. Ein Nachrichtendienst-Offizier, dem eingehendere Kenntnisse auf dem Elektronikgebiet fehlten, konnte leicht die käfigartige Struktur für eine Antenne eines ziemlich alten Radargerätes halten, und genau das geschah. Um das Maß der Ironie voll zu machen, wurden einige der Algeciras-Fotos im Schiffserkennungsbuch aufgenommen, das an alle Uboote verteilt wurde. Doch um die Herkunft der Bilder zu verheimlichen, für den Fall, daß eins der Bücher in alliierte Hände fiele, wurde der Gibraltar-Hintergrund sorgfältig herausretuschiert und bei diesem »Reinigungsprozeß« wurden auch die Huffduff-Antennen herausgenommen.

Im Nachhinein gesehen ist es natürlich sehr viel einfacher, sich durch die Menge der widersprechenden Informationen hindurchzufinden, die damals der deutschen Marine zur Verfügung standen. Und es kann wirklich nicht dafür garantiert werden, daß die Marine die latente Gefahr von einem Gerät wie dem Huffduff erkannt hätte, wenn sie die Unterstützung einer richtigen Operation Research-Abteilung gehabt hätte und selbst wenn es eine Möglichkeit gegeben hätte, Verdachtsmomente vor Spitzenwissenschaftlern in Zusammenkünften wie den »Sontag-Sowjets« auszubreiten. Aber zweifellos hätte es die Wahrscheinlichkeit verringert, das Huffduff überhaupt nicht zur Kenntnis zu nehmen.

Doch selbst die Bedeutung des Huffduff war gering, verglichen mit der großzügigen Gabe, die die deutsche Marine durch ihre entzifferten *Enigma*-Funksprüche bot. Im späten Frühjahr 1943 waren die Informationen aus dieser Quelle so zuverlässig geworden, daß die Alliierten den Einsatz ihrer Luftsicherung im Atlantik rationalisieren konnten: die Geleitzüge, von denen man *wußte*, daß sie bedroht waren, erhielten die Deckbezeichnung »stipple«, auf sie wurde fast die gesamte Luftsicherung konzentriert. Geleitzüge ohne »stipple«-Kennzeichnung erhielten geringe oder überhaupt keine Luftsicherung; das führte zu beträchtlichen Einsparungen der verfügbaren Mittel. Und während die alliierten Schlüsselknacker immer besser wurden, erlitten die Entzifferer der deutschen Marine einen schweren Rückschlag: die Alliierten führten einen neuen Schlüssel ein, der mit einem Schlage eine der verläßlichsten Nachrichtendienst-Quellen für Dönitz und seinen Stab abschnitt. So kam es, daß Hitler von seinem Oberbefehlshaber der Marine bei ihrer Zusammenkunft am 31. Mai nur einen kleinen Teil von dem erfuhr, was über die alliierten Ubootortungs-Methoden zu sagen war. Dönitz setzte seinen Bericht damit fort, seine Hoffnung für die unmittelbare Zukunft darzulegen, die sich auf zwei neue Geräte konzentrierten, die den Ubooten sehr bald bessere Aussichten gegen angreifende Kriegsschiffe und Flugzeuge verschaffen würde. Das eine war der *Zaunkönig*, ein akustischer Zielsuchtorpedo (nach denselben Prinzipien wie der alliierte »Mark 24 Mine«, obwohl diese Waffe den Deutschen noch nicht bekannt war). Das andere war eine neue 20-mm-Vierlings-Flugzeugabwehrkanone mit hoher Feuergeschwindigkeit.

Der Großadmiral schloß mit einem Resümee der Situation, die sich aus dem alliierten Sieg in der Atlantikmitte ergab: »Die Verluste sind zu hoch. Es kommt darauf an, jetzt Kräfte zu sparen, anderenfalls würde nur das Geschäft des Gegners betrieben werden.« Es sei von entscheidender Bedeutung, sagte er, die Ubootwaffe weiter im Einsatz zu halten, bis die revolutionären neuen Walter-Uboote an die Front kämen. Bis dahin aber wisse man, daß selbst, wenn die Schiffsverluste gering seien, starke alliierte See- und Luftstreitkräfte gebunden würden; Hitler stimmte zu. Der Atlantik, so sagte er, sei sein westliches Vorfeld. Es sei besser, dort in der Defensive zu kämpfen, als sich erst an den Küsten Europas zu verteidigen. Außerdem könne er es sich nicht leisten, zuzulassen, daß die Alliierten ihre mächtigen See- und Luftstreitkräfte in der Ubootbekämpfung frei bekämen, um damit anderes Unheil anzurichten.

Hitlers abschließende Bemerkung zeigte, daß er diese besondere Situation klar erkannte, denn wie im Ersten Weltkrieg mußten die Alliierten unverhältnismäßig große Verbände aufbieten, um der Uboote Herr zu werden und zu bleiben. Im Sommer 1943 waren mehr als 1100 Flugzeuge aller Größen in Ubootabwehr-Operationen über dem Atlantik eingesetzt; und dahinter standen zur Unterstützung entsprechend große Ausbildungs- und Versorgungsorganisationen. Darüber hinaus war auf der Marineseite eine wahre Armada von Kriegsschiffen – sehr viel zahlreicher und kostenaufwendiger zu unterhalten als die Ubootwaffe von Dönitz – für die Ubootabwehr eingesetzt. Ohne Zweifel stand den deutschen Seeleuten eine harte Zeit bevor, aber es gab keine vernünftige Alternative. Der Druck mußte aufrechterhalten bleiben, bis die deutsche Marine ihren Würgegriff auf die alliierten Schiffahrtstraßen über dem Nordatlantik mit den neuen, modernen Ubooten wiedergewinnen konnte.

Kein Radar- oder Huffduffgerät, so modern es auch immer sein mochte, selbst der wichtigste entschlüsselte Funkspruch, konnte jemals ein Uboot vernichten oder es auch nur zwingen, von einem Geleitzug abzulassen. Um der Uboote Herr zu werden, brauchte man genügend Flugzeuge an Ort und Stelle, um Boote, die versuchten, an den Geleitzug heranzuschließen und ihn anzugreifen, zu bedrohen und nach Möglichkeit zu vernichten. Und es war der Mangel an solchen Flugzeugen, der den deutschen Sieg zu Anfang des Jahres 1943 möglich gemacht hatte. Als dann im Frühjahr eine derartige Luftsicherung tatsächlich zur Verfügung stand, brach die deutsche Offensive zusammen. Wäre eine solche Luftsicherung nicht schon früher möglich gewesen? Aus *technischer* Sicht ist das zu bejahen, denn beides, die geänderten Langstreckenflugzeuge und der Geleitträger, hatten sich bereits Anfang 1942 im Kampf bewährt. Insgesamt einige 40 dieser Langstreckenflugzeuge mehr oder ein halbes Dutzend improvisierter Flugzeugträger, für die Geleitsicherung in den letzten Monaten des Jahres 1942 abgestellt, hätten viel dazu beigetragen, das Gemetzel unter den Handelsschiffen im darauffolgenden Winter zu vermindern.

202

Wir haben gesehen, daß die Verzögerung in der Bereitstellung von Langstreckenflugzeugen auf die vorrangigen, zum Teil politisch motivierten Forderungen der strategischen Bomberverbände zurückzuführen war. Doch die häufig geäußerte Ansicht, daß die Abzweigung einer ausreichenden Anzahl schwerer Bomber zur Ubootbekämpfung eine abschwächende Wirkung auf die Bomberoffensive gehabt haben würde, hält kaum einer Prüfung stand. Die 120. Squadron hatte immer wieder und wieder gezeigt, daß oft schon *ein* Flugzeug am Geleitzug genügte, um ein ganzes Wolfsrudel durcheinanderzubringen. Drei zusätzliche Langstrecken-Squadrons mit insgesamt 40 Maschinen würden wesentlich dazu beigetragen haben – und taten dies später dann auch – die Bedrohung für die Geleitzüge mitten im Atlantik zu beseitigen. Während des Winters 1942/43 verlor das RAF Bomber Command häufig die Hälfte dieser Zahl an viermotorigen Bombern in einer einzigen Nacht.

Während der ersten Monate des Jahres 1943 wurden die alliierten strategischen Bomberverbände auf Drängen der Marine gegen die Uboot-Stützpunkte an der französischen Westküste eingesetzt. Die Deutschen hatten jedoch diese Möglichkeit vorausgesehen und massive Bunker für die Uboote und ihre Reparaturwerkstätten gebaut. Die über fünf Meter dicken Stahlbeton-Dächer waren sicher gegen jede damals verwendete Bombe und obwohl die Angriffe wesentliche Schäden in den Häfen anrichteten, haben sie doch die Ubootoperationen nicht ernsthaft beeinträchtigt. Aus deutschen Berichten wissen wir, daß tatsächlich keine einzige Uboot-Fernfahrt als unmittelbares Ergebnis dieser Angriffe auch nur verzögert wurde. Im Sommer 1943 konnte Großadmiral Dönitz sagen:

»Die Angelsachsen versuchen mit allen ihnen zur Verfügung stehenden Mitteln unsere Ubootwaffe zu zerschlagen. Sie wissen, daß die Städte St. Nazaire und Lorient als Haupt-Ubootstützpunkte ausradiert wurden, nicht ein Hund, nicht eine Katze ist in diesen Städten übriggeblieben. Nichts steht mehr – nur die Ubootbunker. Die Organisation Todt hat sie aufgrund weitblickender Befehle des Führers gebaut und die Uboote werden dort instandgesetzt.«

Zwischen Januar und Mai 1943 hatten die Bomberverbände mehr als 100 schwere Bomber bei den Angriffen auf die Ubootstützpunk-

te verloren; doch abgesehen von einigen nützlichen Einsatz-
erfahrungen für die neu gebildeten amerikanischen Verbände
waren die Angriffe von keinem nennenswerten Nutzen für die alliierte Sache.

Nach dem Krieg ist die Verzögerung in der Bereitstellung einer
weitreichenden Luftsicherung für die Atlantik-Geleitzüge Gegenstand lebhafter Kontroversen zwischen höheren Luftwaffen- und
Marineoffizieren gewesen. Aber wenn sie ihre Möglichkeiten besser
genutzt hätten, dann hätten die Marinestäbe eine Menge tun
können, um die Lage zu verbessern. HMS *Audacity* hatte gezeigt,
wie man den Geleitzügen inmitten des Atlantiks Luftsicherung
geben konnte, ehe sie Ende 1941 versenkt wurde. Doch fast 18
Monate mußten vergehen, ehe der kleine Flugzeugträger zum
regulären Bestandteil der Geleitzugsicherung wurde. Der Einsatz
von Hochleistungs-Jagdflugzeugen auf diesen Schiffen deckte
Mängel auf, deren Beseitigung wesentlich zu dieser Verzögerung
beitrug. Die Marinestäbe jedoch zeigten kaum den Elan eines
Nelson, den Umbau einfacher Geleitträger durchzusetzen, um
Luftsicherung gegen die Uboote zu schaffen. Die Lösung war
schließlich der Handelsschiffs-Flugzeugträger (Mearchant Aircraft
Carrier), das MAC-Schiff. Das waren schnelle Getreideschiffe oder
Öltanker, die mit einem Flugdeck von einigen 130 Metern Länge
und 20 Metern Breite ausgestattet wurden. Diese Schiffe konnten
drei oder vier Swordfish-Flugzeuge mit sich führen und einsetzen
und außerdem noch vierfünftel ihrer normalen Fracht transportieren. Als erstes dieser MAC-Schiffe kam die 8000 t große *Empire
MacAlpine* an einem Geleitzug Ende Mai 1943 zum Einsatz.

Das MAC-Schiff erwies sich als die einfachste und billigste Lösung
des Problems, laufende Luftsicherung für die Geleitzüge zu stellen.
Unter Grenzbedingungen, wenn der Wind zu schwach oder die See
zu rauh war, waren diese Schiffe zugegebenermaßen schwierige
Landeflächen und manche Swordfish ging dabei zu Bruch. Diese
Unfälle verliefen jedoch selten tödlich und ein Flugzeug, das einige
1000 Pfund kostete, konnte man schon riskieren, wenn dadurch die
Überlebenschancen beladener Handelsschiffe vergrößert wurden,
die jedes mehrere Millionen Pfund wert waren. Ein weiterer Grund
für die Verzögerung bei der Bereitstellung von Schiffen für den
Umbau in kleine Flugzeugträger war auch der chronische Mangel

an schnellen Handelsschiffen. Doch war dies sicher auch nur eine Frage der Priorität. Jeder große Tanker oder Massengutfrachter, der elf Knoten und mehr laufen konnte, kam für einen Umbau in ein MAC-Schiff in Betracht. Und viele von denen, die später umgebaut wurden, fuhren Anfang 1942 noch als normale Handelsschiffe. Der Umbau dauerte etwa fünf Monate, zwei weitere Monate wurden für das Einfahren benötigt.

Als der Frühling 1943 in den Sommer überging, wurde jedoch über die Frage, wieviel Milch verschüttet worden war, wann und durch wen, kaum mehr eine Träne vergossen, denn die Alliierten hatten einen großen Sieg errungen. Als der Geleitzug HX 240 am 4. Juni in Liverpool ankam, war er der siebente in einer Reihe, die alle ohne Verluste den Nordatlantik überquert hatten. Für die Besatzungen der 280 beteiligten Handelsschiffe war dies eher eine Gelegenheit für das Jetzt dankbar zu sein als Vergangenes zu beklagen. Es liegt viel Wahrheit in dem alten Sprichwort, daß »Erfolg im Krieg, wie gute Werke in der Religion, viele Sünden zudeckt«.

Gegen Ende Mai aus dem Nordatlantik verdrängt, entschloß sich Großadmiral Dönitz seine Angriffe nach Süden zu verlegen, wo die Schiffahrt im Mittelatlantik das Hauptziel sein sollte. Dort waren die Seewege voller Ziele, da die Amerikaner große Mengen an Menschen und Material für die bevorstehenden Invasionen von Sizilien und Italien in das Mittelmeer verlegten. Für die Alliierten war hier die Lage, was Landstützpunkte für Luftsicherung anging, sogar noch schlechter als im Nordatlantik. Zwischen den Bermudas und der 3000 Meilen entfernten Küste Nordafrikas stand kein Flugplatz zur Verfügung. Der deutsche Oberbefehlshaber hoffte mit gutem Grund, daß seine Seeleute ein neues »Atlantic Gap« finden würden, in dem sie noch einmal die Geleitzüge packen könnten.

Der erste Großeinsatz in dem neuen Gebiet begann Anfang Juni um den westwärts laufenden Geleitzug GUS 7 A. Auf deutscher Seite standen die 17 Uboote der *Trutz*-Gruppe, aufgebaut in einer Linie südlich der Azoren. Zum Unglück für die Angreifer war jedoch der GUS 7 A keine harmlose Fliege, die hilflos in dieses Netz hinein-stoßen und in aller Ruhe abgeschlachtet werden würde; er war eine Wespe mit einem tödlichen Stachel im Schwanz – dem Geleitträger *Bogue*. Die Schlacht begann am 4. mit erfolglosen Angriffen der

Avengers auf drei Uboote der deutschen Gruppe. Am folgenden Tage stieß eine Flugzeugrotte der *Bogue* auf *U 217* (Reichenbach-Klinke) und führte einen gut koordinierten Angriff durch. Der Wildcat-Jäger griff das Uboot im Tiefflug mit Bordwaffen an und zwang es zu tauchen. Dann belegte Lieutenant (Jg) McAuslan in der gleichfalls angreifenden Avenger das Boot mit einer Reihe von vier Wasserbomben. Der Druckkörper riß auf und *U 217* sank mit seiner Besatzung in die Tiefe.

U 217 hatte auf der südlichsten Position des *Trutz*-Vorpostenstreifens gestanden und deshalb konnten die Handelsschiffe ungesichtet passieren. Sobald der Geleitzug GUS 7 A aus der Gefahrenzone heraus war, setzte sich die *Bogue* ab, um einen ostwärts laufenden Geleitzug zu schützen. Wieder gelang es den Ubooten nicht, die Fühlung herzustellen. Nachdem er seine Hauptaufgabe erfüllt hatte, steuerte Captain Short, der Kommandant der *Bogue*, mit seinen vier Geleitzerstörern noch einmal das Gebiet der *Trutz*-Gruppe an, um dort Händel zu suchen. Seinen herumstreifenden Avengers gelang dies sehr bald. Am Nachmittag des 8. Juni stieß ein suchendes Flugzeug auf *U 758*, eins der ersten Boote mit der neuen 20-mm-Vierlingskanone, die Dönitz Hitler gegenüber während ihres Treffens Ende Mai erwähnt hatte. Der unerwartet heiße Empfang zwang den ersten angreifenden Flugzeugführer, seine Wasserbomben zu früh zu werfen. Der zweite, durch Funk herangerufen, traf kurz danach ein, griff an, aber erhielt mehrere schwere Treffer und humpelte mit einem Verwundeten zurück zur *Bogue*. Kapitänleutnant Manseck, dessen Uboot noch unbeschädigt war, blieb herausfordernd an der Oberfläche; mit der neuen Bewaffnung machte der Kampf gegen Flugzeuge offensichtlich Spaß. Als nächstes erschienen Wildcat-Jäger auf dem Schauplatz, doch anfangs fanden ihre Piloten den Hagel des Abwehrfeuers ebenfalls lästig. Schließlich stieß Lieutenant (Jg) Perabo mit seiner Wildcat durch das Sperrfeuer, seine Geschosse schlugen in die Brücke von *U 758*, verwundeten elf Mann der Geschützbedienung und setzten zwei der vier Rohre des Hauptgeschützes außer Gefecht. Das ging zu weit – Manseck entschloß sich zu tauchen. Dabei griff ihn eine weitere Avenger mit Wasserbomben an und verursachte einigen Schaden, aber das Uboot konnte entkommen. Am folgenden Tage konnten die Besatzungen der *Bogue* an dem

Uboottanker *U 118* (Czygan), der nicht so gut bewaffnet war wie *U 758*, Rache nehmen. Insgesamt sieben Flugzeuge waren an der Vernichtung beteiligt. Captain Short's Jagdgruppe suchte das Seegebiet noch einige Tage länger ab, ohne jedoch irgendein Anzeichen vom Gegner zu finden. Die Uboote waren verschwunden, ohne etwas versenkt zu haben.

Während der folgenden zwei Monate, im Juli und August, hatten die amerikanischen Geleitträger ihre »glückliche Zeit« in den Gewässern rund um die Azoren. *Bogue* und ihre Schwesterschiffe *Card, Core* und *Santee,* die kurze Zeit später dazustießen, erledigten nicht weniger als 13 Uboote. Mit der *Santee* kam im Juli der »Mark 24 Mine«-Zielsuchtorpedo in dieses Gebiet. Sie setzte ihre Flugzeuge paarweise ein, das eine sollte das Uboot zum Tauchen zwingen und das andere ihn dann den Zielsuchtorpedo genau vor den Tauchstrudel setzen. Mit dieser Taktik wurden *U 160* (Pommer-Esche) am 14., *U 509* (Witte) am 15. und *U 43* (Schwantke) am 30. erledigt. Das zuletzt genannte Boot wurde buchstäblich »von der selbstgelegten Bombe zerrissen«, als der explodierende Zielsuchtorpedo seine Minenladung zur Detonation brachte.

Die Tatsache, daß die Geleitträger immer zur richtigen Zeit an der richtigen Stelle zu sein schienen, war natürlich kein Zufall. Diese direktere Ausnutzung der Informationen aus den entschlüsselten deutschen Funksprüchen war an einigen Stellen heiß umstritten, denn – so wurde argumentiert – bei zu vielen solcher »Zufälle« würde die deutsche Marine sicherlich Verdacht schöpfen. Diejenigen, die diese Informationen nutzen wollten, argumentierten dagegen mit gleicher Heftigkeit, daß es sinnlos sei, solche Feindnachrichten zu gewinnen, wenn man sie nicht auch ausnutzte. Und wer könne behaupten, daß die Deutschen nicht eines Tages doch dahinter kämen und dann selbstverständlich auf ein sicheres Schlüsselsystem übergingen? Wenn das geschähe, dann seien wertvolle nachrichtendienstliche Ergebnisse sinnlos vertan.

Ende August zog Dönitz seine dezimierten Boote aus dem Mittelatlantik zurück. Hier war kein leichter Fang zu machen und die als Jagdgründe für seine Männer ausersehenen Gebiete wurden für viele zu ihrem Friedhof. Der einzige militärische Nutzen, der für den Preis von 15 Ubooten zu Buche schlug, war die Bindung recht wesentlicher Ubootabwehr-Streitkräfte der Alliierten in diesem Gebiet.

Zur gleichen Zeit hatten einzeln operierende Boote etwas größere Erfolge gegen einzeln fahrende Schiffe in ferneren Gewässern in der Höhe von Brasilien, bei den Westindischen Inseln und vor den West- und Südostküsten Afrikas. Während der ersten neun Julitage konnten die Deutschen 21 Schiffe in diesen Gewässern ohne eigene Verluste erledigen. Aber dann begannen die landgestützten Flugzeuge hart zurückzuschlagen. Zwischen dem 9. Juli und Ende August vernichteten die Flugzeuge 14 Uboote, die Mehrzahl davon fiel den Maschinen der US Navy zum Opfer. Gewöhnlich konnten die Flugzeuge kurzen Prozeß mit den Ubooten machen, wenn sie sie einmal gefunden hatten; doch in drei Fällen war das ganz anders.

Da war zuerst dieser einzigartige Kampf auf Leben und Tod zwischen einem Blimp und einem Uboot am Abend des 18. Juli vor der Südspitze Floridas. Im Sommer 1943 hatte die US Navy einige 30 dieser unstarren Luftschiffe vor der Ostküste Amerikas im Einsatz. Die meisten von ihnen gehörten zur K-Klasse, waren 85 Meter lang und angetrieben durch zwei 425-PS-Motoren, mit denen sie eine Marschgeschwindigkeit von 100 km erreichten. Gewöhnlich hatte die zehnköpfige Besatzung ein Radar, ein magnetisches Ortungsgerät und Sonobojen, mit denen sie Uboote finden und vier 170 kg Wasserbomben, mit denen sie sie angreifen sollten. Der Wert dieser Luftfahrzeuge im Einsatz gegen Uboote ist im Laufe des Krieges und danach heiß umstritten gewesen. Der offizielle US Navy-Historiker schrieb:

»Eine wichtige, wenn auch relativ wirkungslose Komponente der Marine-Luftwaffe war das lenkbare Luftschiff, der sogenannte Blimp. Die meisten Marineoffiziere sahen angesichts der schnellen Entwicklung der Flugzeuge mit Skepsis auf diese stattlichen wurstförmigen Luftschiffe. Aber sie hatten Fürsprecher, die im Einsatz mit diesen Schiffen ausgebildet waren. Die Gesellschaft, die sie herstellte, war einflußreich und zu einer Zeit, in der es aussah, als ob die Uboote den Kampf gewinnen würden, wagte die Marine nicht, irgend etwas zurückzuweisen, das zum Endsieg beitragen könnte … Aber die meisten Marineoffiziere hielten sie im Überwachungseinsatz den Flugzeugen für unterlegen und im Geleit-

Deutsche Flugboote BV 138 C bei der Geleitsicherung gegen alliierte Uboote vor Nordnorwegen im März 1944.

Deutsches Seeflugzeug Arado Ar 196 bei der Geleitsicherung gegen alliierte Uboote vor Norwegen im August 1944.

Ab Sommer 1943 war die Rakete die Hauptwaffe der Alliierten zum Angriff auf aufgetauchte Uboote. Oben eine Nahaufnahme der an den Stummelflügeln aufgehängten Raketen bei einigen Liberators. Die 775 mm-Raketen hatten jede einen zwölf Kilo schweren festen Kopf und die besonders geformte Spitze führte die Rakete nach dem Eintauchen in das Wasser in einer leichten Kurve wieder aufwärts. Zielte man mit den Raketen kurz vor das Uboot, so konnte man ihm dadurch einen tödlichen Unterwassertreffer beibringen. *U 763* (Mitte) hatte Glück, diesen »trockenen« Raketentreffer zu überleben. Das Geschoß ging glatt durch den Tauchtank und an der anderen Seite wieder heraus. Unten, Mosquitos schießen Raketensalve auf Raketensalve auf aufgetauchte Uboote im Kattegat während der Hetzjagd am 9. April 1945.

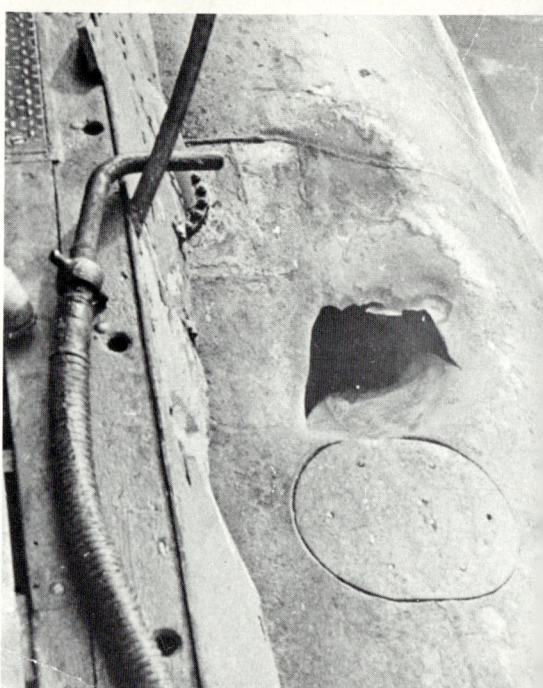

Flaying Officer Cruickshank (oben links) wurde mit dem VC (Victoria Cross) ausgezeichnet, weil er einen Angriff auf ein Uboot trotz schwerer Verwundung durchführte. Flying Officer Trigg RNZAF (Royal New Zealand Air Force) (oben rechts) erhielt posthum das VC aufgrund der Aussagen deutscher Überlebender, weil er einen Angriff auf ein Uboot mit brennendem Flugzeug durchführte. Flying Officer Moore, RCAF (Royal Canadian Air Force) (unten) und seine Besatzung versenkten am Morgen des 8. Juni 1944 zwei Uboote innerhalb von 20 Minuten.

Waffenwarte laden 115-kg-Wasserbomben, wie sie in den oben genannten Angriffen verwendet wurden, in den Bombenschacht einer Liberator. Beachte die konkaven Nasen und die dünnwandigen zum Abbrechen vorgesehenen Schwanzteile, wodurch die Sinkgeschwindigkeit im Wasser verringert werden sollte.

Der Schnorchel-Luftmast (rechts) gab den deutschen Ubooten wieder eine Überlebenschance, weil sie dadurch fast sicher vor Entdeckung aus der Luft wurden.

schutz für schlechter als nutzlos, weil sie von einem Uboot weiter gesichtet werden konnten als der am meisten qualmende Frachter.«

So bissig diese Kommentare auch waren, diejenigen, die mit den Blimps im Einsatz waren, konnten von sich sagen, daß nicht ein einziges von 89 000 Schiffen, die sie während des Zweiten Weltkrieges geleitet hatten, durch Ubootangriff verlorengegangen war. Doch der Blimp war ein weit besseres Abschreckungs- als Vernichtungsmittel. Während des Gefechtes am 18. Juli versuchte Lieutenant N. Grills, Kommandant des Blimp *K 34*, einen Angriff auf das aufgetaucht fahrende *U 134* durchzuführen. Lange jedoch ehe das Luftschiff in Bombenabwurf-Position war, hatten sich Kapitänleutnant Brosin's Geschützbedienungen eingeschossen und jagten Granate auf Granate in den Leib des Luftschiffes. Die Geschosse gingen glatt durch die Hülle ohne zu explodieren, aber sie zerfetzten das Gewebe und das lebenswichtige Helium, das dem Schiff Auftrieb gab, entwich langsam aber sicher. *K 34* verlor langsam an Höhe, aber sein Vorwärtsmoment brachte es noch über das Uboot. Dann aber versagte durch eine Tücke des Schicksals die Abwurfvorrichtung und die Wasserbomben blieben in ihren Halterungen hängen. Als der tödlich getroffene Blimp auf das Wasser aufschlug, tauchte Brosin und verließ das Gebiet. Mit Funkspruch meldete er kurz Einzelheiten dieses Gefechtes an die Befehlsstelle, aber darüber hinaus konnte er sich seines einzigartigen Sieges nicht mehr rühmen; auf dem Rückmarsch stieß *U 134* mit britischen Überwachungsfliegern zusammen und wurde mit der ganzen Besatzung versenkt. In keinem der beiden Weltkriege hat ein Luftschiff ein Uboot ohne andere Hilfe versenkt. Aber wenn man davon ausgeht, daß »ein gerettetes Schiff mit seiner Ladung wertvoller für die Alliierten ist als ein vernichtetes feindliches Unterseeboot«, dann kann man die amerikanischen Einsätze dieser Luftfahrzeuge kaum als wirkungslos bezeichnen.

Die kleineren und schnelleren Flugzeuge waren schwierigere und gefährlichere Ziele, doch Anfang August lieferte ein Uboot ein bemerkenswert schneidiges Gefecht mit nicht weniger als neun von ihnen. Der Kommandant von *U 615*, Kapitänleutnant Ralph Kapitzky, war ebenso wie Quaet-Faslem – der im vergangenen November so tapfer mit *U 595* gekämpft hatte – früher Luftwaffenpilot gewesen. Der erste Angriff in diesem Gefecht fand am Abend des 5. August statt, als ein Mariner-Flugboot der US Navy aus Trinidad *U 615* aufgetaucht vor der Küste Venezuelas entdeckte. Der Angriff verursachte keine Schäden, aber am anderen Morgen waren alle Hunde los. Lieutenant A. Matuski entdeckte mit einem gleichen Flugzeug derselben Squadron (VP-205) das Uboot wieder und richtete mit seinem ersten Angriff beträchtlichen Schaden an. Der Funker meldete an die Befehlsstelle in Port of Spain »Uboot beschädigt, Bug ragt aus dem Wasser, macht nur noch zwei Knoten Fahrt, keine eigenen Schäden«. Der nächste und letzte Funkspruch war dramatischer: »Beschädigt – beschädigt – Feuer.« Als Matuski zum zweiten Angriff angesetzt hatte, um das Uboot zu erledigen, hatten Kapitzkys Geschützbedienungen mehrere Treffer gegen das Flugboot erzielt, es stürzte in die See – keine Überlebenden. Doch für die Deutschen war dieses ein Pyrrhus-Sieg, denn ihr Boot war so schwer beschädigt, daß es nicht mehr tauchen konnte. Sie waren darüber hinaus in der Lage eines Wilderers, der den Gendarmen getötet hat, der ausgeschickt wurde, ihn festzunehmen: von überallher strömten Flugzeuge zum Ort des Geschehens. Eine weitere Mariner fand Fühlung mit dem angeschlagenen Boot und griff trotz heftigem Abwehrfeuer an. Der Steuerbordtragflächenansatz fing Feuer, das jedoch gelöscht werden konnte, so daß sie das kampflustige Uboot unter ihnen weiterhin umkreisen und Hilfe anfordern konnte.

Diese erschien kurz danach in Form eines zweimotorigen Ventura-Bombers, dessen Wasserbombenreihe weiteren Schaden an dem Boot anrichtete. Die beiden Flugzeuge umkreisten nun ohne Bomben gemeinsam das Boot, bis eine weitere Mariner dazu stieß. Nun griffen alle drei Flugzeuge gemeinsam an, doch konnten sie das deutsche Abwehrfeuer nicht von seinem Hauptziel ablenken, der Flugzeugführer der zuletzt angekommenen Mariner erlitt schwerste Verwundungen und die Besatzung warf die Wasserbomben vorzeitig ab. Das Flugboot verzog sich dann aus dem Gebiet und an seine Stelle kam eine weitere Mariner, die fünfte Maschine dieses Typs, die sich an diesem Gefecht beteiligte. Seine Bomben und sein Bordwaffenfeuer töteten einige der deutschen Geschützbedienungen und verwundeten andere. Kapitzky aber wollte noch nicht aufgeben. Noch bestand Hoffnung, bald würde die Nacht hereinbrechen und dann konnte er vielleicht zu einer der kleinen Inseln entkommen, mit denen diese Gewässer übersät waren, und Reparaturen durchführen.

Aber es gab noch kein Entrinnen. Am frühen Abend wurde *U 615* von einem US Army Bolo-Bomber angegriffen, während eine sechste Mariner Leuchtkugeln warf, um das Uboot zu beleuchten. Es schien ein unwahrscheinlich zähes Leben zu haben, dieses Boot, es überlebte auch diesen weiteren Vernichtungsversuch. Bald nach Mitternacht am 7. August beleuchtete eine siebte Mariner *U 615* mit Leuchtkugeln, aber im Ungewissen über die Identität des Fahrzeuges warf es keine Bomben. Erst als in der Morgendämmerung ein Zerstörer der US Navy am Horizont erschien, gab Kapitzky endlich den höchst ungleichen Kampf auf. Er befahl seiner Besatzung, in die Dingis zu gehen, dann versenkte er das Boot und ging mit ihm unter. Während dieses bemerkenswerten Gefechtes wurde *U 615* von neun Flugzeugen angegriffen, eins davon wurde abgeschossen und zwei beschädigt. Dieses Gefecht zeigt auch sehr deutlich die gefährliche Lage der Uboote, wenn sie versuchten, sich gegen Angriffe aus der Luft zu behaupten. Selbst wenn sie einen oder zwei Angreifer abschießen oder vertreiben konnten, nur zu oft schienen andere bereit und in der Lage zu sein, an ihre Stelle zu treten.

Wie schon erwähnt, wurde der größte Teil der Überwachungsflüge in den »fernen Gewässern« durch Flugzeuge der US Navy durchgeführt, die auch die meisten Erfolge hatten. Eine erwähnenswerte Ausnahme jedoch war das Royal Air Force Coastal Command im Seegebiet vor der westafrikanischen Küste. Am 11. August stieß Flying Officer L. Trigg mit einer Liberator der 200. Squadron auf ein aufgetaucht fahrendes Uboot einige 240 Meilen südwestlich von Dakar. Er mannöverierte sich in Position und stieß zum Angriff vor, aber die Deutschen empfingen ihn mit schwerem und genau liegendem Geschützfeuer. Obwohl sein Flugzeug sehr bald heftig brannte, hielt der Pilot hartnäckig seinen Kurs durch und warf eine Reihe von Wasserbomben quer über das Ziel, ehe er in die See stürzte. Die Explosionen rissen den Druckkörper von *U 468* auf und innerhalb kurzer Zeit folgte es dem Flugzeug in die Tiefe. Die einzigen Überlebenden dieses Gefechtes, der Kommandant Oberleutnant Schamong und sieben seiner

Männer, konnten in ein aufgeblasenes Gummiboot klettern, das sich von der Liberator gelöst hatte. Drei Tage später wurden sie von einem britischen Kriegsschiff gerettet. Vier Monate danach gab es ein besonderes Nachspiel, als einzig und allein aufgrund der Aussagen der deutschen Überlebenden Trigg posthum mit dem Victoria Cross ausgezeichnet wurde. Er war der erste Flieger im Ubootabwehr-Einsatz, der diese höchste Auszeichnung Großbritanniens erhielt.

Die Versuche der Deutschen, im Juni, Juli und August 1943 die Initiative im Kampf gegen die Geleitzüge wiederzugewinnen, die ihnen im Mai aus der Hand geglitten war, hatten jedesmal mit einem Mißerfolg geendet. Wo immer auch Dönitz seine Angriffe ansetzte, im Nord-, im Mittel- oder im Südatlantik, den Alliierten schienen überwältigende Kräfte zur Verfügung zu stehen, um dem zu begegnen. In einer Zeit aber, in der die Uboote nicht in der Lage waren, die Verbindungswege des Gegners zu unterbrechen, richteten alliierte Flugzeuge, wie wir in Kürze sehen werden, auf den An- und Rückmarschwegen der Deutschen ein schreckliches Blutbad an. Zu dieser Zeit erlitt die Ubootwaffe in der Biskaya eine schwere Niederlage.

Krise in der Biskaya

Die Biskaya ist der Stamm der Ubootbedrohung im Atlantik, die Wurzeln liegen in den Biskayahäfen und ihre Zweige breiten sich in die Länge und Weite zu den Nordatlantik-Geleitzügen, in die Karibik und bis zur Ostküste Nordamerikas . . .

Air Marshall Sir John Slessor, der Befehlshaber des Coastal Command in einem Memorandum an die Vereinigten Stabchefs im April 1943.

Der Golf von Biskaya ist ein Seegebiet, das im Osten und Nordosten durch die Küste Frankreichs und im Süden durch die Küste Spaniens begrenzt wird. Die Biskaya ist nicht sehr breit, ihre Ost-West-Achse, die in unserer Geschichte von besonderer Bedeutung ist, weil sie direkt in den Atlantik hineinführt, ist einige 300 Meilen lang. Das war die Seestrecke über die drei von jeweils vier Ubooten laufen mußten, um in ihre Operationsgebiete und zurückzufahren; die Seestrecke, die Sir John Slessor als den »Stamm der Ubootgefahr« bezeichnet hatte. Vom Sommer 1941 an hatte die 19. Gruppe des Coastal Command an diesem Stamm geknabbert, doch nach fast zwei Jahren war kaum eine Spur dieses beharrlichen Tuns zu sehen. Dann plötzlich, im April 1943, schienen die Wachstumsjahre überwunden, und wie ein Biber mit spitzen Zähnen und scharfen Klauen nagte sie heftig an dem Stamm der ihr so lange widerstanden hatte. Schnell zerfetzte sie die schützende Rinde und grub sehr bald ihre Spuren tief in das saftige lebendige Holz darunter. Die 19. Gruppe ging daran, die wichtigsten Durchmarschwege der Uboote zu sperren.
Wir verließen den Kampf in der Biskaya Ende April 1943. Zu dieser

217

Zeit war das deutsche Oberkommando in steigendem Maße beunruhigt über die Zahl der von Feindfahrt zurückkehrenden Besatzungen, die sich bitter über Nachtangriffe durch Flugzeuge in der Biskaya beklagten, ohne daß der *Metox* sie vorher gewarnt hatte. Gleichzeitig war in diesen Gewässern eine beunruhigende, wenn auch immer noch geringe Zahl von Ubooten spurlos verschwunden. Fast von Anfang an hatte die Marine richtig vermutet, daß irgendeine Art von Zentimeterwellen-Radar die Wurzel allen Übels sei. Es gab jedoch wenig Beweise für diese Annahme. Großadmiral Dönitz hatte seinen Männern geraten, bei der Durchquerung der Biskaya zur Sicherheit während der Nacht getauchte zu bleiben, bis der neue *Naxos-U*-Empfänger an die Front käme, der hoffentlich die Uboote vor den alliierten Flugzeugen mit dem neuen Radar warnen würde. Sie sollten nur bei Tage auftauchen, um ihre Batterien aufzuladen, wenn die Überwachungsflugzeuge gesichtet werden und die Uboote normalerweise rechtzeitig tauchen konnten, ehe die Flugzeuge zum Angriff heran waren. Sollte aber keine Zeit zum Tauchen mehr sein, dann sollten sich die Besatzungen gegen die Flugzeuge wehren und sie entweder abschießen oder vertreiben.

Daß die Deutschen ihre Taktik geändert hatten, wurde in der Befehlsstelle von Air Vice Marshall Bromet in Plymouth sofort erkannt. Während der Tagesstunden in der ersten Woche des Mai sahen seine Flugzeugbesatzungen 71 Uboote und griffen 43mal an. Sie versenkten drei auslaufende Uboote und beschädigten drei weitere so sehr, daß sie ihre Feindfahrt abbrechen und zum Stützpunkt zurückkehren mußten. Außerdem hatten die Flugzeugbesatzungen gemeldet, daß bei 17 verschiedenen Gelegenheiten die Uboote an der Oberfläche geblieben waren und versucht hatten, sich mit Flakfeuer zu verteidigen.

Als Sir John Slessor von der neuen »Zurückschlag«-Taktik erfuhr, war er sehr bereit, die deutsche Herausforderung anzunehmen. Er erkannte klar, daß der Vorteil auf seiten seines Kommandos lag: ein Flugzeug, selbst ein so großes und teures wie die Liberator kostete nur £ 60 000 und hatte eine Besatzung von zehn Mann; ein Uboot dagegen kostete £ 200 000 und mehr und hatte eine Besatzung von mehr als 50 Mann. Der Air Marshall schrieb an seine Flugzeugbesatzungen:

»Wenn die Uboote dabei bleiben, sich zu wehren, mag uns das einige Flugzeuge mehr kosten, aber es führt zweifellos auch dazu, daß mehr Uboote versenkt werden. Es liegt an uns, die gebotenen Gelegenheiten möglichst auszunutzen, ehe es sich in den Biskaya-häfen herumspricht, daß dieses Zurückschlagen ein kostspieliger und unnützer Zeitvertreib ist.«

Um diese Gelegenheit bis zum äußersten auszunutzen, konzentrierte Air Vice Marshall Bromet die gesamte 19. Gruppe auf die Uboote, die bei Tag durch die Biskaya marschierten. Er gab sogar die Nacht-Überwachungsflüge auf, so daß er seine Leigh Light Squadrons für diese Aufgabe zur Verstärkung ansetzen konnte.

Im Laufe des Mai versenkte Bromet's Gruppe sechs Uboote in der Biskaya und beschädigte eine gleiche Anzahl schwer. Die »Zurück-schlag«-Taktik hatte ganz offensichtlich nicht dazu geführt, die angreifenden Flugzeuge abzuschrecken, und nur sechs Abschüsse konnte die Gegenseite für sich verbuchen.

Im Mai war der Schützenkönig Wing Commander Wilfred Oulton, Kommandeur der mit Halifax ausgerüsteten 58. Squadron. Seine Besatzung eröffnete ihre Abschußliste am 5. mit der Versenkung von *U 663* (Schmid). Zehn Tage später pirschten sie sich vorsichtig aus der Sonne an den Uboottanker *U 463* (Wolfbauer) heran und die im danachfolgenden Angriff von Oulten sehr genau placierte Wasserbombenreihe explodierte fast genau unter dem Boot. Es sank über das Heck, der Bug ragte schließlich senkrecht aus dem Wasser, dann verschwand auch er. Am 31. krönten Oulten und seine Besatzung ihren Privatkrieg gegen Uboote mit der Endnummer 63, als sie an der Vernichtung von *U 563* beteiligt waren.

In der Erkenntnis, daß seine »Zurückschlag«-Taktik mißlungen war, befahl Dönitz im Juni eine bemerkenswerte Neuerung; seine Uboote sollten die Biskaya im Konvoi durchlaufen. Sie sollten ihre Stützpunkte aufgetaucht am hellen Tag verlassen und sich in Gruppen zusammenschließen. Sie hatten strikten Befehl, bei der Annäherung von Flugzeugen *nicht* zu tauchen, sondern statt dessen ihre zusammengefaßte Feuerkraft einzusetzen, um die alliierten Maschinen zu vertreiben oder abzuschießen. Bei Nacht sollten die Boote tauchen und vorgeschriebene Geschwindigkeit laufen. In der Dämmerung sollten sie wieder auftauchen, sich wieder zusammenschließen und die Reise fortsetzen, bis sie die Biskaya hinter sich hatten. Das war eine überraschende Umkehrung der vorherigen Taktik, früher hatten die Uboote immer versucht, wenn nur irgendmöglich ein Gefecht mit Flugzeugen zu vermeiden, nun machte die neue Taktik solche Gefechte unausweichlich.

Anfangs funktionierte die Uboot-Konvoitaktik gut. Zwei aus dem Atlantik zurückkehrende Boote durchquerten gemeinsam sicher die Biskaya und trafen am 7. Juni in Brest ein, ebenso zwei weitere Boote am 11. Dann sichtete am 12. ein patrouillierendes Flugzeug fünf aufgetaucht fahrende Uboote, einige 90 Meilen nördlich vom Kap Ortegal, die erste der großen Gruppen, die geschlossen durch die Gasse laufen sollten. Aber die Nacht brach herein, ehe die zur Verstärkung herangerufenen Flugzeuge auf dem Schauplatz eintrafen, und die Uboote setzten wie befohlen ihre Fahrt während der Dunkelheit getaucht fort. Am folgenden Abend sichtete eine einzelne Sunderland der 228. Squadron unter Führung von Flying Officer L. Lee die Gruppe erneut, die nun einige 250 Meilen westlich von Kap Finisterre stand. Unbeeindruckt durch den Hagel des Abwehrfeuers führte Lee seinen Angriff durch und seine Wasserbomben gabelten *U 564* ein, ehe das tödlich getroffene Flugboot mit seiner Besatzung in die See stürzte. Oberleutnant Fiedler löste sich mit seinem schwer beschädigten Boot aus der Gruppe und steuerte zurück nach Brest, geleitet von *U 185* (Maus). Kurz nach Mittag am folgenden Tage, am 14. Juni, sichtete eine Whitley der 10. Operational Training Unit – eine Ausbildungseinheit des RAF Bomber Command, die an das Coastal Command ausgeliehen war – die beiden zurückkehrenden Uboote. Nachdem sie die Boote zwei Stunden lang umkreist und vergeblich auf Verstärkung gewartet hatten, entschloß sich der Flugzeugführer, Sergeant A. Benson, allein anzugreifen. Seine Wasserbomben erledigten *U 564*, aber die Whitley wurde ebenfalls erheblich beschädigt. Zuerst meldete sie über Funk, daß sie mit Schäden auf dem Rückflug sei, dann, daß sie durch deutsche Jäger angegriffen werde; weiter hat man von dem Bomber oder seiner Besatzung nichts mehr gehört oder gesehen. *U 185* setzte den Rückmarsch nach Brest mit 19 Überlebenden von *U 564* fort. Von den fünf Ubooten, die versucht hatten, sich ihren Weg durch die Biskaya zu erkämpfen, war eins verlorengegangen und eins mußte früher zurückkehren. Selbst wenn man in Betracht zieht, daß zwei der angreifenden Flugzeuge abgeschossen wurden, kann dies kaum als deutscher Sieg gewertet werden.

Die nächsten beiden Ubootgruppen hatten verschiedene Schicksale; beide liefen am 12. Juni aus. Die erste, bestehend aus drei Booten aus La Pallice, konnte die Biskaya ohne Verluste, wenn auch nicht gerade ereignislos passieren; während des sich entwickelnden laufenden Gefechtes beschädigte das Abwehrfeuer der Uboote zwei der angreifenden Maschinen. Die zweite Ubootgruppe bestand aus fünf Booten der Brester und Lorienter Flottillen. Am 14. entdeckte sie eine Patrouille aus vier Mosquito-Jägern der polnischen 307. Squadron in der Höhe von Kap Finisterre. Squadron Leader Szablowski befahl seine Flugzeuge in Kiellinie und führte sie dann im Tiefangriff mit Bordwaffen gegen die Uboote. Das Abwehrfeuer setzte einen von Szablowskis Motoren außer Betrieb, er flog mit dem verbleibenden Motor noch über 500 Meilen bis zur Bruchlandung auf dem Fliegerhorst in Cornwall. Doch auch die Deutschen kamen nicht ungeschoren davon; die Bordkanonen der Mosquitos verursachten auf *U 68* (Lauzemis) und *U 155* (Piening) so schwere Verluste, daß beide zum Stützpunkt zurückkehren mußten. Die übrigen drei Boote gelangten trotz weiterer Luftangriffe unbeschädigt in den Atlantik.

Bereits nach zwei Wochen war es Dönitz klar, daß die ständige Herumbalgerei der bei Tage aufgetaucht fahrenden Gruppen für seine Uboote äußerst riskant war, mehr noch, es war unnötig. Das Hauptziel der deutschen Taktik war nicht, Flugzeuge abzuschießen, sondern die Uboote heil durch die Biskaya zu bringen. Deshalb berichtigte er am 17. Juni seine Taktik mit einem Befehl an die Boote, bei Tage in Gruppen nur so lange aufgetaucht zu bleiben wie es nötig war, um die Batterien aufzuladen – etwa vier von 24 Stunden. Wieder einmal, so schien es den Deutschen, hatten sie die Gegenmaßnahme für die Luftüberwachung in der Biskaya gefunden. Die Reduzierung der Zeit, die die Uboote sich den Luftangriffen aussetzten, machte es dem Coastal Command sehr viel schwieriger, die Gruppen zu finden und anzugreifen. Infolgedessen wurde während der letzten beiden Wochen des Juni nur ein Uboot in diesem Gebiet aus der Luft beschädigt.

Wenn schon Händel gesucht werden sollten, dann – meinte Dönitz

– sollte dies durch Uboote geschehen, die für diesen Zweck speziell bewaffnet und ausgerüstet waren: die sogenannten »Unterseeboot-flugzeugfallen«. Das erste so hergerichtete Boot war *U 441*; anstelle des 88-mm-Oberdeckgeschützes erhielt es zwei gepanzerte »Mu-sikpavillons«, einen vor und einen hinter dem Turm. Auf diesen waren zwei 20-mm-Vierlingsgeschütze und eine halbautomatische 37-mm-Kanone aufgestellt, eine in jeder Hinsicht gewaltige Flakbe-waffnung. *U 441* unter dem Kommando von Kapitänleutnant Götz von Hartmann hatte 67 Mann Besatzung – 16 mehr als es für so ein Typ VII-Boot üblich war. Zu den überzähligen Besatzungsmitglie-dern gehörten ein Schiffsarzt, zwei Wissenschaftler mit Geräten, um die Uboot-Ortungsmethoden der Alliierten zu erkunden, und die besonders ausgebildeten Geschützbedienungen. Von Hartmanns Befehle waren eindeutig: »Flugzeuge sollten nicht abgewehrt, sie sollen abgeschossen werden.«

Die erste Unternehmung von *U 441* in der neuen Aufgabe Ende Mai hatte nicht überzeugend geendet. Nachdem er einen Tag lang einladend auf der Westseite der Biskaya aufgetaucht auf- und abgelaufen war, hatte eine Sunderland auf den Köder angebissen. Aber während des nun folgenden Gefechtes stellten die Deutschen fest, daß durch das Salzwasser eine Schweißnaht an der Lafette der achteren 20-mm-Kanone gerissen und die Waffe deshalb nicht mehr einsatzfähig war. *U 441* mußte deshalb die erste größere Probe mit nur zwei Drittel seiner Feuerkraft bestehen. Diese restlichen Kanonen beschädigten das angreifende Flugzeug erheblich, aber es konnte doch seine Wasserbomben dicht an das Boot werfen, ehe es davonhinkte. Während ihres Rückfluges wurde die Sunderland jedoch von deutschen Langstreckenjägern abgefangen und abge-schossen. *U 441* seinerseits erlitt erhebliche Erschütterungen, Ruderschäden und ein unschönes Leck. Es humpelte nach Brest zur Instandsetzung zurück.

In der ersten Juliwoche war *U 441* für den zweiten »Flugzeugfal-len«-Einsatz bereit. Die Schäden des ersten Einsatzes waren beseitigt, auch die Störung an der achteren 20-mm-Lafette. Nun hatte von Hartmann keinen Anlaß mehr zu zweifeln, daß sein stark bewaffnetes Boot gute Aussicht habe, im Kampf zu bestehen. Wenn seine Geschützbedienungen drei oder vier feindliche Flugzeuge abschießen und vielleicht ein paar weitere beschädigen könnten, würde das doch wahrscheinlich den Elan alliierter Flugzeuge beim Angriff auf Uboote in der Biskaya etwas dämpfen.

Am 8. Juli lief der »Wolf im Schafspelz« wieder aus Brest aus und kreuzte die nächsten vier Tage im hellen Sonnenschein aufreizend in der Biskaya auf und ab. Doch es schien fast so, als ob die alliierten Flugzeuge um seine Aufgabe wüßten, denn keiner machte den Versuch, das Boot zu belästigen. Dann, am Nachmittag des 12., wurde es von einer Patrouille von drei Beaufightern der 248. Squadron entdeckt. Die britischen Jäger waren auf der Suche nach Junkers-88-Flugzeugen, die in diesem Gebiet gewesen waren. Aber Uboote waren ebenfalls edles Wild und Flight Lieutenant C. Schofield drehte mit seiner Formation zum Sturzflug auf die unerwartete Beute ein. Statt eines schwerfälligen, unterbewaffneten Bombers, den die Deutschen erwartet hatten, sahen sie sich nun drei wendigen Jagdflugzeugen gegenüber, die mit einer vereinigten Feuerkraft von zwölf 20-mm-Kanonen und 18 Maschinengewehren auf sie herabstürzten.

Von Hartmann hätte klug daran getan, auf Tiefe zu gehen und dort zu bleiben, bis die Beaufighter weg gewesen wären. Aber er vertraute auf seine Waffen und scheute den Gedanken, vor dem ersten Gegner, der daher kam, davonzulaufen. Als sich der Abstand zwischen den beiden Gegnern verringerte, deckte jeder den anderen mit Sprenggeschossen ein, deren Leuchtspuren sich hin und her überkreuzten. Die Beaufighterpiloten sahen Brücke und Deck des Ubootes »dicht mit Leuten besetzt, die die vielen Kanonen bedienten«. Und Schofield bemerkte etwas »von der Größe eines Kriketballes« – höchstwahrscheinlich ein 37-mm-Geschoß – hinter seinem Cockpit vorbeiflitzen. Doch die Deutschen hatten ebenfalls ihre Schwierigkeiten, denn die Dünung erschwerte ein genaues Feuer und »die Flugzeuge, offensichtlich durch Sprechfunk ausgezeichnet geführt, griffen das Boot abwechselnd und pausenlos von verschiedenen Seiten an«. In einem Gefecht wie diesem kann ein einzelner, genau liegender Feuerstoß einer Seite den Ausgang entscheiden. So war es mit einer Salve beim zweiten Tiefanflug der Beaufighter. Geschosse krachten auf die Brücke und die Geschützstände des Bootes und richteten ein furchtbares Blutbad an, mähten Kommandant, Offiziere und Geschützbedienungen nieder. Zehn Ubootmänner wurden getötet, 13 weitere verwundet. Von seinem erhöhten Beobachtungspunkt stellte Schofield fest: »Das Uboot hat das Feuer eingestellt, die Beaufighter können nun ihre Angriffe sehr viel tiefer durchführen.« An Bord U 441 war der einzige Offizier, der ohne ernsthafte Verwundung geblieben war, der Arzt, Dr. Pfaffinger. Während die Beaufighter drei weitere Anläufe auf das nunmehr wehrlose Uboot flogen, leitete er die Bergung der verwundeten Seeleute unter Deck. Die Kaltblütigkeit des Arztes ist um so beachtlicher wenn man bedenkt, daß er nicht sicher sein konnte, daß die Flugzeuge keine Wasserbomben hatten und der nächste Angriff somit tödlich enden würde. Schließlich, nachdem er alle Lebenden in Sicherheit gebracht hatte, ließ Pfaffinger tauchen und brachte U 441 nach Hause. Für diesen Beweis hervorragender Tapferkeit erhielt der Arzt später das Deutsche Kreuz, eine hohe militärische Auszeichnung.

Als U 441 nach Brest zurückkehrte gab es bemerkenswerterweise keinen Mangel an Freiwilligen für die nächste Unternehmung. Das war kennzeichnend für die ungebrochen hohe Kampfmoral in der Ubootwaffe trotz der schweren Schläge, die sie Ende des Frühlings und im Frühsommer erlitten hatten. Dönitz aber genügten die Lehren aus den beiden »Flugzeugfallen«-Unternehmungen. Er schrieb später, daß nach Ansicht des Befehlshabers der Unterseeboote diese Unternehmungen klar gezeigt hätten, daß ein Unterseeboot eine schlechte Waffe zur Bekämpfung von Flugzeugen sei, und daß alle Arbeiten zum Umbau von Ubooten als Flugzeugfallen abgebrochen worden seien. In Zukunft sollten seine Uboote sich mit Flugzeugen nur dann in ein Gefecht einlassen, wenn es keine Alternative mehr gab oder wenn sie in einer Gruppe fahrend die zusammengefaßte Feuerkraft zum Tragen bringen konnten. Er ließ U 441 in ein Uboot für den Handelskrieg zurückverwandeln, doch behielt das Boot einen großen Teil seiner Flakbewaffnung. Die Royal Air Force sollte ihre Rechnung mit diesem Boot später begleichen.

Der Fehlschlag des Flugzeugfallen-Experimentes war nicht einmal die größte Sorge von Großadmiral Dönitz, wenn man die Ereignisse in der Biskaya im Juli 1943 bedenkt. Man wird sich erinnern, daß er Mitte Juni seinen Uboot-Gruppen befohlen hatte, weiterhin ihre Batterien bei Tage aufzuladen, jedoch soweit kein Aufladen notwendig war, getaucht zu fahren. Aber das Coastal Command hatte sich sehr schnell auf die Gruppenfahrt-Taktik der Deutschen eingestellt und seine Reaktion darauf hatte sehr bald eine tödliche Wirkung. Sir John Slessor erkannte, daß sich als Gegenmaßnahme auf die in Gruppen fahrenden Uboote der Gruppenangriff von Flugzeugen anbot. Er wies deshalb seine Taktiker an, ein Verfahren auszuarbeiten, nach dem die Flugzeuge der 19. Gruppe ausschwärmen konnten, um festgelegte Seegebiete nach Ubooten abzusuchen, aber dennoch schnell zusammengezogen werden konnten, wenn irgendwelche Ubootgruppen gefunden wurden. Das System, das Ende Juni eingeführt wurde, hatte eine verblüffende Ähnlichkeit mit Dönitz' eigener Wolfsrudeltaktik, mit der er Geleitzüge aufspürte und dann die Uboote an diesen zusammenzog. Dreimal täglich flog ein Verband von sieben Flugzeugen auf parallelen Kursen durch zwei Gebiete mit den Decknamen *Musketry* und *Seaslug*, die quer zu den Uboot-Durchmarschstraßen lagen. Sobald ein Flugzeug eine Gruppe feindlicher Uboote sichtete, sollte es diese umkreisen und durch Funk Einzelheiten an die Befehlsstelle melden, die dann die anderen Maschinen im Rudel dorthin leiten würde. Die abgeflogenen Gebiete erstreckten sich mehr als 115 Meilen in Ost-West-Richtung, der größten Entfernung, die ein Uboot an einem Tage zurücklegen konnte, wenn es vier Stunden aufgetaucht und die restlichen 20 Stunden getaucht fuhr. Es bestand daher eine hohe Wahrscheinlichkeit, daß eine der drei täglichen Luftüberwachungsflüge eine Ubootgruppe entdecken würde, wenn sie in diesem Gebiet war.

Bei der fast unnatürlichen Stille, die rund um die Nordatlantik-Geleitzüge zu dieser Zeit herrschte, konnte das Coastal Command Flugzeuge abziehen, um die 19. Gruppe für die *Musketry-* und *Seaslug*-Einsätze zu verstärken. Doch während der ersten zwei Wochen dieser Operation geschah wenig, was die Zuversicht der Deutschen hätte erschüttern können. Dann, am 2. Juli, beschädigte eine Liberator der 224. Squadron den auslaufenden Uboottanker *U 462* (Vowe) und zwang ihn zur Rückkehr nach Bordeaux. Mit diesem Scharmützel eröffnete die 19. Gruppe die Erfolgsliste ihres ertragreichsten Monats in diesem Jahr, in dessen Verlauf sie elf Uboote versenkte und drei weitere beschädigte bei einem Verlust von sechs eigenen Maschinen, die durch die Ubootflak verlorengingen. Jedes einzelne Gefecht zu beschreiben würde den Leser mit

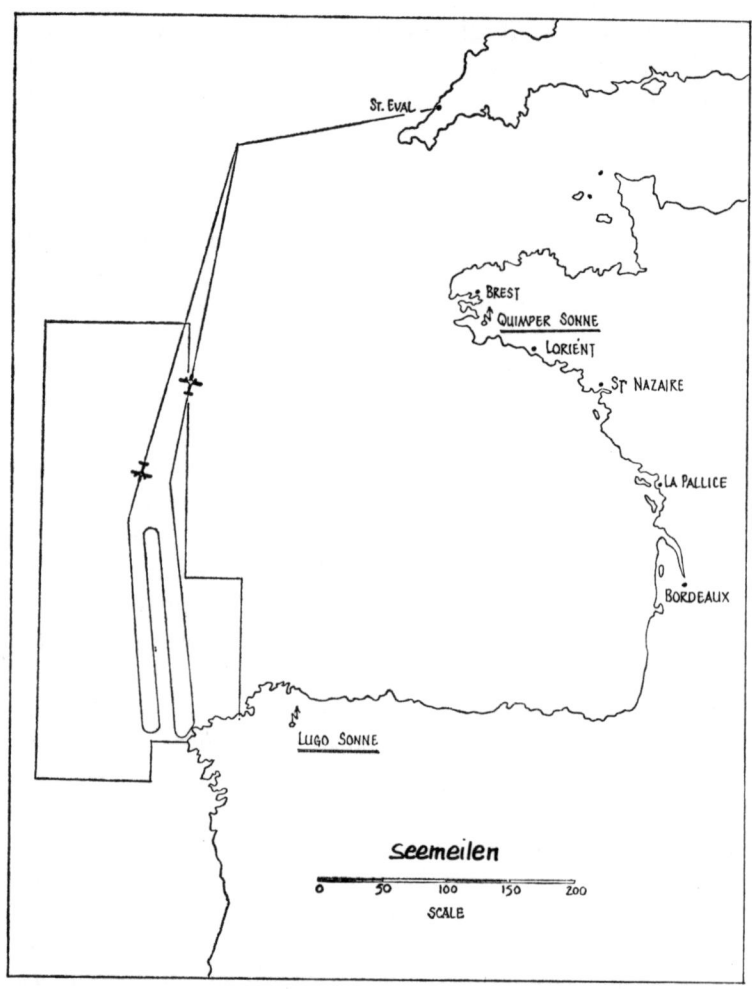

Musketry-Einsatz. Das Bild zeigt den Flugweg einer Liberator der 224. Squadron am 14. Juli 1943 während eines Musketry-Einsatzes. Die Flugdauer betrug 13 Stunden und 15 Minuten. Ferner sind eingetragen das gesamte Musketry- und Seaslug-Gebiet und die Sonne-Stationen im Quimper und Lugo (siehe Seite 269).

einer Unmenge von Einzelheiten überschwemmen, denn jedes war einzigartig in seiner Art und keines wirklich typisch. Drei Zusammenstöße jedoch verdienen der Erwähnung.

226

Obwohl die Uboote beim Marsch durch die Biskaya gewöhnlich versuchten, in Gruppen zusammenzubleiben, führte die ständige Beunruhigung aus der Luft doch oft dazu, daß die Boote die Fühlung miteinander verloren. So geschah es, daß *U 514* am Nachmittag des 8. Juli Kap Finisterre aufgetaucht und alleine passierte. Dort wurde es von Flying Officer C. Campbell entdeckt, der an der Backbord-Rumpfkanone der Liberator »R« der 224. Squadron saß. Schon zu diesem Zeitpunkt waren die Aussichten von *U 514* ziemlich gering, den Tag zu überleben, denn das Flugzeug, das nun zum Angriff von der Breitseite des Ubootes her einkurvte, war keine gewöhnliche Liberator. Zum ersten war der Mann am Knüppel der höchst erfolgreiche Ubootjagd-Pilot Squadron Leader Terrence Bulloch, der nach einer Ruhepause von sieben Monaten wieder im Einsatz war. Während dieser »Ruhezeit« hatte Bulloch Erprobungen mit einer Leigh Light Liberator geflogen, und er hatte ebenfalls die neuen Luft-Bodenraketen erprobt, die jetzt in seinem Flugzeug eingebaut waren. Zum anderen hatte Bulloch, der immer an Neuerungen interessiert war, die beachtlichste Ansammlung von Ubootbekämpfungs-Waffen mitgebracht, die es bis dahin an Bord eines einzelnen Flugzeuges gegeben hatte: zu der Achtfach-Raketenanlage, die er erprobt hatte, hatte er noch acht Wasserbomben und einen »Mark 24 Mine«-Zielsuchtorpedo. Ungeachtet dieses fliegenden Waffenarsenals, das nun auf ihn herabstürzte, setzte der Ubootkommandant, Kapitänleutnant Auffermann, seinen Südwestkurs fort. *U 514* war noch aufgetaucht, als Bulloch aus einer Entfernung von 800 Metern sein erstes Raketenpaar abfeuerte. Anderthalb Sekunden später, auf eine Entfernung von 600 Meter, folgte das zweite Paar und schließlich dreiviertel Sekunden danach, auf eine Entfernung von 500 Meter, löste er die restlichen vier Raketen als Salve. Als Bulloch an seiner Steuersäule zerrte, um die Liberator aus ihrem Sturzflug abzufangen, sah einer der Bordschützen wie eine Rakete auf der abgewandten Seite des Ubootes aus dem Wasser tauchte. Höchstwahrscheinlich hatte sie den Druckkörper unter der Wasserlinie durchbohrt. Das Unterseeboot tauchte steil in die See, doch der tolle Bulloch war noch nicht zufrieden. Er schwang die Liberator herum und warf quer über den Tauchstrudel eine Reihe von acht Wasserbomben und unmittelbar nach ihrer Detonation noch den zielsuchenden Torpedo. Wir werden niemals erfahren, welche dieser Waffen *U 514* tödlich traf, denn es gibt niemand, der das erlebt hat und es noch erzählen könnte. Als Bulloch sich ausgetobt und die aufgewühlte See sich gelegt hatte, war nur noch ein großer Ölfleck voller Treibgut zu sehen.

Genau 14 Tage später, am 24., stieß eine Leigh Light Wellington der 172. Squadron mitten im *Musketry*-Gebiet bei einem Tagflug auf den Uboottanker *U 459*. Während des anschließenden Schußwechsels wurde die Wellington schwer beschädigt aber ihr Pilot, Flying Officer W. Jennings, setzte den Angriff fort. Dann, erinnert sich Sergeant A. Turner, folgte eine »starke Explosion«, ehe er sich selbst im Wasser strampelnd wiederfand; er war der Heckschütze und einzige Überlebende des Flugzeuges. Der Bomber hatte das Uboot an der Steuerbordseite gerammt und die 20-mm-Einzel- und Vierlingsgeschütze und die Geschützbedienungen weggerissen. Flügel, Schwanz und Motoren flogen weit in die See, Teile des Rumpfes hingen um den hinteren Teil des Turmes. Die deutschen Seeleute schnitten die verbogenen Trümmer der Wellington herunter und hievten sie über Bord. Dabei entdeckten sie, daß zwei der Wasserbomben noch auf ihrem Deck lagen. Der Kommandant, Korvettenkapitän von Wilamowitz-Möllendorf, beschloß, sich ihrer genauso zu entledigen, wie das ein Zerstörer zu tun pflegte: er brachte sein Boot auf Höchstfahrt und befahl seinen Seeleuten, die Blechdinger über das Achterdeck ins Wasser zu rollen. Das war hübsch ausgedacht, und wären es normale Schiffswasserbomben gewesen, so hätte das auch funktioniert. Aber von Wilamowitz-Möllendorf hatte natürlich keine Ahnung von den Bemühungen der Royal Air Force, Wasserbomben herzustellen, die dicht an der Oberfläche explodieren. Die erste, die über Bord ging, funktionierte genau nach Vorschrift: auf acht Meter Tiefe, fast direkt unter dem Heck des Ubootes, ging sie hoch. Die Explosion zerstörte die Ruderanlage von *U 459*, riß die Diesel von ihren Fundamenten und verursachte ein Feuer im E-Maschinenraum. Das Boot torkelte noch im Kreise herum, als eine zweite Maschine, eine Halifax der 547. Squadron, auf dem Schauplatz erschien. Jetzt war *U 459* in hoffnungsloser Lage; da ein Großteil der Bewaffnung funktionsunfähig war, konnte es sich nicht mehr verteidigen und es war auch zu schwer beschädigt, um zu tauchen. Von Wilamowitz-Möllendorf

228

befahl seinen Männern, das Boot zu verlassen, dann zündete er die Sprengladung und ging mit seinem Boot unter. Zehn Stunden später nahm ein britisches Kriegsschiff Turner und die 44 deutschen Überlebenden auf.

Das letzte Gefecht der 19. Gruppe in diesem Monat voller harter Kämpfe, im Juli 1943, zeigt, wie wirkungsvoll ihre eigene Wolfsrudeltaktik gegen einen Konvoy von Ubooten sein konnte. In der Frühe des 30. sichtete die Besatzung der Liberator »O« der 53. Squadron drei Uboote, die versuchten, das *Musketry*-Gebiet aufgetaucht zu durchfahren; die Uboottanker *U 461* und *462* versuchten gemeinsam mit *U 504* in den Atlantik durchzubrechen. Flying Officer W. Irving am Steuer der Liberator umkreiste die Boote, während der Funker eine Meldung an die Befehlsstelle in Plymouth hinaushämmerte. Diese führte sehr schnell nicht weniger als sechs andere Flugzeuge zum Schauplatz; eine Liberator, zwei Halifax, zwei Sunderlands und eine Catalina. Als erster griff Flight Lieutenant Jenson mit der Halifax »B« der 502. Squadron an, sein Flugzeug hatte drei der neuen 270-kg-Ubootbomben, die ebenso funktionierten wie eine gewöhnliche Wasserbombe, aber verstärkte und stromlinienförmigere Hüllen hatte und so aus größeren Höhen abgeworfen werden konnten. Doch selbst bei der Angriffshöhe von 500 Metern – verhältnismäßig hoch für einen Angriff auf ein Uboot – erzielten die deutschen Geschützbedienungen Treffer gegen die Halifax. Jensons Bomben fielen weit ab vom Ziel, und er drehte mit seinem beschädigten Flugzeug nach Nordosten ab. Die Vergeltung kam schnell. Flying Officer Hensow in einer Halifax der 502. Squadron flog danach drei entschlossene Bombenanläufe aus 1000 Metern gegen die Uboote; jedesmal löste sein Bombenschütze eine einzelne 270-kg-Bombe. Eine dieser Bomben schlug dicht bei *U 462* (Vowe) ins Wasser und beschädigte es schwer; das Boot verlor langsam Fahrt und blieb schließlich liegen. Das war das Zeichen für den Beginn des Großangriffs; angeführt von Irving's Liberator, gefolgt von einem weiteren Flugzeug des gleichen Typs der 19. Squadron der US Army Air Force, während ein Sunderland-Flugboot der 461. Squadron der Royal Australian Air Force die Nachhut bildete. Mit ihrer überlegenen Geschwindigkeit ließen die beiden Liberator das Flugboot immer weiter hinter sich und beide mußten die Schläge der explodierenden deutschen Granaten fühlen, als die Seeleute ihr Feuer auf sie konzentrierten. Aber wieder folgte die Vergeltung auf dem Fuße. In der Verwirrung konnte sich Flight Lieutenant D. Marrows am Steuer der australischen Sunderland fast unbemerkt auf *U 461* stürzen. Erst im allerletzten Moment schwenkten die Geschützbedienungen von Kapitänleutnant Stiebler ihre Waffen auf das Flugboot herum. Aber da hatte sich Marrows Bugschütze bereits eingeschossen und ein langer, genau sitzender Feuerstoß brachte die Waffen des Bootes zum Schweigen. Unbehindert legte der Flugzeugführer seine sieben Wasserbomben genau über das Uboot. Als sie explodierten schien *U 461* wie ein Stock in zwei Teile zu zerbrechen, es sank sofort. Als er sah, daß einer seiner Kameraden gesunken und der andere bewegungsunfähig war, entschloß sich Kapitänleutnant Luis auf *U 504* auf Tiefe zu gehen. Dieser kluge Schachzug sollte ihm jedoch wenig nutzen. Während die anderen Flugzeuge ins Gefecht verwickelt waren, hatte das Catalina-Flugboot einen Verband von fünf Kriegsschiffen der Royal Navy, der in dem Gebiet patrouillierte, herbeigerufen. Ein Beobachter an Bord des Geleitbootes *Woodpecker* schrieb später:

»Der dienstälteste Kommandant auf *Kite* gab das Signal ›Freie Jagd‹. Los ging's mit äußerster Kraft in Dwarslinie – ein großartiger Anblick – ruhige blaue See und blauer Himmel – alle Mannschaften und Offiziere auf Gefechtsstationen. Bald sahen wir die Flugzeuge tief kreisend und im Gleitflug Wasserbomben werfend. Zu dieser Zeit waren zwei der Uboote zu sehen, die Sunderland warf einige Wasserbomben direkt beiderseits des Turmes von einem der beiden. Das brach dem Uboot das Rückgrat und es verschwand ziemlich schnell, zurück blieben einige Überlebende und ein Floß auf dem Wasser. Gleichzeitig eröffneten alle Schiffe das Feuer mit 10-cm-Geschützen auf das zweite Uboot.«

Das zweite Uboot, *U 462*, taumelte unter dieser Kanonade und folgte seinem Schwesterboot bald in die Tiefe. Nun blieb noch *U 504*. Die Geleitboote orteten es schnell mit ihrem Asdic und unter dem Dröhnen der tief eingestellten Wasserbomben zerbrach es ebenfalls. Danach nahmen die Geleitboote einige 70 deutsche Überlebende auf. Ihre Befragung ergab ein eigenartiges Zusammentreffen für Marrow's Sunderland, das Flugzeug »U« der 461. Squadron hatte *U 461* versenkt.

Während der ersten beiden Tage im August setzte die Luftüberwachung der Biskaya ihre Erfolgssträhne fort und versenkte vier weitere Boote. Doch nun gebot der deutsche Oberbefehlshaber Einhalt. Was zuviel war, war zuviel! Am 2. August beugte sich Dönitz der Übermacht; er befahl den Ubootgruppen, die sich schon in der äußeren Biskaya befanden, sich aufzulösen, einzeln weiter zu marschieren und zum Aufladen der Batterien nur *bei Nacht* aufzutauchen. Sechs Uboote – gerade ausgelaufen – rief er zurück und wies vier auf dem Rückmarsch aus dem Atlantik befindliche Boote an, sich dicht unter der spanischen Küste zu halten ohne Rücksicht auf Hoheitsgewässer.

Damit war der Höhepunkt der Schlacht in der Biskaya überschritten. Während der 300 Tage bis zum 26. April 1943 hatten alliierte Flugzeuge, die dieses Seegebiet überwachten, acht Uboote versenkt und 16 beschädigt, im Durchschnitt eine Versenkung alle 37 Tage. Zwischen dem 27. April und dem 2. August 1943, einem Zeitraum von nur 97 Tagen, vernichteten die Flugzeuge 26 Uboote und beschädigten 17, das heißt eine Versenkung jeden 3,7. Tag. Aber während der 300 Tage nach dem 3. August sollten die Flugzeuge nur elf Uboote versenken und neun beschädigen – eine Versenkung alle 27 Tage. Die erste, wenig einträgliche Zeit erklärt sich aus der Einführung des *Metox* und den Mängeln in der alliierten Ausrüstung bis zum Frühjahr 1943. Aber warum fielen die Versenkungsziffern nach dem August 1943 so schnell ab, zu einer Zeit, in der die Luftüberwachung in Qualität und Quantität ständig besser wurde? Die Antwort liegt in den Daten, die den Zeitraum des »großen Massakers« in der Biskaya einschlossen. Es war der 27. April, an dem Dönitz das Risiko einging, seine Ubootmänner anzuweisen, in diesem Gebiet nur bei Tage aufgetaucht zu fahren und sich gegen angreifende Flugzeuge zu wehren. Und es war der 3. August als er erkannte, daß diese Taktik falsch war, und er seinen Männern befahl, nur noch während der Dunkelheit aufzutauchen. Wir können deshalb schließen, daß das Massaker unter den Ubooten in der Biskaya im Sommer 1943 zumindest zum Teil auf einen großen taktischen Irrtum auf seiten des deutschen Oberkommandos zurückzuführen war. Hätte man den Ubooten befohlen, weiterhin nur bei Nacht aufzutauchen, und sie vielleicht angewiesen, sich dicht unter der spanischen Küste zu halten, wo die Küstenlinie eine

Radarortung erschwerte, dann hätte sich das Massaker vermeiden lassen.

Dies mindert jedoch in keiner Weise den Triumph von Air Vice Marshall Bromet und seiner Besatzungen. Ein altes Sprichwort sagt, daß die beste Gelegenheit nichts nützt, wenn man nicht darauf vorbereitet ist. Die 19. Gruppe des Coastal Command hatte sich wirklich gut vorbereitet, und als die Gelegenheit kam, nutzten die Flugzeugbesatzungen sie und preßten das letzte Gramm Vorteil heraus. Eine Frage hätte keiner der Befehlshaber mit Sicherheit vor der Schlacht beantworten können, wie sich nämlich die verstärkte Feuerkraft der Uboote und ihre Konvoitaktik auswirken würde. Würde das die alliierten Flugzeugbesatzungen zwingen, von akkuraten Tiefangriffen abzulassen? Die Antwort lautete »nein«. – »Nein«, wegen der guten Ausbildung und hohen Kampfmoral der Flugzeugbesatzungen. Es spielte auch noch ein anderer Faktor eine Rolle; einer, der diese Einsätze geflogen hatte, schilderte ihn so: »Es ist schwierig, diese unendliche Langeweile der Einsätze zu schildern; Stunde um Stunde nichts zu sehen als die See. Ich bin überzeugt, daß bei der Sichtung eines Ubootes viele Besatzungen ohne Rücksicht auf das, was ihnen entgegengeworfen wurde, angriffen, nur weil es eine willkommene Abwechslung von der Langeweile war.«

So zogen die Deutschen, als sie den Schlagabtausch mit den angreifenden Flugzeugen suchten, fraglos den kürzeren. Während der 97 Kampftage schossen die deutschen Seeleute etwa ein Dutzend Flugzeuge über der Biskaya ab und für jedes wurden etwas mehr als zwei Uboote versenkt. Für die Alliierten war das ein gutes Geschäft, wenn man in Rechnung stellt, daß ein Uboot mehr als dreimal so viel wie ein Flugzeug kostet und das Fünffache an ausgebildeten Männern an Bord hat. Es kam natürlich auch vor, daß die Ubootgeschütze die Flugzeuge verscheuchten und es auf keiner Seite Verluste gab. Aber das geschah so selten, daß man im ganzen gesehen doch sagen kann, daß die »Zurückschlag-Taktik« der Uboote ein Fehlschlag war.

Wir haben zugegebenermaßen den Vorteil, im Nachhinein urteilen zu können, wenn wir jetzt feststellen, daß Dönitz im Frühjahr 1943 zu stark auf das Schreckgespenst der überraschenden Nachtangriffe reagierte; genau wie er zehn Monate früher zu stark reagierte, als das Leigh Light erstmals in Erscheinung trat. Und wieder einmal war es – was der deutsche Oberbefehlshaber keinesfalls wissen konnte – nur ein kleiner Teil der 19. Gruppe, der den ganzen Krawall verursachte. Im April 1943 waren es nur zwei von einem runden Dutzend Ubootjagd-Squadrons der Gruppe, die Flugzeuge mit Leigh Light und Zentimeterwellen-Radar flogen (und letzteres war zudem als neues Gerät noch wenig betriebssicher). Im Krieg ist die richtige Taktik die, mit der man das Ziel mit dem geringsten Aufwand an Menschen und Material erreicht; während der Schlacht in der Biskaya hatte Dönitz einzig und alleine das Ziel, seine Uboote durch die Gasse der Luftüberwachung mit den geringstmöglichen Verlusten durchzubringen. Hätte er den Besatzungen befohlen, weiterhin nur bei Nacht zum Aufladen der Batterien aufzutauchen, und den Verlust einiger Uboote durch warnungslose Luftangriffe in Kauf genommen, würde sein Verband sicherlich weniger Verluste erlitten haben. Da die Leigh Light-Flugzeuge sich nun an der Tagschlacht beteiligen konnten, wurde durch die deutsche Entscheidung, während des Tages aufzutauchen, der Verband von Air Vice Marshall Bromet sechsfach verstärkt.

Bei der Feststellung, daß die deutsche Marine einen gefährlichen Fehler machte, ist es wichtig, sich über die Schwierigkeit im klaren zu werden, das Richtige zu tun, angesichts der mangelnden Kenntnisse über die alliierte Ubootbekämpfungs-Ausrüstung. Die Nachrichtenoffiziere mußten sich – da sie kaum Gelegenheit hatten, die Geräte selbst zu sehen – auf sehr wenig verläßliche Quellen abstützen: Meldungen von Agenten und zurückkehrenden Besatzungen, Befragungen der wenigen Kriegsgefangenen, die irgend etwas darüber wußten und Schlußfolgerungen aus entschlüsselten Funksprüchen. Vor solchem Hintergrund wurde das übliche Sammelsurium von Feindnachrichten, Wahrheit, Halbwahrheit und Erfindung fast unentwirrbar. Schon dieses Nicht-Wissen hat zu dem deutschen Aderlaß in der Biskaya beigetragen und auch dazu, die Gefahr des Huffduff-Gerätes zu verdecken. Ein weiteres phantastisches Ergebnis, der Aufbau einer wundersamen Legende, die zur Ausschaltung des harmlosen *Metox*-Empfängers führte, fand Anfang August 1943 sein Ende.

Während der ganzen Zeit der Schlacht in der Biskaya hatte eine Frage das deutsche Oberkommando immer wieder und wieder beschäftigt: wie konnten die alliierten Flugzeuge die Uboote mit derartiger Genauigkeit orten, ohne ein Gerät zu benutzen, dessen Ausstrahlungen mit dem *Metox*-Empfänger erfaßt werden konnten. Zuerst hatten die Nachrichtenoffiziere richtigerweise angenommen, daß irgendeine Art von Zentimeterwellen-Radar dahinterstecke. Im Mai begann man mit den Einsatzerprobungen des lang erwarteten *Naxos-U*-Warnempfängers; er sollte das Geheimnis der alliierten Nachtangriffe ein für allemal aufklären. Statt dessen aber vergrößerte dieses Gerät die Verwirrung nur. Die ersten *Naxos*-Empfänger waren äußerst unempfindlich; sie warnten vor einem britischen ASV-Mark-III-Radar nur auf eine Höchstentfernung von etwa fünf Meilen – etwas unter zwei Minuten Flugzeit – und das auch nur bei idealen Bedingungen. So gab es keinen Sicherheitsfaktor wenn das Gerät nicht hervorragend arbeitete. Wie der frühere *Metox* hatte der *Naxos-U* eine tragbare Antenne, die an den Turm angeklemmt wurde. Ein langes Koaxilkabel lief durch das offene Turmluk und verband die Antenne mit dem Empfänger im Funkraum. Dieses Koaxialkabel sollte sich als das schwache Glied des Systems erweisen; im Einsatz neigte das Kabel dazu zu brechen oder zu knicken, besonders wenn es im Alarmfall eilig unter Deck gebracht werden mußte. Und eine solche Beschädigung, die bei flüchtiger Überprüfung nicht ohne weiteres zu erkennen war, verschlechterte die ohnehin schon unzureichende Leistung stark. Im Endergebnis verfehlte der *Naxos-U* mehr Signale als er entdeckte. Der Befehlshaber der Uboote hörte weiter die alten Klagen über Nachtangriffe ohne vorherige Warnung, und die alte Frage blieb offen, wie die alliierten Flugzeuge die Uboote in der Biskaya orteten.

Das Versagen des *Naxos-U* veranlaßte die deutsche Marine die Bedrohung noch einmal zu überprüfen. Benutzten die Flugzeuge vielleicht ein ganz anderes Gerät als ein Radar, um die Boote zu orten? Im Sommer 1943 begann sich der Verdacht auf den alten *Metox*-Empfänger zu konzentrieren. Der Fernmeldedienst hatte entdeckt, daß der *Metox*, obwohl ein Empfänger, tatsächlich beträchtlich strahlte. Der *Metox* war ein Überlagerungsempfänger, und die Strahlungen kamen von der ersten Oscillatorstufe. Der Leser kann selbst das Phänomen des Strahlenempfängers mit zwei gewöhnlichen Radioapparaten demonstrieren. Man stimme das erste Gerät auf die Wellenlänge 300 Meter ab, drehe den Lautstärkeregler weit zurück, um den strahlenden *Metox* darzustellen. Dann stimme man das zweite Gerät auf 200 Meter ab, Lautstärkeregler halb auf, das soll den Empfänger darstellen, von dem die Deutschen glaubten, daß die Flugzeuge ihn benutzten. Die Abstrahlungen des *Metox* kann man im Lautsprecher des zweiten Empfängers als Pfeifen hören, das sich im Ton ändert, wenn die Abstimmung des ersten Empfängers von der einen Seite zur anderen bewegt wird. Als es noch als Vergehen galt, einen unangemeldeten Radioempfänger zu besitzen, benutzte das British General Post Office ähnliche Methoden, um solche Empfänger aufzuspüren.

Konnte es sein, so fragten sich die Deutschen, daß die Alliierten tatsächlich Zielflüge auf diese *Metox*-Abstrahlungen durchführten? Die meisten Fernmelde-Fachleute wiesen diese Idee weit von sich. Sie sagten, daß diese Abstrahlungen zu schwach seien und nahmen sehr richtig an, daß das Radar viel wirkungsvoller sei, so daß sich die Alliierten nicht mit solchen Pseudoabstrahlungen abgeben würden. Andere jedoch dachten anders; die Fachleute hatten schon einmal falsch gelegen und die Beweise, die gegen den Gebrauch eines Empfängers für *Metox*-Abstrahlungen durch die Alliierten vorgebracht wurden, waren nicht überzeugend. In der Tat, wer in Deutschland konnte sagen, was ein Gegner konnte und was er nicht konnte, zumal wenn man von ihm wußte, daß er auf elektronischem Gebiet weiter war. Der Schreck der Entdeckung des britischen Zentimeterwellen-Radars Anfang des Jahres saß den Deutschen noch immer in den Knochen. Die größte Ironie dieser ganzen Situation lag vielleicht darin, daß das neue Radar, das schon dazu beigetragen hatte, das Huffduff zu verschleiern, nun die Deutschen in ganz anderer Richtung nach einer Lösung der Ubootprobleme suchen ließen. Das Coastal Command hatte tatsächlich kaum dadurch eingebüßt, daß die Deutschen Überreste des H2S-Radar im vorangegangenen Februar bei Rotterdam gefunden hatten. Daß das für die Alliierten so gut auslaufen würde, hatte niemand in Amerika oder Großbritannien voraussehen können.

Im Juli und August 1943 führte die deutsche Marine eine Reihe von Flugerprobungen unter Benutzung eines besonders empfindlichen Empfängers gegen den *Metox* durch. Die Ergebnisse waren positiv;

235

die Abstrahlungen konnten bis auf 30 Meilen aufgefaßt werden. So war es möglich, auf diese Weise ein Uboot anzufliegen! Am 3. August gab Dönitz einen dringenden Funkspruch heraus, indem er allen Ubooten befahl, den *Metox* nicht mehr zu benutzen. So begann das »große Strahlungsgespenst«, eine der verrücktesten Geschichten des Zweiten Weltkrieges. Das *Naxos-U* Programm trat in den Hintergrund und die deutsche Elektronikindustrie begann, in großen Stückzahlen einen neuen, strahlungsfreien Meterwellen-Warnempfänger zu produzieren (wie der Leser merken wird, völlig unnötigerweise). Etwas über eine Woche nach dem Befehl, den *Metox* nicht mehr einzusetzen, nahm die an sich schon phantastische Geschichte eine noch andere Wendung. Denn ein Kriegsgefangener der Royal Air Force verkaufte seinen Befragern im Vernehmungslager Oberursel die »Ente«, daß alliierte Flugzeuge *die Metox-Abstrahlungen ausnutzten, um Uboote aufzuspüren.* Am 12. August schrieb Dönitz grimmig in sein Kriegstagebuch: »Die Befragung eines Kriegsgefangenen hat bestätigt, daß die Engländer die Abstrahlungen unseres Suchempfängers benutzt haben, um Uboote zu orten und anzugreifen. Es ist Befehl an alle Boote ergangen, das *Metox*-Gerät nicht mehr einzuschalten.«
Am folgenden Tage erzählte der redselige Gefangene seinen Befragern noch mehr. Er versicherte ihnen, daß Flugzeuge aus großen Entfernungen Zielanflüge auf die strahlenden Boote ausführen könnten. Seine Beschreibung war Gegenstand eines weiteren Funkspruches an alle Ubootstützpunkte am 18. August, in dem festgestellt wurde:
»Der Gefangene sagte bei einer Befragung am 13. August aus, daß das ASV-Gerät kaum noch benutzt werde, weil Zielanflüge auf die Abstrahlungen des Ubootes möglich sei. Er gab an, daß die Empfängerabstrahlung bei Flughöhen bis 1000 Metern auf Entfernungen bis zu 90 Meilen aufgefaßt werden konnten. Wenn auch die Möglichkeit einer bewußten Irreführung durch den Gefangenen besteht, zumal die genannte Reichweite unwahrscheinlich hoch und nur mit besonders empfindlichen planmäßig eingesetzten Empfängern überhaupt erreichbar erscheint, so muß doch für die weiteren Maßnahmen und Entschlüsse bei der derzeitigen Lage die Gefangenenaussage als wahr unterstellt werden ...
Der deutsche Oberbefehlshaber versicherte seinen Männern, daß

236

man die Situation nun im Griff habe; der neue Suchempfänger von Hagenuk, der *W. Anz. G. 1* sei wirklich strahlungsfrei und würde in Kürze an alle Uboote gegeben werden.

Wer war der alliierte Flieger, der die deutschen Seeleute mit dieser Loreley-Melodie betörte und sie dadurch noch mehr auf die Klippen führte, die sie selbst gesetzt hatten? Wir werden es vielleicht nie erfahren. Es gibt zwei Möglichkeiten für den Ursprung dieser denkwürdigen Story. Einmal konnte die ganze Geschichte eine bewußte Falle des alliierten Nachrichtendienstes sein; dann hätte sich ein besonders instruierter Mann bewußt in Gefangenschaft begeben, um diese Story zu vermitteln. Doch trotz eingehender Nachforschungen bei führenden Offizieren des Nachrichtendienstes und der Streitkräfte konnte der Autor keinen Beweis für oder gegen diese Annahme finden. Zum anderen konnte der Mann – vielleicht jemand mit beachtlichem technischen Wissen – sich diese Lügengeschichte einfach ausgedacht, sie zufällig zum richtigen Zeitpunkt angebracht und nun auch während der ganzen Befragung daran festgehalten haben. Aber wie es auch immer gewesen sein mag, der Mann verdient die höchste Anerkennung, denn er hat seinem Lande einen hervorragenden Dienst erwiesen.

In mancher Hinsicht ist die Durchsicht militärischer, nachrichtendienstlicher Berichte ähnlich wie das Studium der Bibel: für beide Seiten kann man, wenn man nur fleißig genug sucht, eine Passage finden, die nahezu jede Ansicht bestätigt. So konnte Dönitz, als er am 19. August Hitler in der »Wolfsschanze« in Ostpreußen besuchte, um ihm über die letzten Entwicklungen Bericht zu erstatten, die *Metox*-Abstrahlungen mit manchen ungelösten Geheimnissen der Vergangenheit in Verbindung bringen. Der deutsche Oberbefehlshaber führte zum Beispiel an, daß die Flugzeuge mehr Uboote während des An- und Rückmarsches und in den Wartepositionen ihrer Unternehmungen versenkten als an den Geleitzügen. Wenn die Uboote an die Geleitzüge herankamen, schalteten sie ihren *Metox* ausnahmslos aus und montierten die unförmige »Biskayakreuz«-Antenne ab, so daß sie im Alarmfall schnell tauchen konnten. Indem er diese beiden Tatsachen miteinander verknüpfte, die in Wirklichkeit gar nichts miteinander zu tun hatten, konnte Dönitz sie als einleuchtenden Beweis für die alliierte Nutzung der *Metox*-Strahlungen anführen. Außerdem war bekannt, daß mehrere der überraschenden Nachtangriffe durch Wellington-Bomber erfolgt waren, und die deutsche Marine glaubte (irrigerweise), dieser zweimotorige Bomber sei zu klein, ein Zentimeterwellen-Radar aufzunehmen. Die Vorstellung vom Zielanflug auf den *Metox* gab auch für dieses Rätsel eine schöne Erklärung. Der *Führer* hörte verständnisvoll zu und war auch der Ansicht, daß Dönitz' Theorie manche verblüffende Dinge der Vergangenheit erkläre. Mit dieser Entdeckung, so sagte Hitler, haben wir einen großen Schritt vorwärts gemacht. Die Audienz endete in vorsichtig optimistischem Ton; in der Biskaya war während der 16 Tage seit dem Befehl, den *Metox* abzuschalten, kein Boot mehr verlorengegangen.

Tatsächlich war – wie der Leser gesehen hat – der plötzliche Mangel an Erfolgen auf seiten der Luftüberwachung in der Biskaya auf die verringerte Zahl der durch dieses Gebiet marschierenden Uboote und auch auf die Entscheidung zurückzuführen, daß die Uboote nur bei Nacht auftauchen und sich dann im Radarschatten der spanischen Küste halten sollten. Diese neue Entlastung hatte überhaupt nichts mit der Jongliererei mit den Warnempfängern zu tun. Auch wenn die deutschen Führer sich durch ihren Ausflug nach Wolkenkuckucksheim erleichtert fühlten, die schmerzlichen Realitäten der erschütternden Ubootniederlagen waren nur zu klar. Zwischen Anfang Mai und Mitte August hatten die deutsche und italienische Marine nicht weniger als 118 Uboote im Kampf[1] verloren, die meisten der Besatzungen waren gefallen oder in Gefangenschaft geraten. Die Unterseeboote der Achse hatten ihrerseits etwas über 600 000 t Handelsschiffraums während dieser dreieinhalb Monate versenken können; es war keine unbeträchtliche Zahl, doch sie war so, daß die tüchtigen alliierten Werften sie leicht durch die laufende Produktion ersetzen konnten.

---

[1] 78 nur durch Flugzeuge, 6 durch Flugzeuge und Schiffe gemeinsam und 34 nur durch Schiffe.

Helling Fünf in Danzig

SEPTEMBER 1943 BIS MAI 1944

Die offensichtliche Flaute des Ubootkrieges ist auf eine einzige technische Erfindung des Gegners zurückzuführen. Wir sind dabei, sie zu neutralisieren und sind überzeugt, daß uns das in sehr kurzer Zeit gelingen wird.

Aus Adolf Hitlers Neujahrsansprache Januar 1944

Dem Gegner ist es gelungen, in der Ubootabwehr die Oberhand zu gewinnen. Wir werden den Feind einholen. Der Tag wird kommen, an dem ich Churchill einen erstklassigen Ubootkrieg bieten werde. Die Ubootwaffe ist an den Rückschlägen des Jahres 1943 nicht zerbrochen, im Gegenteil, sie ist stärker geworden. 1944 wird ein erfolgreiches aber hartes Jahr werden, und wir werden den britischen Nachschub mit einer neuen Waffe zerschlagen.

Großadmiral Karl Dönitz, 20. Januar 1944

Im Frühjahr und Sommer 1943 hatten die alliierten Ubootabwehr-Streitkräfte in der Tat einen großen Sieg errungen; zwischen der dritten Maiwoche und Mitte September war auf der wichtigen Nordatlantikroute nicht ein einziges Schiff durch Ubootangriff verlorengegangen. Das gab Großadmiral Dönitz zu und das wollte er mit den Ubooten, die nun in den Atlantik hinausgingen, ändern. Er war zuversichtlich, daß – wenn ein Wolfsrudel bei der nächsten Gelegenheit einen Geleitzug angriff – die Alliierten erkennen würden, daß sie zwar eine Schlacht aber noch keineswegs den Krieg gewonnen hatten.

Während der letzten Augusttage und der ersten Septemberwoche liefen 22 Uboote und ein Uboottanker aus den französischen

Biskayahäfen aus, sechs weitere folgten aus Stützpunkten in Norwegen und Deutschland. Alle diese Boote waren kürzlich umgebaut worden, sie hatten jetzt eine verstärkte Brückenpanzerung und ein Vierlings-20-mm-Geschütz zum Schutz gegen Flugzeuge; jedes Boot hatte zum Einsatz gegen Geleitstreitkräfte zwei der neuen *Zaunkönig*-Akustik-Zielsuchtorpedos an Bord. Außerdem hatte jedes Boot (obgleich das natürlich nicht sehr viel einbringen würde) den neuen *W. Anz.*-Suchempfänger, der fast überhaupt nicht strahlte. Dönitz ließ seine Besatzungen wissen, daß nun alles Wesentliche für einen erfolgreichen Einsatz zur Verfügung stünde.

Es gelang den 22 deutschen Ubooten aus den Biskayahäfen anfangs, sich der Aufmerksamkeit der suchenden Flugzeuge zu entziehen, indem sie sich dicht unter der spanischen Küste hielten und nur kurze Zeit und dann nur nachts aufgetaucht fuhren. Dönitz, in dem Glauben, daß das Fehlen der *Metox*-Abstrahlungen der Grund für das Ausbleiben von Angriffen war, war verständlicherweise gehobener Stimmung, am 3. September notierte er, daß der Gegner immer noch »fieberhaft suche«. Am folgenden Tag ging eine Meldung ein, die die alten Zweifel neu belebte: ein Uboot funkte, daß es bei Nacht von einem Leigh Light-Flugzeug angegriffen worden sei und der *W. Anz.*-Empfänger keine Warnung gegeben habe. Dies erwies sich jedoch als Einzelfall, der deutsche Oberbefehlshaber vermerkte vorsichtig: »Nur weitere Beobachtung wird es uns ermöglichen, zu sagen, ob dies eine Zufallssichtung war oder ob das Flugzeug-Radar auf Zentimeterwellen arbeitete ...« Erst etwas später stellte sich heraus, daß ein ähnlicher Nachtangriff *U 669* (Köhl) vor der spanischen Küste in der Morgendämmerung des 7. September überrascht hatte. Doch ehe Dönitz diese Nachricht erhielt, wußte er bereits, daß die anderen 27 Boote durch das Dickicht der Luftüberwachung durchgesickert und im Atlantik waren.

Die Deutschen hatten die erste Hürde mit erstaunlich geringem Aufwand genommen. Es blieb abzuwarten, ob die Uboote mit ihren neuen Zielsuchtorpedos gegen die Geleitstreitkräfte in gleichem Maße erfolgreich sein würden. Am Abend des 16. September war die Ubootgruppe *Leuthen* mitten im Atlantik auf Position, 20 Boote in der bekannten Nord-Süd-Linie quer zu den Geleitzugwegen aufgereiht. In einer Stimmung, die an die glücklicheren Jagdtage der Vergangenheit erinnerte, gab Dönitz einen anfeuernden Funkspruch an seine Besatzungen:

»Der Führer verfolgt jede Phase Eures Kampfes. Angriff! Ran! Versenken!«

Am Nachmittag des 18. September näherten sich zwei westwärts laufende Geleitzüge dieser Ansammlung deutscher Uboote, der langsame ONS 18 und etwa 20 Meilen dahinter der schnellere ON 202. Bei dem ersten stand einer der drei damals existierenden Handelschiff-Flugzeugträger, die *Empire MacAlpine*. Die Schlacht begann mit einem ergebnislosen Geplänkel rund um den langsamen Geleitzug, das ohne Verluste auf beiden Seiten endete. Am folgenden Tag, dem 19., ging der erste Erfolg an die Alliierten. Eine Langstrecken-Liberator der neu umgerüsteten kanadischen 10. Squadron, die von Neufundland aus operierte, versenkte *U 341* (Epp) nördlich des ON 202.

Mittlerweile hatten jedoch die Uboote sichere Fühlung an dem schnellen Geleitzug ON 202 und hier begann nun am Morgen des 20. die Schlacht. Als erstes sollte die Fregatte HMS *Lagan* den Biß des geheimen neuen deutschen Zielsuchtorpedos fühlen als sie ausschor, eine Huffduff-Fühlung auf ein fühlunghaltendes Uboot zu verfolgen. Ein *Zaunkönig* traf sie im Maschinenraum, riß das Heck ab und tötete 29 Mann der Besatzung. Kapitänleutnant Hepp auf *U 238* nützte die entstehende Verwirrung nach Kräften aus, es gelang ihm, den Bewacherschirm zu durchstoßen und zwei Handelschiffe zu torpedieren.

Währenddessen erhielt *U 338* Fühlung mit dem Geleitzug und meldete »ich bleibe zum Angriff aufgetaucht«. Der Kommandant des Bootes war Kapitänleutnant Kinzel, der Mann, der das Boot angesichts der Luftüberwachung während der Geleitzugschlacht um den SC 122 im vergangenen März so hervorragend geführt hatte. Wie Quaet-Faslem und Kapitzky hatte auch Kinzel vorher in der Luftwaffe gedient. Als nun eine Liberator der 120. Squadron von Island in Sicht kam und zum Angriff eindrehte, hielten die Deutschen stand und wehrten sich. Durch Ausweichmanöver und schweres, genaues Abwehrfeuer konnte Kinzel erreichen, daß die erste Reihe der Wasserbomben harmlos frei vom Boot fiel. Nach diesem heißen Empfang beschränkte sich der Liberator-Pilot,

Flying Officer J. Moffat, darauf, seinen Gegner zu umkreisen und nur gelegentlich einen Feuerstoß aus seinen Maschinengewehren zu feuern. Es konnte es sich leisten, Geduld zu üben. Schließlich entschied sich Kinzel zum Abbruch des Gefechts. Als nach seiner Schätzung die Liberator in einer schlechten Position für einen unmittelbaren Angriff war, ging er mit seinem Boot auf Tiefe. Der deutsche Kommandant konnte nicht wissen, daß dies genau das war, was Moffat erreichen wollte. Der britische Pilot dröhnte auf den sich glättenden Tauchstrudel herunter und setzte einen einzelnen »Mark 24 Mine«-Zielsuchtorpedo hinein. Der Torpedo traf *U 338* – das Boot sank mit der gesamten Besatzung. So fand Kinzel sein Ende, er hatte nicht damit gerechnet, daß sein Gegner genauso moderne Waffen an Bord haben könne, wie er sie in seinen eigenen Torpedorohren fuhr.

An diesem Abend schloß der schnelle Geleitzug an den langsameren auf, die vereinte Masse von 66 Schiffen stampfte nun gedeckt von 15 Geleitfahrzeugen dahin. Mit Einbruch der Dunkelheit jedoch verließen die patrouillierenden Flugzeuge das Gebiet. Noch einmal konnten die heranpirschenden *Leuthen*-Uboote mit ihren tödlichen *Zaunkönig*-Torpedos heranschließen und zwei weitere Geleitboote versenken, ehe dichter, wirbelnder Seenebel die Fühlung abreißen ließ. Den ganzen folgenden Tag hindurch trotteten die Geleitzüge durch die Nebelbänke hindurch und das unergiebige Versteckspiel ging weiter.

Erst am Nachmittag des 22. September begann es aufzuklaren, und bei verbesserten Sichtverhältnissen stießen die Uboote erneut auf ihr Opfer zu. Der zeitweise klare Himmel machte aber auch der Luftüberwachung das Leben leichter und die Liberator aus Neufundland fügten *U 270* (Otto) und *U 377* (Kluth) erhebliche Beschädigungen zu. Die Swordfish von der *Empire MacAlpine* griffen am gleichen Tage erfolglos mit Raketen und Wasserbomben an, drückten jedoch damit einige Uboote unter Wasser. Dennoch waren, als die Nacht hereinbrach, genügend Uboote in Fühlung mit dem Geleitzug und die Angriffe konnten erneut beginnen. Während der Nacht versenkten die *Leuthen*-Uboote noch ein Geleitboot und vier weitere Handelsschiffe.

Der Morgen des 23. September brachte klaren, blauen Himmel und mit dieser Hilfe konnten die Liberators und Swordfish die

Meeresoberfläche von Ubooten reinfegen. Diese fielen bald zurück, und Dönitz befahl den Booten, das Unternehmen abzubrechen. Der deutsche Oberbefehlshaber hatte den Eindruck, daß die *Leuthen*-Gruppe einen großartigen Sieg errungen habe, denn die Ubootkommandanten meldeten, daß sie insgesamt neun Handelsschiffe und zwölf Geleitboote versenkt hätten. Obwohl dies guten Glaubens geschah, war die Behauptung doch übertrieben; die Deutschen mußten erst lernen, daß *Zaunkönig*-Torpedos häufig entweder zu früh oder im Kielwasser des Zielschiffes hochgingen; jede Explosion war als Treffer gezählt worden. In der Hitze des Gefechtes war es unmöglich, an das Ziel heranzufahren, um sich des Erfolges zu vergewissern. Tatsächlich betrugen die alliierten Verluste nur sechs Handelsschiffe und drei Geleitboote, alle torpediert bei Nacht, wenn keine Luftsicherung zur Verfügung stand. Immerhin, die Deutschen hatten »nach Punkten« gewonnen, denn nur drei Uboote wurden versenkt.

Für das deutsche Oberkommando war das Gefecht der *Leuthen*-Gruppe ein höchstwillkommener Ansporn für die Stimmung der Truppe. Darüber hinaus schien es die Richtigkeit all der Maßnahmen, die seit Anfang August ergriffen wurden, zu bestätigen. Nach einer langen Reihe von Versuchen und Irrtümern – hauptsächlich Irrtümern – hatte die deutsche Marine die richtige Taktik herausgefunden, die Uboote ohne zu große Einbußen durch die Biskaya zu schleusen. Und am Geleitzug hatte das Wetter die Uboote begünstigt und ihnen einen kurzen Sieg beschert, der in der Berichterstattung noch aufgebläht wurde. Zudem war der neue *W. Anz.*-Empfänger aus der ersten Einsatzerprobung im Grunde genommen unangetasteten Rufes hervorgegangen. Es hatte nur zwei verdächtige Nachtangriffe in der Biskaya und keinen im Atlantik gegeben. Die Gründe hierfür lagen jedoch nicht so auf der Hand, wie es den deutschen Nachrichtenoffizieren erschien. Der Grund für das erstere war die Schwierigkeit, Uboote, die sehr dicht unter der Küste liefen, auf dem Radar zu entdecken, während das letztere einfach auf dem Mangel an Scheinwerfern oder Leuchtkugeln an Bord der Liberators und Swordfish beruhte, die an der Unternehmung teilgenommen hatten.

Wie jemand, der beim Rennen auf einen Außenseiter gesetzt hat und erlebte, daß dieser als Erster durchs Ziel ging, so stellte Dönitz voll Vertrauen die *Leuthen*-Gruppe wieder für die nächste Schlacht bereit. Aber Außenseiter siegen selten mehr als einmal, und die nächsten drei Geleitzüge, die den Nordatlantik überquerten, fuhren hübsch um die deutschen Vorpostenstreifen herum. Überdies versenkten patrouillierende Flugzeuge drei der vergeblich wartenden Uboote.

Erst am 7. Oktober gelang es den Ubooten, wieder Fühlung an einem Nordatlantik-Geleitzug zu bekommen, am ostwärts laufenden SC 143, zu dessen Geleitstreitkräften auch der Handelsschiff-Flugzeugträger *Rapana* gehörte. Und dieses Mal begünstigte das Wetter die deutschen Seeleute nicht. Am frühen Morgen des 8. konnte eins der Uboote ein Geleitboot mit einem Zielsuchtorpedo versenken, aber mit dem Hellwerden und Aufklaren des Himmels walzten die Swordfish der *Rapana* im Verein mit den auf Island stationierten Liberators der 86. und 120. Squadron alle deutschen Versuche, an die Handelsschiffe heranzukommen, nieder. Zwei Boote, *U 419* (Giersberg) und *U 643* (Speidel) sahen entweder die angreifenden Liberators nicht oder sie fürchteten sie nicht, jedenfalls tauchten sie nicht rechtzeitig und zahlten für diesen Irrtum den höchsten Preis. In den frühen Abendstunden trat eine Sunderland der kanadischen 423. Squadron kurz aber angemessen in Erscheinung und versenkte *U 610* (Freiherr von Freyberg-Eisenberg-Allmendingen). Auch die Dunkelheit brachte den Deutschen keine unmittelbare Erleichterung von der Bedrängnis aus der Luft: in dieser Nacht war zum ersten Mal mitten im Atlantik eine Langstrecken-Liberator mit Leigh Light am Geleitzug. Es gab jedoch eine kleine Lücke zwischen der Flugausdauer der Liberator und der Morgendämmerung. Diese Gelegenheit nützte ein Uboot aus und versenkte ein Handelsschiff. Bei Tagesanbruch am 9. Oktober war der Geleitzug in der Reichweite der Mittelstrecken-Luftüberwachung und die Uboote brachen die Unternehmung ab. Der erhoffte Erfolg war Dönitz nicht gelungen, seine Uboote hatten nur ein Handelsschiff und ein Geleitboot versenkt, dagegen waren drei aus ihren Reihen verlorengegangen.

Wenn der deutsche Oberbefehlshaber geglaubt hatte, daß der Fehlschlag mit dem SC 143 nur auf Glück auf seiten der Alliierten zurückzuführen sei, so wurde er bald eines Besseren belehrt. Eine Woche später kam die *Schlieffen*-Gruppe mit dem westwärts

Als der Krieg zu Ende ging, war das gewaltige Typ XXI Uboot in der Serienfertigung und kam gerade an die Front. Die großen Sektionen (unten) konnten zur Montagewerft nur durch Kanäle transportiert werden, deren Bombardierung durch die Alliierten zu erheblichen Verzögerungen führte. Oben *U 3008*, ein Typ XXI Boot auf dem Wege nach Großbritannien nach dem Kriege.

Die beiden Flugzeugtypen, mit denen die meisten der landgestützten Ubootabwehr-Squadrons der NATO in den 50er und 60er Jahren ausgerüstet waren: oben die britische Avro Shackleton, angriffsbereit mit ausgefahrenem Radom und offenen Bombenklappen. Unten die letzte Serienversion der amerikanischen Lockheed Neptune mit einem Unterrumpf-Radom, einem Scheinwerfer im Steuerbord-Tragflächen-Endbehälter, MAD-Spiere hinten und angehängten Strahltriebwerken zur Schubverstärkung beim Start und im Kampf. Beide Flugzeugtypen wurden während ihrer langen Dienstzeit erheblichen Änderungen unterworfen.

Moderne sowjetische Ujagd-Flugzeuge weisen Ausbuchtungen auf, die denen ihrer westlichen Gegenspieler auffallend ähnlich sind. Oben die Kamov Ka-25 mit ihren beiden gegenläufigen Rotoren und einem Radardom unter dem Bug. Die Säcke, die am Fahrgestell befestigt sind, enthalten eine Schwimmvorrichtung. Unten die kürzlich eingeführte Ilyushin I 1-38 – entwickelt aus dem I 1–18 Verkehrsflugzeug – mit dem Radom unter dem Bug und der MAD Spiere hinten.

Eine Grumman Tracker der US-Navy kippt auf eine Fläche und öffnet die Bombenklappen, um das Sortiment an Ubootsbekämpfungs-Waffen und -ortungsgeräten zu zeigen, die sie mit sich führen kann. Im Bombenschacht die Attrappe einer Atom-Wasserbombe, an den äußeren Teilen der Tragfläche vier Zielsuchtorpedos und zwei ungelenkte Raketen. Unter der Steuerbordfläche ein Scheinwerfer, unter dem hinteren Rumpf das Radom für das Suchradar und im äußersten Schwanzteil der eingezogene Kopf des magnetischen Ortungsgerätes. Im hinteren Teil der Motorengondeln befinden sich die Abwurfgestelle für die Sonobojen.

In den vergangenen neun Jahren war der Sikorsky S-61 Ujagd-Hubschrauber (US Marinebezeichnung SH-3, oben) der größte in der US Navy. Hier »taucht« er sein Sonar ein, während sein Partner auf eine neue Suchposition überwechselt. Im Hintergrund der Flugzeugträger, von dem aus diese großen Maschinen eingesetzt werden.

laufenden Geleitzug ON 206 in Berührung, verlor dabei vier Uboote durch Luftangriffe und zwei durch Geleitstreitkräfte und konnte dagegen nur ein einziges Handelsschiff versenken.

Es wurde Dönitz klar, daß die lang anstehenden Probleme immer noch nicht gelöst waren. Und die Nachrichten von den Ubooten in anderen Seegebieten waren gleichermaßen bedrückend. Mitte September baten die Italiener um Frieden; um die Flottillen im Mittelmeer zu verstärken, befahl der deutsche Oberbefehlshaber sieben Ubooten, durch die Gibraltarstraße zu gehen. Die Uboote hatten sich der Aufmerksamkeit der Biskaya-Luftüberwachung dadurch entziehen können, daß sie sich dicht unter die neutrale spanische Küste klemmten. Bei den komplizierten Meeresströmungen, die kennzeichnend für die Straße von Gibraltar sind, war das wesentlich schwieriger, und die Uboote mußten auf die Sicherheit durch die Küstengewässer verzichten. Außerdem standen die Leigh Light Wellingtons der 179. Squadron auf dem Fliegerhorst in Gibraltar zum Einsatz bereit. Jedes Flugzeug hatte das ASV Mark III-Radar, dessen Zentimeterwellen-Aussendungen auf den deutschen *W. Anz.*-Empfängern nicht angezeigt werden würden.

Das erste Uboot, das diese mächtige Abwehr herausforderte, war *U 223* (Wächter) in der letzten Septemberwoche. Obwohl es zweimal bei Nacht über Wasser überrascht und angegriffen wurde, gelang es dem Boot, unversehrt ins Mittelmeer zu kommen. Weniger erfolgreich war Kapitänleutnant Schroeteler mit *U 667*; sein Boot wurde fünfmal aus der Luft angegriffen; er mußte sein angeschlagenes Fahrzeug nach St. Nazaire zurückbringen. Als er von der Aggressivität der Luftüberwachung rund um Gibraltar erfuhr, entschloß sich Dönitz, seinen Versuch zu vertagen.

Die Nachricht von der gröblichen Behandlung seiner Boote war für Dönitz schon ernst genug, aber die erneuten Berichte von überraschenden Nachtangriffen fand er noch wesentlich beunruhigender. Der neue *W.Anz.*-Empfänger hätte diesen Klagen ein Ende setzen müssen. Da die alliierten Flugzeuge jetzt unmöglich noch auf Empfängerstrahlungen anfliegen konnten, sah es nun so aus, als ob vielleicht doch ein Zentimeterwellen-Radar daran schuld sei. Deshalb befahl Dönitz, daß Ende Oktober für den nächsten Versuch durch die Enge zu gehen, alle Uboote mit dem *Naxos-U*-Warnempfänger auszurüsten seien.

Der Leser wird sich jedoch der Unzulänglichkeiten dieses wenig empfindlichen *Naxos-U*-Empfängers erinnern, und er wird nicht überrascht sein, zu erfahren, daß dieses Gerät den Ubooten wenig Schutz bot. Die Besatzungen der 179. Squadron wußten natürlich nichts von den Schwierigkeiten der Deutschen, sie merkten lediglich eine plötzliche und willkommene Verstärkung der Uboottätigkeit in ihrem Gebiet. Prompt erledigte eine der Wellingtons das Spitzenboot *U 566* (Hornhohl) am Abend des 23. Oktober.

Es folgte fast eine Woche der Ruhe, dann versuchte Oberleutnant Böhme mit *U 450* durch die Gasse zu laufen. Das nachfolgende Gefecht ist nur deshalb bemerkenswert, weil es davon einen besonders lebendigen Bericht gibt. An Bord der Leigh Light Wellington »P« der 179. Squadron befand sich ein Passagier, als Squadron Leader Hodkinson von der Piste in Gibraltar am Abend des 29. Oktober startete, ein Heeresoffizier, der vorher nie geflogen war und nun »mal eben mitflog«. Der Armeeoffizier hatte keine Ahnung von der Technik der Ubootabwehr, doch gerade deshalb konnte er mit seltener Präzision die Stimmung im Ablauf des Geschehens einfangen:

»Es ist mondlose Nacht, aber die Sterne glänzen und wenn man nach unten sieht, kann man gelegentlich weiße Flecken auf dem Wasser erkennen. In der Ferne blinken einige Leuchttürme in regelmäßigen Intervallen. Außer dem Dröhnen der Motoren – das man nicht zur Kenntnis nimmt und den gelegentlichen Bemerkungen in der Bordsprechanlage, die man nicht versteht – ist alles still und ruhig. Der Pilot liegt auf seinem Bauch im Bug der Maschine, der Kopilot sitzt am Steuer. Ich stehe im Bug mit einem Fuß auf der Stufe, die vom Funkraum herauf führt, der andere auf einem Träger, der aus der Pilotenplattform herausragt. Die Leuchtskalen an den Instrumenten geben ein schwaches Licht. Wir sind jetzt viereinhalb Stunden unterwegs, und ich bin gespannt, wann sie den Kaffee auspacken.

Der kleine Schotte spricht über die Bordsprechanlage, aber ich kriege es nicht mit. Der Pilot kommt zurück gekrabbelt, und ich quetsche mich nach oben gegen die Tür hinter mir, damit er hinter die Steuerung durchklettern kann, während der Kopilot sich herauswindet. Der Kopilot geht nun in den Bug und liegt flach auf seinem Bauch. Der Pilot überprüft die Instrumente im schmalen

Strahl seiner Taschenlampe. Ich notiere mir in Gedanken, daß ich das nächste Mal eine Stabtaschenlampe mitbringe. Wir haben verabredet, daß, wenn es zum Gefecht kommt, ich die vordere Maschinenkanone besetze, aber ich zögere noch, das jetzt zu tun, weil ich mich nicht zu dramatisch zeigen will. Vielleicht war es nur ein Routinewechsel, aber der Kopilot zieht mich jetzt am Bein, also krabbele ich nach vorn und nehme meine Position hinter der Kanone ein. Ich hocke, je einen Fuß an seiner Seite, beide Hände an den Griffen, und die Daumen auf dem Knopf. Ich kann voraus nichts erkennen, aber der Leuchtturm blitzt jetzt weit weg zur rechten. Wir vermehren die Geschwindigkeit, und ich bin gespannt, was wir vorhaben.

Wie soll ich wissen, ob ich schießen soll oder nicht? Ich möchte nicht über die Bordsprechanlage fragen, da sie die vielleicht für wichtigere Sache brauchen. So beuge ich mich also vor, ziehe den Kopfhörer vom linken Ohr des Kopiloten ab und schreie so laut ich kann ›schlag an mein Bein, wenn ich schießen soll‹. Ich versuche das zweimal, aber da er weiter starr geradeaus sieht, gebe ich auf und gehe an meine Kanone zurück. Wir scheinen immer mehr Fahrt aufzunehmen, und ich starre hinaus und versuche, hinter der schwarzen Wand vor mir etwas zu sehen. Auf was werden wir stoßen? Ein Segelboot? Ein Flugzeug? Was auch immer es sein mag, ich bin sicher, daß es ein eigenes sein wird, aber wie soll ich das wissen? Das nächste Mal werde ich das klären, ehe wir starten.

Was zum Teufel? Ich vermute, sie haben den Scheinwerfer angedreht, wir sind in dickem weißen Nebel und alles, was ich sehe, sind die Nieten, die die Glasverkleidung im Bug zusammenhalten. Verdammt noch mal! Ich kann überhaupt nichts draußen erkennen! Doch, ich kann. Es ist ein Unterseeboot. Wahrscheinlich britisch. Jemand schreit in die Bordsprechanlage, also drücke ich die Daumen runter und eine Reihe roter Golfbälle fliegt auf das Uboot zu. Ich hätte wirklich entsprechende Zeichen vorher verabreden sollen. Irgend jemand wird dafür etwas auf den Hut kriegen; wahrscheinlich ich. Wir stürzen weiter und die ersten paar Golfbälle haben jetzt nur noch die Größe einer Zigarettenglut. Sie brauchen eine lange Zeit, bis sie dort ankommen. Unsere Geschwindigkeit steigert sich nun noch weiter, und ich sehe eine Menge Glühpunkte jetzt rechts vom Ubootturm. Nun sind auch einige auf der linken Seite. Sie gehen mit meinen durcheinander. Sie scheinen größer zu werden, nun beginnen schwach rote Tennisbälle an uns vorbeizufliegen. Sie schießen auf uns! Es ist ein deutsches Uboot! Gott sei dank! Ich drücke meine Daumen so fest runter wie ich kann und versuche, den Flug meiner Golfbälle zu verfolgen. Die Tennisbälle kommen genau auf den Bug zu. Nein. Sie gehen vorbei. Wir sind in einer Art Trichter aus langsam sich bewegenden roten Tennisbällen. Ich habe niemals geglaubt, daß das so aussehen würde. Ich wünschte, meine hätten eine andere Farbe, ich kann sie nicht mehr verfolgen. Wir werden gleich den Ubootturm rammen. Ich hoffe, wir brechen ihn ab. Nein. Wir sind drüber weg. Der Scheinwerfer ist aus. Ich schaue nach unten zur Linken und kann nur Sterne sehen.

Auf der Rechten blinkt etwas im Himmel. Ein anderes Flugzeug? Nein, es ist ein Leuchtfeuer. Der Pilot brüllt in die Bordsprechanlage ›Wir haben die Kerle erwischt, wir haben sie erwischt!‹ Da ist ein frischer Luftzug irgendwo und ein leichter Geruch von Öl. Der Pilot ruft jedes Mannes Namen. ›Bill! Alles in Ordnung Bill?‹ ›Jawohl‹. ›Wilson, sind Sie da, Wilson?‹ ›Jawohl, aber der Scheinwerfer ist kaputt geschossen‹. ›Tommy, alles in Ordnung?‹ ›Jawohl‹. ›Scotty?‹ Er ruft Scotty dreimal, jedesmal wird seine Stimme drängender. Dann antwortet Scotty ›Alles in Ordnung‹.

Der Kopilot ist zwischen meinen Beinen herausgekrabbelt und tastet unter dem Pilotensitz herum. Er hat eine kleine Taschenlampe, und ich sehe ihm über die Schulter. Da ist ein Gewirr von glänzenden Rohren, aus einigen sickert Öl, aus anderen sprudelt es heraus. In der Seite des Flugzeuges ist ein Loch, durch das man die Hand stecken kann. Kurze Zeit später sind wir auf dem Rückflug zum Fliegerhorst.«

In Wirklichkeit hatte Hodkinson das Uboot mit seinen sechs Wasserbomben nicht getroffen wie er glaubte, Böhme konnte *U 450* ohne Schaden in das Mittelmeer bringen. Die angeschossene Wellington hinkte nach Gibraltar zurück und mit ihr ein nun etwas erfahrenerer Heeresoffizier.

U 450 gelang es, durch die Enge zu kommen, aber die nächsten beiden Boote, die das versuchten, hatten weniger Glück. Seestreitkräfte vernichteten *U 732* (Carlsen) am Abend des 31. Oktober und am folgenden Abend fanden sich die Wellingtons der

179. Squadron mit Überwasserschiffen in einer Jagd zusammen, bei der *U 340* buchstäblich bis zur völligen Erschöpfung gehetzt wurde. Oberleutnant Klaus gelang es, die Verfolger abzuschütteln, indem er mit Höchstfahrt unter Wasser ablief, aber damit erschöpfte er die Bootsbatterien. Da die Jäger höchstwahrscheinlich die Fährte in jedem Moment wieder aufnehmen würden, hatte Klaus kaum eine andere Möglichkeit, als aufzutauchen, das Boot zu verlassen und es zu versenken. Spanische Fischerboote nahmen die Ubootbesatzung an Bord, aber während die Deutschen noch in ihren unverkennbaren Schwimmwesten an Deck standen, erschien das Geleitboot HMS *Fleetwood* auf dem Schauplatz. Was nun folgte, wird den Leser zum Grinsen oder Grollen bringen, je nach Nationalität und seinem Verhältnis zum Völkerrecht. Ironisch schreibt ein zeitgenössischer Chronist:

»Für den Kommandanten der *Fleetwood* waren die Gebote der Menschlichkeit klar und zwingend. Der Sanitätsoffizier, mit dem er die Sache besprach, war der gleichen Ansicht: es war ihre Pflicht, die erschöpften Männer zu übernehmen und ihnen alle Pflege und Sorgfalt zuteil werden zu lassen, die ihr Schiff bieten konnte. Die Deutschen sahen die Sache allerdings etwas anders an, aber gegen die humanitären Prinzipien der *Fleetwood* – einmal im Zuge – waren sie machtlos.«

Während dieses Spektakels um *U 340* gelang es Kapitänleutnant Brünning, sich mit *U 642* ungesehen durch die Enge zu schleichen. So gelang es nur zwei von fünf Booten, die Abwehr zu durchstoßen, die anderen drei wurden versenkt.

Es war zwar nur eine Unternehmung in kleinerem Rahmen gewesen, doch dafür nicht weniger verhängnisvoll für die Deutschen. Darüber hinaus sprach nun vieles gegen die provisorischen deutschen Theorien von den alliierten Ubootortungs-Methoden. Die *W.Anz.*- und *Naxos*-Empfänger hätten Radarausstrahlungen auf ihrem Teil des Wellenspektrums entdecken müssen, zudem hatten gründliche Tests erwiesen, daß keins der beiden Geräte selbst so stark strahlte, daß es sein Vorhandensein verraten hätte. Benutzten die Alliierten ein Radar auf einer unbekannten Wellenlänge oder vielleicht eine völlig andere Ubootortungs-Methode? Das war nicht der Fall; der deutsche Rückschlag war begründet in dem Einsatz von Flugzeugen mit Zentimeterwellen-Radar in

Zusammenarbeit mit einer starken Konzentration von Kriegsschiffen, die dieses enge Seegebiet von Ubooten frei halten sollten. Wieder einmal sehen wir den verzwickten Irrgarten, durch den die deutschen Nachrichtenoffiziere versuchen mußten, einen klaren Weg zu finden.

Auch die Berichte aus entfernteren Seegebieten waren wenig dazu angetan, die Wolke der Mutlosigkeit, die sich über Dönitz' Befehlsstelle gelegt hatte, zu zerstreuen. Denn der erneute deutsche Versuch, die Geleitzüge in den Gewässern rund um die Azoren zu bekämpfen, endete mit einer ähnlichen Abfuhr. Am Morgen des 4. Oktober stieß eine patrouillierende Avenger des amerikanischen Geleitträgers *Card* »zufällig« auf deutsche Uboote bei der Brennstoffübernahme. Der Uboottanker *U 460* hatte gerade *U 264* versorgt, während *U 422* und *U 455* noch darauf warteten, an die Reihe zu kommen. In dem konzentrierten Abwehrfeuer blieb der Wasserbombenangriff der Avenger wirkungslos, so daß Lieutenant R. Stearns, nachdem er über Funk Verstärkung angefordert hatte, geduldig die Uboote außerhalb der Geschützreichweite umkreiste. Er wollte warten, bis die Deutschen durch irgendwen oder irgendwas veranlaßt würden, zu tauchen. Dann konnte er den tödlichen Zielsuchtorpedo, der in seinem Bombenschacht ruhte, einsetzen. Kurz danach brachte Kapitänleutnant Scheibe *U 455* durch Tauchen in Sicherheit, aber die Möglichkeit, daß der streng geheime »Mark 24 Mine« von einem der drei noch an der Oberfläche befindlichen Boote beobachtet werden könnte, verhinderte einen sofortigen Angriff. Die Einsatzruppe *Card*, zwei Wildcats und eine Avenger, trafen planmäßig ein. Doch wieder vereitelte schweres Flakfeuer ihren Angriff. Befriedigt über diesen Erfolg gingen die Deutschen mit ihren Booten unter Wasser. Für eines der Boote war es das letzte Mal. Das war die Chance, auf die Stearns gewartet hatte, er setzte seinen Zielsuchtorpedo direkt vor den Tauchstrudel des größten Ubootes. Einige Minuten später hob sich ein kleiner Hügel aus dem Wasser, dann kamen Öl und Trümmer von *U 460* (Schnoor) an die Oberfläche. Im weiteren Verlauf dieses Tages tauchte Oberleutnant Poeschel unerklärlicherweise mit *U 422* in einer Position nur drei Meilen von der des morgendlichen Gefechtes entfernt auf. Für diese Kühnheit wurde das Uboot fast unmittelbar danach von einem Flugzeug angegriffen

und, als es tauchte, hing ein Zielsuchtorpedo unmittelbar hinten-
dran. Wieder gab es keine Überlebenden.

Genau eine Woche später, am 12., stieß ein Flugzeug der *Card*
»zufällig« auf das Kernstück einer anderen Betankungsaktion, das
Tankerboot *U 488.* Oberleutnant Studt focht einen beherzten
Kampf mit vier Avengers, der über eine Stunde dauerte. Und als er
tauchte, war ihm der übliche Zielsuchtorpedo hart auf den Fersen.
Doch dieses Mal schien das Schicksal den Tapferen zu begünstigen,
denn der Torpedo detonierte anscheinend zu früh. Vorsichtig
brachte Studt sein angeschlagenes Boot nach Bordeaux zurück. Auf
der Suche nach seinem Tankboot hatte Korvettenkapitän, Freiherr
von Forstner, auf *U 402* am nächsten Morgen nicht so viel Glück. Er
fand statt dessen nur Flugzeuge der *Card*; ein »Mark 24 Mine«
spürte sein Boot auf und vernichtete es.

Am gleichen Tage, am 13. Oktober, zeigte eine Rauferei deutlich
die Anfälligkeit von Trägerflugzeugen bei Gefechtsschäden, die in
anderen Fällen nicht als ernst angesehen worden wären. Nach
einem unentschiedenen Gefecht mit einem Uboot kehrte Lieutenant (Jg.) Fryatt zur *Card* zurück und stellte fest, daß das deutsche
Abwehrfeuer das Hydrauliksystem seiner Avenger beschädigt hatte
und das Steuerbord-Fahrgestell sich nicht ausfahren ließ. Der Pilot
mußte den Träger fast eine Stunde lang umkreisen, während dieser
die anderen Flugzeuge wieder aufnahm. In der Zwischenzeit war
die Dunkelheit hereingebrochen und die See merklich rauher
geworden. Schließlich setzte Fryatt, nur das Backbordfahrgestell
ausgefahren, zur Landung an. Im letzten Moment jedoch paßte sein
Schutzengel nicht auf. Der Haken der Avenger verfehlte die
Fangdrähte, und sie prallte glatt über die Notauffangvorrichtung
hinweg vom Deck ab und verbeulte sich dabei die Steuerbordtrag-
fläche an der Brücke. Das hin und her taumelnde Flugzeug schlug
auf das Vordeck auf und kam abrupt zum Stehen, nachdem es ein
anderes Flugzeug, das nahe am Bug aufgestellt war, in die See
katapultiert hatte. Fryatt und seine Besatzung hatten das Glück,
unversehrt aus ihrem zerstörten Flugzeug herauszukommen.

Während der zweiten Oktoberhälfte löste der Geleitträger *Core* die
Card in den Gewässern nördlich der Azoren ab. Dessen Flugzeuge
versenkten ein Uboot und beschädigten ein anderes, ehe das Schiff
dieses Gebiet Ende des Monats verließ.

Als der Oktober zu Ende ging, war der vorsichtige deutsche Optimismus von Anfang September endgültig geschwunden; während dieser beiden Monate waren 33 Uboote im Kampf verlorengegangen (24 davon durch Flugzeuge und zwei durch Flugzeuge in Zusammenarbeit mit Kriegsschiffen). Andererseits hatten die Uboote einige 40 Handelsschiffe mit insgesamt 200 000 t in diesem Zeitraum versenkt, auch keine unwesentliche Gesamtzahl. Außerdem gelang es der Ubootwaffe weiterhin, ihre Nebenaufgabe zu erfüllen, nämlich wesentliche alliierte Kräfte zu binden. Und für die Zukunft gab es für die Deutschen Anlaß zur Zuversicht: Großadmiral Dönitz hatte noch einige Trümpfe in der Hand.

Im Laufe des Sommers 1943 hatte sich das Flugzeug zum tödlichsten Gegner des Ubootes entwickelt. Doch zu dieser Zeit war das Flugzeug praktisch noch immer wirkungslos, wenn die Uboote nicht entweder aufgetaucht oder gerade getaucht waren. So waren die Uboote wirklich nur verletzlich, wenn sie an der Oberfläche waren – oder soeben gewesen waren – meistens um ihre Batterien wieder aufzulasen, oder um schnell in Angriffsposition für einen Geleitzug zu kommen. Wenn diese Zeiten erzwungener Bloßstellung über Wasser verringert oder gar unnötig gemacht werden konnten, dann würden die Ubootunternehmungen der Luftüberwachung beträchtlich weniger auf Gnade und Ungnade ausgeliefert sein. Die Lösung, das wußte Dönitz seit langem, war ein Fahrzeug, das dem »wahren« Unterseeboot sehr viel näher kam: das Uboot, das getaucht mit höherer Geschwindigkeit und für beträchtlich längere Zeit operieren konnte als die Boote, die jetzt in Dienst waren. Um diese Forderung zu erfüllen, hatte Professor Walter hart daran gearbeitet, sein Antriebssystem mit Wasserstoffsuperoxyd zu vervollkommnen.

Aber die ersten einsatzfähigen Uboote mit dem Walter-System, der Typ XXVII, waren kleine Küsten-Uboote. Im Juni 1943 hatte die deutsche Marine 180 Boote des größeren Typ XXVI in Auftrag gegeben, um so schnell wie möglich Hochsee-Walter-Uboote in Dienst stellen zu können. Bei der Aufstellung detaillierter Produktionspläne zeigte es sich jedoch bald, daß das Walter-Antriebssystem noch zu unvollkommen für den Fronteinsatz war, deshalb wurde der Auftrag im November zurückgezogen. Es zeigte sich

256

deutlich, daß es eine Lücke zwischen dem Ende der operationellen Einsatzfähigkeit der zur Zeit im Dienst befindlichen Boote und der Einführung von Hochleistungs-Unterseebooten mit dem Walter-System geben würde. Die deutschen Marineingenieure widmeten deshalb all ihre Kräfte dem Ziel, diese Lücke zu überbrücken.

Vor allem mußte etwas gefunden werden, mit dem die große Zahl der schon in Dienst befindlichen Boote weiter operieren konnte, ohne daß sie, um ihre Batterien nachzuladen, auftauchen mußten. Zum Glück für die Deutschen existierte eine solche Vorrichtung bereits und war sogar auf holländischen Unterseebooten vor dem Kriege eingebaut worden: der Schnorchel (d. h. die Nase). Der Schnorchel bestand aus einem Luftrohr, das über Wasser ausgefahren werden konnte, wenn das Boot auf Sehrohrtiefe war. Am oberen Ende des Rohres befand sich ein einfaches Schwimmerventil (das so ähnlich arbeitete wie das bei einer Wasserspülung), um zu verhindern, daß Wasser in das Boot floß, wenn eine Welle über die Öffnung ging. Mit einem solchen Apparat konnte die Luft innerhalb des Bootes frisch gehalten werden, auch wenn das Boot getaucht war. Wichtiger aber noch, das Unterseeboot konnte tatsächlich unbeschränkt mit Dieseln unter Wasser fahren, ohne den kostbaren Strom der Batterien verbrauchen zu müssen. Es muß betont werden, daß die Einführung des Schnorchel eine reine Abwehrmaßnahme war, erzwungen durch die Notwendigkeit, die Boote gegen Entdeckung aus der Luft weniger empfindlich zu machen. Er konnte nicht benutzt werden, wenn sich das Uboot im Angriff auf einen Geleitzug befand, denn der Lärm der Dieselmotoren würde die Bootsposition dem Feind verraten und zu gleicher Zeit die Besatzung daran gehindert haben, ihr eigenes Horchgerät einzusetzen. Auch begrenzte der Einsatz des Schnorchels die Höchstgeschwindigkeit des Bootes auf etwa sechs Knoten, das heißt, daß seine Beweglichkeit – verglichen mit dem was aufgetaucht möglich war – stark reduziert wurde. Außerdem war die Ubootbesatzung in einer ungemütlichen Situation, wenn bei schwerer See oder schlechter Tiefensteuerung die Wellen über das Luftrohr hinweg gingen und das Schwimmerventil zuknallten; die Dieselmotoren saugten weiter Luft an, die nun nur aus dem begrenzten Vorrat innerhalb des Bootes kommen konnte. In den Sekunden, ehe der Diesel abgestellt oder das Ventil wieder frei war, fiel der Druck im Boot beträchtlich und die Besatzung keuchte mit hervorquellenden Augen, weil ihnen die Trommelfelle schmerzhaft herausgesogen wurden.

Trotz aller Beschränkungen aber war der Schnorchel für die deutsche Marine ein großer Schritt in die richtige Richtung. Natürlich konnte das über Wasser herausragende Luftrohr aus der Luft sowohl optisch als auch mit Radar entdeckt werden, aber auf sehr viel geringere Entfernung als ein vollständig aufgetauchtes Boot. Während des Sommers und Herbstes 1943 wurde ein Versuchseinbau des Schnorchel erprobt und der ursprüngliche Entwurf erheblich verbessert. Am Ende dieser Erprobungen setzte die deutsche Marine genügend Vertrauen in diese Vorrichtung, ein Änderungsprogramm großen Stils zur Ausrüstung aller operationellen Uboote anzulassen. Aber auch dieses – die kurzfristige Lösung des Problems der deutschen Ubootfahrer – brauchte mehrere Monate, um in der erforderlichen Anzahl zum Einsatz zu kommen. Diese einfache Vorrichtung hätte natürlich in einem sehr viel früheren Stadium des Krieges auf den Ubooten eingeführt werden können, aber ehe die Luftbedrohung ernst wurde, sah die deutsche Marine keine Notwendigkeit dafür.

Als etwas längerfristige Lösung ließ Dönitz die deutschen Uboot-Konstrukteure Pläne für einen vollständig neuen Uboottyp ausarbeiten, der die beste Unterwasserleistung haben sollte, die mit dem Einsatz *bereits bewährter* Technik möglich war. Dabei konnten einige von Walters Gedanken gut verwendet werden, denn für sein revolutionäres Antriebssystem hatte der deutsche Erfinder ein Uboot entworfen, dessen Schiffskörperform für die höchstmögliche *Unterwasser*leistung optimiert war. War es möglich, so fragte die deutsche Marine, diesen neuen Bootskörper so umzukonstruieren, daß man darin die konventionelle dieselelektrische Anlage unterbringen konnte? Wenn die Batteriekapazität auf das dreifache der früheren Uboote vergrößert werden konnte, dann würde ein solches »konventionelles« Uboot mit seiner Leistung der des Walter-Ubootes nahe kommen, aber ohne Verwendung des gefährlich explosiven Wasserstoffsuperoxyds. Während des Frühsommers 1943 begannen sich die deutschen Vorstellungen auf dieser Linie zu verdichten. Gegen Ende Juni waren die entscheidenden Merkmale für ein solches Boot, das als Typ XXI bezeichnet wurde, festgelegt: höchste Unterwassergeschwindigkeit 18 Knoten für eineinhalb Stunden oder 12 bis 14 Knoten für zehn Stunden; Marschfahrt sechs Knoten bis zu 48 Stunden – ein Unterwasser-Fahrbereich von nahezu 300 Meilen. Mit dem verbesserten Schnorchel-Entwurf konnte das Boot mit Geschwindigkeiten bis zu 12 Knoten in sein Operationsgebiet fahren. Wie der Schnorchel selbst, so wäre auch das konventionelle Hochleistungs-Uboot schon etwas früher im Kriege technisch möglich gewesen. Aber auch die Deutschen hatten ihre Prioritätsprobleme und bis zum Frühjahr 1943 schien es, als ob die früheren Uboottypen durchaus in der Lage wären, die alliierte Zufuhr zu unterbinden.

Durch die erheblich vergrößerte Batteriekapazität würde das Typ XXI-Uboot etwas größer sein als die gewöhnlichen Handelskriegs-Uboote der Vergangenheit. Aufgetaucht würde das Boot eine Wasserverdrängung von etwa 1500 t haben gegen 770 t bei dem früheren Typ VII C-Uboot. Der Detailentwurf wurde einem eigens zusammengestellten Team übertragen, das von Direktor Cords, dem früheren Chefkonstrukteur der Germania Werke in Kiel, geleitet wurde.

Reichsminister Albert Speer hatte im Juni 1943 Otto Merker zum Vorsitzenden des *Hauptausschuß Schiffbau* ernannt, einem Amt, das für den Schiffbau verantwortlich war. Mitte 1943 diente fast die gesamte deutsche Schiffbaukapazität dem Bau von Ubooten. Früher, als Generaldirektor der Magirus-Gesellschaft, hatte sich Merker durch die Massenproduktion von Schwerlastfahrzeugen für die deutsche Regierung einen Namen gemacht. Er war kein Ubootbauer. Tatsächlich hatte Merker, wie sein verdrängter Vorgänger Rudolf Blohm[1] einmal verbittert bemerkte, »niemals ein Schiff gesehen, geschweige denn ein Uboot«. Was auch daran gewesen sein mag, der neue Amtsinhaber hatte jedenfalls viele neuartige und kluge Ideen.

Unter normalen Verhältnissen hätte die Bauzeit des Typ XXI-Ubootes von der Aufstellung der taktischen Forderung bis zur Übergabe des ersten Serienmodells etwa zweieinhalb Jahre betragen, das heißt Dönitz hätte das erste der neuen Boote Anfang 1946 bekommen. Für die um ihre Existenz kämpfenden Deutschen war

[1] Blohm war Teilhaber in dem mächtigen Blohm & Voss Werft-Unternehmen.

diese Verzögerung eindeutig unannehmbar; ohne Rücksicht auf Mühen und Kosten mußte diese Bauzeit verkürzt werden.

Der erste Schritt war der naheliegendste. Um kostbare Zeit zu sparen, sollte der Beginn der Serienproduktion nicht vom Ergebnis der Erprobungen mit dem neuen Boot abhängig gemacht werden. Es wurde buchstäblich »vom Brett weg« in Auftrag gegeben und die Serienproduktion war schon weit fortgeschritten, ehe das erste Boot zu Wasser kam.

Die deutsche Marine gab insgesamt 290 Boote des Typ XXI in Auftrag, die alle bis Ende Februar 1945 ausgeliefert sein sollten. Um diese kurze Frist einzuhalten, plante Merker drastische Änderungen. Beim alten Verfahren des Ubootbaues war die Zeit, die jedes Boot vor dem Stapellauf auf der Helling liegen mußte, der wesentliche Engpaß; bei dem alten Typ VII-Boot lag sie zwischen 36 und 50 Wochen. Merker beschloß, diese Zeit drastisch zusammenzustreichen, indem er Sektionen der Boote in Fabriken in ganz Deutschland vorfertigen ließ. Das Typ XXI-Uboot sollte in acht Sektionen gebaut werden, die verschiedenen Komponenten, einschließlich der Motoren und Batterien, wurden an einige 60 Sektion-Montagewerften, die über das ganze Land verstreut waren, geliefert. Nach Fertigstellung der Sektionen sollten diese auf Binnenwasserstraßen zu drei großen Endmontagewerften in Hamburg, Danzig und Bremen gebracht werden. Die Benutzung von Binnenwasserstraßen zum Transport der Sektionen war wegen ihrer Größe ein wichtiger Teil dieses Planes. Zum Beispiel wog die Sektion Nr. 3 komplett mit den beiden Dieselmotoren 150 t; sie war neun Meter lang und etwas über acht Meter hoch – etwa die Größe eines zweistöckigen Reihenhauses. Waren sie an ihrem Endmontageorten gut angekommen, wurden die Sektionen zusammengesetzt und verschweißt, die verschiedenen Luft-, Öl-, Wasser- und Brennstoffleitungen verbunden, die letzten Teile der Ausrüstung eingebaut und das Uboot zu Wasser gelassen. Dadurch sollte die Zeit, die das Boot auf der Helling verbrachte, auf nur zwölf Wochen gedrückt werden. Die weite Streuung der Arbeitsvorgänge über das ganze Land machte das Programm auch gegen Störungen durch Luftangriffe weniger empfindlich. Dabei wurden wesentliche Arbeitsstunden dadurch eingespart, daß die zylindrischen Sektionen des Bootes nun von beiden Seiten bei vollem Tageslicht bearbeitet werden konnten und man auch mit Schwerlastkrähnen besser heran konnte.

So wie der Entwurf des neuen Ubootes mit der neuen Effektivität der alliierten Uboot-Luftüberwachung rechnen mußte, so mußten Merkers Produktionspläne für das Boot die wachsende Stärke der alliierten strategischen Bomberangriffe auf Ziele in Deutschland in Rechnung stellen. Und wie auf Stichwort, als ob sie ihre neue Stärke damit unterstreichen wollten, griffen RAF-Nachtbomber in vier schweren Angriffen in der letzten Juli- und der ersten Augustwoche den Hafen von Hamburg an. Sie radierten ganze Stadtteile aus und verursachten schwerste Schäden auf der Uboot-Bauwerft Blohm & Voss. Die Werft verlor schätzungsweise vier bis sechs Wochen Produktion, ein älteres Uboot wurde versenkt, zwei noch nicht fertig gebaute mußten verschrottet werden und etwa 15 gingen durch Produktionsverzögerungen verloren.[1]

Um sicherzustellen, daß ähnliche Angriffe auf die drei Endmontagewerke nicht sein ganzes Typ XXI-Programm zunichte machten, ordnete Merker an, ein riesiges, bombensicheres Uboot-Montagewerk zu konstruieren. In Eisenbeton waren die Deutschen Könner ohnegleichen, und sie schafften auch dieses Werk spielend: ein Bau mit drei bis fünf Meter dicken Wänden, 450 Meter lang und 110 Meter breit, mit einem Grundriß zweimal so groß wie der des Houses of Parliament in London, mit einer lichten Innenhöhe von 20 Metern, das Ganze überdacht von einer Stahlbetondecke von sieben Meter Dicke. Damit die Typ XXI-Boote auch ihre Schnorchelausrüstung *innerhalb* des Bunkers erproben konnten, wurde die Wassertiefe am äußersten Ende auf 20 Meter Tiefe ausgebaggert. Die Männer der Organisation Todt begannen sehr bald nach dem Beginn des Typ XXI-Programms an dem Montagebunker mit dem Namen *Valentin* bei Bremen zu arbeiten. Merker hoffte, daß *Valentin* einen geplanten Höchstausstoß von 14 Booten im Monat im August 1945 erreichen würde.

Parallel mit dem Typ XXI-Ubootprogramm ließ Merker ein etwas weniger anspruchsvolles Programm ablaufen, mit dem ein kleines, aber gleicherweise hochleistungsfähiges Uboot produziert werden sollte. Dieses Typ XXIII-Boot sollte eine Verdrängung von nur

[1] Zahlen aus dem Bericht der US strategischen Bomberverbände.

332 t haben und vier Sektionen gebaut werden. Gedacht für den Einsatz in engeren Gewässern wie Mittelmeer und Schwarzes Meer, wo es sich niemals weit von seinem Stützpunkt entfernen müßte, hatte das Uboot eine Höchstfahrtstrecke von einigen 1300 Seemeilen. Eine Besatzung von 14 Mann war äußerst beengt untergebracht, seine Bewaffnung bestand aus nur zwei Torpedos in den Rohren, es gab keine Nachlademöglichkeit. Die deutsche Marine bestellte 140 Typ XXIII-Uboote, von denen das erste im Februar 1944 fertig sein sollte.

So viel über die deutschen Zukunftshoffnungen. Zur Zeit gab es immer wieder die ständigen Sorgen um die Ubootortungs-Verfahren der Alliierten. Doch jetzt spielte zur Abwechslung das Glück den deutschen Elektronikfachleuten in die Hände. Am 10. November wurde eine Leigh Light Wellington, deren Brennstoff ausging, und die wegen Nebel nicht auf ihrem Horst in Cornwall landen konnte, von ihrer Besatzung über See hinausgeflogen und dann verlassen. Doch die Tanks waren wohl doch noch nicht so leer wie vermutet, denn das Flugzeug brummte geradewegs über den Kanal und stürzte in Frankreich ab. Am 30. November berichtete der Oberst der Luftwaffe Schwenke von den neusten Informationen über feindliches Gerät während einer Konferenz in Berlin:

»Es wurde eine Wellington abgeschossen (sic), die zum ersten Mal (auf diesem Typ) das *Rotterdam*-Gerät hatte (Zentimeterwellen-Radar). Sie hatte eine Wasserbombe an Bord, was über jeden Zweifel hinaus beweist, daß das *Rotterdam* gegen Uboote eingesetzt wird.«

Doch war dies nicht der einzige Gewinn, der den Deutschen in den Schoß fiel. Im Jahre 1943 hatten alliierte Wissenschaftler eine Familie neuer Flugzeug-Radargeräte entwickelt, die (im Vergleich mit den zehn Zentimetern des ASV Mark III und anderer Geräte dieser Zeit) auf der noch kürzeren Wellenlänge von drei Zentimetern arbeitete. Die ersten Seriengeräte standen am Ende des Jahres zur Verfügung und es entwickelte sich eine lebhafte Diskussion ganz ähnlich der des vergangenen Jahres; sollten die Geräte an die strategischen Bomberverbände gehen oder an die Flugzeuge der Seeüberwachung. Der Befehlshaber des Coastal Command, Sir John Slessor, unterrichtete das Air Ministry von der Gefahr, daß der neue deutsche *Naxos*-Radar-Warnempfänger möglicherweise das ASV Mark III-Radar neutralisieren werde (dabei erwähnte er natürlich nicht die Beschränkungen dieses Empfängers, die waren noch nicht so deutlich hervorgetreten, nicht einmal in der deutschen Marine). Das neuste Radar arbeitete auf einer Frequenz, die nicht vom *Naxos* abgedeckt wurde. Der britische Befehlshaber wies darauf hin, daß das ASV III mehr als neun Monate ohne Beeinträchtigung durch einen feindlichen Warnempfänger hatte arbeiten können, daß aber nun ein Ersatz »eine Sache von höchster praktischer Bedeutung sei, nach einer Gnadenfrist, die beträchtlich länger währte, als wir es erwarten durften . . .«. Doch die alten Argumente der Priorität eines solchen Gerätes für die strategischen Bomberverbände schlugen durch und die Flugzeuge der Ubootbekämpfung mußten warten, bis deren erster Bedarf gedeckt war. Die Parallele im Ablauf der Geschichte vom vorigen Jahr ging noch weiter, denn im Februar 1944 konnten Luftwaffentechniker ein Exemplar des neuen Radars aus einem abgeschossenen amerikanischen Bomber bergen.

In der Zeit zwischen diesen beiden wichtigen Erwerbungen hatte die deutsche Marine im wissenschaftlich-technischen Bereich darüber hinaus einen wesentlichen Schritt nach vorne getan. Ende 1943 befahl Großadmiral Dönitz, ernüchtert durch die widersprüchlichen Ratschläge und die dauernden Fehlgriffe seitens seiner technischen Berater, die Bildung eines Wissenschaftlichen Führungsstabes der Marine. Die Aufgaben des Stabes entsprachen in großen Zügen denen der alliierten Operational-Research-Gruppen, die bereits eine wesentliche Rolle bei der Entwicklung alliierter Waffen und Taktiken gespielt hatten. Dieser Stab führte nach dem Muster der britischen »Sunday Sowjets« ebenfalls regelmäßige Sitzungen durch. Der deutsche Oberbefehlshaber unterrichtete seine Männer:

»Seit einigen Monaten hat der Feind den Ubootkrieg unwirksam gemacht. Dies ist ihm nicht durch überlegene Taktik oder Strategie gelungen, sondern durch seine Überlegenheit auf technischem Gebiet. Das findet seinen Ausdruck in der neuen Waffe – Ortung. Damit hat er uns unsere einzige Offensivwaffe gegen die Angelsachsen aus den Händen gewunden. Es ist für den Sieg entscheidend, daß wir unsere technische Unterlegenheit ausgleichen und die

Kampffähigkeit des Ubootes wieder herstellen. Ich habe deshalb die Aufstellung eines Wissenschaftlichen Führungsstabes der Marine mit dem Sitz in Berlin befohlen . . . Ich habe Professor Küpfmüller zum Leiter dieses Stabes ernannt, er ist mir direkt unterstellt. Professor Küpfmüller ist von mir mit allen notwendigen Vollmachten für die Durchführung seiner Aufgabe versehen. Alle Marinestellen werden angewiesen, dem Leiter des Wissenschaftlichen Führungsstabes der Marine, seinen Mitarbeitern und Untergebenen jede Unterstützung zu geben.«

Die Infusion von frischem Blut begann bald zu wirken. Eine der ersten Handlungen Küpfmüllers bei Amtsübernahme war es, die Empfindlichkeit des *Naxos*-Empfängers durch eine Richtantenne zu verstärken (anstelln einer Rundum-Antenne). Dadurch wurde die Empfängerempfindlichkeit in der Blickrichtung der Antenne verstärkt, wenn diese auch ständig gedreht werden mußte, damit nicht ein Flugzeug von der »blinden« Seite herankommen konnte. Fast unverzüglich veringerten sich die von den Ubooten gemeldeten Überraschungsangriffe. Doch seltsamerweise war damit die fixe Idee von der Ausnutzung der *Metox*-Strahlungen durch die Alliierten nicht ad absurdum geführt. Die deutsche Marine unterstellte, daß die Alliierten das Zentimeterwellen-Radar erst *nachdem* der *Metox*-Empfänger zurückgezogen wurde in ihren Ubootabwehr-Flugzeugen eingeführt hatten.

Durch diese kleine Geräteänderung gelang es Küpfmüller, das Geschwür aufzustechen, das die Ubootwaffe seit Mitte 1943 gequält hatte. Aber er ging noch weiter: er veranlaßte eine Weiterentwicklung des *Naxos*, um Signale des neu entdeckten alliierten Radars, das auf dem Drei-Zentimeterband arbeitete, ebenfalls aufnehmen zu können. Der neue deutsche Empfänger war im Frühjahr 1944 fertig und kam an die Front, *ehe* alliierte Flugzeuge mit dem neuen Radar gegen Uboote eingesetzt wurden. Zum ersten Mal war die deutsche Marine in der elektronischen Schlacht den Ereignissen voraus. Doch sollte sich das als nutzloser Erfolg erweisen, denn Monate der Unsicherheit hatten bei den Ubootmännern ein tief verwurzeltes Mißtrauen gegen ihre Radar-Warnempfänger hinterlassen. Mit der gleichen Reaktion wurde das Luftziel-Radar *Hohentwiel* aufgenommen, das in der zweiten Hälfte 1943 in Uboote eingebaut wurde; gründlich geschult über die Gefahren von Ausstrahlungen, auf die ein Gegner Zielanflug machen konnte, ließen die Ubootmänner das Gerät meistens ausgeschaltet.

Küpfmüller war nicht bereit, sich nur auf gelegentlich anfallende Erkenntnisse aus erbeuteten alliierten Geräten zu verlassen. Um zu erfahren, was der Feind konnte, überredete er Dönitz, ein Uboot mit den notwendigen Geräten für eine umfassende Überwachung des gesamten Radarspektrums auszurüsten. *U 406* (Dieterich) wurde für diese wichtige Aufgabe ausgewählt; es lief in der Frühe des Neujahrstages aus St. Nazaire aus. Zusätzlich zu seiner normalen Torpedoausrüstung hatte es Geräte an Bord, die Radarsignale im Spektrum zwischen 3,75 Metern bis zu drei Zentimetern (80 bis 10 000 Megahertz) aufzeichnen und einen Infrarotempfänger, der einen möglichen alliierten Einsatz solcher Geräte zur Beleuchtung von Ubooten feststellen sollte. Zur Bedienung dieser hochspezialisierten Sammlung von »magischen Kästen« hatte *U 406* als Elektronikfachleute den Marinebaurat Dr. Karl Greven und zwei Assistenten an Bord. Ihre Ankunft an Bord war das Stichwort für die Besatzung, an die alte Marine-Redensart zu denken: »Wenn ein Silberling einsteigt, dann säuft das Boot ab.«[1] Die Befürchtungen der Abergläubischen sollten sich Mitte Februar bestätigen, als ein britisches Geleitboot *U 406*, das sich an einem Geleitzug herumtrieb, entdeckte und es mit Wasserbomben und Geschützfeuer erledigte. Greven war unter denen, die in Gefangenschaft gerieten; er hatte wenig tun können, das Wissen der Deutschen über die alliierten Ortungsmethoden zu erweitern.

Eine weitere deutsche Radar-Gegenmaßnahme sollte jetzt erwähnt werden: der *Aphrodite*-Radar-Täuschungskörper. Dieser bestand aus einem mit Wasserstoff gefüllten Ballon von einem Meter Durchmesser, mit einem Schwimmer durch eine 60 Meter langen Leine verbunden, an der drei Bänder aus Aluminiumfolie von je vier Meter Länge befestigt waren. Die *Aphrodite* sollte im Flugzeug-Radar ein ähnliches Zeichen hervorrufen wie ein Uboot. Die Biskaya sollte mit diesen Täuschungskörpern übersät werden und die Überwachungsflugzeuge sollten sich damit amüsieren, diese Dinger zu jagen, während die wirklichen Uboote unbehelligt durchkamen.

[1] Die Marinebeamten trugen silberne Ärmelstreifen im Gegensatz zu den goldenen Ärmelstreifen der Offiziere.

Das Gerät nutzte jedoch wenig und ein Ubootoffizier erinnerte sich später der Schwierigkeiten, sie aufzulassen:

»Riedel, mit der Bedienung der Anlage betraut, füllte einen Ballon mit Wasserstoffgas aus Flaschen, die an der Reeling befestigt waren. Dann befestigte er eine Schnur mit Aluminiumfolien an dem Ballon, und das andere Ende an einem Schwimmer und warf das Ganze über Bord. Der Schwimmer blieb auf der Wasseroberfläche, während der Ballon aufstieg und die Schnur mit den Folien straff zog, bis das Ganze wie ein aufgetakelter Christbaum stand. Der Täuschungskörper verschwand schnell in der dräuenden Dunkelheit. Fünf Minuten später wiederholte Riedel den Wurf und ein zweiter ›Baum‹ schwamm aufrecht über die Wellen der Biskaya. Diese Aluminium-›Bäume‹ sollten auf den feindlichen Radarschirmen ein Bild wie von einem Uboottturm erzeugen und es uns dadurch ermöglichen, in den selbstgeschaffenen ›Wald‹ zu verschwinden. Unglücklicherweise verwickelten sich die zwei folgenden Ballons an der Reeling und drei weitere explodierten während sie gefüllt wurden. In diesem Wirrwarr machten die verfilzten Folien unsere Position auf dem feindlichen Radarschirm besonders deutlich. Aber wir hatten Glück. Während Riedel sich mit den Folien und den Ballons abquälte, fuhren wir durch eine große französische Fischerflotte, die uns besser schützte als Täuschkörper und Kanonen. Danach rangierten wir diese Aluminium-›Bäume‹ aus und benutzten sie nie wieder. Sie waren mehr Gefahr als Hilfe.«

Andere Uboote setzten weiterhin *Aphrodite* ein, aber das Gerät hat alliierte Flugzeuge niemals in die Irre geführt. Man konnte es auch selten auf dem Radar erkennen, denn wenn der Wind die Folien entweder genau gegen oder vom Flugzeug weg blies, gaben sie nur ein ungenügendes Echo für den Radarschirm.

Versagten alle Warn- und Täuschungshilfen, lief das Uboot Gefahr, an der Oberfläche gefaßt zu werden. Und aus den letzten Monaten des Jahres 1943 lagen mehrere Berichte vor, daß selbst ein Vierlings-20 mm-Geschütz nicht stark genug war, ein angreifendes Flugzeug mit hoher Wahrscheinlichkeit abzuschießen. So hatte zum Beispiel nach einer der Herbst-Geleitzugschlachten der Oberleutnant von Witzendorff von *U 267* geklagt:

»Flugzeug hat beim Angriff ganze Magazinladungen in den Rumpf bekommen, ohne Wirkung zu zeigen. Die Brückenbesatzung des Ubootes glaubte, mehrfach 2-cm-Geschosse von der Flugzeugkanzel abspringen zu sehen.«

Daraus hätte man schließen können, daß das angreifende Flugzeug eine umfangreiche Panzerung gehabt habe. Dem war aber nicht so, denn bei den zur Ubootbekämpfung eingesetzten Maschinen hatte man den größten Teil der Panzerung entfernt, damit sie mehr Brennstoff mitnehmen konnten. Es ist ziemlich sicher, daß von Witzendorf's Männer weit weniger Treffer erzielten, als sie glaubten. Nichtsdestoweniger befahl Dönitz eine weitere Verstärkung der Flak seiner Uboote; während der letzten Monate des Jahres tauchte eine neue Waffe auf, die *3,7-cm-Flak 43*, ein automatisches Geschütz mit 450-Gramm-Geschossen und einer Feuergeschwindigkeit von 100 Schuß pro Minute. Es blieb zwar weiterhin die Taktik der Deutschen, sich nicht auf Abwehrgefechte mit Flugzeugen einzulassen, aber so konnten die Uboote – beim Überwassermarsch überrascht – doch wenigstens hart zurückschlagen.

Mit dem schweren Geschütz kam auch ein verbesserter Schutz für die Geschützbedienungen, der sogenannte *Kohlenkasten*, kastenähnliche, gepanzerte Aufbauten vor und hinter dem Turm, sicher gegen Geschosse bis zu 20 mm. Die deutschen Marineanweisungen für Luftabwehrgefechte besagten:

»Während eines Luftangriffes sollte das Brückenpersonal im kritischen Augenblick Schutz suchen, indem es hinter der Panzerung niederkniet. Auch der Kommandant und die Wachoffiziere sollten das tun. Während eines Angriffs frei zu stehen, hat schon viele Menschenleben gekostet, die sonst gerettet worden wären. Das ist kein Zeichen von Mut, sondern eher Gedankenlosigkeit . . .«

Die zusätzliche Panzerung erwies sich jedoch als fragwürdige Verbesserung für die Boote. Diese Aufbauten machten die Typ VII-Boote rank und Schlingerwinkel bis zu 60 Grad nach beiden Seiten waren bei schlechtem Wetter nicht ungewöhnlich. Das war für die Besatzung eine große Belastung, unter der besonders die weniger Seegewohnten litten.

Von allen Waffen, die gegen sie aufgeboten waren, fanden die deutschen Seeleute die Salven der Luft-Bodenraketen am schreck-

lichsten. Dazu sagten die deutschen Marineanweisungen:
»Raketen können auf Entfernungen von 2000 bis herab zu 150
Metern geschossen werden, die beste Entfernung liegt bei 500
Metern. Raketen-Tiefangriffe können aus Höhen zwischen 10 und
20 Metern erfolgen. Die Flugzeuge sind sehr manövrierfähig und
können auch in der Kurve Raketen schießen. Bei fehlendem
Abwehrfeuer ist ihre Genauigkeit sehr groß, bei starker Abwehr
unzureichend. Gute Ergebnisse werden beim Salvenschuß erzielt.
Der Raketenabschuß ist durch ein rotes Glühen unter den
Tragflächen leicht erkennbar, Rauchspuren markieren die Flug-
bahn der Raketen ... Die moralische Wirkung eines Raketenan-
griffs auf junge und unerfahrene Männer ist sehr stark. Das muß
durch strenge Disziplin überwunden werden.«
Mit Beginn des Jahres 1944 zeichnete es sich jedoch ab, daß die
Radar-Warnempfänger der Uboote, ihre Luftwarnradars und ihre
Radar-Täuschungskörper, ihre automatischen Geschütze und ihr
Brückenpanzer sehr bald belanglos sein würden. Denn eine
grundsätzliche Lösung des Problems, Luftangriffe zu vermeiden,
stand vor der Einführung – der Schnorchel-Luftmast.
Nicht nur die Deutschen hatten im Winter 1943 Neuerungen
eingeführt. Ergänzend zu den mit Raketen bewaffneten Flugzeugen
führte das Coastal Command die Mosquito Mark XVIII ein,
gedacht als weiteres Kampfmittel gegen widerspenstige Uboote, die
aufgetaucht blieben und zurückschlugen. Diese Flugzeuge hatten
eine 57-mm-Panzerabwehr-Kanone, die panzerbrechende Munition mit einer Mündungsgeschwindigkeit von 930 Meter/Sekunde
verschoß. Eine geniale automatische Ladevorrichtung, entwickelt
von der Firma Molins, brachte eine Feuergeschwindigkeit von 40
Schuß pro Minute. Komplett mit Bremsvorrichtung und Munition
wog die Anlage etwas über dreiviertel t. Gegen »weiche« Ziele hatte
die 57-mm-Kanone eine wirksame Reichweite von etwa 2000 Meter
und übertraf damit die 37-mm-Kanonen der deutschen Uboote. Sie
konnte jedoch einen Ubootdruckkörper nur bis zu einer Entfernung von etwa 1000 Metern durchschlagen.
Die beiden ersten Muster der neuen Mosquito wurden im Oktober
1943 an die 248. Squadron in Predannack in Cornwall ausgeliefert
und sofort eingesetzt. Bis zu diesem Zeitpunkt konnten deutsche
Jagdflugzeuge die Sicherheit der Uboote in den Gewässern nahe der

268

französischen Küste garantieren, nun machten die schnellen und wendigen Mosquitos dem bald ein Ende. Die neue Waffe forderte ihre ersten Opfer am 7. November, als Flying Officer A. Bonnet, RCAF, das zurückkehrende *U 123* im Überwassermarsch fast in Sichtweite seines Stützpunktes Lorient überraschte. Die Schüsse des kanadischen Piloten schlugen in die Brücke, töteten einen Unteroffizier und verwundeten zwei Mann; ein etwa 6 × 20 cm großes Loch im Turm machte das Boot bis auf weiteres tauchunklar, Oberleutnant von Schroeter konnte jedoch ohne weitere Zwischenfälle seinen Stützpunkt erreichen.

Da Mosquitos allgemein knapp waren, vor allem die mit Spezialbewaffnung, standen selten mehr als zwei Flugzeuge mit 57-mm-Kanonen für den Einsatz zur Verfügung. Die meisten Erfolge erzielten sie gegen deutsche Überwasser-Schiffe, jedoch konnten sie Anfang 1944 auch ein Uboot versenken. Am 25. März stand *U 976* auf dem Rückmarsch vom Einsatz im Atlantik 40 Meilen vor seinem Stützpunkt St. Nazaire. Oberleutnant Tiesler und seine Besatzung hatten allen Grund, sich sicher zu fühlen, denn auf dem letzten Teil ihrer Reise wurden sie von zwei schwerbewaffneten umgebauten Handelsschiffen gesichert. Um so größer war deshalb die Überraschung, als aus der Sonne zwei Mosquitos mit bellenden Kanonen herunterfegten. Die Piloten flogen fünf Anläufe zwischen die beiden Schiffe und beobachteten Treffer auf dem Uboot. Mit durchschlagenem Druckkörper sank *U 976* und hinterließ einen großen Ölfleck. Die Schiffe, die es vor einem solchen Ende hätten schützen sollen, retteten mehrere der Besatzung, darunter auch Tiesler.

Es gab noch andere Neuerungen. So stand Ende 1943 zum Beispiel den alliierten Flugzeugen, die im südlichen Teil der Biskaya und vor der Westküste Spaniens Patrouille flogen, eine wichtige neue Funk-Navigationshilfe zur Verfügung. Der alliierte Name dafür war *Consol*, der deutsche *Sonne*, doch die Sender waren in beiden Fällen die selben, von den Deutschen besetzten Landstationen. Die ungewöhnliche Geschichte begann bereits im Februar, als die britische Funküberwachung seltsame Signale auf einer Frequenz von 316 kHz feststellte. Als Quelle wurde bald ein Sender in Quimper bei Brest festgestellt und Luftbildaufnahmen zeigten eine Antennenanordnung gigantischen Ausmaßes mit drei 50 Meter

hohen Türmen, die in einer Linie mit jeweils zwei Meilen Abstand aufgestellt waren. Als die Alliierten mehr darüber herausfanden, zeigte es sich, daß der Sender Peilungen von nie dagewesener Genauigkeit bis zu einer Höchstentfernung von etwa 1000 Meilen für die in dem Gebiet operierenden deutschen Schiffe, Uboote und Flugzeuge lieferte. Darüber hinaus war die Benutzung dieses Systems außerordentlich einfach: der Funker brauchte nur seinen normalen Funkempfänger auf die *Sonne*-Frequenz abzustimmen. Er zählte dann eine Folge von Punkten und Strichen, die er in seinem Kopfhörer hörte, und konnte danach auf einer Spezialkarte seine Peilung zu dem Sender ablesen. Der Schnittpunkt zweier solcher Peilungen ergab einen Standort. Im Laufe des April hörte die alliierte Funküberwachung die deutlichen *Sonne*-Signale von Sendern in Petten in Holland sowie von Stavanger in Norwegen. Dann, im Mai, interessierte sich sogar das britische Kabinett für diese raffinierte deutsche Navigationshilfe, denn bei der Stadt Lugo in *Nordwestspanien* wurde ebenfalls ein *Sonne*-Sender festgestellt. Die erste Reaktion in Whitehall war, daß man bei der spanischen Regierung energisch protestieren und die Station Lugo schließen lassen sollte (das würde man wohl kaum erreicht haben, denn die spanische Regierung hatte den Sender für eine nominelle Summe gekauft). Dann aber hatte Dr. R. V. Jones, Leiter der wissenschaftlichen Nachrichtenabteilung im Luftfahrtministerium, einen guten Einfall: könnten nicht die *Sonne*-Sendungen auch für die alliierten Flugzeuge, die in diesem Gebiet eingesetzt waren, nützlich sein?
Die Frage kam auf den Tisch von Group Captain Dick Richardson, Chef-Navigationsoffizier im Coastal Command Hauptquartier in Northwood und der brauchte nicht lange zu überlegen. Mit den derzeit gebräuchlichen Koppelverfahren konnten die Flugzeuge in diesem Gebiet leicht bis zu 30 Meilen falsch stehen, mit dem deutschen *Sonne*-System konnte der Fehler auf fünf Meilen reduziert werden. Diese Verbesserung in der Navigation war mitentscheidend über Erfolg oder Mißerfolg eines Einsatzes bei der Ubootbekämpfung. Ohne allen Zweifel war die neue deutsche Navigationshilfe von beträchtlichem Wert für die Alliierten. Deshalb konnte in klassischer Übereinstimmung mit dem englischen Sprichwort »If you can't beat 'em, join 'em«[1] die Station in

[1] Wenn Du sie nicht schlagen kannst, verbünde Dich mit ihnen!

270

Lugo ohne den kleinsten Protest weiter strahlen. Der alliierte Funküberwachungsdienst ermittelte sorgfältig die Strahlungscharakteristik der *Sonne* und ein britischer Drucker erhielt den Auftrag für einige Sonderkarten – die eine unverkennbare Ähnlichkeit mit denen in deutschen Flugzeugen hatten.

Richardson sollte einen Decknamen für die »gekaperte« deutsche Navigationshilfe suchen. Die alliierten Flugzeuge würden ihren Standort »mit Sonne« bestimmen, er setzte dafür die spanische Bezeichnung und die war *con sol.* Und *Consol* war für die alliierten Besatzungen der Name des Systems, der für den Rest des Krieges benutzt wurde. Im Spätsommer 1943 wurde in Sevilla, im Südwesten, eine zweite spanische *Sonne*-Station in Betrieb genommen. Auch sie erwies sich als nützlich für die alliierten Flugzeuge, so daß sogar vorgeschlagen wurde, die alliierten Regierungen sollten sich an den Kosten für etwaige zukünftige *Sonne*-Stationen – von den Deutschen geplant – beteiligen.

Nach dem Krieg blieben die ursprünglichen *Sonne*-Stationen in Brest, Stavanger, Lugo und Sevilla in Betrieb und ein erbeuteter Sender wurde in Bushmills in Nordirland aufgestellt. Während dies geschrieben wird (1972) sind sie noch in Funktion, ebenso zwei ähnliche Stationen in Nordrußland und zwei neue Stationen in den USA, die nach einem leicht abgeänderten Verfahren arbeiten. Solche Langlebigkeit und späterer Nachbau beweisen, wie gut das ursprüngliche deutsche *Sonne*-Konzept war. Ironischerweise sind heutzutage die Sender alle unter dem Namen *Consol* bekannt, der eigentliche deutsche Name ist längst nicht mehr im Gebrauch.

Südlich der Biskaya, in den Gewässern um Gibraltar, begann mit Beginn des Jahres 1944 die neu eingetroffene US Navy Patrol Squadron VP-63 ihren eigenen, speziellen Druck auf die Uboote auszuüben. Ihre Catalina-Flugboote hatten das magnetische Ortungsgerät, MAD, und die speziellen Rückwärtsbomben zum Einsatz gegen Unterseeboote an Bord. Die deutsche Marine vermutete zwar die Existenz eines solchen Gerätes, hatte jedoch keinen Beweis dafür. Dieser Verdacht wurde auf einer Konferenz am 10. März 1944 erörtert, als der Leiter der Entwicklungsabteilung der Amtsgruppe Technisches Nachrichtenwesen im Oberkommando der Kriegsmarine, Kapitän zur See Helmuth Giessler, den versammelten Offizieren berichtete:

»Während bei uns nur akustische Ortungsverfahren eingeführt sind, wird laufend der Verdacht überprüft, ob auch magnetische Ortungsverfahren mit magnetischen Wechselfeldern beim Gegner eingeführt sind. Die Reichweite der magnetischen Ortung vom Schiff und vom Flugzeug aus wird zur Zeit überprüft mit dem Ziel, ob die zunächst theoretisch möglich erscheinenden Reichweiten von 200 Meter beziehungsweise vom Flugzeug aus 400 Meter praktisch erreichbar erscheinen.«

Giessler's Ausführungen zeigen wieder einmal, wie wenig der deutsche Nachrichtendienst über die alliierten Ubootbekämpfungs-Maßnahmen wußte; zu dieser Zeit hatte die US Navy so ein magnetisches Ortungsgerät seit über einem Jahr im Einsatz und nur 14 Tage vorher hatte es eine wichtige Rolle bei der Vernichtung eines Ubootes gespielt.

1943 war für Lieutenant Commander Edwin Wagner und die Besatzung der VP-63 ein frustrierendes Jahr gewesen. Die Einheit hatte ihre mit MAD ausgerüsteten Catalinas – die bald den Spitznamen »Madcats« erhielten – gegen Ende des Jahres 1942 erhalten. Zu Beginn des Jahres 1943 wurden die Flugzeuge der Squadron zuerst vor der Ostküste der USA und später im Raum von Island eingesetzt. Aber jedesmal schien das Eintreffen der VP-63 mit einem Rückgang der Uboot-Tätigkeit zusammenzufallen. Manche meinten sogar im Scherz, daß die Madcat-Squadron überhaupt die Lösung des Problems sei. Im Juli verlegte die Einheit nach Pembroke Dock in Wales, um in der Schlacht in der Biskaya eingesetzt zu werden. Zwar waren das Spezial-Ortungsgerät und die Rückwärtsbomben wirksam gegen unter Wasser fahrende Uboote, doch die langsam fliegende Madcat selbst war verwundbar gegenüber einem aufgetauchten und sich wehrenden Boot. So verließ die VP-63 nach kurzer Zeit das Gebiet, wiederum ohne etwas erreicht zu haben. Anfang 1944 wurde die Squadron, nun unter dem Kommando von Lieutenant Commander C. Hutchings, nach Port Lyautey in Marokko verlegt, um die Sicherung der Straße von Gibraltar zu verstärken.

Seit dem Desaster im Oktober war es der deutschen Marine gelungen, einige Boote durch die Enge zu schicken. Ein Boot passierte im November, zwei im Dezember und vier im Januar; alle Boote, die den Durchbruch versuchten, kamen auch heil durch.

Schon von ihrer Geographie her ist die Straße von Gibraltar eine der besten Plätze in der Welt, um mit dem MAD nach Ubooten zu suchen. Die Straße ist eng, an ihrer engsten Stelle ist die Tiefwasserrinne nur etwas über vier Meilen breit; die Gewässer sind tief, selten weniger als 200 Meter, ausgenommen dicht an der Küste, so daß magnetische Störungen von auf dem Grunde liegenden Wracks kaum zu erwarten sind. Die Stromverhältnisse in der Enge sind kompliziert und großen Schwankungen unterworfen. In grober Verallgemeinerung kann man jedoch sagen, daß der Strom bis etwa 50 Meter Tiefe ostwärts in das Mittelmeer setzt, während er in größerer Tiefe westwärts in den Atlantik läuft. Der tiefe, westwärts setzende Strom kann bis zu viereinhalb Knoten Stärke erreichen – ausreichend um eine Passage für ein nach Osten laufendes Uboot in großer Tiefe praktisch unmöglich zu machen. Daß die ostwärts laufenden deutschen Uboote aller Wahrscheinlichkeit nach niemals tiefer als 50 Meter fuhren, war für die Besatzung der amerikanischen Madcats von großer Bedeutung, denn ihr Gerät konnte Boote nur in einer Entfernung von etwa 150 Metern anzeigen. Darüber hinaus paßte die deutsche Taktik, sich der Straße bei Nacht zu nähern, dabei die Batterien aufzuladen und sie dann bei Tage getaucht zu passieren, den Madcat-Besatzungen ausgezeichnet ins Konzept; ihre gesamte Überwachung mußte in sehr niedriger Höhe geflogen werden und das war nur bei Tage möglich.

Ehe die VP-63 in der Straße von Gibraltar eingesetzt wurde, hatte man das MAD in erster Linie als ein Zweitgerät angesehen, um Uboote wieder aufzufinden, die man vorher im Radar entdeckt hatte, die aber nun getaucht waren. Die Beschränkungen, die jedoch der Navigation eines Unterseebootes durch die Geographie der Straße auferlegt wurden, waren so, daß jetzt das MAD als Hauptortungsgerät eingesetzt werden konnte. Mr. John Pellam von der US Operational Research-Gruppe entwickelte eine Taktik, die bald mit gutem Erfolg angewandt wurde. Die Flugzeuge mußten um ein Rechteck von vier Meilen Länge und einer Meile Breite, das quer über der engsten Stelle der Tiefwasserrinne lag, Sperre fliegen. Zwei Madcats, die sich jeweils an der gegenüberliegenden Seite des Rechtecks hielten, hatten die Aufgabe, um dieses Rechteck herum mit einer Eigengeschwindigkeit von 115 Knoten herumzufliegen, so daß jeder Punkt des Rechtecks einmal alle drei Minuten überflogen wurde. Dieses Verfahren bot sehr gute Aussichten, ein 65 Meter langes Uboot, das mit einer Geschwindigkeit von zwei Knoten und mit einem günstigen Strom von zwei Knoten fuhr, durch ein MAD-Gerät zweimal beim Passieren der Sperre zu erfassen.

Die Madcats der VP-63 setzten ihre Sperre über die Straße im Februar 1944 ein. Jeden Morgen, den ganzen Tag hindurch, flogen zwei Flugzeuge an dem Rechteck rauf und runter, alle sechs Minuten eine Umkreisung. Jeden Mittag wurden sie durch ein zweites Paar abgelöst, das diese Vorstellung während des Nachmittag wiederholte. Um die bestmögliche Entfernung gegen Unterwasserobjekte zu erzielen, mußten die Madcats in einer Höhe von etwa 30 Metern über Wasser fliegen. Das nahm der ganzen Angelegenheit etwas von ihrer Monotonie. Einer der amerikanischen Piloten sagte später einmal »es machte Spaß, mit der relativ plumpen Catalina Drehungen und Immelmannturns dicht über dem Wasser zu machen. Und das war sogar legal!«

Das erste Uboot, das gegen die Madcat-Sperre anlief, war *U 761* (Geider). Es war am 12. Februar aus Brest ausgelaufen und stand zwölf Tage später vor dem Durchbruch durch die Straße. Kurz vor 16 Uhr am 24. meldete der Flugzeugfunker J. Cunningham, der am MAD-Gerät im Flugzeug »15« saß, aufgeregt, daß der Registrierschreiber vor ihm plötzlich ausgeschlagen habe: unter ihnen war eine magnetische Störung. Unmittelbar darauf drehte der Pilot, Lieutenant (Jg.) T. Wooley die Madcat in das oft geübte »Kleeblatt«-Suchschema. Kurz danach schoß die zweite Madcat, geführt von Lieutenant H. Baker, heran. Nun mußte zuerst festgestellt werden, ob sich die magnetische Störung tatsächlich bewegte. Wiederholte Anflüge über dem Gebiet, wobei bei jeder MAD-Anzeige ein Rauchzeichen abgeworfen wurde, ergaben eine Reihe Markierungen über einem Unterwasserobjekt, das sich mit etwa zwei Knoten ostwärts bewegte. Mit ziemlicher Sicherheit handelte es sich um ein Uboot.

In diesem Augenblick versuchte der Zerstörer HMS *Anthony*, der ebenfalls in der Enge patrouillierte, anzugreifen. Er hatte Kontakt auf seinem Asdic, aber da die Bedingungen sehr schlecht waren, verlor er ihn bald wieder. Inzwischen hatte seine Gegenwart die

274

amerikanischen Flugzeuge dazu gezwungen, sich zu entfernen, um eine Kollision zu vermeiden. So verloren sie den MAD-Kontakt ebenfalls.

Nun begannen die Madcats erneut mit ihrer Suche und flogen in weiten Kreisen um den Punkt, an dem sie den Kontakt verloren hatten. Eine halbe Stunde später, um 16.45 Uhr, schlug der Schreiber in Wooley's Flugzeug aus. Wieder nahmen Wooley und Baker das Suchverfahren auf und legten eine Reihe von zehn Rauchzeichen, die Kurs und Fahrt des Unterseebootes anzeigten. Dabei funkten sie eine ziemlich scharfe Aufforderung an den Zerstörer, im Gebiet zu bleiben, sich aber vorläufig frei von den Rauchzeichen zu halten.

Endlich hielt Wooley die Zeit für einen Angriff mit seinem gesamten Bestand an Rückwärtsbomben für gekommen. Um 16.56 Uhr, als das MAD anzeigte »über dem Ziel«, drückte er auf den Abfeuerknopf. Eine Bombe versagte, aber die übrigen 23 dröhnten rückwärts aus den Schienen, fielen senkrecht nach unten und in Form eines Rechtecks ins Wasser.

Bis dahin war *U 761* ahnungslos von dem, was sich über ihm abspielte, auf einer Tiefe von 50 Metern weitermarschiert. Die Wasserschichtungen verschiedener Dichte, die die Asdic-Bedingungen an Bord der *Anthony* so erschwert hatten, erschwerten es auch dem Uboot, auf der vorbestimmten Tiefe zu bleiben. Dann schlugen plötzlich ohne Vorwarnung vier laute Detonationen gegen seinen Rumpf. Die deutschen Seeleute konnten über ihre Ursachen nur Vermutungen anstellen. Die Meldungen aus den verschiedenen Abteilungen des Bootes zeigten Oberleutnant Geider, daß das Uboot keinen nennenswerten Schaden genommen hatte. Aber eins war klar, irgendwie war ihr Versuch, sich durch die Straße zu stehlen, entdeckt worden. Die Empfindungen der Männer an Bord *U 761* ähnelten denen eines Einbrechers, der durch ein dunkles Haus schleicht und plötzlich einen Stein von seiner Schulter abprallen fühlt.

Zwei Minuten später griff Baker im zweiten Flugzeug mit allen 24 Rückwärtsbomben an. Dann warf *Anthony* eine Reihe von zehn Wasserbomben vor die Spitze der Rauchzeichenreihe. Das brachte *U 761* in ernste Schwierigkeiten, das Boot war nicht mehr zu halten, es schoß, das Heck tief im Wasser, an die Oberfläche und machte kaum noch Fahrt voraus, dann sank es über das Heck zurück. Der Zerstörer HMS *Wishart* erhielt wieder Kontakt und legte eine Serie von Wasserbomben, der kurz danach eine weitere von *Anthony* folgte.

Die Schadensliste des deutschen Ubootes sieht jetzt bös aus: alle elektrischen Anlagen, einschließlich der Batterien und Motoren, sind beschädigt und außer Betrieb; die Hauptschalttafel liegt zerbrochen auf den Flurplatten; Horchgerät und alle Funkgeräte sind zerstört; die Luftverdichter sind aus ihren Befestigungen gerissen und durch ein loses Ventil in der Lenzpumpe ist Wasser in das Boot eingedrungen; die Kupplung zwischen Diesel und E-Motoren ist blockiert und einige Druckluftrohre sind gebrochen; die gesamte Beleuchtung bis auf die Notbeleuchtung ist ausgefallen. Darüber hinaus war die Luft innerhalb des Bootes ziemlich schlecht geworden und es gab alarmierende Anzeichen von Chlorgas. Geider gab Befehl, mit dem Boot zum letzten Male aufzutauchen, aber selbst dabei wurde er von einer RAF-Catalina und einer US Navy Ventura angegriffen. Die Seeleute kämpften sich vom sinkenden Boot frei und die Zerstörer fischten später 41 von ihnen auf.

Als nächstes Boot versuchte *U 618* durch die Enge zu laufen, aber Kapitänleutnant Baberg fand die Abwehr zu stark und kehrte nach Frankreich zurück. Oberleutnant Schümann auf *U 392* war entschlossener und versuchte am 16. März durchzuschleichen. Die Madcat-»Wachen« waren auf dem Posten, und das Boot wurde sofort entdeckt. Außerdem hatten sie aus der vorherigen Unternehmung gelernt und dieses Mal klappte die Zusammenarbeit zwischen Schiff und Flugzeug reibungslos. Die Zerstörer blieben auf Abstand während die Madcats den Weg des Ubootes mit Rauchbojen markierten und dann mit Rückwärtsbomben angriffen und jede drei Treffer erzielten. Der dienstälteste Flugzeugführer rief dann HMS *Vanoc* heran, der einen erfolglosen Angriff mit seinem Wasserbombenwerfer fuhr. Schließlich erledigte die *Affleck* das immer noch getauchte *U 392* mit drei Treffern seines Werfers.

Während der restlichen Märztage gelang es drei Booten, die Enge zu passieren, jedes hielt sich dabei dicht unter der südlichen Küste auf flachem Wasser. Am 5. Mai aber orteten die Madcats *U 731* (Graf von Keller), das anschließende Gefecht war fast eine Wiederholung dessen, das zum Ende von *U 392* geführt hatte. Nur ein weiteres Boot versuchte noch die gefährliche Passage; es überwand am 17. Mai erfolgreich die Abwehr. Danach zwangen die Ereignisse die deutsche Marine, ihre Aufmerksamkeit auf andere Gebiete zu konzentrieren.

Der Übergang aus der Straße von Gibraltar in das enge Seegebiet des Mittelmeeres war für die Ubootbesatzungen etwa wie der rettende Sprung aus dem Feuer in die nur unwesentlich angenehmere Bratpfanne. Denn während des letzten Teiles des Jahres 1943 waren die alliierten Ubootabwehr-Streitkräfte in diesem Gebiet beträchtlich verstärkt worden. Die alliierten Geleitzüge wurden in bequemer Reichweite der landgestützten Luftsicherung geführt und die Flugbedingungen waren gewöhnlich ausgezeichnet. Man konnte deshalb die so treffend bezeichnete *Swamp*[1]-Jagdtechnik anwenden: jedes Uboot, das so unklug war, seine Anwesenheit durch einen Angriff auf einen Geleitzug bloßzustellen, zog sofort eine massive Luft- und Seejagd auf sich, die so lange dauerte, bis das Boot, völlig erschöpft, auftauchen und die unvermeidliche Vergeltung über sich ergehen lassen mußte.

Zwischen Dezember 1943 und Ende Mai 1944 wurden durch *Swamp*-Einsätze fünf Uboote erledigt. Jedesmal wurden Kräfte im Übermaß eingesetzt. So brachten es die beteiligten Flugzeuge während der 40stündigen Jagd auf *U 960* (Heinrich) am 18. und 19. Mai auf insgesamt 458 Flugstunden, das heißt etwa 75 Einsätze von je etwa sechs Stunden. Solcher Aufwand für ein einzelnes Uboot war nur möglich, weil nur wenig deutsche Uboote in diesem Gebiet waren – nur 15 Boote Ende April. Nach der Versenkung von *U 960* war die Uboottätigkeit im Mittelmeer praktisch zu Ende. Die meisten der übriggebliebenen Unterseeboote wurden durch die strategischen Bombenangriffe auf die Stützpunkte von Toulon und Salamis, wo es keine Betonbunker gab, zerstört.

Kurz nach Mittag des 19. April 1944 schoß eine einzelne Aufklärungs-Mosquito der 540. Squadron hoch über den deutschen Ostseehäfen Hela, Elbing und Danzig dahin und fotografierte sie der Reihe nach. Ehe der Tag zu Ende ging, wurden die Abzüge in der weitläufigen Luftbild-Auswertungszentrale in Medmenham in Berkshire ausgewertet. Eines der Danzig-Bilder erregte Aufsehen;

[1] Überschwemmen, überhäufen.

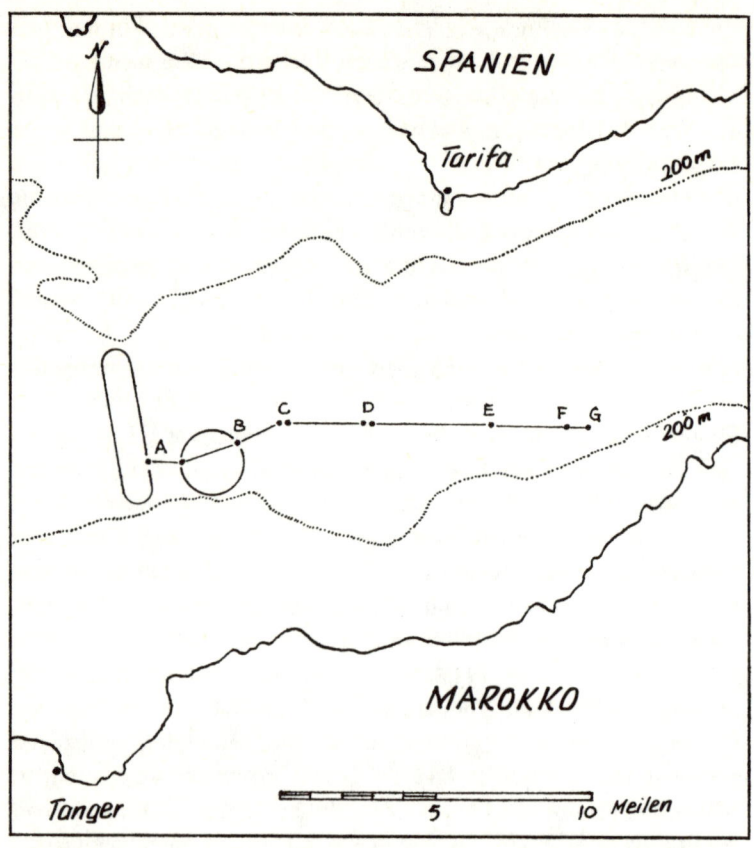

Gefecht mit *U 392*, 16. März 1944. Eine Madcat im Flug auf der östlichen Seite des Überwachungsschemas erhält Kontakt in A. Kurz danach verlieren die beiden Flugzeuge Kontakt und fliegen einen Suchkreis rund um das Uboot und erlangen wieder Kontakt in B. Nach Feststellung des Ubootweges greifen die beiden Flugzeuge nacheinander in C an. D – Flugzeug bricht Kontakt ab und läßt *Vanoc* angreifen. *Affleck* erhält kurz Kontakt, verliert ihn aber wieder in E, gewinnt erneut Kontakt in F und erledigt *U 392* in G.

Trümmer im Wasser lenkten die Aufmerksamkeit auf ein neu vom Stapel gelaufenes Uboot im Schichau-Becken. Vergleiche mit früheren Aufnahmen der Schichauwerft zeigten eine interessante Bildfolge: am 8. März war die Helling Nr. 5 leer gewesen; am 14. April war ein Uboot im fortgeschrittenen Bauzustand auf der Helling zu sehen; nun, am 19. April, war die Helling Nr. 5 wieder frei und das Uboot war gerade zu Wasser gelassen worden. Das bedeutete, wie alliierte Nachrichtenoffiziere melden konnten: »Von der Kiellegung bis zum Stapellauf sind nicht mehr als sechs Wochen verstrichen und es ist klar, daß ein solches Tempo in der Fertigstellung nur durch den Einsatz vorgefertigter Sektionen erreicht werden konnte. Einen weiteren Beweis dafür liefert die Aktivität auf der angrenzenden Helling. Ein anderes Uboot desselben Typs ist dort zu sehen mit einer danebenliegenden Hecksektion, die offensichtlich gerade herangebracht wird, um den Rumpf zu vervollständigen.«

Die Bilder lösten ein Rätsel, das den Alliierten in den vergangenen Monaten Kopfzerbrechen gemacht hatte. Im Juni 1943 hatten Luftaufnahmen der Uboot-Bauwerften insgesamt 271 Boote im Bau gezeigt. Aber dann hatte die Zahl der Boote auf den Hellingen ständig abgenommen, bis es im März nur noch 160 waren. Wenn fertige Uboote zu Wasser gelassen wurden, wurden keine neuen auf Kiel gelegt, und doch hatte die deutsche Propagandamaschine immer wieder eine neue und stärkere Ubootoffensive angekündigt. Was führten sie im Schilde? Nun war die Antwort klar; Uboote eines neuen und moderneren Typs wurden in Sektionen gebaut und nur die Endmontage fand auf den Hellingen statt.

In der Tat war das in Danzig fotografierte Uboot, *U 3501*, das allererste der neuen Typ XXI-Boote; seine Endmontage hatte erst am 20. März begonnen. Der Zeitraum von 31 Tagen zwischen Kiellegung und Stapellauf war etwas kürzer als für die Montage eines Typ XXI-Ubootes vorgesehen war. Aber die Schiffbauer hatten alles nur Mögliche getan, das Boot rechtzeitig zu Wasser zu bringen; am 20. April feierte Adolf Hitler seinen 55. Geburtstag und die Meldung vom erfolgreichen Stapellauf war eines seiner schönsten Geschenke.

Was man Hitler nicht sagte – und was die alliierten Nachrichtenoffiziere auch nicht feststellen konnten – war, daß *U 3501* wenig mehr war als eine schwimmende Hulk. Denn schon kam man mit den überehrgeizigen Produktionsplänen für die Typ XXI- und Typ XXIII-Boote in Schwierigkeiten. Rudolf Blohm, ein hartnäckiger Gegner der Pläne Merker's, Uboote vorzufertigen, schrieb bald nach dem ersten Stapellauf einen vernichtenden Bericht über das Projekt:

»Viele Entwürfe mußten geändert werden, weil sie entweder nicht zweckmäßig oder überhaupt völlig unbrauchbar waren. Die Ruderanlage zum Beispiel war ein völliger Fehlgriff und die ersten auf der Montagewerft fertiggestellten Boote konnten nicht gesteuert werden . . . Die Fehler, verursacht durch überhastete Entwurfsarbeit und die Änderungen, die sich nach der Erprobung der ersten Boote als wünschenswert erwiesen, haben die Montagearbeit noch schwieriger gemacht; die Marine hat bisher 100 Änderungen gefordert . . .«

Zudem verzögerten die starken britischen und amerikanischen strategischen Bombenangriffe auf deutsche Industrieziele das Programm. Mitte April, bei einer Besprechung mit Hitler, mußte Dönitz eine Verzögerung von einem Monat im Zeitplan des Typ XXI und von zwei Monaten für den Typ XXIII melden. Das Werk, das die Elektromotoren herstellte, hatte schwere Schäden erlitten und die fertigen achteren Rumpfsektionen konnten nicht angeschweißt werden, ehe diese Motoren eingebaut waren. Es gab zu wenig Bauarbeiter, um die Bombenschäden zu beseitigen. Hitler machte ein paar bedauernde Äußerungen und hielt dann einen Monolog über die Notwendigkeit, die Produktionsstätten für Jagdflugzeuge bei der Reparatur zu bevorzugen, »sonst wird die Industrie noch mehr Schäden erleiden und die Ubootproduktion völlig zum Stillstand kommen«.

Nach dem ursprünglichen Plan sollten die ersten Typ XXI-Boote im Spätsommer oder Frühherbst 1944 einsatzbereit sein. Aber dieser Termin begann Dönitz aus den Händen zu gleiten.

Inzwischen war der Ubootkrieg in einer Reihe kleinerer Gefechte abgeklungen. In den sieben Monaten zwischen Anfang November 1943 und Ende Mai 1944 hatten die deutschen Uboote gerade über eine halbe Million Tonnen alliierten Handelsschiffsraumes versenkt – ein wenig eindrucksvoller Durchschnitt von etwa 80 000 t pro Monat. Ihr Hauptziel jedoch war nun, die gewaltigen alliierten Ubootabwehrkräfte zu binden und die Ubootwaffe in Gang zu halten, bis die großen neuen Uboote für den Einsatz bereit standen. Doch selbst für diese mäßigen Erfolge mußte die deutsche Marine einen hohen Blutzoll zahlen: den Verlust von 117 Ubooten, einem Durchschnitt von etwa 17 pro Monat. 43 Uboote waren den Ubootabwehr-Flugzeugen zum Opfer gefallen; fünf wurden bei

280

Ein Sea King Hubschrauber der Royal Navy hat bei einer NATO-Übung mit seinem Sonar-Gerät ein Uboot geortet und leitet eine Nimrod der Royal Air Force in Angriffsposition.

Ein Sea King Hubschrauber der Royal Navy während einer NATO-Übung über dem niederländischen Uboot *Zwardfis*. Unten: Das Innere des Sea King mit der Sonar Bedienungskonsole zur Rechten und dem Beobachterbildschirm zur Linken. Der Beobachter leitet den taktischen Einsatz und kann auf seinem Schirm in gleichem Maßstab das Unterwasserbild des Radars sichtbar machen.

Oben: Der neue Kaman Sea-
sprite Hubschrauber, der von
größeren Geleitschiffen der
US Navy aus eingesetzt wird.
Unten: Die Seasprite auf dem
Landedeck der Fernlenkwaf-
fen-Fregatte *Sterett*. Dieser
Hubschrauber hat ein MAD-
Gerät in einem »Vogel« am
Steuerbord-Ausleger. Zur Suche wird der »Vogel« wegge-
fiert und an einem Kabel hinter dem Hubschrauber ge-
schleppt. In der Ausbuchtung
unter dem Cockpit befindet
sich der Radarschirm.
Mitte: An der Backbordseite
des Hubschraubers eine Aus-
stoßvorrichtung für bis zu 15
Sonobojen und die Halterung
für den Mark 46 Zielsuchtorpedo.

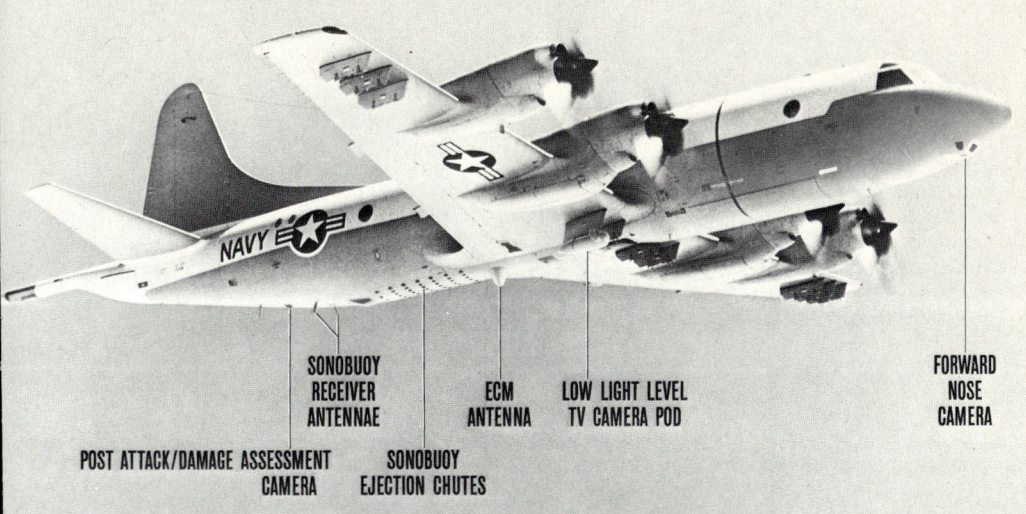

SONOBUOY
RECEIVER
ANTENNAE

ECM
ANTENNA

LOW LIGHT LEVEL
TV CAMERA POD

FORWARD
NOSE
CAMERA

POST ATTACK/DAMAGE ASSESSMENT
CAMERA

SONOBUOY
EJECTION CHUTES

Oben: Das neueste Starrflügeln-Ujagdflugzeug der US Navy – die P3C Version der Lockheed Orion. Außer der im Bild vermerkten Ausstattung hat diese Maschine ein Suchradar im Bug und ein magnetisches Ortungsgerät in der Heckspiere. Die innere Waffenzelle befindet sich im Rumpf an der Vorkante der Flügel, unter den Flügeln Träger für gelenkte oder ungelenkte Flugkörper, Bomben oder Torpedos.
Unten: Die stämmige Lockheed Viking wird die überalterte Grumman Tracker auf den Flugzeugträgern der US Navy ablösen.

Oben: Mit der Hawker Siddeley Nimrod sind jetzt die Ubootsabwehr-Squadrons der RAF ausgerüstet. Diese hier hat unter jedem Flügel einen durch Fernsehkamera gelenkten Martel Luft/Boden Flugkörper zum Einsatz gegen aufgetauchte Uboote oder Kriegsschiffe.

Mitte: Das Nervenzentrum der Nimrod. Der Flugzeugnavigator sitzt zur Linken, der taktische Navigator zur Rechten. Vor dem letzteren ist ein runder Bildschirm, auf dem – von einem Computer gesteuert – ausgewählte Sensoreingaben zu einem stets auf dem laufenden befindlichen Bild der taktischen Situation dargestellt werden.

Unten: Eine Nahaufnahme der Nimrod mit dem Bugradom, den offenen Bombenschächten und dem im Flügel eingebauten Scheinwerfer.

strategischen Bombenangriffen auf deutsche Stützpunkte zerstört; in den Erfolg von 14 Versenkungen teilten sich Schiffe und Flugzeuge; 51 wurden durch Kriegsschiffe versenkt und vier waren durch Minen zu Schaden gekommen.

Im Mai 1944 ging die Aktivität der Marinen auf beiden Seiten merklich zurück. Es war die Ruhe vor dem Sturm; beide Seiten bereiteten sich auf die Invasion Frankreichs vor, die entscheidende Schlacht des Krieges im Westen.

Die letzten Kämpfe

MAI 1944 BIS AUGUST 1945

Wenn die Männer im Kriege auf beiden Seiten gleichermaßen abgehärtet und diszipliniert sind, dann ist es, wenn nicht ein Wunder geschieht, die Zahl, die den Sieg erringt.

Admiral Sir Cloudesley Shovell

Der Sieg hat hundert Väter, die Niederlage ist ein Waisenkind.

Graf Ciano

Keine Operation des Zweiten Weltkrieges war so sorgfältig geplant wie die Invasion an der Nordküste Frankreichs. Keine Operation konnte sich mit ihr messen in dem Aufwand an Menschen und Material, der hier aufs Spiel gesetzt wurde. Keine Operation trug mehr die Wahrscheinlichkeit einer entscheidenden Auswirkung auf den Ablauf des Krieges im Westen in sich.
Wenn die Invasion fehlschlagen sollte, dann würden die alliierten Verluste höchstwahrscheinlich so groß sein, daß Hitler um seine Territorien im Westen für lange Zeit nicht mehr zu fürchten brauchte. Dann wäre Zeit genug, die neuen Uboote an die Front zu bringen, die Düsenjäger und -bomber und auch die V-Waffen, auf die die deutsche Führung ihre Hoffnung gesetzt hatte. Wenn aber die Invasion gelingen sollte, dann würde sie die Deutschen in einen Landkrieg an einer zweiten Hauptfront verwickeln, ihr immer wiederkehrender Alptraum. Das stand zur Entscheidung, und deshalb war Dönitz bereit, seine gesamte Ubootflotte zu riskieren, wenn sich eine Chance bot, die Lebensader der Invasoren über den Kanal erheblich anzuschlagen.
Der Mann, der unmittelbar für den Einsatz der deutschen Marine

286

zur Abwehr der Invasion verantwortlich war, war der Admiral Theodor Krancke, der Befehlshaber des Marinegruppenkommandos West. Sein Plan für die Uboote war, sie anfangs in den französischen Biskayahäfen zurückzuhalten, wo sie – sicher vor Luftangriffen – unter den mächtigen Stahlbetondecken ihrer Ubootbunker den zu erwartenden Vorbereitungsschlag der alliierten Luftstreitkräfte über sich ergehen lassen konnten. Sobald die Invasion begonnen hatte, sollten die Boote in Massen auslaufen, sich in das Kampfgebiet begeben und sich dabei ihren Weg durch die alliierte Abwehr – notfalls auch unter schweren Verlusten – erkämpfen. Die Entfernungen waren aller Voraussicht nach nicht sehr groß; von Brest bis zum Pas de Calais, den die Deutschen für das wahrscheinlichste Invasionsgebiet hielten, waren es weniger als 300 Meilen. Ein Uboot mit einer entschlossenen Besatzung könnte fast die Hälfte dieser Entfernung in einer einzigen Nacht im Überwassermarsch zurücklegen. Krancke hatte guten Grund, zu glauben, daß wenigstens einige Uboote die Abwehr durchdringen würden, um dann ihr Zerstörungswerk unter der Ansammlung der verwundbaren Transportflotte zu verrichten.

Für die alliierten Planer, die die Aufgabe hatten, einen solchen Angriff zu stoppen, war das keineswegs ein leichter Auftrag; *sie* wußten, daß die Invasion an der Küste der Normandie erfolgen würde und die Transportwege weniger als 200 Meilen vom nächsten Ubootstützpunkt entfernt verliefen. Air Chief Marshall Sir Sholto Douglas hatte im Januar 1944 Sir John Slessor als Befehlshaber des Coastal Command abgelöst, und fast vom Beginn seiner Amtszeit an waren er und sein Stab in die Vorbereitung für die Invasion voll eingespannt. Nach den nachrichtendienstlichen Schätzungen konnte die deutsche Marine »schlimmstenfalls« bis zu 130 Uboote beinahe unverzüglich gegen die Invasionsstreitkräfte einsetzen und weitere 70 innerhalb von zwei Wochen. Da der Osteingang des Englischen Kanals nur geringe Wassertiefen aufwies und in jedem Falle mit Minen blockiert sein würde, waren die Uboote vom Westeingang des Kanals her zu erwarten. Konnten die Flugzeuge diesen Teil des Seegebietes sperren? Die 19. Gruppe des Coastal Command unter Führung von Air Vice Marshall Brian Baker – er hatte im vergangenen Herbst Air Vice Marshall Bromet abgelöst – sollte die Invasion durch Luftsicherung gegen Uboote decken.

Seine Weisungen sahen eine *Swamp*-Operation vor, über einem Gebiet das weit größer war als jemals zuvor. Ein Seegebiet von etwa 20 000 Quadratmeilen, begrenzt durch die Nordwestküste Frankreichs und die Südküste Irlands, das sich ostwärts in den Englischen Kanal bis zur Halbinsel von Cherbourg erstreckte, mußte bei Tag und bei Nacht so intensiv überwacht werden, daß ein Uboot, das irgendwo in diesem Gebiet aufgetaucht fuhr, mindestens einmal alle 30 Minuten auf einem Radarschirm zu sehen war. Um diese schwierige Forderung zu erfüllen, wurde Bakers Gruppe auf 25 Squadrons verstärkt: insgesamt 350 Sunderlands, Wellingtons und Liberators, Halifax und Mosquitos, Beaufighters und Swordfish. Nur 30 davon aber konnten gleichzeitig über dem Westteil des Englischen Kanals patrouillieren. Auf den ersten Blick scheint das ein nur sehr geringer Teil zu sein, die Überwachung würde jedoch für eine unbestimmte Zeit bei Tag und Nacht aufrechterhalten werden müssen. Eine Squadron bestand normalerweise aus 15 Flugzeugen, das heißt, daß zwischen acht und zwölf Maschinen jederzeit einsatzbereit waren; der Versuch, mehr als zwei der Maschinen ständig in der Luft zu haben, wäre unrealistisch gewesen. Natürlich konnten die Squadrons für kurze Zeit mehr Einsätze fliegen, aber jetzt ging es um längere Zeiträume und entsprechend mußte die Operation geplant werden. Darüber hinaus mußten Reserveflugzeuge auf kurzfristigen Abruf bereitgehalten werden, denn die Überwachungsflugzeuge würden manchmal wegen Störungen ausfallen, ihre Wasserbomben verausgabt haben oder sogar abgeschossen werden. Die vier Squadrons der Royal Navy, mit Swordfish ausgerüstet, konnten nur für Flüge dicht unter der englischen Küste eingesetzt werden. Weitere zwei, mit Mosquitos und Beaufighters ausgerüstet, waren für normale Ubootüberwachungsflüge überhaupt ungeeignet.

Wie konnten die 30 Seeüberwachungs-Flugzeuge nun am besten eingesetzt werden? Group Captain Dick Richardson und seinem Navigationsstab im Hauptquartier des Coastal Command fiel die Aufgabe zu, eine Methode zu entwickeln, mit der man die ganzen 20 000 Quadratmeilen Wasser einmal alle 30 Minuten überwachen konnte. Nach vielen Diskussionen fand einer von Richardson's Offizieren, Flight Lieutenant James Perry, die beste Lösung. Es war ein kluger Plan und – wie die meisten klugen Pläne – im

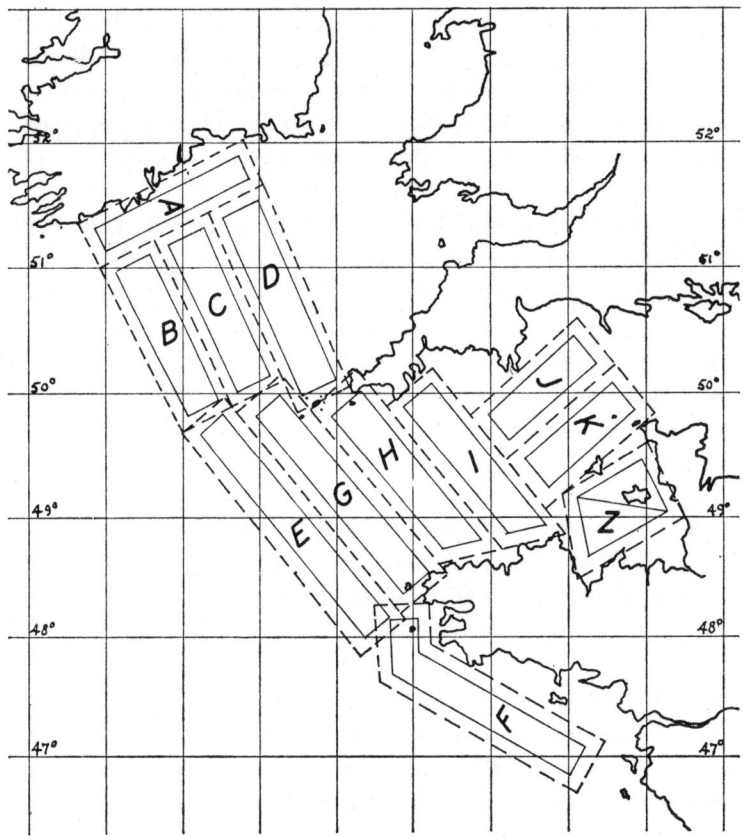

Cork-Flugschema. Die durchgezogenen Linien sind die Flugwege. Die gestrichelten Linien zeigen das Gebiet an, das durch Radar von jedem Flugweg aus überdeckt wird.

wesentlichen ganz einfach. Auf einer Karte des zu überwachenden Gebietes zeichnete Perry eine Reihe von zwölf Rechtecken, die jedes auf die Leistungsfähigkeit eines der Flugzeugtypen zugeschnitten waren. Der Umfang jedes Rechtecks entsprach der Entfernung, die ein Flugzeug in entweder 30 oder 60 Minuten zurücklegen konnte. Im letzteren Falle mußten zwei Flugzeuge hintereinander mit 30 Minuten Zwischenraum das Rechteck abfliegen. Die Breite jedes Rechtecks und der Abstand zum Nachbarn entsprach der doppelten Entfernung, auf die der jeweilige ASV-Radartyp ein aufgetauchtes Uboot entdecken konnte. So bewältigte Perry das Problem, die vielen verschiedenen Flugzeugtypen mit ihren verschiedenen Fluggeschwindigkeiten und den verschiedenen Leistungen ihrer Radargeräte zu koordinieren.

Das überwachte Seegebiet wirkte wie ein riesiger Korken, mit dem der Englische Kanal verschlossen wurde und so wurden Perrys Rechtecke als *Cork*-Patrouillen bekannt. Die Radar-Bediener in den Flugzeugen, die gleichzeitig diese Rechtecke abflogen, konnten das ganze Gebiet alle 30 Minuten einmal überschauen. Jedes Uboot, das tauchte, wenn es Radarsignale entdeckte, würde also bald mit erschöpften Batterien und ohne Druckluft zum Auftauchen dastehen.

Einige Flugzeuge der *Cork*-Patrouillen mußten innerhalb weniger Meilen von der deutsch besetzten Küste Frankreichs fliegen und das wäre zweifellos eine Gelegenheit für die Luftwaffe gewesen, sich mit den schwerfälligen Ubootabwehr-Flugzeugen anzulegen. Zu ihrem Schutz sollten alliierte Jagdflugzeuge in Bereitschaft sein, um Luftsicherung zu geben.

Auch die bestausgedachte Methode würde jedoch zum Scheitern verurteilt sein, wenn die Flugzeugbesatzungen für die Durchführung nicht geschult waren. Im vorangegangenen Jahr war das Tempo der Operationen derart gewesen, daß kaum Zeit für eingehenden Unterricht über neues Gerät blieb. Außerdem hatten zu Beginn 1944 zwei Squadrons mit Halifax und eine mit Sunderlands für Nachteinsätze auf neue, sehr lichtstarke Leuchtbomben umgerüstet. Sir Sholto Douglas nutzte die Pause im Frühjahr und zog seine Squadrons wechselnd aus der Front zur Umschulung zurück.

Um die Wirksamkeit der *Cork*-Patrouillen zu testen, führte die 19. Gruppe im April einen wirklichkeitsnahen Großversuch südlich von Irland durch. Das britische Unterseeboot *Viking* erhielt Befehl, so schnell es konnte – aufgetaucht oder getaucht – über eine 90 Meilen lange, von Flugzeugen überwachte Strecke zu marschieren. Der Ubootkommandant sollte sein Äußerstes tun, um Luft-»Angriffe« zu vermeiden, und gleichzeitig sicherstellen, daß *Viking* gefechtsklar am Ziel ankomme. Der Probelauf begann wie vorgesehen am 6. April – aber ohne Flugzeuge. Nebel hatte den Start der ersten Maschinen verhindert, so konnte *Viking* unbehelligt eineinhalb Stunden aufgetaucht marschieren. Doch dann zwang es die verspätete Ankunft des ersten Flugzeuges zu tauchen, und von da an wurde das Dasein für die Seeleute unerfreulich. Während der nächsten 48 Stunden konnte das Unterseeboot kaum zwei Stunden lang auftauchen und diese Zeit teilte sich auf neun Zeiträume von durchschnittlich etwa 13 Minuten auf. Natürlich war keine davon lang genug, die Batterie in nennenswertem Umfang wieder aufzuladen oder den schwindenden Vorrat an Druckluft zu ergänzen (wenn auch die Zeit ausreichte, das Boot durchzulüften). Fünf Meilen vor dem Ziel entschloß sich schließlich der Kommandant der *Viking* das Handtuch zu werfen; seine Batterien waren so weit erschöpft, daß das Boot nur noch zwei oder drei Knoten laufen konnten, es wäre ihm also fast unmöglich gewesen, nach einem Torpedoangriff zu entkommen. Außerdem hatte er nur noch so viel Druckluft, daß er die Tanks gerade noch einmal anblasen konnte. Die »geschlagene« *Viking* tauchte auf und setzte, nicht mehr tauchfähig, den Marsch bis zur Ziellinie aufgetaucht fort.

Als das nächste Flugzeug auf dem Radarschirm der *Viking* erschien, konnte der Kommandant die Entdeckung dadurch vermeiden, daß er dem Verfolger das Heck zudrehte. Außerdem paßte der Radarbeobachter im Flugzeug nicht auf und durch diesen unerwarteten Glücksfall konnte das Uboot seinen Marsch zu Ende führen, ohne »versenkt« zu werden. Es wäre jedoch kaum noch in der Lage gewesen, einen Angriff auf einen gesicherten Geleitzug durchzuführen. Der Versuch war für die Besatzung der *Viking* ziemlich qualvoll gewesen, doch für sie war es immerhin nur ein Spiel. Für die deutschen Seeleute würde die psychologische Belastung bei dem Versuch, durch den Englischen Kanal zu laufen, sehr viel größer sein; sie hatten mehr als nur eine einzige 90-Meilen-Strecke zu überwinden und die Flugzeuge, die sie orteten, würden ihre Wasserbomben nicht zurückhalten. Nach dem Versuch schrieb der Kommandant der *Viking*:

»Eine Fortsetzung dieses Marsches am Nachmittag und Abend des 7. April würde sehr unangenehm gewesen sein und ein Uboot, das auf solchen Widerstand stößt, wird erschöpft und demoralisiert werden ...«

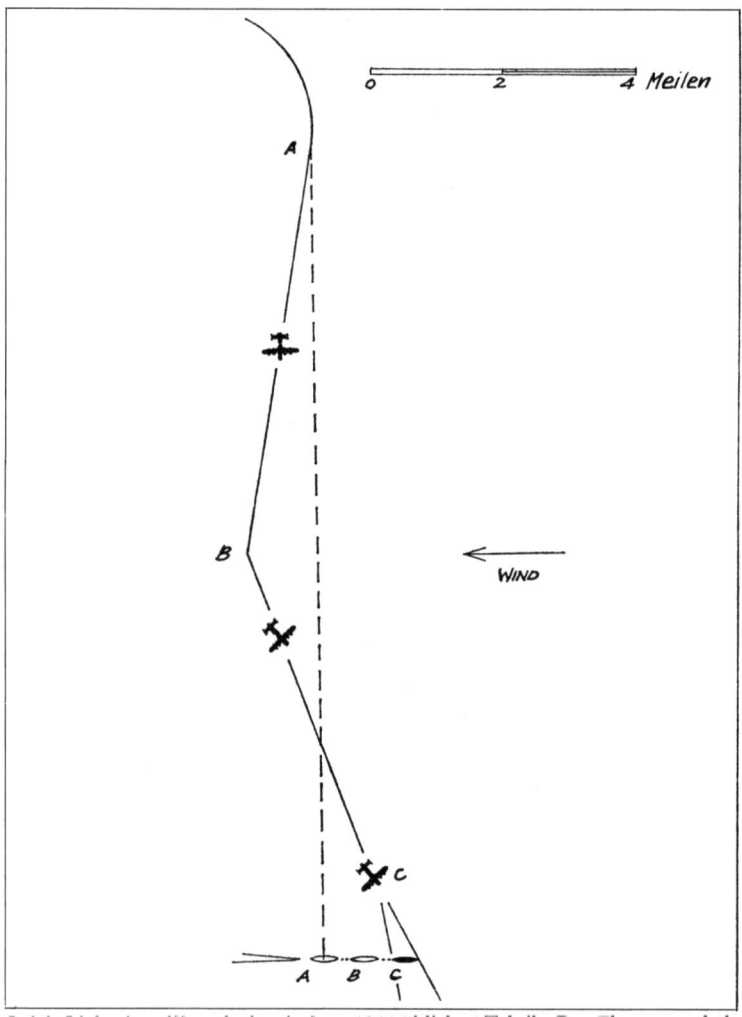

Leigh Light-Angriff nach der Anfang 1944 üblichen Taktik. Das Flugzeug erhält Radarkontakt mit dem Uboot und ändert Kurs, so daß es dieses genau voraus hat (A). Die Windgeschwindigkeit ist nicht genau bekannt, ebenso wenig Kurs und Fahrt des Ubootes. Das Flugzeug hält den bei A eingeschlagenen Kurs bis B, auf halbem Wege zwischen A und dem Kontakt, durch, damit hat es die Abdrift gemessen. In B dreht das Flugzeug auf neuen Kurs, indem er das Doppelte des festgestellten Abdriftwinkels zugibt. Das Leigh Light, immer noch abgeschaltet, wird um den einfachen Abdriftwinkel auf die windabgewandte Seite des Flugweges gerichtet. Bei C wird das Licht angeschaltet und der Strahl so lange gehoben bis das Uboot beleuchtet wird.

292

Um so bemerkenswerter war deshalb die Tatsache, daß nur zwei der 19 beteiligten Flugzeuge die *Viking* tatsächlich sahen; und bei keiner Gelegenheit konnten sie »angreifen« ehe sich das Boot dem Angriff durch Tauchen entzog. Während des Krieges ist häufig gefragt worden: »Was nützen Flugzeuge, die Tag und Nacht über See fliegen, ohne etwas zu sehen?« Das war die Antwort: 19 Flugzeuge hatten an dem Versuch teilgenommen und nur zwei hatten das Uboot tatsächlich gesichtet. Aber zum Schluß war die *Viking* kaum noch kampffähig und mehr darum besorgt, zu überleben als einem Gegner Schaden zuzufügen.

Das alles traf natürlich nur auf Boote zu, die noch nicht den Schnorchel-Luftmast hatten. Und die alliierten Nachrichtenoffiziere wußten, daß er auf allen einsatzfähigen Ubooten eingebaut werden sollte. Aber trotz größter Anstrengungen auf seiten des Werftpersonals war das Programm bös ins Rutschen gekommen. So waren zum Beispiel Anfang Juni 1944 nur neun der 49 Uboote der *Landwirt*-Gruppe, die zur Bekämpfung der Invasion abgeteilt waren, mit diesem Umbau versehen. Viele der Umbausätze wurden unbenutzt in ihren Verpackungsgefäßen auf den Güterbahnhöfen durch die systematischen alliierten Luftangriffe auf das französische Eisenbahnnetz festgehalten. Und die Uboote, denen es tatsächlich gelang, durch das Netz der Luftüberwachung zu dringen, würden dann durch einige 300 Zerstörer, Fregatten, Geleitboote, Korvetten und Vorpostenboote Spießruten zu laufen haben.

Am 6. Juni 1944 brach der längste Tag an: um 5.13 Uhr befahl das Marinegruppenkommando West Sofortbereitschaft für alle Boote der *Landwirt*-Gruppe. Die Invasion hatte begonnen. In den Befehlen an seine Männer hatte Dönitz geschrieben:

»Jedes feindliche Fahrzeug, das der Landung dient, auch wenn es etwa nur ein halbes Hundert Soldaten oder einen Panzer an Land bringt, ist ein Ziel, das den vollen Einsatz des Ubootes verlangt. Es ist anzugreifen, auch unter Gefahr des eigenen Verlustes.

Wenn es gilt, an die feindliche Landungsflotte heranzukommen, gibt es keine Rücksicht auf Gefährdung durch flaches Wasser oder mögliche Minensperren oder irgendwelche Bedenken.

Jeder Mann und jede Waffe des Feindes, die *vor* der Landung vernichtet werden, verringern die Aussicht des Feindes auf Erfolg.

Das Boot, das dem Feinde bei der Landung Verluste beibringt, hat seine höchste Aufgabe erfüllt und sein Dasein gerechtfertigt, auch wenn es dabei bleibt.«

Die Würfel waren gefallen. Die größte Schlacht aller Zeiten zwischen Flugzeugen und Ubooten sollte beginnen.

Dem Invasionsgebiet in der Normandie war Brest der nächstgelegene Ubootstützpunkt, die Boote von dort mußten als erste den Ansturm der 19. Gruppe über sich ergehen lassen. Am Abend des 6. liefen 15 deutsche Uboote aus diesem Hafen aus; sieben hatten das Glück, mit dem Schnorchel ausgerüstet zu sein, und konnten daher getaucht in Richtung Englischer Kanal laufen. Aber die anderen acht hatten diesen Luftmast nicht, sie blieben die Nacht über aufgetaucht, denn ihre Batterien mußten für den Unterwassermarsch bei Tagesanbruch voll aufgeladen sein. Wir werden das Schicksal dieser acht Boote, *U 256*, *U 373*, *U 413* und *U 415*, *U 441*[1], *U 629*, *U 740* und *U 821* verfolgen. Die Uboote liefen in einer Linie mit jeweils etwa 300 Metern Abstand nach Westen in die Dunkelheit hinein; es dauerte nicht lange bis der Tanz begann. Das Tagebuch von Oberleutnant Werners Boot, *U 415*, gibt ein lebendiges Bild von dem was nun geschah:

01.40 Uhr Heller Mond, gute Sicht. Verlassen das Geleit vor Brest. Kurs 270 Grad, Höchstfahrt.

01.45 Uhr Das Boot hinter uns, *U 256*, wird von einem Flugzeug angegriffen. Auch wir eröffnen Feuer. *U 256* schießt ein Flugzeug ab. Radarimpulse kommen von allen Seiten, Stärke 3–4.

02.20 Uhr Radarimpulse in steigender Stärke von Steuerbord. Eine Sunderland taucht auf und greift aus 40 Grad an Steuerbord an. Ich eröffne Feuer. Er wirft vier Bomben vor das Boot ...

In seiner Autobiographie fährt Herbert Werner mit dieser Geschichte fort:

»Einen Augenblick später vier Detonationen mittschiffs. Vier wilde Eruptionen hoben *U 415* aus dem Wasser und warfen unsere Männer platt an Deck. Dann fiel das Boot zurück und vier zusammenbrechende Wassersäulen überschütteten uns mit Tonnen

[1] Nach ihren unglücklichen Erlebnissen als »Flugzeugfalle« war *U 441* wieder in ein Uboot für den Handelskrieg umgebaut worden. Der Kommandant von *U 441* im Juni 1944, Kapitänleutnant Klaus Hartmann, sollte nicht mit dem Kommandanten aus dem »Flugzeugfallen«-Kampf Kapitänleutnant Götz von Hartmann verwechselt werden.

von Wasser und schütteten Wasserfälle durch das Turmluk. Das war das Ende. Beide Diesel gestoppt, das Ruder hart Steuerbord festgeklemmt, schor *U 415* in einem Bogen aus, verlor langsam an Fahrt . . . ein Ziel, das leicht zu erledigen war.«

Vor dem erwarteten Todesstoß aber konnte Werners Maschinenpersonal die Motoren wieder anwerfen, und das angeschlagene Boot hinkte zusammen mit dem ähnlich zugerichteten *U 256* (Brauel) nach Brest zurück. In Wirklichkeit war die »Sunderland«, die ihn angegriffen hatte, eine Wellington der 179. Squadron, und sie griff ohne Leigh Light an, da die Nacht hell und klar war.

Insgesamt sichteten alliierte Flugzeuge in der Nacht des 6. Juni 22mal ein Uboot und griffen siebenmal an. Zusätzlich zu den obenerwähnten *U 256* und *U 415* beschädigten sie zwei weitere und versenkten *U 955* (Baden) und *U 970* (Ketels). Mit einbrechender Dämmerung, als die Uboote sich eins nach dem anderen durch Tauchen in Sicherheit brachten, klang der Kampf aus. Kapitänleutnant Vogler auf dem mit Schnorchel ausgerüsteten *U 212* wartete jedoch mit dem Tauchen etwas zu lange und sah sich plötzlich von zwei Mosquitos mit 57-mm-Kanonen angegriffen. Sie erzielten sechs Treffer auf dem Uboot, von denen vier schwer waren – im Backbord-Tauchtank, im Backbord-Ausgleichtank, am Unterbau des 37-mm-Geschützes und im Schnorchelmast. Mit sechs Tonnen Untertrieb tauchte *U 212* steil weg, geriet fast außer Kontrolle und humpelte nach La Palice zurück.

Während der ganzen Zeit sahen die Ubootabwehr-Flugzeuge nichts von der Luftwaffe. Das einzige, was sie zu dem Kampf der Uboote – einem Kampf auf Leben und Tod – beitrug, war, daß sie die *Sonne*-Sender in Betrieb hielt – eine große Hilfe für die alliierten Flugzeuge, die in den weiter südlich gelegeneren *Cork*-Patrouillen flogen.

Obwohl die erste Nacht für die 19. Gruppe ganz positiv verlaufen war, hatten die Deutschen immer noch fünf Sechstel ihrer für die Abwehr der Invasion bereitgestellten Uboote intakt – 42 Boote, und als die Dunkelheit am 7. Juni hereinbrach, tauchten 36 ohne Schnorchel auf und gingen wieder auf Höchstfahrt auf Ostkurs.

Mittlerweile standen die ersten dieser Uboote vor dem Westausgang des Englischen Kanals und die *Cork*-Patrouillen waren bereit, sie zu empfangen. Flying Officer Kenneth Moore RCAF stand mit einer Leigh Light-Liberator der 224. Squadron in den ersten Stunden des 8. Juni »auf und ab«, als sein Radarmann einen Kontakt zwölf Meilen voraus meldete. Der kanadische Pilot setzte sich mit seinem Flugzeug seitlich heraus, um das Ziel zwischen sich und den hellen Mond zu bringen und drehte dann wieder darauf zu. Nach wenigen Minuten sichtete der Beobachter das Uboot gegen den schimmernden Mondschein auf dem Wasser: »Es war eine vollkommene Silhouette, als ob es auf weißes Papier gemalt sei. Ich konnte den Kommandoturm ganz klar erkennen.« Moore befahl dem Radarmann, die Sendungen, die den Gegner möglicherweise alarmiert hätten, einzustellen, und setzte zum Angriff an. Die Liberator überflog das Boot in knapp 15 Meter Höhe und löste sechs ihrer Wasserbomben; drei fielen an Steuerbordseite des Bootes, drei an Backbordseite – eine vollkommene Gabel. Als sie explodierten schrie der Heckschütze aufgeregt: »Mein Gott, wir haben es ganz aus dem Wasser herausgeblasen.« Als sie zu der Stelle zurückkehrten, waren Öl und Wrackstücke auf dem Wasser zu sehen; das war alles, was von Oberleutnant Bugs' *U 629* übriggeblieben war.

Wenige Minuten später setzte die Besatzung in gehobener Stimmung ihren Flug fort. Die Liberator konnte noch weiter kämpfen, denn in ihrem Bombenschacht waren weitere sechs Wasserbomben und der Zielsuchtorpedo. »Nun wollen wir uns den nächsten vornehmen«, ulkte Moore über die Bordsprechanlage. Und so kam es tatsächlich. Nur zehn Minuten später meldete der Radarmann einen weiteren Kontakt, jetzt in sechs Meilen Abstand. Der zweite Angriff war fast eine genaue Wiederholung des ersten – wieder die geschickte Positionierung des Ubootes gegen den Mond, das Abschalten des Radar und die Gabel mit sechs Wasserbomben. Der Bug von *U 373* hob sich langsam aus dem Wasser bis das Boot fast senkrecht stand und dann rückwärts abrutschte. Der Kommandant, Oberleutnant von Lehsten, und 43 Mann seiner Besatzung wurden später gerettet.

Moores Erfolg war einzigartig – zwei Uboote in weniger als einer halben Stunde versenkt. Er und seine Besatzung hatten das Glück gehabt, auf die Boote der Brester Flottille zu stoßen, die auf ihrem Marsch in das Invasionsgebiet ohne Schnorchel waren. Sie hatten ihre Möglichkeiten aber auch bis zum Äußersten genutzt, die

Angriffe wurden mit Können und Geschicklichkeit durchgeführt. Bei keinem hatte Moore es für nötig gehalten, sein Leigh Light oder sein Zielsuchtorpedo einzusetzen. Für dieses Gefecht wurde Moore mit dem Distinguished Service Order ausgezeichnet.

Nun waren nur noch vier von den acht Ubooten übrig, die am 6. Juni im Überwassermarsch von Brest ausgelaufen waren. Die Unglücksserie dieser Gruppe war jedoch noch nicht vorüber, am Morgen des 8. focht Oberleutnant Sachse mit *U 413* ein erbittertes Gefecht mit einer Halifax der 502. Squadron. Seine Geschützbedienungen zwangen das Flugzeug, mit zerschossenem Backbordmotor zu seinem Fliegerhorst zurückzukehren. Aber die Briten konnten das Uboot auch so ernsthaft beschädigen, daß es seine Unternehmung abbrechen mußte.

Während der folgenden Tage wurden die restlichen drei Brester Boote eines nach dem anderen weggeputzt. Weit vom üblichen Jagdgebiet im Mittelatlantik erfaßte Sergeant Cheslin mit einer Liberator der 120. Squadron am 9. westlich von Brest *U 740* (Stark) und versenkte es. Am folgenden Tage erzielten vier Mosquitos der 248. Squadron, von denen zwei mit der 57-mm-Kanone ausgerüstet waren, Treffer auf *U 821* (Knackfuß), eine Liberator der 206. Squadron erledigte es mit Wasserbomben. Sieben der ursprünglich acht Brester Boote waren nun versenkt oder gezwungen, mit Schäden zu ihrem Stützpunkt zurückzukehren; nur *U 441* konnte seinen Versuch, in das Invasionsgebiet vorzudringen, noch fortsetzen.

Nun hatte der deutsche Marinebefehlshaber insgesamt sechs Boote durch die Luftüberwachung verloren, weitere sechs waren mit Beschädigungen zurückgehumpelt – alle ohne Schnorchel. Mehr noch, trotz dieser schmerzlichen Verluste hatte keins der Uboote ohne den neuen Luftmast auch nur bis zu den Kanalinseln in den Kanal eindringen können. Am 12. mußte Admiral Krancke sich geschlagen geben. Er schrieb in sein Kriegstagebuch:

»Alle Uboote, die ohne Schnorchel in der Biskaya eingesetzt sind, haben Befehl, in ihre Stützpunkte zurückzukehren, da die feindlichen Luftangriffe zu viele Verluste und Schäden verursachen. Nur wenn eine Feindlandung an der Biskayaküste unmittelbar bevorstehen sollte werden die Boote eingesetzt. Sie bleiben im Bunker in Bereitschaft . . .«

Die 22 überlebenden Uboote ohne Schnorchel versuchten nun, sich dem Griff der Luftüberwachung zu entziehen. Fünf weitere wurden dabei beschädigt, aber nur eins wurde noch versenkt.

Das unglückliche Boot war *U 441*. Während der zwölf Tage bis zur Nacht des 18. Juni war es Kapitänleutnant Klaus Hartmann gelungen, den Wasserbomben aus der Luft zu entgehen. Nun war er auf dem letzten Stück seiner Heimreise, nur etwas über 50 Seemeilen lagen zwischen dem Boot und der Sicherheit in den Betonbunkern von Brest. Eigentlich hätte er das schaffen müssen, das Flugzeug, dem dieses Gebiet zur Überwachung zugeteilt war, hatte völligen Radarausfall und Flight Lieutenant Antoniewicz von der 304. (polnischen) Squadron flog mit seiner Leigh Light-Wellington auf dem nordwestlichen Teil dieses Überwachungsgebietes ohne das Gerät. Da sichtete der Pilot im Mondschein ein auftauchendes Uboot eben an Steuerbord. Antoniewicz warf die Maschine herum, griff an und löste seine sechs 115-kg-Wasserbomben im Reihenwurf. Sie platschten beiderseits des Turms von *U 441* in das Wasser, das Boot verschwand hinter einer Gischtwand – es gab keine Überlebenden. Die Flieger hatten ihre Rechnung mit der ehemaligen »Flugzeugfalle« beglichen.

Bis Mitternacht des 23. Juni, weniger als drei Wochen nach Beginn der Invasion, hatten Flugzeuge neun Uboote versenkt und elf beschädigt. Ein Offizier des Coastal Command schrieb damals: »Es ist eine phantastische Ernte, wenn man an die alten Tage fruchtlosen Suchens denkt. Das wirkt sich auf die Flugzeugbesatzungen großartig aus. Die Stimmung auf dem Fliegerhorst ist erstaunlich, kaum einer murrt. Und das Bodenpersonal, das so viel hinter den Kulissen tut, ist ebenso zufrieden wie die, die fliegen. Die Aussicht auf den Sieg belebt sie alle.«

Da waren aber noch die Schnorchel-Boote. Sechs Booten war es gelungen, langsam in den Englischen Kanal hineinzuschleichen, zwei weitere aber hatten weniger Glück und mußten nach St. Peter Port, Guernsey, mit erschöpften Batterien einlaufen.

Auf ihrem Weg durch das von Schiffen überwachte Gebiet hatten die Schnorchel-Uboote zwei Fregatten der Royal Navy versenkt. Die Verteidiger reagierten schnell und versenkten eines der deutschen Boote. Erst am 15., neun Tage nach Invasionsbeginn, gelang es Oberleutnant Stuckmann auf *U 621*, sein Operationsgebiet quer zum Hauptzufuhrweg zum Normandie-Brückenkopf zu erreichen. Er torpedierte und versenkte ein amerikanisches Tank-Landungsschiff und griff erfolglos zwei amerikanische Schlachtschiffe an. Doch dann vertrieben ihn alliierte Seestreitkräfte. Weitere zwei Wochen sollten vergehen, ehe das zweite deutsche Uboot in dieses reiche, wenn auch gefährliche Jagdgebiet vordringen konnte.

Die Fähigkeit dieser Boote, unbegrenzt mit ihren Dieselmotoren laufen zu können, macht sie zwar sicherer aber nicht völlig immun gegen Angriffe aus der Luft. Jetzt ragte nur noch das obere Ende des Luftmastes in einer Länge von etwa einem Meter aus dem Wasser und darauf saß die Schwimmerventil-Anordnung, etwa einen Meter lang und 30 Zentimeter breit. Die Späher aus der Luft stellten bald fest, daß es mit bloßem Auge fast unmöglich war, den eigentlichen Schnorchelkopf auf Entfernungen von mehr als einer Meile zu erkennen. Aber bei ruhiger See und schneller Fahrt des Bootes konnte man das Kielwasser des Schnorchel auf etwa fünf Meilen erkennen. Manchmal kondensierten die Auspuffgase und bildeten Rauchwolken, die man gelegentlich bis zu sieben Meilen weit sehen konnte. Solche Entdeckungsentfernungen waren natürlich nur unter sehr günstigen Bedingungen möglich; bei Windgeschwindigkeiten über 14 Knoten bildeten sich »Katzenköpfe«, und das Suchproblem glich dem eines Golfspielers, der in einem endlosen Feld von Gänseblümchen einen Golfball sucht. Aber noch wichtiger war die tarnende Wirkung des Schnorchels gegen Radar. Selbst unter idealen Bedingungen konnten die besten Radargeräte des Jahres 1944 einen Schnorchelkopf nur auf Entfernungen bis vier Meilen erkennen. Und selbst wenn der Radarmann geschickt genug war, das winzige Echo des Schnorchels zu erkennen, es verschwand fast immer im allgemeinen See-Clutter, ehe das Flugzeug auf Sichtentfernung heran war. Bei grober See war die Radarsuche nutzlos.

Der erste Luftangriff auf ein schnorchelndes Uboot fand am 18. Juni statt. Lieutenant Commander J. Munson mit einer Liberator der Squadron VP-110 der US Navy sichtete im Westausgang des Englischen Kanals zuerst den »Rauch« und dann den Schnorchelkopf von *U 275* (Bork). Ein Wasserbombenangriff verursachte jedoch nur kleinere Schäden. Erfolgreicher waren Flight Lieutenant

I. Walters und seine Besatzung mit der Sunderland »P« der 201. Squadron. Sie sichteten am 11. Juli den Schnorchelkopf von *U 1222* (Bielfeld). In ihrer Hast, schnell auf Tiefe zu kommen, drückt die Besatzung den Bug ihres Bootes zu weit nach unten, so daß das Heck aus dem Wasser ragte. Die Sunderland nutzte dieses unerwartete große Ziel gut, ihre Wasserbomben lagen genau und waren tödlich.

Während im Englischen Kanal die Schlacht zwischen Flugzeugen und Ubooten tobte, entwickelte sich nördlich der britischen Inseln parallel dazu ein Kampf zwischen dem Coastal Command und den Ubooten, die aus den Stützpunkten in Norwegen und Deutschland auf dem Marsch in das Invasionsgebiet waren. Fünf dieser Uboote wurden durch die nördliche Luftüberwachung im Juni versenkt, vier weitere beschädigt. Am 24. fand ein bemerkenswertes Gefecht statt, als ein Canso-Flugboot[1] der kanadischen 162. Squadron *U 1225* ortete. Der Kommandant der Canso, Flight Lieutenant David Hornell, drehte sofort zum Angriff auf und wurde von den Geschützbedienungen von Oberleutnant Sauerberg mit vernichtend genau liegendem Feuer empfangen; Sprenggeschosse schlugen große Löcher in den Steuerbord Tragflügel und setzten den Motor in Brand. Das Flugboot begann stark zu vibrieren und war schwer zu halten. Unbeeindruckt von diesem harten Empfang zog Hornell die Canso dicht über das Uboot und löste beim Passieren seine Wasserbomben, die beiderseits des Bootes explodierten – kurz danach sank *U 1225*.

Hornell gelang es, sein Flugzeug hochzuziehen und nach dem Angriff Höhe zu gewinnen, aber das Flugboot war in einem beklagenswerten Zustand; das Feuer hatte sich vom Steuerbordmotor bis zu den Brennstofftanks im Tragflügel ausgebreitet und die Vibrationen wurden stärker. Bald danach brannte die Aufhängung des Motors glatt durch, der Motor fiel herunter und klatschte in die See. Jetzt gab es keine andere Möglichkeit mehr, als die in Flammen stehende Canso ins Wasser zu setzen, was Hornell trotz der starken Dünung gelang; dann sank das lecke Flugboot schnell ab.

Ehe sie nach 21 Stunden aus den eisigen Fluten geborgen wurden, waren zwei Mann vor Entkräftung gestorben. Hornell selbst starb

---

[1] Canso war der Name der amphibischen Version der Catalina, sie wurde unter Lizenz von der Canadian Vickers Co. gebaut.

kurz danach, er konnte sich von der Erschöpfung nicht mehr erholen. Für seinen geschickten und entschlossenen Angriff auf das Uboot wurde der kanadische Offizier später posthum mit dem Victoria Cross ausgezeichnet.

Im Juli versenkte die nördliche Luftüberwachung vier Boote, beschädigte weitere sechs, und am 17. fand ein Gefecht statt, das ebenso außergewöhnlich war wie das von Hornell. An diesem Tage befand sich die Catalina »Y« der 210. Squadron unter dem Kommando von Flying Officer John Cruickshank weit nördlich von Schottland, jenseits des Polarkreises, im Einsatz. Durch Nebelschwaden hindurch stellte einer der Besatzung etwas fest, was er für ein Schiff hielt, das sich dann aber als Uboot herausstellte: *U 347*. Als Cruickshank anflog, hielten ihn die Geschützbedienungen von Oberleutnant de Bhur unter stetigem wenn auch ungenau liegendem Feuer. Aber als das Flugboot über dem Uboot war, blieben die Wasserbomben in ihren Halterungen – Versager! Die Catalina war jedoch nicht getroffen worden, so drehte Cruickshank zum zweiten Angriff auf. Das weitere beschreibt Flight Sergeant J. Appleton, einer der Bordschützen:

»Es war ein tadelloser Tiefangriff, aber als wir fast über dem Uboot waren, explodierte eine Granate im Flugzeug. Alles geschah in Sekundenschnelle. Unser Navigator wurde getötet und der Kommandant schwer verwundet. Ich sah das Zeug in der Maschine explodieren. Die Windschutzscheibe vor dem zweiten Piloten war zersplittert und innerhalb der Maschine brach Feuer aus. Ich erhielt Schrapnellsplitter im Kopf und in den Händen. Harbison (der Bugschütze) war an beiden Beinen verwundet.«

Erst viel später wurde das Ausmaß von Cruickshanks Verwundungen bekannt: er war an 72 verschiedenen Stellen verletzt, dabei zweimal schwer an der Lunge und zehnmal an den Beinen. Aber er zauderte nicht einen Augenblick und keiner seiner Männer merkte in diesem Moment, daß er verwundet war; er brachte die angeschlagene Catalina genau über das Uboot und löste die Wasserbomben selbst aus. Diesmal funktionierte die Abwurfvorrichtung gut und die Reihe fiel quer über das Boot.

U 347 legte sich auf die Seite und sank, aber die Männer an Bord der Catalina hatten jetzt ihre eigenen Probleme. Nachdem er das Flugzeug hochgezogen hatte, sank Cruickshank am Steuer zusammen und der zweite Pilot übernahm die Führung. Appleton löschte das Feuer mit einem Feuerlöscher und half, als der Rauch sich verzogen hatte, den verletzten Kommandanten zu einer der Kojen im hinteren Rumpf zu tragen. Danach versuchte die Besatzung, die Löcher im Rumpf des Flugbootes mit ihren Schwimmwesten und den Segeltuchbezügen der Motoren zu verstopfen. Während des fünfstündigen Rückfluges nach Sullom Voe auf den Shetlands war Cruickshank entweder bewußtlos oder von heftigen Schmerzen geplagt. Er verweigerte jedoch hartnäckig eine Morphiuminjektion, weil dies seine Sinne abstumpfen würde. Als die Catalina im Fliegerhorst ankam, bestand er darauf, zum Cockpit zurückgetragen zu werden; dann übernahm er das Steuer und setzte das Flugboot auf. Als es auf dem Wasser war, begann der lecke Rumpf zu sinken, deshalb rollte der Copilot die Catalina an das Ufer und setzte sie dort auf. Sobald sie still stand, kletterte ein Arzt an Bord des angeschlagenen Flugzeuges und gab Cruickshank sofort eine Bluttransfusion; diese schnelle Behandlung rettete den tapferen Piloten, der später das Victoria Cross erhielt. Er war der einzige Flieger, der zu Lebzeiten diese Auszeichnung für einen Angriff auf ein Uboot erhielt.

Ende August hatten die alliierten Landstreitkräfte fast ganz Frankreich besetzt. Die deutschen Stützpunkte an der Biskaya waren einer nach dem anderen entweder erobert oder eingeschlossen worden. Die Ubootwelle, die im Juni und Juli in die Biskaya gerollt war, schlug nun zurück, als die Überlebenden westwärts und rund um Irland zurück nach Norwegen strömten. Für die Überwachung der nördlichen Durchmarschwege war die 18. Gruppe des Coastal Command mit ihrem Hauptquartier in Edinburgh zuständig. Der Ubootabwehr-Operationsoffizier der Gruppe, Wing Commander Jeaff Greswell, erinnerte sich später: »Nachdem die Biskayahäfen entweder überrannt oder abgeschnitten waren, wurden die wegen der Invasion im Süden zusammengezogenen Flugzeuge nun nach und nach nordwärts zur 18. Gruppe verlegt. Wir glaubten, daß wir gegenüber den Ubooten, die nun in die norwegischen Stützpunkte verlegten, unsere große Zeit haben würden. Aber das geschah nicht; fast jedes Boot, das die Biskayahäfen verließ, hatte jetzt einen Schnorchel und entzog sich deshalb meistens der Entdeckung aus der Luft.«

Doch obwohl die Luftüberwachung aufgrund der Informationen aus entzifferten deutschen Funksprüchen in den Gebieten konzentriert wurden, in denen, wie man wußte, die Uboote waren, konnten die Deutschen in dieser weiträumigen, windgepeitschten See ihre Schnorchel fast ungestraft einsetzen.

Um die Grenzen ihrer neu gewonnenen Sicherheit gegen die Entdeckung aus der Luft zu prüfen, erschienen die Schnorchel-Uboote wieder an unerwarteten Stellen. In den flachen Seegebieten rund um die britischen Inseln war die Ubootjagd für Kriegsschiffe schwierig und nun war auch die Luftüberwachung fast wirkungslos. So wurden zum ersten Male seit fast vier Jahren die Schiffe in den Küstengewässern rund um Großbritannien wieder einmal zu Zielen für Ubootangriffe.

Der erste, der die neuen Seegebiete gegen Ende August erprobte, war Kapitänleutnant Baron von Matuschka auf *U 482*. Er führte sein Boot geschickt und vorsichtig und nutzte die Möglichkeiten des Schnorchel bis zum äußersten, während einer Unternehmung über 2700 Seemeilen fuhr er nur etwa 250 aufgetaucht. Unentdeckt durch sichernde Schiffe oder Flugzeuge versenkte er fünf Schiffe aus Geleitzügen, ehe er ungesehen wieder zu seinem Stützpunkt nach Norwegen zurückkehrte. Später versuchten andere Ubootkommandanten Matuschka nachzueifern, aber die Geleitsicherung war stärker und mehr auf der Hut, so erzielten nur wenige nennenswerte Erfolge. Während der letzten vier Monate des Jahres 1944 versenkten Uboote nur 14 Schiffe in den Gewässern dicht um die britischen Inseln. Angesichts der Tatsache, daß mehr als 12 000 Handelsschiffe während dieser Zeit durch dieses Gebiet gefahren waren, ist dieser deutsche Erfolg kaum beeindruckend. Die deutschen Verluste waren jedoch auch nicht hoch gewesen – sieben versenkte Uboote, davon nur eines durch Flugzeuge. Und da es Dönitz dabei gelang, starke alliierte Streitkräfte zu binden, war dieser Preis keinesfalls zu hoch. Es war eine Periode des Stillstands, die – wie beide Seiten wußten – nicht lange anhalten würde; wie lange sie anhalten würde, hing von dem Produktions- und Ausbildungsprogramm der großartigen neuen Typ XXI- und XXIII-Uboote ab.

Die Angriffe der alliierten strategischen Bomber auf die Ubootstützpunkte und Bauwerften waren bis zum Juni 1943 ein kostspieliger Fehlschlag gewesen. Doch gleich der Stärke und Wirksamkeit der Ubootabwehrkräfte hatte sich auch die der Bomberflotten 1943 merklich verbessert. Die alliierten Nachrichtendienst-Offiziere sahen im Sommer 1944 durchaus die Gefahren, die durch das neue Ubootbauprogramm drohten; Luftaufnahmen hatten Hunderte der trommelförmigen Typ XXI- und Typ XXIII-Sektionen im Bau und auf dem Wege zu den Montagewerften an der Küste gezeigt. Auch die entscheidende Bedeutung des deutschen Kanalsystems war den Betrachtern nicht entgangen. Für die Ubootproduktion waren die wichtigsten Kanäle der Dortmund-Ems-Kanal, der das Ruhrgebiet mit der Ems, und der Mittellandkanal, der die Ems und Berlin über die Elbe miteinander verband. Im Herbst 1944 wurden diese beiden Kanäle wiederholt und heftig aus der Luft angegriffen. Für das Bomber Command der Royal Air Force waren diese Einsätze gegen die Kanäle ein Teil der systematischen Generaloffensive gegen das deutsche Verkehrssystem. Für Otto Merker, der mit dem schwierigen Problem rang, die ehrgeizigen Ubootbaupläne zu erfüllen, waren es weitere Rammstöße, die seine schon wankende Zitadelle erschütterten.

Der erste Angriff fand in der Nacht des 23. September statt, als schwere Bomber das Aquädukt zerstörten, das den Dortmund-Ems-Kanal hoch über den Glanfluß bei Münster führte. Ein sechs Meilen langer Abschnitt des Kanals lief durch diese Bresche aus; viele Kähne fielen trocken und viele andere lagen fest, der ganze Verkehr kam zum Erliegen. Nach hastigen Reparaturarbeiten wurde der Kanal Anfang November wieder eröffnet – und die Bomber zerstörten den Aquädukt. Bis Anfang Januar wiederholte sich dieser Vorgang noch zweimal, und auch der Mittellandkanal litt unter ähnlichen Schlägen.

Alles dies machte Merkers bereits sehr angespannte Produktionspläne zunichte. Am 10. Januar 1945 klagte er Rüstungsminister Speer:

»Die Transportsituation ist generell katastrophal schlecht. Die großen Ubootbauteile können nur auf dem Wasserwege transportiert werden, der Schiffbau ist deshalb durch die verschiedenen Störungen der Kanalschiffahrt besonders hart getroffen und muß zum Bahntransport übergehen.«

Doch ehe sie mit der Bahn transportiert werden konnten, mußten die Sektionen in kleinere Stücke zerlegt werden. Es war ein Akt der Verzweiflung, denn die Vorteile der Vorfabrikation wurden damit aufgehoben. Aber was blieb Merker anderes übrig?

Am Ende war die Schwierigkeit, die Sektionen zu den Bauwerften zu schaffen, nicht einmal der schlimmste Engpaß bei der Fertigung des Typ XXI-Bootes. Für ihre erhöhten Batteriekapazitäten brauchten die Boote eine große Anzahl von Akkumulatoren, die von vier Fabriken produziert wurden; und bis auf eine, die kleinste, waren alle gezwungen, ihre Produktion infolge von Bombenangriffen entweder aufzugeben oder zu reduzieren. Zusätzlich griffen die strategischen Bomber natürlich wiederholt und vernichtend die deutschen Werften an.

Trotz aller Schwierigkeiten, die auf das Uboot-Produktionsprogramm einstürmten, trotz ernstlicher Verzögerungen bei den verschiedenen Lieferterminen, wurden während der letzten Monate des Jahres 1944 die neuen Uboottypen in ziemlich großen Stückzahlen geliefert. Bis Ende Dezember waren 90 Typ XXI-Uboote vom Stapel gelaufen und 60 in Dienst gestellt; für den Typ XXIII galten die Zahlen 31 beziehungsweise 23. Die strategischen Bomber, wiederum vor dem Problem, einer neuen deutschen Maßnahme zu begegnen, übten auch als die neuen Uboote im Dienst waren weiterhin Druck auf sie aus. Die Besatzungen der neuen Boote mußten in der Ostsee ausgebildet werden, und hierin verlegte das RAF-Bomber-Command nun seine wesentlichen Mineneinsätze.

Die in der Ostsee im Jahre 1944 geworfenen Luftminen unterschieden sich ebenso von dem Bild des »runden Dinges mit Hörnern« der Karikaturisten wie der Zielsuchtorpedo von der Wasserbombe. Diese Minen hatten eine zylindrische Form, sie sanken beim Wurf auf den Meeresgrund und blieben dort liegen. Auf dem Grund waren sie so sehr schwer zu orten und konnten mechanisch nicht geräumt werden. Das Magnetfeld eines darüber passierenden Schiffes, die Schraubengeräusche oder die Druckwelle des Schiffskörpers konnten die Mine zünden. Daß die Ladung in einiger Entfernung von dem Schiffsrumpf explodierte, war kein Nachteil, denn die Druckwelle traf das Schiff von unten, hob es unter Umständen aus dem Wasser heraus und brach ihm dabei das Rückgrat. Um die Schwierigkeiten der deutschen Minensucher noch zu vergrößern, hatten die Minenfachleute in einer Landstation der Royal Navy in HMS *Vernon* einige subtile Formen von Biesterei fertig gebracht: einige Minen hatten Uhrwerke, die sie erst scharf machten, nachdem sie mehrere Tage untätig im Wasser gelegen hatten. Ebenso konnten die Uhrwerke die Minen nach einer festgesetzten Zeit wieder unwirksam machen, wichtig für den Fall, daß alliierte Schiffe oder Unterseeboote dieses Seegebiet später befahren müßten. Es gab auch besondere Schaltungen, die eine Detonation der Mine so lange verhinderten, bis eine bestimmte Anzahl von Überläufen erfolgt war. So konnte eine Mine zum Beispiel sechsmal überlaufen werden und detonierte erst beim siebenten Mal.

Im Laufe des Jahres 1944 warfen die strategischen Bomber mehr als 7000 Minen in die Ostsee, die meisten in die Uboot-Übungsgebiete und rund um ihre Stützpunkte. Die Bomberbesatzungen nannten diese Einsätze »Gartenarbeiten«, denn die verschiedenen Abwurfgebiete erhielten Decknamen nach Bäumen, Gemüsen und Blumen; das Gebiet vor Danzig zum Beispiel war »Liguster«, das vor Gdingen »Spinat« und das vor Swinemünde »Geranie«.

Im Laufe des Jahres vernichteten die Minen in der Ostsee mehrere deutsche Schiffe, jedoch nur drei Uboote, *U 854* im Februar, *U 803* im April und das Typ XXI-Boot *U 2542* im Dezember, alle vor Swinemünde. Die wichtigste Auswirkung dieses Minenkrieges aber war die allgemeine Belästigung, die er hervorrief; die deutsche Marine konnte ihre Verluste nur dadurch niedrig halten, daß sie sich strikt an die immer wieder abgesuchten Wege hielt. Die Einfahrgebiete der Uboote waren oft gesperrt und wenn sie frei gegeben waren, unterlag ihre Benutzung immer wieder Beschränkungen. Im Endergebnis verzögerte sich das Einfahrprogramm der neuen Uboote erheblich. Um die Schwierigkeiten der Deutschen noch zu verstärken, beteiligte sich auch das Coastal Command an der allgemeinen Beunruhigung in den Übungsgebieten in der Ostsee. Durch den Vormarsch der Russen aus dem Osten, durch die Verminung und die jahreszeitlich bedingte Vereisung einiger Teile der Ostsee konnten Ende Januar 1945 nur noch wenige Seegebiete für die Ubootausbildung genutzt werden. Eines der wenigen verbleibenden Gebiete lag nordöstlich von Bornholm; Sir Sholto Douglas beschloß, unter dem Decknamen *Chilli* hierin einen

Nachteinsatz mit seinen Langstrecken-Ubootabwehr-Flugzeugen anzusetzen. Ein gewagtes Unternehmen, denn selbst in diesem späten Stadium des Krieges war dieses Gebiet stark verteidigt. Operation *Chilli I* fand in der Nacht des 3. Februar statt. 13 Leigh Light-Liberator der 206. Squadron überflogen Jütland in zwei Wellen im Tiefflug und jagten in die Ostsee. Die Flugzeuge der ersten Welle kämmten das deutsche Übungsgebiet auf parallelen Wegen ab, zehn Minuten später gefolgt von der zweiten Welle. Insgesamt griffen die Liberator vier Uboote und zwei Schiffe an, richteten aber keinen wesentlichen materiellen Schaden an. Alle Flugzeuge kehrten zurück, obwohl eines einen Flaktreffer erhalten hatte. Nun war es den Uboot-Ausbildungsflottillen klar, daß sie sich nirgendwo mehr sicher fühlen konnten.

Operation *Chilli II* war ein Überfall in der Nacht des 23. März nach fast genau gleichem Muster – dieses Mal mit 16 Liberators. Obwohl sieben Uboote und sechs Überwasserschiffe angegriffen wurden, gab es auf beiden Seiten keine Verluste. Die dritte und letzte *Chilli*-Operation fand drei Nächte später statt, wieder mit 16 Flugzeugen. 15 Angriffe auf Schiffe und fünf auf Uboote beschädigten zwei kleine Hilfsschiffe. Wiederum kehrten alle Maschinen unbeschädigt zurück.

Die ständigen Hiebe und Stiche, die die Alliierten der Produktion und der Vorbereitung für den Einsatz der neuen Uboote in allen Stadien versetzten, führten zu schwerwiegenden Verzögerungen. Das erste der kleinen Typ XXIII-Boote war erst Ende Januar 1945 einsatzbereit; am 29. lief Oberleutnant Hass mit *U 2324* von Bergen aus, um sich den Ubooten, die vor den britischen Inseln operierten, anzuschließen. Am 18. Februar torpedierte und versenkte er einen Dampfer vor Sunderland, dann mußte er zum Stützpunkt zurückkehren, weil seine beiden Torpedorohre leer waren. Während der zweieinhalb Monate, die der Krieg noch dauern sollte, kamen fünf weitere Typ XXIII-Boote an die Front, sie versenkten sechs Schiffe ohne eigene Verluste. Dieser kleine Erfolg war um so bedeutender, als er zu einer Zeit kam, in der sich die Abwehr in den britischen Küstengewässern auf die alten Uboote eingestellt hatte; sobald ein Uboot angegriffen und damit seine Position preisgegeben hatte, überschwemmten starke See- und Luftstreitkräfte das Gebiet, und gewöhnlich gelang es ihnen, Vergeltung zu üben. Von Anfang 1945 bis zum Ende des Krieges im Mai fanden mehr als 30 Uboote ihr Ende in den Gewässern rund um Großbritannien. Die relative Unverwundbarkeit der kleinen Typ XXIII-Boote aber war ein deutlicher Hinweis auf das, was die stärkeren Typ XXI-Uboote im Einsatz erreichen konnten.

Die Bekämpfung der Schiffahrt auch durch deutsche Kleinst-Uboote war Anfang 1945 zwar relativ wirkungslos, sollte aber doch erwähnt werden. Bei dem einzigen Großeinsatz dieser Waffe setzte die deutsche Marine diese Boote in den flachen Gewässern vor Holland und Belgien ein. Drei Typen von Kleinst-Ubooten waren beteiligt: *Seehund, Molch* und *Biber*. Der mit zwei Mann besetzte *Seehund* wog 15 t, wurde in herkömmlicher Weise mit Diesel- und Elektromotoren angetrieben und hatte einen Fahrbereich von 300 Seemeilen. Das nächstkleinere Boot war der mit einem Mann besetzte *Molch*, der zehn t wog und nur von einem einzigen Elektromotor angetrieben wurde. Die geringe Batteriekapazität begrenzte seinen Fahrbereich auf etwa 50 Seemeilen. Das kleinste war das Ein-Mann-Uboot *Biber*, es wog nur etwas mehr als sechs t, wurde von Diesel- und Elektromotoren angetrieben und hatte einen Höchstfahrbereich von etwas über 100 Seemeilen. Alle drei Boote hatten zwei Torpedos, die außenbords an der Rumpfunterseite befestigt waren. *Molch* und *Biber* konnten statt dessen auch je zwei Minen mitnehmen. Keins der Kleinst-Uboote hatte einen Schnorchel, so daß *Seehund* und *Biber* zum Aufladen ihrer Batterien auftauchen mußten. Die Batterien des *Molch* konnten in See nicht aufgeladen werden.

Der *Biber* war so klein, daß er von einem großen Flugzeug transportiert werden konnte. Ein deutscher Plan, der niemals ausgeführt wurde, sah den Einsatz eines *Biber* zur Blockierung des Suezkanal vor. Ein sechsmotoriges Blohm-Voss-222-Flugboot sollte das Kleinst-Uboot transportieren und mit ihm auf einem der Seen im Kanal niedergehen. Die Flugzeugbesatzung sollte das Boot zu Wasser lassen, dann starten und zum Fliegerhorst zurückkehren. Der *Biber*-Mann sollte sein Boot in den eigentlichen Kanal bringen und diesen dadurch blockieren, daß er das nächste größere Schiff, das daherkam, versenkte. Dann sollte er sein Boot versenken und sehen, wie er nach Hause kam.

Der erste Großeinsatz mit Kleinst-Ubooten begann am Neujahrsmorgen 1945 als 18 *Seehund*-Uboote aus Ijmuiden ausliefen, um die alliierte Schiffahrt von und nach Antwerpen anzugreifen. Dieser Einsatz endete in einer Katastrophe. Britische Sicherungsfahrzeuge erledigten nur zwei der Boote. Dem stürmischen Wetter aber und der Unerfahrenheit der Besatzungen war der Verlust von weiteren 14 Booten zuzuschreiben. Nur zwei der Uboote kehrten zum Stützpunkt zurück; ihr einziger Erfolg war die Versenkung eines alliierten Trawlers.

In den folgenden Monaten gewannen die deutschen Kleinst-Ubootbesatzungen an Erfahrung und es wurde deutlich, daß sie unangenehme Verluste verursachen würden, wenn man sie nicht in Schach hielt. Gegen diese neue Bedrohung setzte die 16. Gruppe des Coastal Command besondere Überwachungsflüge ein, die die kleinen Uboote auf ihrem Marsch unter der holländischen Küste nach Süden abfangen sollte. Bei einem dieser Flüge sichtete die Besatzung einer Albacore der 119. Squadron der RAF am 23. Januar zum ersten Mal ein Kleinst-Uboot aus der Luft und griff es mit sechs Wasserbomben an. Das Uboot überlebte jedoch diesen Angriff. Erst am 11. März wurde das erste dieser Fahrzeuge aus der Luft versenkt, als eine Swordfish der 199. Squadron einen *Seehund* mit Wasserbomben belegte.

Um den *Seehund*-Booten das Leben sauer zu machen, die versuchten, an die kanalüberquerenden Geleitzüge heranzukommen, ließ die 16. Gruppe durch Beaufighter eine besondere Überwachung über den Gebieten fliegen, in denen die Boote zum Aufladen ihrer Batterien höchstwahrscheinlich auftauchen würden; die Kleinst-Uboote waren ziemlich dünnhäutige Fahrzeuge und auch durch Bordwaffenbeschuß verwundbar. Sogar die einmotorigen Spitfire-Jäger der 12. Gruppe des Fighter Command beteiligten sich an der Jagd bis in die Gewässer dicht vor den deutschen Stützpunkten in Holland.

Mit dem Anwachsen der Operationen der deutschen Kleinst-Uboote wuchs auch die Vielfalt der Flugzeuge und Waffen, die gegen sie eingesetzt wurden: Barracudas, Albacores, Swordfish und Leigh Light-Wellingtons mit Wasserbomben; Beaufighters mit Bordkanonen und Bomben; Spitfire mit 20-mm-Kanonen und Maschinengewehren und Mosquitos mit 57-mm-Kanonen.

Aus deutschen Berichten wissen wir, daß von Anfang Januar 1945 bis zum Ende des Krieges die Kleinst-Uboote zu insgesamt 244 Unternehmungen in das Gebiet der südlichen Nordsee ausliefen. Aus alliierten Berichten kann man entnehmen, daß ihre Minen und Torpedos 16 Schiffe mit insgesamt 19 000 t versenkten und fünf weitere beschädigten. 105 Kleinst-Uboote kehrten von diesen Einsätzen nicht mehr zurück; Überwasserschiffe vernichteten 50 von ihnen, Flugzeuge versenkten 16 und wahrscheinlich zehn weitere, der Rest fiel anderen oder unbekannten Ursachen zum Opfer. Gemessen an der Zahl der versenkten Schiffe rechtfertigte die deutsche Kleinst-Ubootoffensive nicht den damit verbundenen Aufwand, auf der anderen Seite wurden die alliierten Verluste nur durch einen großen Aufwand an Luftüberwachung und Sicherungsfahrzeugen niedrig gehalten.

Der Einsatz der Typ XXIII-Uboote und der Kleinst-Uboote waren interessante Ablenkmanöver, aber die Hauptbedrohung für die alliierte Schiffahrt und das Hauptziel für die alliierten Ubootabwehr-Flugzeuge bildeten weiterhin – bei klugem Gebrauch ihres Schnorchels – die großen, konventionellen Uboote. Im Laufe des Jahres 1944 hatten die Operational Research-Gruppen sich sehr um die Lösung des Problems bemüht, den schwer erfaßbaren Schnorchelkopf zu orten. Ein Drei-Zentimeterwellen-Radar, das ASV Mark X[1] wurde sehr spät, gegen Ende des Jahres, beim Coastal Command eingesetzt. Mit seinem verbesserten Auflösungsvermögen war das neue Radar für die Schnorchelortung den früheren Geräten gegenüber deutlich überlegen, obwohl bei grober See viele der alten Probleme blieben. Auch die beiden Unterwasser-Ortungsgeräte, das magnetische Ortungsgerät für Flugzeuge und die Sonoboje, wurden für die Ortung von schnorchelnden Ubooten in Betracht gezogen. Beide aber hatten eine so kurze Reichweite, daß sie für das Absuchen eines größeren Gebietes praktisch nutzlos waren. Außerhalb begrenzter Wasserwege wie der Gibraltarstraße konnte das magnetische Ortungsgerät wenig bringen, wenn nicht das Uboot vorher auf andere Weise entdeckt worden war. Dasselbe galt für die Sonoboje, die darüber hinaus sehr durch Wellengeräusche beeinflußt wurde, und deshalb bei Seegangsstärken über vier – der Norm im nördlichen Atlantik – nutzlos war. So blieben mangels

---

[1] Dieses amerikanische Gerät war in der US Navy unter der Bezeichnung AN APS-15 bekannt.

anderer Möglichkeiten optische Sicht und Radarsuche die Haupt-
verfahren für die Entdeckung der Schnorchel.

War die ungefähre Position eines Ubootes erst einmal – gewöhnlich
aus entzifferten Funksprüchen – bekannt, dann konnte die genaue
Ortung und die Angriffsphase beginnen. Unter bestmöglicher
Ausnutzung ihrer unzureichenden Ausrüstung flickten die Gruppen für Operational Research und taktische Verfahren ein behelfsmäßiges Angriffsverfahren gegen getauchte Uboote unter Einsatz
von Sonobojen und Zielsuchtorpedos zusammen[1]. Diese Methode
war nicht sehr zuverlässig und zum Gelingen gehörte ein seltenes
Zusammentreffen von Können und Glück. Aber in diesem Stadium
des Krieges steckten die Alliierten alles in die Ubootabwehr und
von Zeit zu Zeit gelang einer Flugzeugbesatzung das Unwahr-
scheinliche.

Der erste erfolgreiche Angriff, bei dem durch das Zusammenwirken
von Dreizentimeter-Radar, Sonobojen und Zielsuchtorpedos ein
Uboot auf Schnorcheltiefe vernichtet wurde, fand am 20. März
1945 statt. Flight Lieutenant N. Smith patrouillierte in der Höhe
der Orkney-Insel mit einer Liberator der 86. Squadron, als der
Radarmann ein verdächtiges Objekt drei Meilen ab meldete. Smith
näherte sich dem Objekt, aber auf eine Entfernung von einer halben
Meile verschwand es in der Masse der See-Echos auf dem
Radarschirm. Es war fast dunkel und die spähenden Ausguckposten
konnten nichts sehen, da das Flugzeug weder einen Scheinwerfer
noch Leuchtbomben hatte. Zwei weitere Versuche, das geheimnis-
volle Objekt in Sicht zu bekommen, verliefen immer wieder
negativ. Es hätte natürlich ein Stück Treibgut sein können, aber der
Verdacht der Besatzung war nun einmal geweckt, so legten sie
peinlich genau einen Satz Sonobojen aus, je eine Boje an jeder Ecke
eines Quadrates von drei Meilen Seitenlänge und eine Boje in der
Mitte, zu jeder Boje eine Leuchtmarkierung. Dieses gewissenhafte
Vorgehen wurde belohnt als die erste Sonoboje zu senden anfing;
der Mann am Gerät hörte das unverkennbar zischende Geräusch
eines Propellers, der sich mit 114 Umdrehungen in der Minute
durch das Wasser arbeitete – ein Uboot. Durch wechselweise
Abstimmung seines Empfängers auf jede Sonoboje konnte er die

[1] Trotz alliierter Befürchtungen hatte die deutsche Marine bis zum Kriegsende keine Ahnung von der Existenz
des »Mark 24 Mine«-Zielsuchtorpedos.

Ubootposition auf einen Teil des ausgelegten Musters eingrenzen. Während er so die Ungenauigkeitszone um seine Beute immer weiter verringerte, erfaßte der aufmerksame Radarmann ein weiteres kurzes Aufleuchten des Echos vom Schnorchelkopf. Smith zog die Liberator zum Angriff herum; ohne weitere Anzeichen des Ziels auf dem Radar und nur mit einer vagen Vorstellung von dessen Position zu den Sonobojen leitete ihn seine Besatzung auf die letzte Radarpeilung und warf dann nach Stoppuhr zwei Zielsuchtorpedos ab. Danach zog Smith die Liberator hoch und umkreiste das Schema der auf der Wasseroberfläche tanzenden Lichter; unter ihm setzte das ahnungslose Uboot zielstrebig seine Fahrt in sein Operationsgebiet fort. Sechs Minuten nach dem Abwurf, während der Sonobojenmann angestrengt dem dumpfen Zischen in seinem Kopfhörer folgte, kam ein lang nachhallender Ton und danach konnte man nur noch die Seegeräusche hören. Auf der Wasseroberfläche war nichts zu sehen – es war nur ein sehr schwacher Beweis für eine Versenkung. Doch nach dem Kriege wurde bekannt, daß in diesem Gebiet und etwa zu dieser Zeit *U 905* (Schwarting) spurlos verschwunden war.

Smith war der Sechsminutenlauf seines Zielsuchtorpedos wie eine Ewigkeit vorgekommen. Aber als zwei Tage später eine Liberator der 120. Squadron *U 296* (Rasch) mit Sonobojen ortete, lief der »Mark 24 Mine« *dreizehn* Minuten, ehe er endlich sein Ziel fand. Am 25. April griff ein Liberator der US Navy von der Squadron VP 103 ebenfalls mit Zielsuchtorpedo an, als er den Schnorchel von *U 1107* (Parduhn) sichtete und warf seine Geschosse 80 Meter davor ab (eine Zahl, die durch Fotografie bestätigt ist). Doch die Zielsuchtorpedos liefen drei Minuten ehe sie explodierten – neunmal so lang wie nötig war, diese kurze Strecke zurückzulegen. Die wahrscheinlichste Erklärung ist, daß die Torpedos den Kontakt mit dem Ziel verloren, dann auf ihren Rundsuchkurs gingen, dann das Uboot wieder auffaßten und es ansteuerten.

Als die Russen im Laufe des Frühjahrs 1945 von Osten her nach Deutschland vorrückten, mußten die deutschen Marinestützpunkte an der Ostseeküste einer nach dem anderen aufgegeben werden. Verdrängt aus ihrem Seegebiet, das so etwas wie ein Privatteich gewesen war, strömten nun die Uboote – über 70 an der Zahl – durch das Kattegat in ihre neuen Stützpunkte nach Norwegen. Die

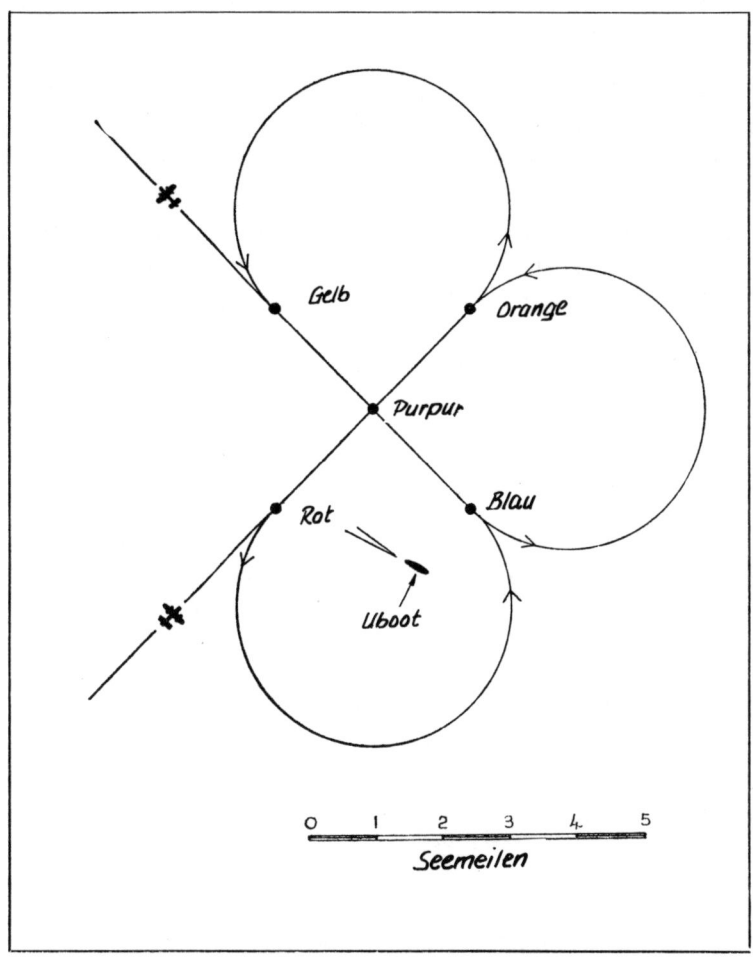

Das Auslegen eines Sonobojen-Schemas. Jede Boje hat eine andere Farbmarkierung, sendet auf einer anderen Frequenz und wird bei Tag mit einer Rauchmarkierung, bei Nacht mit einer Leuchtmarkierung geworfen. Das Flugzeug wirft zuerst die »Purpur«-Boje möglichst nahe dem vermuteten Ubootstandort, dann, zwei Meilen weiter, die »Orange«-Boje. Der Pilot fliegt dann eine Kurve nach Backbord, überfliegt die »Purpur«-Boje und wirft zwei Meilen weiter die Boje »Blau«. Dieser Vorgang wird für die Bojen »Rot« und »Gelb« wiederholt. Das Auslegen des ganzen Schemas dauert etwa 13 Minuten. In dieser Zeit legt das Uboot bei vier Knoten etwa eine Meile zurück. Wenn alles bei diesem Beispiel planmäßig ablief und das Uboot sich an der eingezeichneten Stelle befindet, dann würden seine Schraubengeräusche am lautesten von Boje »Blau« aufgefaßt werden.

Gewässer zwischen Dänemark und Schweden sind aber eng und flach und alliierte Minen vergrößerten noch die Schwierigkeiten einer Unterwasserpassage; die Uboote waren deshalb gezwungen, durch diese Engen über Wasser zu laufen. Die Luftwaffe aber, die wenigstens in der Lage hätte sein sollen, den Himmel so dicht an ihren eigenen Basen freizuhalten, war nirgends zu sehen.

Die kampferprobten Angriffsquadrons des Coastal Command waren ausgebildet und ausgerüstet, regelrechte Schlachten mit Geleitzügen schwerbewaffneter Schiffe auszufechten. Für sie war ein Uboot, das an der Oberfläche fahren mußte, nur ein ziemlich schwach bewaffnetes Schiff, mit dem man entsprechend fertig werden konnte. Der Exodus der Uboote bot bisher nie dagewesene Möglichkeiten, und die Royal Air Force nutzte sie voll aus. Am Nachmittag des 9. April stieß eine Meute von 33 Mosquitos der Banff Strike Wing auf *U 804* (Meyer) und *U 1065* (Panitz), die nach Norden durch das Kattegat marschierten. Auf Befehl des Verbandsführers, Squadron Leader Gunnis, schoren 22 der Maschinen aus dem Verband und stürzten wie Wespen – jede mit acht Raketen bestückt – auf die ihnen hilflos ausgelieferte Beute. Sie feuerten zehn Salven auf das führende Boot, das von mehr als 16 Raketen durchbohrt heftig explodierte; das zweite Boot, von mindestens zehn Raketen getroffen, flog ebenfalls in die Luft. Es gab von beiden Booten keine Überlebenden. Einige der Mosquitos hatten noch Raketen übrig, als der Verband kurz danach auf *U 843* (Herwartz) stieß – das Boot erlitt das gleiche Schicksal.

Die Schwierigkeiten der Deutschen sind gut im Tagebuch von *U 2513* (Topp), einem der neuen Typ XXI-Boote, zusammengefaßt, das die gefährliche Passage Anfang Mai machte:

»Im Geleit durch großen Belt gelaufen. Enge minenfreie Wege. Keine Tauchmöglichkeit, kein Platz zum Ausweichen. Einem feindlichen Flugzeugangriff wären wir hilflos ausgesetzt. Wir sind das letzte Boot, das heil durch den Belt kommt. Einen Tag nach uns wird U-Wächter *(U 2503)* zerschlagen.«

Da keinerlei Gegenwehr irgendwelcher Art in der Luft vorhanden war, konnten selbst die schweren, viermotorigen Flugzeuge des Coastal Command eine wesentliche Rolle in dieser Schlacht spielen. Und schließlich, um die Tatsache zu unterstreichen, daß jeder sich an dem Gemetzel beteiligen könne, versenkten einmotorige Typhoon-Jagdbomber, die von frisch eroberten Flugplätzen in Deutschland aus operierten, mindestens acht Uboote.

Unter diesen überwältigend starken Luftangriffen fielen die hilflosen Uboote wie die Kegel: zwischen dem 9. April und dem Kriegsende weniger denn einen Monat später wurden nicht weniger als 26 Boote vor der Süd- und Westküste Schwedens durch Flugzeuge versenkt. Das war die gleiche Zahl, die zwei Jahre vorher während des Höhepunktes der Schlacht in der Biskaya versenkt wurde. Doch trotz dieses Erfolges der Luftoperationen vor der schwedischen Küste ist daraus wenig für die Ubootabwehr zu lernen; die Umstände, die diese »glückliche Zeit« hervorriefen, waren einzigartig und sie werden sich höchstwahrscheinlich nie mehr wiederholen.

Der letzte Angriff des Coastal Command auf ein deutsches Uboot fand am 7. Mai in freier See bei den Shetland-Inseln statt. Flight Lieutenant K. Murray und seine Besatzung in einer Catalina der 210. Squadron warfen Wasserbomben in den Strudel eines hastig eingezogenen Schnorchelkopfes. Sie legten dann ein Sonobojenschema aus, das die charakteristischen Geräusche eines im Wasser gestoppten Ubootes aufnahm. Dann folgten – zeitweise aussetzend – Motoren- und Triebwerkgeräusche, die anzeigten, daß das Uboot in Schwierigkeiten war. Es handelte sich um *U 320* (Emmrich), der später einen Funkspruch absetzte, daß er schwer beschädigt sei. Am 9. Mai, dem ersten Tag des Friedens im Westen, ging er mit alle Mann unter.

Was war inzwischen aus dem Typ XXI-Boot, dem gewaltigsten aller Uboote, Hitlers letzter Geheimwaffe, geworden? Am 30. April tastete sich Korvettenkapitän Adalbert Schnee mit *U 2511* aus dem Hafen von Bergen heraus; das erste dieser Boote lief zur Feindfahrt aus. Während seines Unterwassermarsches durch die Nordsee stieß Schnee auf eine Ubootjagd-Gruppe der Royal Navy, aber durch Einziehen des Schnorchels und Fahrterhöhung auf 16 Knoten entkam er diesen Schiffen ohne Mühe. Endlich hatte die deutsche Ubootwaffe die Waffe, die sie brauchte, um die Seeverbindungen zwischen Großbritannien und seinen Verbündeten zu zerschneiden. Aber es war zu spät.

Am 8. Mai um Mitternacht legte die deutsche Wehrmacht auf Befehl von Großadmiral Dönitz, Hitlers Nachfolger als Führer des

Dritten Reiches, die Waffen nieder. Die deutschen Marine-Funkstationen strahlten detaillierte Befehle aus, wie sich die Uboote zu verhalten hätten: sie sollten aufgetaucht in die zugeteilten Häfen laufen und dabei eine große schwarze oder blaue Flagge zeigen. In den folgenden Tagen hielten die Flugzeuge des Coastal Command scharfe Wacht über die Boote, die diesen Befehlen nachkamen. Für viele der Flugzeugbesatzungen war es die erste Gelegenheit, den Feind zu sehen, den sie so lange und mit solchem Erfolg gejagt und bedrängt hatten.

So endete die härteste Ubootabwehrschlacht der Geschichte. Ehe man ihnen Einhalt gebieten konnte, hatten die deutschen Uboote mehr als 2500 alliierte Handelsschiffe mit insgesamt etwa 14 Millionen Tonnen versenkt. Darüber hinaus hatten die Uboote – als sie nicht mehr länger schwere Schläge austeilen konnten – während der letzten 18 Monate des Krieges ungeheuer starke alliierte Streitkräfte binden können. Von insgesamt 1162 in Dienst gestellten deutschen Unterseebooten – ohne Kleinst-Uboote – wurden 727 im Kampf vernichtet; davon wurden 288 in freier See durch Flugzeuge versenkt (zweidrittel durch das Royal Air Force Coastal Command); 47 fielen der Zusammenarbeit von Flugzeugen und Schiffen zum Opfer; weitere 80 wurden durch strategische Bombenangriffe auf Häfen oder durch von Flugzeugen geworfene Minen versenkt. Die verhältnismäßig kleine und wirkungslose italienische Ubootwaffe verlor insgesamt 75 Boote im Kampf, 14 davon durch Angriffe aus der Luft.

Großadmiral Dönitz war seinen Ubootbesatzungen fast väterlich zugeneigt, und seine Männer vergalten ihm das mit unerschütterlicher Treue, wie sie wenigen militärischen Führern zuteil wird. Von etwa 40 000 deutschen Seeleuten, die während des Zweiten Weltkrieges auf Ubooten gegen den Feind fuhren, fielen nicht weniger als 28 000, 5000 gerieten in Gefangenschaft. Eine so hohe Verlustrate eines großen und vorzüglich ausgebildeten Verbandes in einem lang sich hinziehenden Kampf hat in der Kriegsgeschichte wohl kaum ihresgleichen. Doch bis zum bitteren Ende kämpften die Ubootbesatzungen angesichts einer überwältigenden Übermacht verbissen weiter – was in hohem Maße für die Führungsqualitäten von Dönitz und den Esprit de Corps in seiner Waffe spricht.

Auge in Auge: Ein seltenes Zusammentreffen einer Nimrod der 201. Squadron mit
einem aufgetauchten Uboot der russischen H-Klasse mit ballistischen Flugkörpern.
Uboote dieses Typs kommen außerhalb ihrer Stützpunkte selten an die Oberfläche;
dieses aber mußte wegen Maschinenschaden auftauchen.

Oben: Wasp, ein Mehrzweck-Hubschrauber der Royal Navy ist klein genug, um von Kriegsschiffen von der Größe einer Fregatte und darüber eingesetzt zu werden. Für die Ubootbekämpfung ist er, wie hier im Bild, mit zwei Zielsuchtorpedos ausgerüstet. Der Hubschrauber hat keine eigenen Sensoren, sondern wird mit Hilfe des Schiffsradars zum Angriff auf ein durch das Schiffssonar geortetes Uboot geführt.

Mitte: Ein Wasp-Hubschrauber im Schwebeflug über seinem Trägerschiff, der Fregatte HMS *Jupiter*.

Unten: Eine S3A Viking der US Navy fliegt mit ausgefahrener MAD-Spiere während einer Übung ein aufgetauchtes Uboot an.

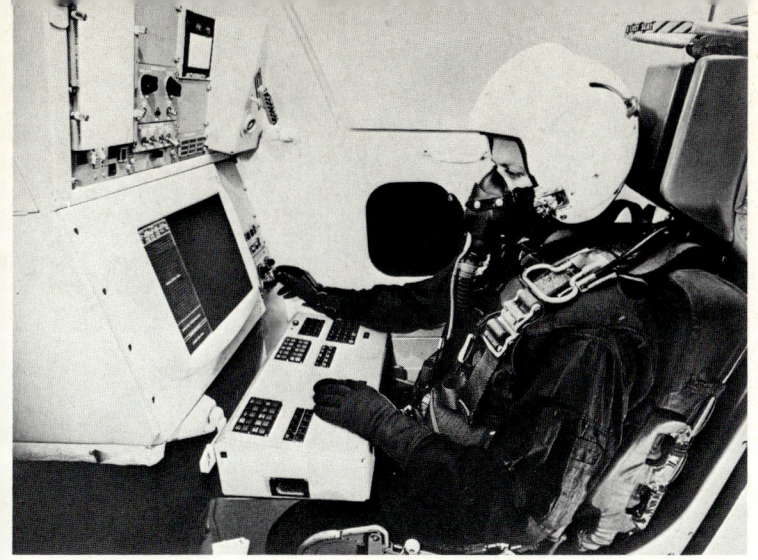

Oben: Der taktische Koordinator in der S3A Viking.

Mitte: Schnittzeichnung einer Lockheed P-3C Orion zeigt die Verteilung der Besatzung in einem modernen Ubootabwehr-Flugzeug. Unmittelbar hinter dem Piloten ganz vorne im Bug sitzen an Backbordseite der taktische Koordinator und an Steuerbord der Navigator. In Höhe der Motoren an Stb. sitzt der Bedienungsmann für Radar, passive Radarempfänger, das MAD und das Restlicht-Fernsehgerät. In Höhe der Vorkanten der Tragflächen sitzen an Bb-Seite die Bedienungsleute für die Sonobojen-Empfänger.

Unten: Nimrod-Flugzeuge der 201. Squadron der Royal Air Force in Luqa, Malta. Im Vordergrund die Maschine, mit der der Autor flog.

P-3C

36

Ein nach NATO-Spezifikationen entwickeltes Seeaufklärungs- und Ubootbekämpfungsflugzeug ist die deutsch-französische Gemeinschaftsproduktion Breguet 1150 »Atlantik«. Das Flugzeug wurde 1966 von den französischen und deutschen und 1971 von den holländischen und italienischen Marinefliegerverbänden in Dienst gestellt.

Auf der Abbildung ist hinter dem ausgefahrenen Radom der geöffnete Hauptwaffenschacht zu erkennen, der eine Vielzahl von Kampflasten aufnehmen kann, u. a. bis zu neun zielsuchende Torpedos oder eine Wasserbombe mit nuklearem Sprengsatz. Der Heckausleger trägt ein Magnetometer (System MAD), und der aerodynamische Körper auf dem Seitenleitwerk nimmt die Sensoren des ECM-Systems auf. Das Flugzeug kann bis zu 18 Stunden eingesetzt werden bei einem Geschwindigkeitsbereich von 320 bis zu 650 km/h.

Alliierte Marine-Nachrichtenoffiziere sahen sich unmittelbar nach Kriegsende die übergebenen Exemplare des deutschen Typ XXI-Bootes an, wo immer sie konnten; sie wollten die Wahrheit über das »Wunder-Uboot« erfahren, das sie bis dahin nur auf Luftbildern gesehen hatten. War es wirklich eine so starke Waffe wie redselige Gefangene ihnen versichert hatten? Es war es in der Tat. Und es wurde klar, daß die alliierten Handelsflotten nur mit knappster Not dieser für sie bestimmten Geißel entgangen waren. Hätten die geplanten Produktionszahlen des Typ XXI-Bootes rechtzeitig verwirklicht werden und das Uboot in großer Zahl eingesetzt werden können – die alliierten Geleitsicherungen wären überrannt und die Handelsschiffe reihenweise umgelegt worden.

Dank dem Einsatz der alliierten strategischen Bomberverbände löste das Typ XXI-Uboot jedoch niemals einen scharfen Torpedo. Bis zum Sommer 1943 waren die Bomber bei dem Versuch, die deutsche Ubootproduktion zu bremsen, geradezu peinlich wenig effektiv gewesen. Aber ohne die früheren Mißerfolge hätte es höchstwahrscheinlich danach nicht diese hervorragenden Erfolge gegeben: durch ihre Angriffe auf die Fabriken für die Komponenten und auf die Montagewerften erhöhten die Bomber ohne Zweifel die Produktionsschwierigkeiten der neuen Ubootproduktion; sie zerstörten das Transportsystem, das die Teile zusammenbringen sollte; und schließlich verzögerten sie durch einfallsreiche Verminungseinsätze der Übungsgebiete aus der Luft das Einfahren der bereits in Dienst gestellten Boote. Es ist unmöglich, die kumulative Wirkung all dieser Verzögerungen zahlenmäßig genau festzustellen. Aber zu Beginn 1945 hatte die deutsche Marine 20 Typ XXI-Boote seit drei Monaten oder länger und 51 Boote weniger als drei Monate in Dienst; ohne Behinderung durch die strategischen Bomber wären mindestens zehn der neuen Uboote vor Ende Januar und vielleicht 40 bis zum Mai 1945 im Einsatz gewesen. Man kann natürlich sagen, daß Anfang 1945 die Ereignisse einen Stand erreicht hatten, bei dem selbst ein paar Dutzend Typ XXI-Boote nicht mehr hätten erreichen können, als das Ende des Dritten Reiches etwas hinauszuzögern. Aber wäre es zu der neuen Schlacht im Atlantik gekommen, dann wäre sie zweifellos zu einem entsetzlichen Erlebnis für die alliierten Handelsschiffsbesatzungen geworden.

Der Krieg gegen die deutsche Ubootwaffe war vorüber. Um die

Beschreibung der alliierten Ubootabwehrmethoden aus der Luft während des Zweiten Weltkrieges zu vervollständigen, müssen wir uns nun dem Pazifik zuwenden. In seinem umfangreichen und detaillierten 14bändigen offiziellen Geschichtswerk der US Navy im Zweiten Weltkrieg schrieb Professor Morison:

»Der Leser wird sich fragen, warum so wenig über Ubootabwehr-Operationen der US Navy im Pazifik gesagt wird. Der Hauptgrund ist, daß wir wenig zu berichten haben. Japanische Unterseeboote waren immer weit weniger zahlreich und unternehmungslustig als die deutschen Uboote. Entsprechend der Vorkriegsdoktrin wurden sie in erster Linie zum Angriff auf Kriegsschiffe oder als Aufklärer für die Flotte, nicht zum Angriff auf Geleitzüge oder Handelsschiffe, eingesetzt . . .«

Flugzeuge der US Navy begannen im Dezember 1941, unmittelbar nach dem Angriff auf Pearl Harbour, mit der Jagd auf japanische Uboote. Aber gleich ihren britischen Kameraden im Herbst 1939 waren die Flugzeugbesatzungen mehr eifrig als tüchtig. Vice Admiral William Halsey, Befehlshaber der Kampfgruppe mit dem Flugzeugträger USS *Enterprise*, sah sich veranlaßt, seinen Männern in der ersten Woche des Krieges zu sagen: »Wenn alle gemeldeten Torpedolaufbahnen echt sind, dann werden die japanischen Uboote bald in ihre Stützpunkte zurückkehren müssen um wieder nachzuladen, und wir haben nichts zu fürchten. Außerdem verschwenden wir zu viele Wasserbomben auf neutrale Fische.« Am 10. Dezember jedoch sichtete Lieutenant (Jg.) Edward Anderson am Steuer eines Dauntless-Flugzeuges von der *Enterprise* kurz vor der Morgendämmerung tatsächlich einige 200 Meilen nördlich von Hawaii ein aufgetauchtes Uboot. Anderson griff das Boot im Sturzflug an und beschädigte das Unterseeboot *I-170* so schwer, daß es tauchunklar war. Im weiteren Verlauf des Tages fand ein anderer Bomber der *Enterprise I-170* wieder und erledigte es.

In den folgenden Jahren wurden die alliierten Flugzeugbesatzungen im Pazifik, ebenso wie ihre Ubootabwehr-Ausrüstung, erheblich besser. Aber da die japanischen Boote Geleitzüge sowie eingehend überwachte Gebiete mieden, trafen sie nur selten auf feindliche Abwehrflugzeuge. Zwischen Januar 1942 und Ende 1944 versenkten Flugzeuge im Pazifik nur zwei japanische Boote und waren an der Versenkung von drei oder vier weiteren durch Schiffe beteiligt.

Im November 1944 führte die japanische Marine die sogenannten *Kaiten*-Torpedos ein. Das waren bemannte Torpedos, ähnlich den italienischen SLC's und den britischen *Chariot*: kleine, bemannte Fahrzeuge, die in Behältern an Deck von Ubooten zum Einsatzort gebracht wurden. Aber in ihrem Einsatzverfahren unterschieden sich die *Kaiten*-Torpedos in einer wesentlichen und typisch japanischen Art und Weise; der Fahrer sollte sein Fahrzeug bis in das Ziel bringen und mit diesem zugrunde gehen, wenn der Gefechtskopf explodierte. Ohne Kompromisse für die Sicherheit oder die Unterbringung, konnte die japanische Marine ein Fahrzeug mit wahrhaft erstaunlicher Unterwasserleistung produzieren: Höchstgeschwindigkeit etwa 40 Knoten, Marschgeschwindigkeit 30 Knoten für 23 Seemeilen oder 12 Knoten für 78 Seemeilen. Bei ihrem schauerlichen ersten Einsatz im November 1944 versenkten *Kaiten*-Fahrzeuge einen vor Anker liegenden Tanker der US Navy. Danach erreichten sie nur noch wenig, denn nur unter hohen Verlusten durch die Luftüberwachung konnten die japanischen Uboote die bemannten Torpedos zu lohnenden Schiffskonzentrationen bringen. Während des Iwo Jima-Feldzuges im Februar 1945 zum Beispiel liefen drei mit *Kaiten* beladene »Mutter-Uboote« in dieses Gebiet aus. Eines stieß unterwegs mit einem Zerstörer zusammen und wurde versenkt. Das zweite, *I-368*, fiel dem Angriff eines Flugzeuges vom Geleitträger *Anzio* zum Opfer. Das dritte Boot wurde unaufhörlich derart bedrängt, daß die Besatzung den Versuch aufgeben mußte. Die US Navy hatte keine Verluste, keins der tödlichen *Kaiten*-Fahrzeuge konnte eingesetzt werden. Während des Okinawa-Feldzuges im April 1945 versuchte es der *Kaiten*-Verband erneut und hatte wiederum keinen Erfolg. Am 18. fing ein Flugzeug vom Geleitträger *Bataan*, unterstützt von Zerstörern, das Mutterboot *I-56* ab und versenkte es. Am 30. Mai erledigte ein Flugzeug von der *Anzio* das gleicherweise ausgerüstete *I-361*.

Flugzeuge der US Navy versenkten im Jahre 1945 im Pazifik außer den obengenannten drei weitere japanische Boote, waren an einer vierten Versenkung durch ein Überwasserfahrzeug beteiligt und vernichteten ein fünftes bei einem Angriff auf den Stützpunkt. Die japanischen Ubootbesatzungen versuchten nicht, wie ihre deutschen Kameraden, sich mit angreifenden Flugzeugen in ein Gefecht einzulassen. Auch gab es hier keine Wiederholung des Hin und Her in der technischen Auseinandersetzung, wie wir sie im Atlantik erlebt haben. Für das Studium der Ubootabwehr gibt es im Kampf mit der japanischen Ubootwaffe kaum etwas von besonderem Interesse.

So viel über die alliierten Ubootabwehrmaßnahmen aus der Luft im Zweiten Weltkrieg. Und wie stand es bei den Achsenmächten? Die Abwehrmaßnahmen der Deutschen waren wenig eindrucksvoll und die wenigen Gefechte sind im notwendigen Umfang bereits beschrieben. Die italienische Marine-Luftwaffe wandte etwas mehr, aber doch auch begrenzte Mühe auf, um die britischen Uboote, die ihre das Mittelmeer durchquerenden Geleitzüge angriffen, zu bekämpfen; ihre Flugzeuge versenkten zwar keins der Boote, aber es gelang ihnen doch, viele Angreifer von ihrer Beute hinwegzuscheuchen.

Nur die japanische Marine unternahm großangelegte und anhaltende Anstrengungen, einen Spezialverband von Ubootabwehr-Flugzeugen aufzubauen. Als einziger unter den Achsenmächten war Japan fast völlig von Rohstoffen aus Übersee abhängig. In kaum einem einzigen wichtigen Artikel war es autark; es produzierte weder Baumwolle noch Wolle, weder Gummi noch Bauxit (Aluminiumerz) und es hatte kein einheimisches Öl. Es produzierte nur ein Viertel des Eisenerzes, das es benötigte, ein Drittel des Holzzellstoffes und die Hälfte der Industriesalze. Bei ihrem anfänglich siegreichen Feldzug im Pazifik und Südostasien hatte die japanische Armee keine größeren Industriegebiete erobert, deshalb mußten mit Ausnahme des Öls aus Niederländisch-Indien, das an Ort und Stelle raffiniert werden konnte, fast alle Rohstoffe aus den neu eroberten Gebieten zu den heimischen Inseln gebracht werden. Das war eine schwere Belastung für die japanische Handelsmarine, die schon Anfang des Krieges für ihre Aufgabe kaum groß genug war.

Bei Beginn des Krieges im Pazifik hatten die Marinen der Vereinigten Staaten und der Niederlande insgesamt 62 Unterseeboote einsatzbereit, die während des anfänglichen alliierten Rückzuges hauptsächlich mit Abwehroperationen beschäftigt waren. Als aber die Kampffronten sich stabilisierten, forderten diese Boote – unterstützt von einigen Booten der Royal Navy im Indischen

Ozean – einen ständigen Zoll von der für die japanische Kriegführung so lebenswichtigen Handelsschiffahrt.

Trotz der Wichtigkeit ihrer Handelsflotte zögerten die Japaner, das Geleitzugsystem einzuführen. Es wurde erst ab Januar 1944 allgemein angewandt und für diese Fahrlässigkeit zahlte die japanische Handelsmarine einen hohen Preis. In den ersten beiden Kriegsjahren verlor sie drei Millionen Tonnen, etwa die Hälfte ihrer Vorkriegstonnage; selbst unter Anrechnung der 1 800 000 t neu erbauten, eroberten und geborgenen Schiffsraumes war die Flotte um ein Viertel reduziert. Zweidrittel der Verluste entstanden durch Unterseebootangriffe.

In einem späten Versuch, diese möglicherweise gefährliche Verlustrate herabzusetzen, vereinigte die japanische Marine im November 1943 ihre Ubootabwehrkräfte durch die Bildung des Allgemeinen Geleitkommandos unter Admiral Koshiro Oikawa. Die Idee war gut, ihre Ausführung schlecht. Oikawa übernahm vier sehr kleine Geleitträger, abgenutzte Zerstörer und behelfsmäßige Geleitfahrzeuge sowie drei Fliegergruppen mit insgesamt 450 Flugzeugen. Doch Qualität und Quantität bei Mann und Gerät wiesen überall erhebliche Mängel auf. Die Masse der Flugzeuge für die Ubootabwehr bestand aus zweimotorigen Mitsubishi G3M (alliierter Name *Nell*), dem ersten Muster der zweimotorigen Mitsubishi G4M (*Betty*) und einmotorigen Trägerflugzeugen Nakajima B5N (*Kate*); alle drei waren veraltete Angriffsbomber. Erstaunlich aber ist angesichts der allgemeinen Apathie gegenüber der Ubootabwehr, daß die japanische Marine die einzige war, die im Zweiten Weltkrieg ein eigens für diesen Zweck konstruiertes Flugzeug einsetzte. Das war die Kyushu Q1W (*Lorna*), ein kleines und einfaches Flugzeug, das voll beladen einschließlich 450-kg-Wasserbomben fünf Tonnen wog. Es hatte eine Höchstgeschwindigkeit von 365 Stundenkilometer und eine Reichweite von 800 Meilen; insgesamt hatte die Firma Kyushu 153 Stück davon gebaut.

Die japanischen Ortungsgeräte und Waffen waren, verglichen mit denen der westlichen Alliierten, primitiv und wirkungslos. Erst Mitte 1943 stand ein Radar in größeren Stückzahlen zur Verfügung, das Marineflieger-Gerät Modell VI, das auf einem erbeuteten britischen ASV Mark II basierte. Das magnetische Ortungsgerät für Flugzeuge *Jikitanchiki* ähnelte dem amerikanischen, hatte aber sonst nichts damit zu tun. Da die Japaner nichts dem Leigh Light oder den Hochleistungs-Leuchtbomben der Alliierten Entsprechendes hatten, konnten sie Angriffe bei Nacht nur selten durchführen. Die wesentlichen Ubootbekämpfungs-Waffen waren einfache Wasserbomben und kleine Bomben. Es gab weder Retrobomben zum Einsatz im Zusammenhang mit dem magnetischen Ortungsgerät, noch Zielsuchtorpedos, noch Luft-/Bodenraketen.

Die amerikanischen Uboote nutzten die Schwäche der Japaner bei Nacht durch ein wirkungsvolles Überwasser-Suchradar; im letzten Teil des Krieges führten sie ihre meisten Torpedoangriffe während der Dunkelheit durch. Außerdem waren die Boote mit einem besonderen Luftwarn-Radar und einem Radar-Warnempfänger ausgerüstet. Gegen japanische Geleitzüge wandten die Amerikaner nach dem Vorbild der deutschen Uboote im Atlantik die Rudeltaktik an.

Einen Hinweis auf die Arbeitsweise der japanischen Ubootabwehr-Flugzeuge findet man in den Berichten des Allgemeinen Geleitkommandos vom 27. August 1944:

»Ein Flugzeug mit magnetischem Ortungsgerät von der Manila-Abteilung der 901. Luftwaffengruppe entdeckte am 27. um 09.16 Uhr ein Uboot auf 16 Grad, 28 Minuten Nord, 119 Grad, 44 Minuten Ost. Bombardiert mit zwei 250-kg-Bomben, Ergebnis unbekannt. Um 09.35 Uhr fand ein anderes Flugzeug mit magnetischem Ortungsgerät ein Uboot in der Nähe der vorgenannten Position und vereinigte sich mit sieben mittleren Bombern, einigen Wasserflugzeugen der 944. Luftwaffengruppe sowie Heeresflugzeugen, um es zu bombardieren. Am nächsten Tag stellte ein Flugzeug eine zehn Kilometer lange und vier Kilometer breite Ölspur in dem gleichen Gebiet fest und bestätigte damit (sic), daß das Uboot vernichtet wurde.«

Zwar ist eine Ölspur ein Hinweis auf die Vernichtung eines Ubootes, aber sie ist alleine kein Beweis. Es wird den Leser nicht überraschen, daß es keine Meldung der US Navy über einen Verlust an diesem Tage gibt.

Im allgemeinen war die Zusammenarbeit zwischen japanischen See- und Luftstreitkräften nicht gut. Konteradmiral M. Matsuyama, ein Mitglied des Allgemeinen Geleitkommandos, bemerkte später dazu: »Die Sicherungsstreitkräfte erreichten fast nie etwas, wenn sie vom Geleitkommandeur losgeschickt wurden, um die Kontakte der Flugzeuge mit magnetischem Ortungsgerät zu überprüfen.« Eine der wenigen Gelegenheiten, bei denen das Verfahren funktionierte, war am 14. November 1944 nach einem Angriff des Unterseebootes *Halibut* auf einen Geleitzug vor der Südküste von Formosa. Ein *Jikitanchiki*-Flugzeug ortete es und warf Rauchzeichen, dann griffen zwei der Geleitfahrzeuge mit solcher Heftigkeit an, daß die beschädigte *Halibut* nur mit knapper Not entkommen konnte.

Doch das Allgemeine Geleitkommando konnte nicht ungestraft Uboote jagen. Im Sommer und Herbst 1944 torpedierten und versenkten Uboote der US Navy drei der vier Geleitträger, die zur Jagd auf sie eingesetzt waren. Im gleichen Jahr setzte die US Navy auch Trägerkampfgruppen gegen die von den Geleitzügen benutzten Gewässer und Häfen ein; dabei erlitten japanische Handelsschiffe, ihre Geleitfahrzeuge und die Ubootabwehr-Flugzeuge schwere Verluste.

Gegen die Angriffe einer immer größer werdenden US-Unterseebootwaffe konnten die japanischen Ubootabwehr-Streitkräfte wenig tun. Im Jahre 1944 beliefen sich die japanischen Handelsschiffsverluste auf insgesamt 3 900 000 t, mehr als in den vergangenen zwei Jahren zusammen. Als das Jahr zu Ende ging, verblieb nur noch eine Gesamttonnage von 2 800 000 t. Im Januar 1945 stiegen die Verluste auf 400 000 t; man brauchte keine Kenntnis der höheren Mathematik zu haben, um herauszufinden, wie lange dieser Zustand noch andauern konnte.

Die Erfahrungen der japanischen Geleitzüge bei der Durchfahrt durch die China-See waren im Jahr 1945 nicht sehr erfreulich. So lief zum Beispiel am letzten Dezembertag 1944 ein Geleitzug aus sieben Tankern und sieben Frachtschiffen – gesichert von acht Kriegsschiffen – aus Sumatra über Formosa, Saigon und Singapore aus. Als sich der Geleitzug Formosa näherte, versenkten US-Unterseeboote vier der Schiffe und amerikanische Bomber vier weitere im dortigen Hafen. Kurz nach dem Auslaufen des Geleitzuges hatte eins der Geleitboote Maschinenschaden und mußte umkehren. Dann traf die Nachricht ein, daß eine Kampfgruppe der US Navy auf das Gebiet zuhielt. Deshalb lief der Geleitzug eilig nach Honkong ein, wo er am folgenden Tage zwei weitere Frachtschiffe und Tanker durch einen Luftangriff verlor, durch den auch drei Geleitfahrzeuge und ein Frachtschiff schwer beschädigt wurden. Der klägliche Rest des Geleitzuges, der nun noch gerade aus vier Sicherungsfahrzeugen und einem einzigen Tanker bestand, wurde vor der Küste von Malaya von einem Uboot angegriffen. Eins der Sicherungsfahrzeuge wurde beschädigt und mußte ausscheiden. Der Geleitzug erreichte nach 25tägiger Reise schließlich am 24. Januar Singapore, seinen vorletzten Anlaufpunkt. Als er durch den Kanal in den Hafen lief, löste der Tanker *Sarawak Maru*, der einzige Überlebende der »zehn kleinen Negerlein«, eine von Flugzeugen geworfene Mine aus und wurde dabei so schwer beschädigt, daß er auf Strand gesetzt werden mußte.

Geleitzügen in der umgekehrten Richtung erging es nicht besser. Im Januar wurde der japanische Geleitzug HI 86 von Singapore nach Japan, bestehend aus zehn Handelsschiffen und zwei Sicherheitsfahrzeugen, vollkommen vernichtet. Ein ähnliches Schicksal erlitt im gleichen Monat einer der Geleitzüge von Saigon nach Formosa, als durch wiederholte Luft- und Ubootangriffe alle fünf Geleitboote versenkt und alle Handelsschiffe ebenfalls versenkt oder auf Strand getrieben wurden. Zwischen dem 24. Januar und 26. März 1945 wagten insgesamt 13 Geleitzüge die gefährliche Reise von Singapore nach Japan, alles zusammen 53 Frachtschiffe und Tanker mit 210 000 t; nur wenige von ihnen erreichten ihren Bestimmungshafen. Von den beiden letzten Geleitzügen, 88J mit sechs Handelsschiffen am 12. März und 88J mit sieben Schiffen am 21. auslaufend, gingen alle Handelsschiffe durch pausenlose Luft- und Ubootangriffe verloren. In diesen zwei Monaten hatte die US Navy im Schnitt nur 18 Unterseeboote in der China-See zwischen Singapore und Japan eingesetzt.

In einem Bericht an das japanische Kriegskabinett stellt das Mobilmachungsbüro Ende 1944 fest:

»Für die Aufrechterhaltung der Versorgung unseres Volkes ist es unbedingt notwendig, die Verbindungswege zwischen den südlichen besetzten Gebieten und Japan zu halten. Es ist klar zu erkennen, daß wir im Laufe der Zeit keinem Angriff mehr standhalten können, wenn wir die Bodenschätze des Südens, besonders Erdöl, aufgeben müssen.«

Abgesehen von dem Nachschub aus dem Süden betrug die

Ölproduktion der Japaner nur ein Sechstel des nationalen Bedarfs. Das war ab Ende Mai 1945 alles, was sie hatten, denn in diesem Monat mußte die japanische Marine die Geleitzugroute von Singapore nach Japan aufgeben.

Diese fast vollständige Seeblockade durch die schrittweise Einstellung des japanischen Geleitzugverkehrs wirkte sich bald auf alle Lebensgebiete der Nation aus. Schon mehrere Monate vor Kriegsende gab es kein Leder mehr für Schuhe, Stoff für Kleidung war praktisch nicht mehr vorhanden. Die zivile Lebensmittelration fiel auf ungefähr 16 Prozent unter den Mindest-Kalorienbedarf und ein Regierungsbericht erklärte höflich, daß »das Volk mit einem absoluten Minimum an Reis und Salz auskommen muß«. Das japanische Volk mußte nun für die fehlende Vorsorge durch die Marine zu Anfang des Krieges einen schweren Preis zahlen.

Als der Krieg im Pazifik im August 1945 zu Ende ging, hatte die Ubootwaffe der amerikanischen Marine eine wesentliche Rolle bei der Vernichtung der japanischen Seemacht gespielt. 1150 Handelsschiffe von 500 t oder größer hatten sie versenkt, und als das Ende kam, hatte die Handelsflotte nur noch ein Achtel der Tonnage, die sie zu Beginn des Krieges gehabt hatte. Außerdem versenkten die US-Unterseeboote mehr als 100 japanische Kriegsschiffe, darunter ein Schlachtschiff und neun Flugzeugträger; sie hatten jedoch auch Verluste in diesem Abnutzungskrieg mit der japanischen Marine hinnehmen müssen. 52 der 288 eingesetzten amerikanischen Boote gingen verloren, etwa 40 davon durch Feindeinwirkung im Pazifik. Sieben von ihnen sind wahrscheinlich durch Angriffe aus der Luft vernichtet worden, eines davon im Hafen. In den meisten Fällen wurden die amerikanischen Boote optisch gesichtet und über Wasser angegriffen.

Für den Leser, der die Kämpfe im Atlantik verfolgt hat, gibt es bei den einzelnen Luftangriffen auf Uboote im Pazifik wenig Bemerkenswertes. Nur des Zeitpunktes wegen ist der Kampf am 6. August 1945 erwähnenswert, als ein japanisches Heeresflugzeug vor der Küste von Bali USS *Bullhead* (Holt) aufgetaucht überraschte. Der Pilot meldete zwei direkte Bombentreffer auf dem Boot, das sofort sank. Kurz darauf breitete sich ein großer Ölfleck auf dem Wasser aus – *Bullhead* ging mit der ganzen Besatzung unter. Dies war das letzte Unterseeboot, das bis zu dem Zeitpunkt da dieses geschrieben wird, im Kampf vernichtet wurde.

Der Einsatz der Atombomben in Hiroshima und Nagasaki brachte den Pazifikkrieg zum schnellen Ende. Aber auch wenn dies nicht geschehen wäre, es besteht kaum Zweifel daran, daß durch die alliierte Blockade, die die japanische Kriegsproduktion abwürgte und ihre Schiffe und Flugzeuge des Treibstoffes beraubte, sowie durch die Reduzierung der Lebensmittelversorgung bis unter das Existenzminimum die Nation in einen solchen Zustand der Erschöpfung geraten wäre, daß ihre Widerstandsdauer nach Monaten zu messen war.

Während der sechs Jahre des Zweiten Weltkrieges im Westen entwickelte sich das Ubootabwehr-Flugzeug von einem nicht sehr weit reichenden, kurzsichtigen, kümmerlich bewaffneten Ärgernis am Tage zu einem bewährten »killer«, der bei Tag und Nacht die Herrschaft über die Meeresoberfläche ausübte – und wehe dem Ubootkommandanten, der diese Tatsache zu bezweifeln wagte.

Doch auch das Uboot hatte sich während des Krieges entwickelt, und am Ende konnten die neuesten Typen wirksam operieren, ohne jemals voll auftauchen zu müssen. Bei Schnorchelfahrt in freier, windgepeitschter See waren sie praktisch immun gegen Entdeckung aus der Luft. Nach dem Kriege wurde durch Versuche festgestellt, daß selbst mit dem besten, 1945 verfügbaren Gerät die Radarsuche eines Flugzeuges gegen einen Schnorchel nur einen Wirkungsgrad von im Schnitt sechs Prozent hatte – das heißt, daß für jeweils sechs entdeckte Schnorchelköpfe weitere 94 in Radarreichweite gekommen waren, aber in den allgemeinen See-Echos unbemerkt blieben. Das deutsche Typ XXI-Uboot konnte darüber hinaus mit voll aufgeladenen Batterien fast 300 Meilen vollständig getaucht fahren – etwa dreimal so weit wie die früheren Boote. So hatte sich 1945 das Rad einmal voll gedreht: aus einer stumpfen und wirkungslosen Waffe hatte sich das Ubootabwehr-Flugzeug zu einem schrecklichen Ubootkiller entwickelt und am Ende des Krieges war es mangels geeigneter Verfahren für die Ortung getauchter Boote auf große Entfernungen wieder auf den Ausgangspunkt zurückgeworfen. Das schnelle Schnorchel-Uboot war aus dem Zweiten Weltkrieg technisch, wenn auch nicht militärisch, triumphierend hervorgegangen.

Das Rennen geht weiter

1945 bis 1972

Zwei Weltkkriege haben uns eindringlich gelehrt, daß es lange dauert, Ubootabwehr-Streitkräfte zur See und in der Luft aufzubauen; und aufbauen bedeutet nicht nur die Bereitstellung von Schiffen, Flugzeugen und Material, sondern auch die Ausbildung von Personal, damit es mit höchster Wirksamkeit das technische Gerät pflegen, instandhalten und einsetzen kann. Und vom ersten Kriegstage an muß alles auf den Angriff von Ubooten gefaßt und vorbereitet sein, wenn wir nicht wieder in so gefährliche Situationen wie 1916–1917 und 1940–1941 kommen wollen.

Royal Navy-Offizier über die Schlacht im Atlantik

Wer nicht neue Mittel anwenden will, muß neue Übel erwarten, denn die Zeit ist der größte Neuerer.

Francis Bacon

Das Vierteljahrhundert seit dem Ende des Zweiten Weltkrieges war Zeuge einer dramatischen Steigerung der Kampfkraft des Ubootes, und zwar sowohl seiner Unterwassergeschwindigkeit als auch der Vernichtungskraft seiner Waffen. Es ist nicht mehr länger das Instrument der unterprivilierten Seemächte, denn heute in den 70er Jahren ist kein Punkt der Erde außer Reichweite der von Ubooten abgeschossenen ballistischen Flugkörper; und in Zukunft werden wahrscheinlich Uboote mit taktischen zielsuchenden Flugkörpern die Meere beherrschen.

Das deutsche Typ XXI-Uboot kam etwas zu spät, um noch im Kampf eingesetzt zu werden, aber nach dem Kriege fanden sich viele seiner neuartigen Entwurfsmerkmale in der neuen Generation

331

der Boote wieder. Die vergrößerte Batteriekapazität, die stromlinienförmige Rumpfform für höchstmögliche Unterwassergeschwindigkeit und der Schnorchel (in Großbritannien als »snort« bekannt), alles dies waren Merkmale der Nachkriegs-Uboote, wie der amerikanischen Tang-, der britischen Porpoise-, der russischen Whiskey- (NATO-Deckname) und der französischen *Narval*-Klasse.

Man wird sich erinnern, daß der Typ XXI ursprünglich als Zwischenlösung gebaut wurde, bis Professor Walter die Schwierigkeiten mit seinem revolutionären Antriebssystem überwunden hatte. Nach dem Krieg bestand auch lebhaftes Interesse an mit Wasserstoffsuperoxyd angetriebenen Unterseebooten. Die Royal Navy stellte ein Walter-Uboot in Dienst und später baute Vickers zwei verbesserte Walter-Uboote, *Explorer* und *Excalibur;* doch obwohl diese beiden sicherer waren als ihre deutschen Vorgänger, hielt man das hochflüchtige Wasserstoffsuperoxyd doch für zu gefährlich für die generelle Verwendung auf Ubooten. Jedenfalls wurde dieser ungewöhnliche Betriebsstoff sehr bald durch einen anderen ersetzt, der für den Einsatz auf Ubooten zugeschnitten war.

Es war nicht zu bestreiten, daß unmittelbar nach dem Krieg das schnelle Schnorchel-Uboot die Ubootabwehr-Streitkräfte vor gewaltige Probleme stellte; doch mit der Einführung der Kernkraft in den 50er Jahren konnte das Uboot die Abwehr mit noch größerem Abstand hinter sich lassen. Das erste nuklear angetriebene Boot, *Nautilus*, wurde 1954 bei der US Navy in Dienst gestellt und zeigte sehr bald überragende Leistungen. Während einer der ersten Erprobungen legte es 1400 Meilen mit einer Durchschnittsgeschwindigkeit von über 20 Knoten zurück, ohne auch nur den kleinsten Teil seiner Aufbauten über Wasser zu zeigen. 1958 lief es von Pearl Harbour, Hawaii, nach Portland in England getaucht unter dem Packeis des Nordpols hindurch. Das war nun wirklich das »echte« Unterseeboot, vollkommen unabhängig von der Wasseroberfläche.

Doch das war noch nicht alles. Parallel mit der Entwicklung des Nuklearantriebes gab es ebenso spektakuläre Fortschritte im Raketenwesen, der Elektronik und bei den nuklearen Gefechtsköpfen, durch die das Unterseeboot weit über seine ursprüngliche Rolle als Torpedoträger hinausgehoben wurde. Seit Mitte der 60er

Jahre sind nuklear angetriebene Uboote mit weitreichenden ballistischen Flugkörpern vom *Polaris*-Typ zu einem integrierten Teil der Abschreckungsstreitkräfte geworden. Lautlos, unsichtbar streifen sie durch die Tiefen, vermeiden jeden Kontakt mit der Außenwelt und warten geduldig auf den Funkbefehl, ihre Flugkörper loszulassen. Während dies geschrieben wird sind fast 100 Unterseeboote mit ballistischen Flugkörpern im Dienst und wie folgt verteilt: USA 41; Großbritannien 4; Frankreich 1 und 4 im Bau; Rußland etwa 50. Von den russischen Booten sind etwa 30 konventionell angetrieben und haben nur zwei oder drei Flugkörper im Vergleich zu 16 Flugkörpern der nuklear angetriebenen amerikanischen, britischen und französischen Boote. Für taktische Gefechte mit Überwasserschiffen und gegen andere Uboote liegt die Zukunft bei weitreichenden, zielsuchenden, von Raketen angetriebenen Flugkörpern, die – von Ubooten unter Wasser abgeschossen – über Wasser fliegen. Solche Waffen sind bei allen größeren Marinen in Entwicklung oder im Dienst.

So ist das nuklear angetriebene Uboot ein beeindruckendes Fahrzeug und außerdem außerordentlich schwierig zu jagen. Aber sie sind nicht billig: ein Unterseeboot mit ballistischen Flugkörpern kostet den Finanzminister etwa 400 Millionen DM, ein Ujagd-Uboot etwa 240 Millionen DM. Bei solchen Preisen wird das nukleare Unterseeboot wahrscheinlich nur bei den Marinen der reichsten und mächtigsten Nationen Eingang finden. Während dies geschrieben wird haben nur die amerikanische, russische, britische und französische Marine solche Fahrzeuge, und nur in der amerikanischen Marine überwiegen die nuklear angetriebenen Boote. In der russischen Marine, die zur Zeit die bei weitem größte Ubootflotte hat, übersteigt die Zahl der konventionell angetriebenen Boote die nuklear angetriebenen um das dreifache. Da die Uboote der kleineren Marinen alle konventionell angetrieben sind, kann man wohl sagen, daß dieser Bootstyp noch durchaus die Beachtung der Ubootabwehrkräfte verdient.

Welche Ubootortungs-Methoden gibt es jetzt? Ein Vierteljahrhundert ist sei dem Ende des Zweiten Weltkrieges vergangen und noch immer gibt es kein einziges Gerät, das ein Flugzeug über große Entfernung zu einem getauchten Uboot führt und ihm ermöglicht, das Boot direkt anzufliegen und anzugreifen. So wird in einem zukünftigen Kriege der Angriff wahrscheinlich unter Einsatz mehrerer verschiedener Sensoren durchgeführt.

Zur Zeit bilden akustische Geräte die einzige Möglichkeit weiterreichender Ortung gegen ein getauchtes Uboot.[1] Diese gibt es als passive Sonargeräte (mit denen man nur horchen kann), die nur eine Richtungsinformation über eine Geräuschquelle liefern, und aktive Sonargeräte (die senden und empfangen), durch die man Information über Richtung und Entfernung eines Zieles erhält, auch wenn dieses keine Geräusche ausstrahlt. Die meisten aktiven Sonargeräte können auch passiv verwendet werden. Unter idealen Bedingungen werden Töne unter Wasser über enorme Distanzen weitergeleitet; bei einem Versuch sandten Wissenschaftler der US Navy einen niederfrequenten Schallimpuls vor der Westküste Australiens unter Wasser aus und fast *vier Stunden* später wurde er 12 000 Meilen weit von einer Unterwasser-Horchstation bei den Bermudas aufgenommen. Solche perfekten, schalleitenden Bedingungen sind jedoch selten. Die Ozeane sind keine homogene Masse, sie enthalten – wie nicht umgerührter Haferbrei – »Klumpen«, die sich in Dichte, Temperatur und Salzgehalt vom umgebenden Wasser unterscheiden. Und diese »Klumpen« beugen und streuen Schallwellen und hinterlassen »Schattenzonen«, in denen sich ein Uboot unbemerkt verstecken kann. Ein Ubootkommandant kann eine passive Entdeckung weniger wahrscheinlich machen, indem er langsam mit geräuschloser Fahrt läuft; aber er muß möglicherweise seine höhere Geschwindigkeit einsetzen – und damit riskieren, Geräusche zu machen – um in Schußposition zu gelangen und hinterher zu entkommen. Konventionelle Uboote, die mit Dieseln eben unter der Oberfläche und mit ausgefahrenem Schnorchel fahren, sind unvermeidbar laut. Das gleichmäßige Stampfen der Motoren wird durch die Boothülle, die wie die Membrane eines Lautsprechers wirkt, in das Wasser übertragen.

Sonargeräte können von jedem Träger eingesetzt werden, von dem die Sende- oder Empfangsbasis in das Wasser ausgefahren werden kann: vom Meeresboden selbst, von Überwasserschiffen oder Ubooten, von aufs Wasser niedergegangenen Flugbooten, von Bojen (Sonobojen) oder von schwebenden Hubschraubern.

---

[1] Elektromagnetische Wellen durchdringen das Wasser sehr schlecht, deshalb sind Radar, Infrarot und Lasergeräte wirkungslos gegen tief getauchte Boote.

Die US Navy hat drei getrennte Meeresboden-Sonarprojekte angekündigt: die passiven *Cäsar*- und *Colossus*-Programme und das aktive *Trident*-System, die wertvolle Feindnachrichten über die Bewegung von Unterseebooten in den »verwanzten« Seegebieten liefern.

Schiffe sind die ältesten und meist genutzten Träger für Sonargeräte, obwohl Maschinenanlage und Wellengeräusche des Schiffes selbst die Leistungen herabsetzen. Eine Sonarbasis dicht unter der Wasseroberfläche kann Unterseeboote, die sich unter einer scharf abgegrenzten Thermoklineschicht befinden, nicht orten, deshalb haben viele moderne Geleitfahrzeuge ein tiefenvariables Sonar in einem geschleppten Behälter, das unter diese Schicht herunter gelassen werden kann. Das wärmere Wasser dicht unter der Oberfläche strebt nach oben, während das kühlere Wasser nach unten sinkt. Es vermischt sich also wenig und die Trennungslinie zwischen diesen Wasserschichten – die Thermokline – ist meist scharf abgegrenzt. Eine Thermoklineschicht, gewöhnlich auf Tiefen zwischen acht und 70 Metern, wirkt wie ein Spiegel und reflektiert die Sonarsignale. Uboote haben natürlich weniger Schwierigkeiten mit der Thermokline, wenn sie ihre Artgenossen jagen wählen sie die Tiefe, in denen das Sonar die besten Leistungen erzielt.

Man wird sich daran erinnern, daß der Gedanke, ein auf das Wasser niedergegangenes Flugboot mit Unterwasserhorchgeräten suchen zu lassen, im Ersten Weltkrieg aufkam – dieser Gedanke ist in den 70er Jahren wieder aufgelebt. Das moderne japanische Flugboot PS-1 hat ein Hochleistungssonar in seinem Rumpf, und wenn das Flugzeug auf das Wasser niedergeht, kann die Basis bis zur erforderlichen Tiefe herabgelassen werden.

Moderne Sonobojen gibt es in aktiver und passiver Form, sie sind wesentlich empfindlicher und wirkungsvoller als ihre Vorgänger im Zweiten Weltkrieg. Eine Anzahl dieser als Verbrauchsmaterial anzusehenden Bojen werden in einem Schema ausgelegt, um ein großes Gebiet »einzuzäunen«; die heutigen niederfrequenten Sonobojen nehmen Geräusche aus der Tiefe auf und übertragen sie zu dem Mutterflugzeug, das Dutzende von Meilen entfernt unter Umständen außer Sicht- und Hörweite kreist. Mit modernen Techniken kann der Sonobojen-Operator den Uboottyp und seine

Geschwindigkeit aus dem von ihm verursachten Geräusch bestimmen.

In der Liste der Sonarträger ist noch der schwebende Hubschrauber zu nennen, der seine Sende/Empfangsbasis in das Wasser »eintunkt«; da das Flugzeug in einem anderen Medium schwebt als die Sonarbasis und die eigenen Maschinengeräusche deshalb sehr wirksam isoliert sind, ist dies eine der wirksamsten Methoden. Sonarwinde, Sonarbasis und das dicke Trägerkabel wiegen so viel, daß diese Ausrüstung auf die größeren Hubschraubertypen begrenzt ist.

Das einzige nicht akustische Flugzeug-Ortungsgerät, das zur Zeit gewisse Erfolgsaussichten gegen tiefgetauchte Uboote bietet, ist das magnetische Ortungsgerät oder MAD.[1] Obgleich die neuen Anlagen etwas empfindlicher als ihre Vorgänger sind, ist ihre Reichweite verglichen mit der der akustischen Geräte doch sehr gering. Der wesentliche Einsatzzweck des MAD besteht daher darin, die metallische Eigenschaft eines Sonarkontaktes zu bestätigen oder zu widerlegen und genau anzuzeigen, wenn das Flugzeug sich unmittelbar über dem Objekt befindet. In begrenzten Gewässern kann es jedoch wie im Zweiten Weltkrieg auch als Hauptsuchgerät eingesetzt werden.

So viel über die modernen Methoden, getauchte Fahrzeuge zu finden. Wir wollen nun die Geräte betrachten, mit denen man aufgetaucht fahrende Uboote aufspürt (unter Umständen aufgetaucht, um bestimmte Typen von Flugkörpern abzufeuern), oder auch getauchte mit ausgefahrenem Schnorchel. Ehe wir uns den ausgefalleneren modernen Geräten zuwenden ist es wichtig, die nach wie vor wesentliche Bedeutung des ältesten Flugzeug-Suchgerätes zu betonen, des menschlichen Auges. Sieht man das normale Auge als »Augapfel Typ 1« an, dann kann das, von dem wir jetzt sprechen, als »Typ 2« bezeichnet werden – das Auge des geübten Mannes, der den sechsten Sinn des Jägers entwickelt hat, seine Beute zu finden. Die optische Suche ist trotz aller Einschränkungen immer noch von Wert, aufgetauchte Boote und Schnorchelköpfe zu entdecken, zumal sie keine Signale aussendet, die das Opfer aufscheuchen könnten.

---

[1] Im Sprachgebrauch bedeutet MAD heute »Magnetischer *Anomalie*-Detektor« statt Magnetic *Airborne*-Detector wie im Zweiten Weltkrieg.

Das wirkungsvollste Verfahren, aufgetauchte Unterseeboote zu entdecken, bleibt das Radar, das auch für die allgemeine Navigation und zur Auffindung von Schiffen und Flugzeugen nützlich ist. Die Leistung der älteren Radars gegenüber Schnorchelköpfen war bei unruhiger See schlecht; dieses Problem wird jedoch bei den neueren Anlagen durch besondere Schaltkreise reduziert. Aber wie im Zweiten Weltkrieg ist der schwerwiegendste taktische Nachteil des Radar, daß es beim Einsatz Strahlungen aussendet, die der Gegner entdecken und ausnutzen kann; ein Uboot mit einem Warnempfänger wird durch sie vor einem möglichen Angriff deutlich gewarnt. Doch das gilt auch umgekehrt: wenn ein Unterseeboot sein Radar einsetzt, um Schußunterlagen für Torpedo oder Fernlenkkörper zu gewinnen, dann kann auch ein Flugzeug diese Signale feststellen. Radar wird heute in einem so großen Umfang verwendet, daß eine komplexe Ausrüstung erforderlich ist, die Fülle der Signale zu deuten; so ist die Radarempfangs- und Analysieranlage ein wichtiges Gerät in einem modernen Ubootabwehr-Flugzeug.

Ein konventionelles, mit Dieselmotor laufendes Uboot zieht – auch wenn es unter Wasser fährt und seinen Schnorchel benutzt – ständig eine Wolke unsichtbarer Auspuffgase hinter sich her. Hochentwickeltes modernes Ortungsgerät[1] kann diese Wolken »riechen« und ihr Vorhandensein anzeigen. Das suchende Flugzeug dreht dann in den Wind, folgt der Spur bis zu ihrem Ausgangspunkt und kann dadurch bis auf Sicht- oder Radarreichweite herankommen oder einen Bezugspunkt für das Sonobojen-Schema festlegen. In Seegebieten, in denen viele Dieselmotorschiffe fahren, ist der Auspuffdetektor allerdings wirkungslos.

Ein Unterseeboot, das einen Teil seiner Aufbauten über die Wasseroberfläche steckt, hinterläßt auch eine Spur von minimal erwärmtem Wasser. Diese Spur bleibt einige Minuten erhalten und kann von einem Infrarotgerät im Flugzeug erkannt werden, selbst wenn das Uboot vollkommen weggetaucht ist. Wie der Auspuffdetektor wird auch der Infrarotempfänger leicht übersättigt, wenn Überwasserschiffe durch das Gebiet fahren.

Zur Zielerkennung oder für die Schlußphase des Angriffs auf ein aufgetauchtes Uboot besitzen die meisten Ubootabwehr-Flugzeuge einen Scheinwerfer ähnlich dem Leigh Light. In den letzten

---

[1] Kurzbezeichnung in der Royal Air Force: *Autolycus*, in der US Navy *Sniffer*.

Jahren gab es jedoch wichtige neue Entwicklungen bei Nachtsicht-geräten und es könnte sein, daß diese in Zukunft den Scheinwerfer ersetzen. Dabei wird höchstwahrscheinliich das Restlicht-Fernse-hen als Konkurrent auftreten, das durch einfache elektronische Verstärkung des reflektierten Sternenlichts bei Nacht ein fast taghelles Bild erzeugt. Solche Geräte, die zudem durch keine Ausstrahlung den Feind warnen, können mit ferngesteuerten Weitwinkel- oder Zoomlinsen ausgerüstet werden.

Ist das Uboot geortet, wie kann man ihm dann den Todesstoß versetzen? Die Haupt-Ubootbekämpfungswaffe ist der aktive akustische Zielsuchtorpedo, für den der Mark 44- und der Mark 46-Torpedo der NATO die typischen Beispiele sind. Auch passive Zielsuchtorpedos sind weiterhin in Gebrauch, obwohl ihr Einsatz im Kriege wohl auf die Vernichtung schnellaufender, geräuschstar-ker Uboote begrenzt ist. Die nukleare Wasserbombe mit begrenzter Sprengkraft kann in einem totalen Krieg einen Unterseeboot-Druckkörper viele hundert Meter vom Detonationspunkt entfernt zerdrücken. Am anderen Ende der Vernichtungsskala stehen die altmodischen, hochexplosiven Wasserbomben, die immer noch zu den Ubootbekämpfungs-Waffen gehören. Gegen aufgetauchte Uboote oder feindliche Überwasserschiffe verfügen moderne Flugzeuge über ungelenkte oder gelenkte Flugkörper, die Ubooten, die aufgetaucht bleiben und sich auf ein Gefecht mit einem Flugzeug einlassen, keine Chance mehr geben.

Welche Flugzeugtypen haben heutzutage diese Ansammlung von Sensoren und Waffen zur Ubootbekämpfung? Sie fallen in drei Hauptkategorien: das weitreichende, landgestützte Flugzeug, das trägergestützte Flugzeug mittlerer Reichweite und den Hubschrau-ber. In jeder Kategorie sind seit dem Ende des Zweiten Weltkrieges zwei neue Flugzeuggenerationen aufgetreten.

Typisch für die erste Nachkriegsgeneration der großen Ubootab-wehr-Flugzeuge waren die britische viermotorige Avro Shackleton und die amerikanische zweimotorige Neptune; obwohl beide gemäß Nachkriegsmaßstäben nur als »weitreichende« Typen be-zeichnet wurden, übertrafen ihre Leistungen die der sehr weitrei-chenden Liberator des Krieges. Diese beiden Maschinen trugen die Hauptlast der Ubootabwehr-Einsätze der NATO in den 50er und 60er Jahren, aber mangels eines größeren Konfliktes in dieser Zeit kam keine der beiden Typen dazu, sich mit einem feindlichen Uboot zu messen. In zahlreichen Mannövern aber bewiesen die Besatzungen, daß sie nichts von den im Kriege gezeigten Finessen zum Jagen dieser Boote eingebüßt hatten. Ende der 60er Jahre aber merkte man vor allem der Shackleton ihre Jahre an und stichelte, daß sie überhaupt kein Flugzeug mehr sei sondern nur noch »10 000 Nieten, die in loser Formation zusammen fliegen«. Rein äußerlich war sie überaltert, aber ihre Ausrüstung war ständig erneuert worden und noch am Schluß bewiesen ihre Besatzungen, daß sie als Gegener ebenso gefährlich war wie jedes ihrer modernen Gegenstücke.

Da die Besatzungen der Ubootabwehr-Flugzeuge komplexes Gerät während der acht, zehn oder gar 16 Stunden dauernden Flüge bedienen müssen, hat man in modernen Flugzeugen mehr Gewicht auf die Bequemlichkeit der Besatzung gelegt, denn die Fähigkeit, lange in der Luft zu bleiben, nutzt wenig, wenn Kälte, Lärm oder andauernde Erschütterungen, beengte Unterbringungsverhältnisse, Mangel an warmen Mahlzeiten und Getränken, oder der Zwang, unbequeme Anzüge zu tragen, die Tatkraft der Männer verschleissen. Deshalb sind moderne Flugzeuge klimatisiert, geräumig und schallgeschützt, mit anständiger Kombüse, Ruhe- und Waschgelegenheiten. Wenn man vorhandene Flugzeugentwürfe für den Ubootabwehr-Einsatz umkonstruiert, nimmt man dafür immer Passagierflugzeuge statt Bomber: die amerikanische Orion ist hervorgegangen aus der Electra, die kanadische Argus aus der Britannia, die britische Nimrod aus der Comet; und das neue russische Ilyushin 38-Ubootabwehr-Flugzeug (NATO-Deckname *May*) aus dem Il-18 Turbo-Prop-Transporter. Das einzige moderne, speziell für den weitreichenden Ubootabwehr-Einsatz entwikkelte Flugzeug ist das NATO-Flugzeug Breguet-Atlantic mit zwei Propellerturbinen für die französische, deutsche, niederländische und italienische Marine. Jede dieser Typen kann die meisten der beschriebenen Ubootabwehr-Sensoren und -Waffen tragen.

Für den Einsatz von Flugzeugträgern aus sind während der 50er Jahre drei Typen spezieller Ubootabwehr-Flugzeuge in Dienst gekommen: die britische Gannet mit zwei Propellerturbinen, die amerikanische zweimotorige Tracker und die französische Turboprop-Alizé. Von diesen ist die Gannet bereits wieder aus dieser

Verwendung herausgezogen, aber die Tracker fliegt noch weiterhin von Trägern in der US-, kanadischen, australischen, brasilianischen und argentinischen Marine, während die Alizé noch in der französischen und der indischen Marine Dienst tut. Nur die US-Marine hat ein neues Starrflügel-Trägerflugzeug in Auftrag gegeben, die zweistrahlige Lockheed Viking. Diese 23-t-Maschine hat vier Mann Besatzung und fast die ganze Kollektion von Ubootabwehr-Sensoren an Bord.

Das gefährlichste der schiffsgestützten Ubootabwehr-Flugzeuge jedoch ist der große Hubschrauber mit dem Tauchsonar. Die US-Marine begann ihre Versuche mit sonarbestückten Hubschraubern im Jahr 1946, aber in diesen ersten kleinen Maschinen beanspruchte selbst ein Leichtgewicht-Sonar fast die gesamte Nutzlast. Erst Mitte der 50er Jahre gab es einen Hubschrauber, der groß und stark genug war, als wirklich effektiver und einsatzfähiger Sonarträger zu dienen: die 6 t schwere Sikorski S-58, die als Seabat in die US Navy und als Wessex in die Royal Navy übernommen wurde. Dieser Typ ist noch als Ubootabwehr-Flugzeug im Dienst, obwohl seine Leistung durch die größere und modernere etwa 9 t schwere Sikorski Sea King übertroffen wird. Die Sea King kann bis zu vier Stunden in der Luft bleiben und dabei die meiste Zeit in 15 Meter Höhe schweben, die Sonarbasis ausgefahren (im Schwebeflug ist der Brennstoffverbrauch etwa 60 Prozent höher als wenn der Hubschrauber mit der günstigsten Marschgeschwindigkeit vorwärts fliegt). Die normale Waffenzuladung enthält zwei Zielsuchtorpedos; außer dem Tauchsonar hat die Sea King Version der Royal Navy[1] auch eine Leichtgewicht-Radarausrüstung.

Der mit Sonar ausgerüstete Hubschrauber hat in der Royal Navy die Ubootbekämpfungs-Aufgabe vom Starrflügelflugzeug übernommen, und da in den Marinen der Welt die Zahl der Flugzeugträger für Starrflügelflugzeuge immer geringer wird, folgt man diesem Trend. Bezeichnenderweise sind die beiden neuen russischen Ubootabwehr-Flugzeugträger *Moskva* und *Leningrad* beide nur für Hubschrauber eingerichtet (jeder 15 bis 20 Stück). Der Hubschraubertyp auf diesen Trägern ist die Kamov Ka-25, die in der Größe der Sea King entspricht und mit Sonar und Leichtgewichtradar ausgerüstet ist. Ein interessantes Charakteristikum

[1] Lizenzbau durch die Firma Westland.

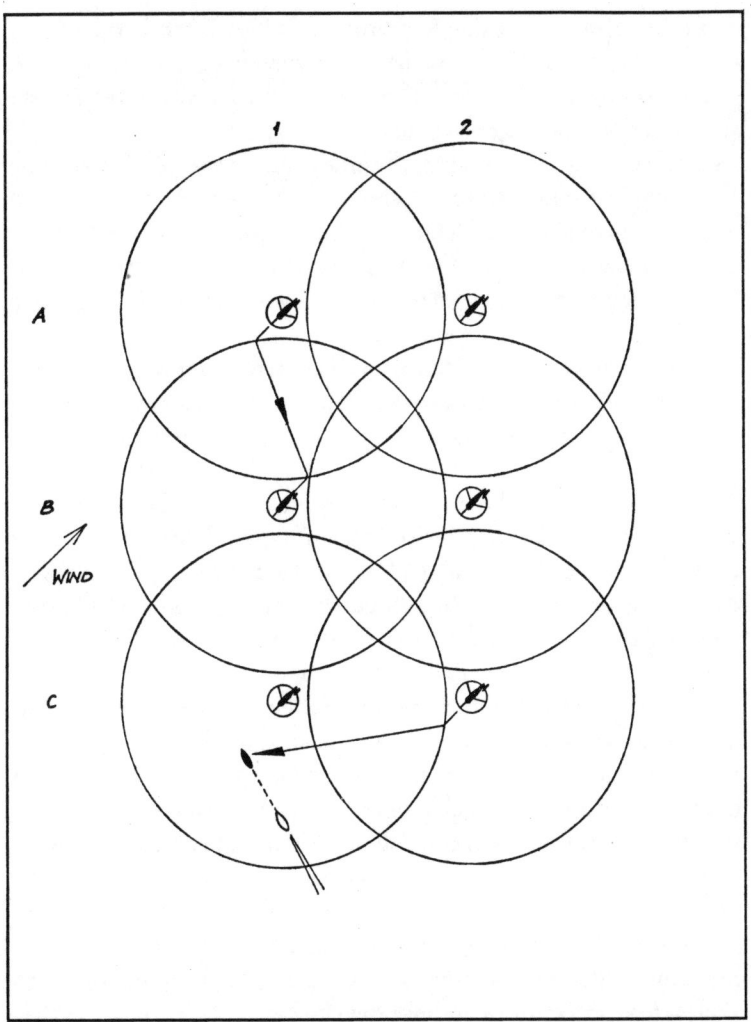

Suche und Angriff durch Hubschrauber. Zwei mit Sonar ausgerüstete Hubschrauber, 1 und 2, arbeiten beim Absuchen eines Gebietes zusammen. Die großen Kreise
stellen die Reichweite des Sonars dar. Nach einer Suche in Position A ziehen die
beiden ihre Sonarbasen ein, steigen gegen den Wind auf, drehen auf eine Position
windabwärts von der nächsten Suchposition, gehen wieder in Schwebeflug über,
lassen das Sonar herab und nehmen die Suche in Position B wieder auf (der Weg des
Hubschraubers 1 ist eingezeichnet, der der Nr. 2 ist ähnlich). Der Vorgang wird
wiederholt und die Hubschrauber gehen auf Position C. Hubschrauber 1 erhält
Fühlung mit einem Unterseeboot und leitet die Nr. 2 zum Angriff.

341

dieses Schiffes ist, daß das Achterdeck als Hubschrauberplattform dient, der vordere Teil des Schiffes aber von Ujagd-Raketenwerfern starrt, woraus man den Schluß ziehen kann, daß sich diese Schiffe selbst an der Ubootjagd beteiligen.

Mit Sonar ausgerüstete Hubschrauber sind große Maschinen (die Sea King hat einen Rotordurchmesser von 22 Metern), deshalb werden sie vor allem auf Schiffen von der Größe eines Geleitzerstörers oder darüber eingesetzt. Kleinere und einfachere Hubschrauber auf Fregatten spielen jedoch in der Ubootabwehr ebenfalls eine wichtige Rolle. In den frühen 60er Jahren war das Schiffssonar soweit verbessert, daß es Uboote weit außerhalb der Reichweite der Ubootjagd-Mörser orten konnte. Um die Reichweite des Sonars voll auszunutzen, hat die Royal Navy ein Verfahren eingeführt, das auch in anderen Marinen Anklang fand: ihre Fregatten können einen kleinen zweieinhalb Tonnen wiegenden Wasp-Hubschrauber tragen, der als Zielsuchtorpedo-Träger fungiert. In der Operationszentrale des Schiffes verfolgen Seeleute den Weg des Ubootes auf dem Sonar und den des Hubschraubers auf dem Radar und führen den Flugzeugführer in die Angriffsposition über das Ziel. Die US Navy dagegen baute ihre Geleitschiffe für den Einsatz unbemannter QH-50-Hubschrauber um, die ferngesteuert genauso in die Angriffsposition geführt wurden und danach wieder auf dem Schiff landeten. Man gibt nun allerdings zu, daß dieses Waffensystem doch wohl etwas zu ehrgeizig war und nach einigen beunruhigenden Vorfällen, bei denen die unbemannten Hubschrauber eigenen Willen zeigten, ist es wieder außer Dienst gestellt worden. Statt dessen werden die größeren Geleitfahrzeuge der US Navy mit dem fünfeinhalb Tonnen schweren viersitzigen Seasprite-Hubschrauber ausgerüstet, der zwar kein Sonar aber Radar, MAD, Sonobojen und Zielsuchtorpedos für die Ubootabwehr hat.

Die Versenkung des israelischen Zerstörers *Eilat* durch ägyptische Flugkörper-Schnellboote im Jahre 1967 hat den westlichen Marinen die Gefahr von zielsuchenden Schiffsbekämpfungs-Flugkörpern schlagartig ins Bewußtsein gerufen. Die schiffsgestützten Hubschrauber haben nun zusätzlich zu ihrer Ubootbekämpfungsrolle auch noch die Aufgabe, bei der Abwehr dieser Gefahr mitzuwirken. Während die Wasp und andere Hubschrauber kleine gelenkte Luft/Boden-Flugkörper mitführen können, mit denen sie

342

die Flugkörper-Boote angreifen, geben die größeren mit Radar ausgerüsteten Typen wie die Sea King und die Seasprite ihrem Mutterschiff eine über den Horizont reichende Radarsicherung, um Überraschungsangriffe zu verhindern. Das Flugkörper-Schnellboot, schnell, billig und tödlich, ist ein wichtiges neues Element im Seekrieg; aber das geht über den Rahmen unserer Geschichte hinaus.

Das Flugboot liegt in seiner derzeitigen Bedeutung für die Ubootabwehr weit hinter den anderen drei genannten Kategorien. Seit dem Zweiten Weltkrieg schien sich das Interesse für diese Maschinen fast mit der jeweiligen Jahreszeit zu erwärmen oder abzukühlen. Obwohl sie nicht an teure, feste und verwundbare Startbahnen gebunden sind, sind sie durch Gewichts- und Widerstandseigenschaften, durch die Schwierigkeit der laufenden Instandhaltung im Freien und das allgegenwärtige Übel der Salzwasserkorrosion im Nachteil. Der zahlenmäßig stärkste zur Zeit in Dienst befindliche Flugboottyp in der Ubootabwehr ist die Beriev Be-12 mit zwei Propellerturbinen, von der die russische Marine-Luftwaffe etwa 60 Stück besitzt. Die Be-12, eigentlich ein amphibisches Flugzeug – es hat auch ein einziehbares Fahrgestell unter dem Rumpf – ist mit Radar, MAD und Sonobojen ausgerüstet.

Das Interesse am Flugboot als Ubootabwehrmittel könnte jedoch mit der durch und durch modernen Shin Meiwa PS-1 mit vier Propellerturbinen wieder lebendig werden, die zur Zeit für die japanische Marine in Produktion ist. Die PS-1 soll zur Sonarsuche auf offener See niedergehen können und ist dafür mit den letzten technischen Neuerungen ausgestattet. Der lange, schmale Rumpf ist stark und seetüchtig und besonders entwickelte Anbauten am Bug verringern das Sprühwasser, das die Motoren zwangsläufig ansaugen. Um sie auch bei geringen Geschwindigkeiten besser handhaben zu können, besitzt die Maschine einen fünften Motor, der nur den Zweck hat, Hochdruckluft zu erzeugen, die über Seiten- und Höhenruder sowie die Landeklappen geblasen wird. Die Wirkung ist erstaunlich, denn die 35-t-PS-1 hat eine Landegeschwindigkeit von nur 41 Knoten und hebt bei 52 Knoten ab. Infolgedessen kann das Flugboot angeblich in einer See mit Wellenhöhen bis zu vier Metern, das heißt Stärke sechs, operieren. Dieses interessante Flugzeug, mit Suchradar, Radar-Beobachtungsempfänger, MAD, einem Suchscheinwerfer und Sonobojen ausgerüstet, hat eine Höchstgeschwindigkeit von 340 Knoten und eine Reichweite von 1350 Meilen.

Heutzutage unterscheidet sich die Ubootbekämpfung aus der Luft weitgehend von der ve hältnismäßig primitiven Art des Zweiten Weltkrieges; damals wurden die meisten Luftangriffe von einzelnen, unabhängig operierenden Flugzeugen ausgeführt. Heute sieht man in der Zusammenarbeit von Schiffen, Ujagd-Ubooten, Starrflügelflugzeugen oder Hubschraubern das wirksamste Verfahren, moderne Uboote zu bekämpfen, weil dabei die Stärken der einzelnen Systeme besser genutzt und die jeweiligen Schwächen ausgeglichen werden. Zwei kurze Beispiele sollen eine Vorstellung von der derzeitigen Einsatztaktik geben.

Der sonartragende Hubschrauber eignet sich vorzüglich für die Unterwassersuche. Aber während er sucht, ist er unbeweglich; wenn er seinen Standort verlegt, muß die Sonarbasis eingezogen werden, er ist dann »blind«. Deshalb wird seine Wirkung erheblich verbessert, wenn er – nachdem er das Uboot gefunden hat – mit eingetauchtem Sonar auf der Stelle bleiben, es verfolgen und mit einem Radar ein anderes Flugzeug zum Angriff führen kann. Die gefürchtetsten Gegner für ein Uboot im Gebiet eines feindlichen Geleitzuges oder einer Kampfgruppe sind zwei oder mehr zusammenarbeitende Sonar-Hubschrauber. Denen im getauchten Boot scheinen sie wie Wasserkäfer ganz unregelmäßig über die Oberfläche zu huschen, denn die eindringlichen Sonarsignale kommen mal aus diesem, mal aus jenem Sektor. Ist das Boot erst einmal entdeckt, folgt die Vernichtung schnell.

Das langsam fahrende Ujagd-Uboot eignet sich ebenfalls ausgezeichnet zum Einsatz von Aktiv- oder Passiv-Sonar, aber es ist wenig beweglich und kann von seinem Opfer ebenfalls vernichtet werden. Beim Flugzeug liegen die Verhältnisse fast genau umgekehrt, deshalb legen beide zusammen die tödliche Falle – das Uboot ortet das Ziel und das Flugzeug greift es an. Natürlich sind einwandfrei funktionierende Identifizierungs- und Navigationsverfahren lebenswichtig für das Gelingen solcher Operationen, damit nicht das jagende Uboot von dem »befreundeten« Flugzeug angegriffen wird.

Wir wollen nun einen typischen Übungseinsatz verfolgen, um im

344

einzelnen zu sehen, wie das neueste Gerät bei einer Ubootjagd eingesetzt wird.

Eine Nimrod der 201. Squadron der RAF jagd dröhnend über die Startbahn in Luqa auf Malta, dann hebt Squadron Leader Charles Sturt ab.[1] Sobald er vom Flugplatz frei ist, dreht der Pilot auf östlichen Kurs und steigt über dem Mittelmeer auf zum Flug in das Übungsgebiet. Nach schnellem Hochziehen auf 5600 Meter nimmt Sturt die Gashebel zurück und legt die Nimrod auf Reiseflughöhe.

Nun hat man Gelegenheit, dieses zum Ubootjäger umgebaute Linienflugzeug in Augenschein zu nehmen. Das erste, was ins Auge springt, ist die Geräumigkeit der schallgeschützten Druckkabine. Hinter den meisten der verschiedenen Ortungsgeräte ist Raum genug für zwei oder drei Leute, die dort stehen und beobachten können. Das heißt, daß genügend Platz für neue Ubootabwehrgeräte vorhanden ist, die mit absoluter Sicherheit während der voraussichtlichen 20jährigen Lebensdauer der Nimrod in Dienst kommen werden. Das vordere Ende des Operationsraumes wird durch den großen runden, computergesteuerten Lagedarstellungsschirm des taktischen Navigators beherrscht. Der Computer selbst ist die Sammelstelle der Informationen von den verschiedenen Sensoren: den Sonobojen, dem ASV-Radar, dem Radarbeobachtungs-Empfänger, dem MAD und den Ausgucks. Der Schirm liefert ein ständig nordstabilisiertes Bild der laufenden taktischen Situation mit der Position des Flugzeuges im taktischen Kartennetz und seinem Flugweg. Flight Lieutenant Ernest Levington, der taktische Navigator, zeigt uns, wie die verschiedenen Eingaben auf dem Schirm dargestellt werden, jedes mit einem anderen Symbol, das die Informationsquelle kennzeichnet. Etwas über dem Hauptschirm, links, ist ein zweiter kleinerer, der in Buchstaben und Zahlen den Standort des Flugzeuges nach Länge und Breite, seinen Kurs, Geschwindigkeit über Grund, Höhe und Entfernung bis zum nächsten Bezugspunkt zeigt.

Neben dem taktischen Navigator sitzt der Routine-Navigator, Flight Lieutenant Malcom Cooper, der für die Führung der Nimrod bis ins Übungsgebiet verantwortlich ist. Dort werden er und Levington eng zusammenarbeiten.

Bei Annäherung an das befohlene Übungsgebiet stellt Sturt die

[1] Dies war eine wirkliche Übung, bei der der Autor am 3. 11. 70 mitflog.

beiden äußeren Rolls-Royce-Spey-Motoren ab, um Brennstoff zu sparen, verringert die Geschwindigkeit auf 260 Knoten und geht auf 2300 Meter herunter. Sollte einer der beiden restlichen Motoren dabei ausfallen, hat Sturt genügend Schub, in der Luft zu bleiben, während er eine seiner beiden »Reserven« anwirft. Im ersten Teil der Übung muß das Gebiet mit weitreichenden passiven Sonobojen »verwanzt« werden. Die Bojen werden nach Levington's Anweisungen mit mehreren Meilen Zwischenraum genau auf ihre Positionen in einem Schema ausgelegt; der allwissende Computer zeichnet jede auf und behält ihre Position im Gedächtnis. Wenn die Sonobojen anfangen zu senden, können die beiden Sonar-Beobachter, Flight Lieutenant David Pierse und Flight Sergeant John Greig, die Bewegungen der verschiedenen Schiffe, die »ihr« Seegebiet durchkreuzen, verfolgen.

Die Besatzung hofft, eins der »Orangeland«-Uboote, den Feind bei dieser Übung, zu finden. Während Pierse und Greig eifrig die einlaufenden Sonarsignale analysieren, bleibt das ASV-21-Radar der Nimrod außer Betrieb und unbesetzt. Das Opfer soll nicht durch verräterische Ausstrahlungen gewarnt weden. Da die Nimrod über den Wolken fliegt, kann ein Uboot ihre Anwesenheit nur mit einem Luftziel-Radar feststellen, und um dies zu überprüfen, überwacht ein Besatzungsmitglied der Nimrod die bekannten Ubootfrequenzen mit dem Radar-Warnempfänger des Flugzeuges.[1]

Er kann die Quelle einer Radaraussendung einpeilen und jede einzelne identifizieren, indem er Frequenz, Pulslänge, Pulswiederholungsfrequenz und Antennenumdrehungszahl mißt.

Hier wird das Uboot nicht mehr gejagt, ihm wird aufgelauert, ein Hinterhalt gelegt. Kein Einsatz während des Krieges ist vergleichbar mit dem der Nimrod, wie sie sich jetzt unhörbar über den Wolken versteckt hält und darauf wartet, daß sich das Uboot durch eine Bewegung oder den kleinsten Ton verrät. Doch leider kommt bei unserem Flug kein »Orangeland«-Uboot in dieses Gebiet, um in die Falle zu gehen.

---

[1] Bei den Besatzungen der Ubootabwehr-Flugzeuge wird dieser Empfänger fälschlicherweise als »der ECM« bezeichnet (ECM = electronic countermeasure = elektronische Gegenmaßnahme). Natürlich ist der Empfänger *eine* elektronische Gegenmaßnahme, aber es muß darauf hingewiesen werden, daß »ECM« eine ganze Skala von Geräten bezeichnet, dazu gehören Störsender, Täuschsender, »window«-Metallstreifen und Infrarot-Täuschgeräte, die normalerweise nicht alle an Bord eines Ubootabwehr-Flugzeuges untergebracht werden können. Einzelheiten siehe auch *Herrschaft über die Nacht* von Alfred Price (Bertelsmann Sachbuchverlag 1968).

Zum zweiten Teil der Übung fliegt die Nimrod nach Süden, um Treffpunktverfahren mit dem Lenkflugkörper-Zerstörer *London* zu üben. Die Regeln für ein solches Zusammentreffen werden von beiden Seiten peinlich genau beachtet, denn in Kriegszeiten würde eine Schiffsbesatzung verständlicherweise bei jedem anfliegenden Flugzeug nervös werden, und es wäre höchst bedauerlich, wenn sich das sichernde Flugzeug plötzlich von »befreundeten« Flugkörpern seines Schützlings angegriffen sähe. Nach Verlassen der *London* steuert die Nimrod weiter nach Süden zum dritten und letzten Teil der Übung, um *London's* Schwesterschiff *Fife* und das konventionell angetriebene Unterseeboot *Otus* zu treffen. Letzteres soll als Ziel für eine Ubootjagdübung dienen. Als das Flugzeug ankommt ist es dunkel; *Otus* bleibt aufgetaucht, damit Sturt mit dem Radar heranschließen und einen Angriff mit Suchscheinwerfer simulieren kann. Als da Uboot noch eine Meile entfernt ist, sticht der blendend weiße Strahl in die Dunkelheit, schwingt auf das Boot zu und hält es beleuchtet, bis es unter dem Bug der Nimrod aus Sicht kommt.

Die *Otus* taucht nun und die Suchübung beginnt. Zuerst erhält der Wessex-Hubschrauber der *Fife*, der außerhalb der Sichtweite in der Dunkelheit mit weggefiertem Sonar hovert, Fühlung mit dem Boot und leitet die Nimrod zum »Angriff«.

Nun ist es an der Nimrod-Besatzung, das Uboot zu suchen, sie legt deshalb ein Muster aktiver und passiver Präzisions-Sonobojen kurzer Reichweite aus. Als die aktive Boje zu senden beginnt, ist zuerst nur der immer wiederkehrende Zirp-Ton der eigenen Unterwassersendung zu hören. Dann ein abgerissener hoher »Ping«-Ton und ein Lichtzacken auf dem Anzeigeschirm im Flugzeug: ein Echo vom Uboot. Die Jagd beginnt. *Otus* kurvt, um die Verfolger abzuschütteln, in Schlangenlinien durch das Wasser; über ihm versucht die Besatzung der Nimrod, jeden Fluchtweg mit weiteren Sonobojen zu blockieren. Der dienstälteste Elektronik-Offizier der Besatzung, Flight Lieutenant Mike Cook, leitet mit dem Blick auf den Schirm des taktischen Navigators und die Anzeigeschirme zur Überwachung der beiden aktiven Sonobojen die Verfolgung und entscheidet, welche Bojen der Operator überwachen soll und wann und wo neue Bojen abgeworfen werden müssen. In der abgedunkelten Kabine der Nimrod herrscht gezügelte Erregung und die dramatische Stimmung wird durch das laufende »Zirpen« und das gelegentliche »Ping« sowie die knappen Befehle und Meldungen noch gesteigert. Nach der Rechneranzeige ist das Flugzeug nur 165 Meter hoch und die ansteigenden und abklingenden Beschleunigungskräfte lassen erkennen, daß dieses große Flugzeug tatsächlich so dicht über Wasser ganz enge Kurven fliegt. Die Jagd hat kaum ihresgleichen: 60 Männer, Künstler im Entweichen, kurven mit etwa 20 Knoten in einer Stahlhülle durch das Wasser; über ihnen die zwölf in einer Aluminiumhülle bewegen sich mit mehr als 200 Knoten und versuchen, den Fisch im unsichtbaren Sonobojennetz zu fangen. Zeitweilig begegnen sich die beiden Gegner in einer Entfernung von weniger als 300 Metern, doch sie haben keinen direkten Kontakt miteinander; für jeden sind die einzigen Zeichen vom anderen ein Zacken auf der Kathodenstrahlröhre und die reflektierten Sonarsignale. Schließlich »greift« die Nimrod das Uboot »an« und führt danach den Wessex-Hubschrauber der *Fife* zum Angriff. Dann erscheint ein Wasp-Hubschrauber von irgend einem Schiff und wird abwechselnd von der Nimrod und der Wessex zum Angriff geleitet. Gründlich »versenkt« taucht *Otus* auf.

Die Übung ist beendet, Sturt zieht die Nimrod hoch, verläßt das Gebiet, steuert mit Westkurs seinen Horst an und landet fast genau acht Stunden nach dem Start. Aber so wie der Tag mit einer eingehenden Einsatzbesprechung vor dem Start begann, so setzt er sich nach der Landung mit einer ebenso eingehenden Abschlußbesprechung fort. Die Zwölf-Mann-Besatzung diskutiert jede Phase des heutigen Fluges und versucht die Schwächen auszumerzen, die über Erfolg oder Mißerfolg entscheiden können, sollten sie jemals im Ernst auf Ubootjagd gehen.

Nur hundert Jahre früher würde eine solche Übung außerhalb des menschlichen Begriffsvermögens gelegen haben; doch es ist vielleicht ein Zeichen der überzüchteten Komplexität moderner Kriegführung, daß ein paar halbwegs tüchtige römische Legionäre an Bord eines solchen Fahrzeuges dies ohne Schwierigkeiten entführen könnten.

Sollte es jemals zum großen Krieg zwischen Ost und West kommen, dann werden Sturts Besatzung und andere im westlichen Bündnis reichlich Gelegenheit haben, zu zeigen, was sie sich in

Friedenszeiten an Erfahrungen und Können angeeignet haben. Am 28. September 1970 sagte Mr. L. Mendel Rivers, der frühere Vorsitzende des Streitkräfte-Ausschusses im US-Repräsentantenhaus in einer Rede vor dem Plenum:

»Die größte Stärke der sowjetischen Marine liegt in ihrer Ubootwaffe ...(die) zur Zeit aus etwa 350 Unterseebooten besteht, von denen 80 nuklear angetrieben sind. Das neue sowjetische Uboot, das der Polaris-Klasse ähnelt, kann 16 ballistische Flugkörper über eine Entfernung von mindestens 1300 Meilen schießen. Mindestens 13 Einheiten dieser Klasse sind bereits im Einsatz und weitere acht bis zehn werden jedes Jahr fertiggestellt. Ein neuer ballistischer Flugkörper ist in Erprobung, der eine Reichweite von schätzungsweise 3000 Meilen hat. Dieser Flugkörper wird wahrscheinlich auch auf den bereits existierenden Einheiten der sowjetischen Ubootwaffe eingeführt.

Bei den gegenwärtigen Bauziffern werden die sowjetischen Uboote dieser Y-Klasse[1] die 41 Polaris-Uboote der US-Marine im Jahre 1973 oder 1974 an Zahl überflügeln. Außer dem Flugkörper-Uboot der Y-Klasse verfügt die Sowjetmarine über etwa 40 ältere Unterseeboote mit ballistischen Flugkörpern mit je drei Abschußschächten. Neun dieser Uboote sind nuklear angetrieben und wahrscheinlich gegen europäische oder asiatische Ziele ausgerichtet, während die modernen Flugkörper-Uboote der Y-Klasse größtenteils gegen die Vereinigten Staaten gerichtet sind.

Die sowjetische Marine hat auch etwa 65 Unterseeboote (35 davon nuklear angetrieben), die mit gelenkten Überschall-Schiff/Schiff-Flugkörpern ausgerüstet sind, von denen einige eine Reichweite bis zu 400 Meilen haben. Diese Unterseeboote sind dazu bestimmt, sowohl Kriegs- als auch Handelsschiffe anzugreifen. Weiterhin verfügt die Sowjetunion über 240 andere Unterseeboote für Torpedoangriffe gegen Überwasserschiffe oder andere Unterseeboote. 22 davon sind nuklear angetrieben ...«

M. Mendel Rivers hätte noch erwähnen können – obgleich er das nicht tat –, daß die Langstreckenflugzeuge Tupolev 16 (NATO-Deckname *Badger*) und Tu-20 (Bear) sowie Satelliten die Ubootverbände mit Aufklärungsinformationen über die Standorte der westlichen Schiffahrt versehen. Der Mangel an solcher Aufklärung

[1] NATO-Deckname.

war es, der die Uboote von Großadmiral Dönitz während des Zweiten Weltkrieges behinderte. Gegenüber dieser mächtigen Bedrohung stehen die NATO-Ubootabwehr-Streitkräfte[1] mit etwa 650 Seeüberwachungs-Flugzeugen mittlerer und großer Reichweite, acht Ubootabwehr-Flugzeugträgern, fünf Hubschrauber-Kreuzern, 46 nuklear angetriebenen Ujagd-Ubooten und über 400 Geleitfahrzeugen, von denen viele mit Hubschraubern ausgerüstet sind. In Spannungszeiten würde es technisch nicht schwierig sein, große Handelsschiffe oder Supertanker für den Einsatz von Sonar-Hubschraubern nach dem Muster der Handelsschiff-Flugzeugträger des Zweiten Weltkrieges umzubauen. Schon jetzt haben viele Versorgungsschiffe der Royal Navy eine Hubschrauberplattform, von der bei Übungen die Ubootabwehr-Hubschrauber eingesetzt werden. Ohne allen Zweifel könnten diese starken Streitkräfte in einem Kriege den feindlichen konventionell angetriebenen Ubooten schwere Schläge versetzen; gegenüber den nuklear angetriebenen Booten würden sie jedoch einen sehr viel schwereren Stand haben.

Nur 60 Jahre hat das Ubootabwehr-Flugzeug gebraucht, um sich zu dem, was es heute ist, zu entwickeln. Das ist die Lebenszeit eines Menschen, und tatsächlich lebt der Mann, der erstmals im Jahre 1912 über dieses Thema schrieb, Hugh Williamson, heute im Westen von England im Ruhestand. Konnte er in den kühnsten Träumen 1912 so etwas wie die Komplexität oder die Fähigkeiten der modernen Nimrod vorhersehen? Er sagt uns heute:

»Im Jahre 1912 haben wir überhaupt nicht über zukünftige fliegerische Möglichkeiten spekuliert. Es war alles viel zu neu, um sich darüber Gedanken zu machen. Einige wenige Enthusiasten sagten voraus, daß Flugzeuge in der Zukunft Geschwindigkeiten von 200 oder gar 300 Meilen in der Stunde erreichen würden, aber die meisten von uns hielten dies für übertrieben optimistisch.«

Es ist leicht, die Früchte einer 60jährigen Entwicklung als selbstverständlich hinzunehmen: Sturt und seine Besatzung hatten mit ihrer Nimrod während der Übungen mit der *Otus* in stockdunkler Nacht dicht über der Wasseroberfläche manövriert. Wehe einem der früheren Flieger, der gewagt hätte, so etwas zu probieren! Um es wieder in Williamson's Worten zu sagen:

[1] Diese Zahlen schließen auch die französischen Verbände ein, die nur in Kriegszeiten zur Verfügung stehen.

»Damals war das einzige Instrument, das wir an Bord hatten, ein Geschwindigkeitsanzeiger, und man kam leicht in Schwierigkeiten. Ein Flieger, der vergnügt dahin flog, konnte, wenn er nicht aufpaßte, in eine Wolke kommen und dann den Horizont nicht mehr sehen. Wenn das geschah, dann hatte er in kürzester Zeit jedes Gefühl für Richtung und Lage verloren. Er wußte nicht mehr, ob die Erde vor oder hinter ihm, über oder unter ihm war. Das war wirklich ein scheußliches Gefühl.«

In der Luftfahrttechnik, auf dem Gebiet der Elektronik und in der Unterseeboot-Entwicklung hat man in den letzten 60 Jahren riesige Fortschritte gemacht. Wie groß und wie unvorhersehbar wird die Entwicklung der nächsten 60 Jahre und die der darauffolgenden 60 Jahre sein? Auch nur der Versuch, so weit in die Zukunft zu schauen, wäre tollkühn; man kann höchstens, und das auch nur mit aller Vorsicht, über die nächsten paar Dekaden hinwegsehen.

Es liegt in der Natur der Dinge, daß die, die das Uboot zu bekämpfen suchen, dies am besten dadurch tun, indem sie die Schwächen dieses Fahrzeuges ausnutzen. Deshalb sollte man, ehe man sich mit der Zukunft des Ubootabwehr-Flugzeuges befaßt, sich mit der zukünftigen Entwicklung der Uboote beschäftigen, die von diesen Flugzeugen gejagt werden sollen. Die heutigen Unterseeboote können aus der Luft nur entdeckt werden, weil sie zeitweise oder immer etwas tun müssen, was sie verrät, wie in klarem Wasser dicht unter der Oberfläche laufen, Geräusche machen, Teile der Aufbauten über die Wasseroberfläche hinausstrecken, feststellbare Auspuffgase von sich geben, das sie umgebende Wasser erwärmen, Funk- oder Radarsignale ausstrahlen, die Sicherheit des Meeresbodens verlassen oder das Erdmagnetfeld verzerren. In technischen Zeitschriften sind genügend Artikel erschienen, die kaum Zweifel darüber lassen, daß die Boote der nächsten Jahre weniger zuvorkommend sein werden. Mit größter Wahrscheinlichkeit sind die Tage des geräuschvollen, qualmenden, luftverbrauchenden Diesel als Hauptantriebsverfahren für Uboote gezählt. Seine Ablösung begann mit der Einführung des Nuklearantriebes und wird möglicherweise auf kleineren Booten enden mit dem Einsatz von Brennstoffzellen (Apparate, die chemische Brennstoffe direkt in elektrische Kraft umwandeln). Dieser Schritt, verbunden mit den zu erwartenden Verbesserungen der Ubootform und im Propellerentwurf, verspricht neue Generationen von Unterseebooten, viel leiser als es die heutigen sind. Eine weitere Verbesserung, die weitreichende Folgen haben kann, ist die Vergrößerung der Höchsttauchtiefe. Der Trend ist klar – von 50 Metern im Jahre 1914 zu über 200 Metern im Jahr 1939 bis zu über 300 Metern für das heutige tieftauchende Boot –, so wird es weiter gehen, denn Tiefengrenzen beschränken den Einsatz heutiger Unterseeboote auf nur das oberste Zehntel der Weltmeere. Schon spricht man über Boote mit einer Tauchtiefe von über 3000 Metern. Wenn das einmal möglich ist, dann wird die Entdeckung durch Infrarotgeräte in Flugzeugen oder Stalliten äußerst problematisch, denn das Kielwasser des Bootes würde seine Wärme längst zerstreut haben, ehe es die Oberfläche erreicht. Wenn man außerdem solche Fahrzeuge aus austenitischem Stahl oder anderem nichtmagnetischem Material bauen kann, dann werden sie das Erdmagnetfeld nicht mehr verzerren.

Nehmen wir alle diese Faktoren zusammen, dann können wir uns ein geräuschloses, nichtmagnetisches Fahrzeug vorstellen, das sich in Wassertiefen außerhalb der Reichweite passiver Sensoren von Überwasserschiffen oder Flugzeugen aufhält, sich an den flachen Meeresboden anschmiegt oder sich hinter unterseeischen Riffen versteckt, um der Entdeckung durch aktives Sonar zu entgehen. Verbesserungen in der Navigation und der Wohnlichkeit, die sich beide aus den Raumfahrtprogrammen ergeben, werden es einem solchen Fahrzeug möglich machen, über beträchtliche Zeiträume hinweg auf Tiefe zu bleiben. Man muß ebenfalls mit der Möglichkeit rechnen, daß Unterseeboote der Zukunft über Mittel verfügen, mit denen sie zukünftige Sensoren stören oder täuschen können, so wie heutige Kampfflugzeuge in der Lage sind, Radargeräte der feindlichen Luftverteidigung zu stören oder zu täuschen. Wenn die Waffen in zwei Jahrzehnten dem Uboot erlauben, auf Tiefe zu bleiben, wenn es Schiffe hoch über sich an der Oberfläche angreift, dann werden die Ubootabwehr-Streitkräfte in der Tat vor einem schwer zu lösenden Problem stehen.

Wo ist dabei nun der Platz des zukünftigen Ubootabwehr-Flugzeuges? Mit ziemlicher Sicherheit werden viele der heutigen Sensoren – Radar, Radarbeobachtungs-Empfänger, aktives und passives Sonar, Abgasspürer, magnetische und infrarote Ortungsgeräte – von nur vorübergehender Bedeutung sein. Man kann sich nicht vorstellen, wie irgendeines dieser Geräte auf einem Flugzeug das geschilderte Uboot finden kann, wenn es zwei Meilen unter der Oberfläche verborgen liegt. Was diese Sensoren ersetzen wird, ist nicht vorhersagbar, denn das Wesen der Forschung ist der Gang ins Ungewisse. Doch trotz aller Begrenzungen wird das Flugzeug wahrscheinlich drei große Vorteile als Ubootbekämpfungsmittel behalten; seine hohe Geschwindigkeit im Vergleich zu seinem Opfer, seine Wendigkeit und seine Unempfindlichkeit gegen Entdeckung und Angriff aus der Tiefe. Das Flugzeug wird wahrscheinlich weiterhin die Aufgabe des »killers« haben in einer »Jäger-Killer«-Gruppe, zu der ein oder mehrere Jagd-Uboote zum Auffinden der Beute und möglicherweise ein Überwasserschiff als Verbindungsstelle zwischen Flugzeug und Ubooten gehören.

Wie wird das enden? Heutzutage glaubt man weithin, daß dem Wissenschaftler fast alles möglich ist, wenn er genügend Zeit und Mittel hat. Vielleicht gibt es eines Tages einen »Supersensor«, ein Gerät, das dem Uboot den Schutzmantel der Unsichtbarkeit herunterreißt, es verwundbar und damit als Kriegswaffe nutzlos macht. Oder liegt es außerhalb des Möglichen, daß der menschliche Geist, der so ungeheuer komplexe Systeme wie das nukleare Unterseeboot und die Nimrod entworfen und hervorgebracht hat, eines Tages ein Modell menschlicher Koexistenz entwickeln wird, das den Krieg selbst überflüssig macht?

Anhang

FLIGHT, SQUADRON

Flight kann drei bis neun Flugzeuge umfassen, ist also keine so eindeutige Bezeichnung wie die Rotte (zwei) und Kette (drei) der deutschen Luftwaffe.
Squadron kann zwischen neun und 24 Flugzeuge umfassen, die entsprechende Einheit der deutschen Luftwaffe, die Staffel, hat neun Flugzeuge (und drei bis fünf Reserveflugzeuge).
Deshalb sind auch in der Übersetzung die englischen Bezeichnungen beibehalten worden.
Wing besteht aus zwei bis vier Squadrons, *Group* aus sechs bis 24 Squadrons.

GELEITZUG (CONVOY)

Zusammenfassung von Handelsschiffen zu gemeinsamer Reise unter dem Schutz von Kriegsschiffen und Flugzeugen (Geleit).
Der Geleitzug wird geführt von einem Geleitzug-Kommodore, meist einem ehemaligen Captain der Royal Navy oder einem Handelsschiffskapitän, der zugleich Reserveoffizier der Royal Navy ist. Der Geleitzug-Kommodore unterweist die Kapitäne der Handelsschiffe vor dem Auslaufen über geplante Fahrtroute, Fahrtziel und Verhalten während der Fahrt.
Da Handelsschiffe nicht im Formationsfahren geübt sind, ist ein Geleitzug sehr schwerfällig und erweisen sich Ausweichbewegungen als sehr schwierig.

354

GELEIT (ESCORT)

Das Geleit, die zur Sicherung des Geleitzuges abgestellten Seestreit-kräfte (Geleitzerstörer, Geleitboote, Fregatten, Korvetten, Bewa-cher u. ä.) stehen unter dem Befehl des Geleitkommandeurs (escort commander), der stets ein aktiver Seeoffizier, meist der Geschwa-derchef des sichernden Verbandes oder der dienstälteste Komman-dant ist. Er ist dafür verantwortlich, daß Angriffe auf den Geleitzug abgewehrt werden, er kann auch dem Geleitzug-Kommodore Weisungen für Ausweichkurse geben.
Das Geleit sichert – vor allem bei Geleitzügen über den Atlantik – meist nicht während der ganzen Reise, sondern wird oft von einem anderen (entgegenkommenden) Verband abgelöst.
Sichernde Flugzeuge, die von Landstützpunkten kommen, unter-stehen am Geleitzug ebenfalls den Befehlen des Geleitkomman-deurs.

NACHRICHTENDIENST

Ein Bedeutungswandel des Begriffes »Nachrichtendienst« vom Zweiten Weltkrieg bis heute kann zu Irrtümern und zu Verwirrung führen.
In der deutschen Wehrmacht wurde die Übermittlung von Meldun-gen, Informationen und Befehlen als Nachrichtendienst bezeichnet. Entsprechend auch die Begriffe Marine-Nachrichtendienst und Nachrichtenverbindungswesen der Luftwaffe usw.
Heute wird unter Nachrichtendienst die Sammlung und Auswer-tung von Informationen über den Gegner verstanden (im engli-schen *Intelligence*). Entsprechend die Bezeichnung Bundesnach-richtendienst, Nachrichtenoffizier. Die Übermittlung von Meldun-gen und Befehlen ist Aufgabe des Fernmeldedienstes und der Fernmeldeoffiziere.
In der Übersetzung wird der Intelligence officer als Nachrichten-dienst-Offizier oder Feindlageoffizier bezeichnet.

ALLIIERTE ATLANTIK-GELEITZÜGE IM ZWEITEN WELTKRIEG

Kurzbezeichnung (mit lfd. Nr.)	Bedeutung	Erklärung	Gegen-geleitzug
HG...	Homeward from Gibraltar	von Gibraltar nach Großbritannien	OG
OG...	Outward to Gibraltar	von Großbritannien nach Gibraltar	HG
HX...	from Halifax	von Halifax, Nordamerika, nach Großbritannien	ON
ON...	Oversea Northern Route	von Großbritannien nach Nordamerika	HX
SC...	from Sydney/Canada	von Kanada nach Großbritannien	ONS
ONS	Oversea North. Route Slow	wie ON, aber langsamer	SC
PQ	To Polar Sea	von Großbritannien oder Nordamerika nach Murmansk/Archangelsk	QP
GUS...	Gibraltar from USA Slow	von USA nach Gibraltar/Mittelmeer (langsam)	UGS

Anmerkung: HX- und SC-Geleitzüge wurden später in New York zusammengestellt, behielten aber ihre ursprüngliche Bezeichnung bei. HX war schnell, SC langsam.

Royal Air Force	Royal Navy	Kriegsmarine	US Navy	US Air Force
Pilot Officer	Acting Sub-Lieutenant	Oberfähnrich	Ensign	Second Lieutenant
Flying Officer	Sub-Lieutenant	Leutnant zur See	Lieutenant (Jg.)	First Lieutenant
Flight Lieutenant	Lieutenant	Oberleutnant z. S.	Lieutenant	Captain
Squadron Leader	Lieutenant Commander	Kapitänleutnant	Lieutenant Commander	Major
Wing Commander	Commander	Korvettenkapitän / Fregattenkapitän	Commander	Lieutenant Colonel
Group Captain	Captain	Kapitän zur See	Captain	Colonel
Air Commodore	Commodore*	Kommodore*	–	Brigadier General
Air Vice Marshal	Rear Admiral	Konteradmiral	Rear Admiral	Major General
Air Marshal	Vice Admiral	Vizeadmiral	Vice Admiral	Lieutenant General
Air Chief Marshal	Admiral	Admiral	Admiral	General
–	–	Generaladmiral	–	–
Marshal of the RAF	Admiral of the Fleet	Großadmiral	Fleet Admiral	General of the Air Force

* Kein regulärer Dienstgrad; wurde nur einem Captain RN oder einem Kapitän zur See als Führer eines größeren Verbandes von Seestreitkräften verliehen, wenn noch keine Planstelle als Konteradmiral bzw. Rear Admiral zur Verfügung stand. Beispiele 1939: Kommodore Dönitz als Führer der Unterseeboote, Kommodore Bonte als Führer der Zerstörer u. a.

Quellennachweis

Der Autor hatte Zugang zu amtlichen Akten und er hat, wie es auch sonst üblich ist, diese Quellen nicht alle angegeben.

EINLEITUNG
Die Beschreibung der Versenkung der *Foucault* beruht auf den Berichten des österreichisch-ungarischen Marine-Fliegerkommandos im Österreichischen Staatsarchiv, Kriegsarchiv, Wien.

KAPITEL 1   DIE ANFÄNGE
Seite 21: Die Arbeit von Hugh Williamson über Ubootabwehr-Flugzeuge aus dem Jahr 1912 befindet sich in der Bücherei des Churchill College, Cambridge.
Seite 25: Einzelheiten über das deutsche Uboot des Ersten Weltkrieges stammen aus amtlichen Berichten und Listen des Reichsmarineamtes, Berlin.
Seite 27: Zitat aus *The Zeppelin in Combat* von Douglas Robinson, Foulis.
Seite 28: Beschreibung der deutschen »Lockvogel«-Taktik aus *The Story of the North Sea Air Station* von C. F. Snowden Gamble.
Seite 31: Zitat aus *Die deutschen Uboote in ihrer Kriegsführung, 1914–18* von Gayer.
Seite 33: Angaben über die *Amerika* Flugboote aus *The Story of the North Sea Air Station*.
Seite 38: Zitat aus den Unterlagen von Air Marshal Sir Thomas Elmhirst im Churchill College, Cambridge.
Seite 41: Zitat aus der Official British History *War in the Air*, von Jones.
Seite 44: Angaben über die Fahrt von U 98 aus *The Submarine in Sea Power, von Heslet*.
Seite 46: Angaben über Unterwasser-Horchgeräte für Flugzeuge aus *The War in the Air*.

KAPITEL 2   DIE JAHRE DAZWISCHEN
Seite 52: Zitat aus *The Story of our Submarines* von »Klaxon«.
Seite 58: Zitat aus *Three Steps to Victory* von Sir Robert Watson Watt.

358

KAPITEL 3   DER LANGE SCHWERE WEG

Seite 71: Zitate aus dem Kriegstagebuch von Großadmiral Dönitz in diesem Buch stammen von einer Kopie in der Bibliothek für Zeitgeschichte, Stuttgart.

Seite 74: Informationen über die Versenkung von U 31 erhielt der Autor in Gesprächen mit Group Captain Miles Delap.

Seite 74: Angaben über die Aufbringung von HMS *Seal* aus *Will Not We Fear* von C. E. T. Warren und James Benson.

Seite 78: Angaben von italienischer Seite über das Gefecht in der Bomba-Bucht aus der amtlichen italienischen Seekriegsgeschichte, herausgegeben vom Ufficio Storico della Marina Militare, Rom.

Seite 88: Zitat über das Magnetron aus *Scientists against Time,* von James Phinney Baxter.

Seite 89 ff.: Angaben über die Entwicklung des Leigh Light erhielt der Autor in Gesprächen mit Wing Commander de Verde Leigh und aus seinen perönlichen Unterlagen.

KAPITEL 4   DER KAMPF WEITET SICH AUS

Seite 122: Zitat aus *The History of United States Naval Operations in World War II,* von Samuel Morison, Oxford University Press.

Seite 124: Deutsche Rundfunk Nachrichten, zitiert aus dem BBC Überwachungsbericht im Imperial War Museum.

KAPITEL 5   DIE KRÄHE FÄNGT AN ZU HACKEN

Seite 126: Informationen über die Gefechte mit *Luigi Torelli:* von britischer Seite aus Gesprächen mit Air Commodore Greswell, von italienischer Seite aus Sopra Noi L'Oceano von Antonio Trizzino, herausgegeben von Longanesi, Mailand, und auch der amtlichen italienischen Marinegeschichte.

Seite 154: Angaben über den *Metox*-Empfänger aus *Deutsche Ortungs- und Navigationsanlagen* von Fritz Trenkle, herausgegeben von der Deutschen Gesellschaft für Ortung und Navigation e. V., München.

Seite 141: Angaben über Squadron Leader T. Bulloch und seine Einsätze aus Gesprächen mit ihm und aus seinen persönlichen Unterlagen.

Seite 153: Angaben über MAD und Rückwärtsbomben von Captain E. Wagner, USN.

Seite 160: Angaben über das Walter-Uboot aus *Walter-U-Boote* von E. Kruska und E. Rössler, München.

Seite 162: Zitate aus dem Band IV des amtlichen Geschichtswerkes *The Grand Strategy* von E. Passant, HMSO (Her Majesties Stationary Office).

KAPITEL 6 SCHLAG UM SCHLAG

Seite 167: Angaben über die deutsche Reaktion auf das *Rotterdam* beruhen in erster Linie auf den Sitzungsprotokollen der *Arbeitsgemeinschaft Rotterdam*, herausgegeben von der Deutschen Gesellschaft für Ortung und Navigation e. V.

Seite 171: Angaben über die Kommandostruktur des Coastal Command erhielt der Autor in Gesprächen mit Marshal of the Royal Air Force Sir John Slessor und Air Vice Marshal Bromet.

Seite 172: Angaben über die deutsche Ubootsführung beruhen auf Gesprächen mit Großadmiral Dönitz und Kapitän zur See Meckel.

Seite 181: Angaben über die Entzifferung stammen aus *The Code Breakers* von David Kahn.

Seite 183: Informationen über die Schlacht um SC 122/HX 229 stammen aus der amtlichen britischen Kriegsgeschichte *The War at Sea* von Captain S. Riskill, HMSO, und aus der Bibliothek für Zeitgeschichte.

Seite 189: Zitat aus einem Brief von Air Commodore Greswell.

KAPITEL 7 DEN WÖLFEN WERDEN DIE ZÄHNE GEZOGEN

Seite 193: Zitat aus *Iron Coffins* von Herbert Werner.

Seite 199: Zitat aus *Lagevorträge des Oberbefehlshabers der Kriegsmarine vor Hitler 1939–1945*, München 1972.

Seite 200: Die Information darüber, warum es den Deutschen nicht gelang, die Bedeutung des Huffduff zu erkennen, erhielt der Autor in Gesprächen mit Kapitän zur See Meckel (der den X-B-Bericht zur Verfügung stellte), Kapitän zur See Giessler und Dr. Jürgen Rohwer.

Seite 204: Zitat aus dem Band über die Uboot-Produktion aus dem United States Strategic Bombing Survey (USSBS).

Seite 213: Zitat aus *History of United States Naval Operations in World War II.*

KAPITEL 8 KRISE IN DER BISKAYA

Seite 223 ff.: Informationen über den Einsatz von U 441 als »Ubootfalle« stammen aus einem Gespräch mit Kapitänleutnant Götz von Hartmann und aus seinen persönlichen Unterlagen.

Seite 231: Zitat aus Band III von *The Royal Air Force in 1939–45*, von Hilary St George Saunders, HMSO.

Seite 233: Dieses Zitat erhielt der Autor von Squadron Leader Gibons.

Seite 236: Text des Fernschreibens in der Bibliothek für Zeitgeschichte.

KAPITEL 9 HELLING FÜNF IN DANZIG

Seite 251: Die Schilderung des Angriffs kommt von Air Commodore Greswell, der damals die 179. Squadron befehligte und sie von dem Heeresoffizier erhielt; dessen Name ist jedoch mit der Zeit verloren gegangen.

Seite 255: Angaben über diese Einsätze entstammen dem Kriegstagebuch der *Card* in der US Navel Historical Section in Washington.

Seite 260: Angaben über die neuen deutschen Unterseeboote aus *U-Boottyp XXI* und *U-Boottyp XXIII*, beide von E. Rössler, München.

Seite 267: Zitat aus *Iron Coffins*.

Seite 270: Informationen über die »Übernahme« der *Sonne* von Group Captain Richardson.

Seite 273: Zitate aus persönlichen Unterlagen von Kapitän zur See Giessler.

Seite 273 ff.: Informationen über die Einsätze der VP-63 aus dem Kriegstagebuch dieser Einheit und aus einer Korrespondenz mit Captain Wagner.

Seite 285: Zitat aus USSBS.

KAPITEL 10 DIE LETZTEN KÄMPFE

Seite 289: Angaben über die »*Cork*«-Patrouillen aus einem Gespräch mit Group Captain Richardson.

Seite 295: Zitat aus *Task for Coastal Command* von Hector Bolitho, Hutchinson.

Seite 303: Zitat aus einem Brief von Air Commodore Greswell.

Seite 305: Zitat aus USSBS.

Seite 309: Angaben von deutscher Seite über die Einsätze der Kleinst-Uboote aus *Marinekleinkampfmittel* von H. Fock, München.

Seite 315: Zitat aus *U-Boottyp XXI*.

Seite 327: Angaben über Ausrüstung und Einsätze von dem japanischen Historiker Yashuho Izawa.

KAPITEL 11: DAS RENNEN GEHT WEITER

Seite 333: Angaben über jetzt in Dienst befindliche Unterseeboote aus *The Military Balance, 1971–1972*, herausgegeben von *International Institute for Strategic Studies*.

BEMERKUNGEN
zu dem Zitat Seite 10
und Seite 126

Dieses Zitat scheint in seiner griffigen Formulierung besonders geeignet, zu zeigen, wie sehr sich der Admiral Dönitz in der Beurteilung des Flugzeuges als Gefahr für die Uboote geirrt hat. Zwei Tatsachen lassen es jedoch in etwas anderem Lichte erscheinen:

1. Dieses Zitat ist in längeren Ausführungen enthalten, die im »Völkischen Beobachter« vom 3. August 1942 mit folgender Einleitung veröffentlicht wurde:
»Der BdU (Befehlshaber der Uboote), Admiral Dönitz, hat dem Kriegsberichter Gerhard Weise auf einige Fragen, die in der ausländischen Presse im Hinblick auf die Atlantikschlacht in letzter Zeit erörtert wurden, folgende Antworten erteilt: . . .«
Hierzu teilt ein Offizier des Stabes von Admiral Dönitz mit: Die Kriegsberichter Gerhard Weise und Hans Schwarz van Berk wurden von Minister Dr. Goebbels im Sommer 1942 für mehrere Wochen in die Befehlsstelle des BdU entsandt, um dort Material und Anregungen für Artikel zu sammeln, die, vor allem in der neutralen Auslandspresse, einen Eindruck von der Stärke und Zuversicht der deutschen Kriegsführung vermitteln sollten. Aus dieser Zeit stammt auch das oben erwähnte »Interview«. Wenn auch die textliche Formulierung aus der Feder der Kriegsberichter stammen mag, so hat Admiral Dönitz den Text vor der Veröffentlichung zweifellos gesehen und – im Hinblick auf den propagandistischen Zweck – gebilligt.

2. Wie Admiral Dönitz tatsächlich, ohne Rücksicht auf propagandistische Wirkung, über die Bedrohung der Uboote aus der Luft dachte, zeigt ein Auszug aus seinem Kriegstagebuch vom 21. August 1942, also dem gleichen Monat, in dem das erwähnte Zitat veröffentlicht wurde.
Auszug aus dem Kriegstagebuch des Befehlshabers der U-Boote vom 21. August 1942:
»Bei Betrachtung der Feindluftlage im Ost-Atlantik muß festgestellt werden:
Die zahlenmäßige Verstärkung der feindlichen Luft, das Auftre-

ten weitreichender Flugzeugtypen, die Ausrüstung der Flugzeuge mit einem vorzüglichen Ortungsgerät gegen Uboote, haben die Uboot-Kriegführung im Ost-Atlantik sehr erschwert. Ein- und auslaufende Boote aus Nordsee und Biskaya sind bei ihrem Marsch durch tägliche und stündliche Luft-Ujagd sehr gefährdet. ... Die tägliche feindliche Aufklärung erstreckt sich etwa bis 20° West und zwingt dazu, Uboot-Aufstellungen weit nach der Mitte des Atlantik zu verlegen, da ein Erfassen dieser Aufstellungen ein Umleiten der Geleitzüge zur Folge haben würde. Neben der täglichen Luftaufklärung hat sich das Vorhandensein einiger besonders weitreichender Flugzeugtypen, die als Geleitsicherung eingesetzt werden, herausgestellt ...

Diese Erschwerung der Kriegsführung muß bei entsprechender Weiter-Entwicklung zu hohen, nicht tragbaren Verlusten, zu einer Verminderung der Erfolge, damit zu einer Minderung der Erfolgsaussichten des Uboot-Krieges überhaupt führen ...«

Diese realistische Lagebeurteilung war für eine Veröffentlichung schon deswegen nicht geeignet, weil sie dem Gegner gezeigt hätte, wie wirksam seine Maßnahmen waren.

Register

365

368

Dokumentationen zur Zeitgeschichte

Volkmar Kühn
Torpedoboote und Zerstörer im Einsatz 1939–1945
Kampf und Untergang einer Waffe
384 Seiten, 120 Abbildungen, Leinen, Vorwort von Großadmiral a. D.
Karl Dönitz, DM 36,–
Vom ersten bis zum letzten Tage des Zweiten Weltkrieges kämpften
Zerstörer und Torpedoboote gegen Uboote und Flugzeuge, gegen Kreuzer,
Schlachtschiffe und Landbatterien.

Peter Dickens
Brennpunkt: Erzhafen Narvik
Kampf deutscher und britischer Zerstörer um schwedisches Erz in den
Fjorden Norwegens
324 Seiten, 112 Abbildungen, Leinen, DM 28,–
Die Schilderung der beiden Seegefechte bei Narvik, die am 10. und 13. April
in arktischem Nebel und Schneegestöber geführt wurden, kommt einer
Wikinger-Saga gleich.

Volkmar Kühn
Schnellboote im Einsatz 1939–1945
Ca. 300 Seiten, ca. 120 Abbildungen und Zeichnungen, Leinen mit vierfarbi-
gem, glanzfolienkaschiertem Schutzumschlag, DM 28,–
Die Geschichte eines berühmten Waffensystems der Deutschen Kriegsmari-
ne. Seine Planung, sein Aufbau, sein Einsatz. Mit diesem Buch wird ein
Kapitel Seekriegsgeschichte abgeschlossen.

Georg Brütting
Das waren die deutschen Stuka-Asse
286 Seiten, 105 Abbildungen, Leinen, DM 26,–
Die objektive Dokumentation über die erfolgreichsten deutschen Schlacht-
flieger 1939–1945.

Alfred Price
Luftschlacht über Deutschland
216 Seiten, 187 Abbildungen, Leinen, DM 36,–
Dieses Werk enthält etwa 180 sorgfältig ausgesuchte Fotos und Zeichnungen, von denen viele bisher noch niemals veröffentlicht wurden. Sie geben
zusammen mit dem Text einen völlig neuen Einblick in die großangelegten
Luftangriffs- und -abwehrreaktionen des Zweiten Weltkrieges.

MOTORBUCH VERLAG
7 STUTTGART 1
POSTFACH 1370

Dokumentationen zur Zeitgeschichte

J. P. Mallmann-Showell
Uboote gegen England
Kampf und Untergang der deutschen Ubootwaffe 1939–1945
200 Seiten, 228 Abbildungen, Leinen, DM 36,–
Dies ist die Geschichte des Entstehens der deutschen Uboot-Waffe und ihres Schicksals im Zweiten Weltkrieg.

P. von der Porten
Die deutsche Kriegsmarine im Zweiten Weltkrieg
256 Seiten, 40 Abbildungen, Leinen, DM 28,80
Dieses Werk ist eine klare, lebendige Darstellung der Geschichte der Reichs- und Kriegsmarine des Deutschen Reiches von ihrem Wiederaufbau in der Zeit zwischen den Kriegen bis zum Ende des Zweiten Weltkrieges.

Prof. Dr. J. Rohwer
Geleitzugschlachten im März 1943
356 Seiten, 180 Abbildungen und Zeichnungen, Leinen, DM 36,–
In diesem Buch wird zum ersten Mal der Versuch gemacht, den Höhepunkt der Schlacht im Atlantik in den ersten 20 Tagen des März 1943 zu schildern.

P. W. Stahl
Kampfflieger zwischen Eismeer und Sahara
In meinem Fall: Ju 88
360 Seiten, 81 Abbildungen, Leinen, DM 28,–
Dieses Tagebuch ist Erlebnisbericht und Dokumentation zugleich. Vom Zielanflug über England bis zu Einsätzen am Eismeer und im Mittelmeer und in Nordafrika berichtet der Autor.

R. F. Toliver / T. J. Constable
Das waren die deutschen Jagdflieger-Asse 1939–1945
416 Seiten, 60 Abbildungen, ausführlicher Anhang, Vorwort von Adolf Galland, Leinen, DM 32,–
Es sind die amerikanischen Autoren des Bestsellers ›Holt Hartmann vom Himmel‹, die mit ihrem neuen Buch den teilweise phänomenalen Abschußzahlen deutscher Jagdflieger im Zweiten Weltkrieg nachgehen.

MOTORBUCH VERLAG
7 STUTTGART 1
POSTFACH 1370